资助项目：国家自然科学基金青年基金（41701161），
陕西师范大学一流学科建设基金资助

稳定同位素食谱分析视角下的考古中国

屈亚婷 著

科学出版社
北京

内 容 简 介

古食谱的稳定同位素分析为考古学、历史学、古生物学、人类学、历史地理学等多学科研究打开了新的视角。本书以我国古代独具特色的饮食文化为背景，通过对比分析不同研究对象组织的化学、物理与生物特性以及生长或形成机理，深入探讨不同研究对象稳定同位素分馏的特征，以及我国古代人类（或动物）稳定同位素食谱分析可能存在的影响因素与不同因素的影响机制。同时，在不同研究对象污染判别指标综合分析的基础之上，探索我国南北方骨骼保存与污染的机理。最后，以我国考古学文化发展为脉络，深入解析我国古代不同地域人类社会经济的演变规律，并提出有关稳定同位素食谱分析新的见解。

本书适合从事考古学、古生物学、人类学等相关专业的专家、学者、大专院校师生及相关爱好者参考、阅读。

图书在版编目（CIP）数据

稳定同位素食谱分析视角下的考古中国 / 屈亚婷著. —北京：科学出版社，2019.11

ISBN 978-7-03-062739-1

Ⅰ. ①稳⋯　Ⅱ. ①屈⋯　Ⅲ. ①古人类学-骨骼-研究-中国　Ⅳ. ①Q981

中国版本图书馆CIP数据核字（2019）第243578号

责任编辑：雷　英　王　蕾 / 责任校对：邹慧卿
责任印制：徐晓晨 / 封面设计：张　放

科学出版社 出版
北京东黄城根北街16号
邮政编码：100717
http://www.sciencep.com

北京厚诚则铭印刷科技有限公司 印刷
科学出版社发行　各地新华书店经销

*

2019年11月第 一 版　　开本：787×1092　1/16
2021年2月第二次印刷　　印张：20 3/4　插页：4
字数：490 000

定价：218.00元

（如有印装质量问题，我社负责调换）

序

去年11月21日收到屈亚婷邮件，希望我为她撰写的新书《稳定同位素食谱分析视角下的考古中国》作序，当下我即欣然应允。为新书作序，其实是一项苦差事，尤其对于似熟非熟的领域，唯认真阅读、细心领悟，方可能理解原著逻辑清晰的结构、精彩独特的见解及引人入胜的章节。人们不禁要问，既然是苦差事，更何况年逾古稀，精力、思维皆大不如前，又何必欣然应允，个中缘由，容我逐一道来。

多年的经验使我认识到，研究生教育主要是培养他们独立开展科研的能力。具体到硕士生，首先要求他们提升发现、提出科学问题的能力，而更重要的是培养他们设计判别实验，以便正面给出所提科学问题的答案。至于博士生，除培养他们独立创新能力外，原则上还要求整篇博士学位论文自成体系，而非凌乱的成果"拼盘"。应该说，我们培养博士研究生的学位论文，绝大多数都可自成体系，这一点令人颇为欣慰。然而迄今为止，所有的博士学位论文，仅郭怡的论文《稳定同位素分析方法在探讨稻粟混作区先民（动物）食谱结构中的运用》于2013年由浙江大学出版社正式出版外，尚未见到第二部出版专著，这一现状不能不令人深感遗憾。正在这时，得知屈亚婷的新书即将付梓，我不由得喜出望外，自然应允为之作序。如果说我们培养的博士生中，屈亚婷紧随郭怡之后，将博士学位论文修改、大幅补充并出版的话，那么，我撰写这篇序言则旨在向她表示祝贺，再次明确对博士学位论文的要求，期望业已毕业的博士研究生，积极创造条件，合理安排时间，将原有的博士学位论文适当调整结构、酌情补充内容、认真润色语句，早日正式出版，以便一定程度上反映他们在相关学术领域的影响。

屈亚婷博士曾主修我讲述的《科技考古学概论》，她听课专注认真，善于思考，踊跃提问，给我留下了极其深刻的印象。虽然她是胡耀武教授指导的博士研究生，我基本未给予有效的指导，然而，听课时的印象，使我意识到，屈亚婷同学是"一块优质材料"，将来很可能成为科技考古领域的领军人物。那时候，我经常与她随意交谈，谈话内容虽漫无边际，然饱含"正能量"，这些潜移默化的影响应对她有所裨益；而另一方面，屈亚婷不经意间的思想火花，也使我受益匪浅。一位深得器重的学生邀请我为她的新书作序，难道还能推辞吗？

当然，我愿为之作序的另一原因还是古代食谱领域的重要性。1986~1998年期间，当我"摸着石头过河"，寻找适合自己的研究领域时，我国主要的科技考古领域仅为3个，即断代测年、冶金考古和陶瓷考古。1999年3月，在时任校长的朱清时院士的倡导和支持下，中国科学技术大学成立了科技史与科技考古系，天赐良机使我成功组建了科技考古研究团队，并着手适度策划学科发展规划。说到规划，首先想到的古代食谱研究。1984年，蔡莲珍、仇士华夫妇的论文《碳十三测定和古代食谱研究》在《考古》一经发表，便引起考古界的高度重视。直觉告诉我，古代食谱研究，将是我国科技考古的前沿领域之一。恰巧农业背景的胡耀武于1998年秋季成为我的博士研究生。经联系美国科技考古学会，成功邀请美国威斯康星大学（麦迪逊分校）的James H. Burton博士来合肥的中国科学技术大学讲学，重点介绍古代人类食谱分析的原理和现状。事实证明，James H. Burton博士的来访富有成效，直接促成了胡耀武的赴美深造，成为威斯康星大学（麦迪逊分校）著名农业考古学家T. Douglas Price教授与我的联合培养研究生。在美期间，胡耀武博士在T. Douglas Price和伊利诺伊大学厄巴纳—香槟分校Stanley Ambrose教授的指导下，掌握了利用稳定同位素分析探索先民食谱的方法及世界农业考古的理论、方法和现状。2005年，胡耀武博士紧随着我调入中国科学院研究生院（即如今的中国科学院大学），翌年即赴德国马普学会莱比锡人类进化研究所与Michael Richards教授合作，两年后返校成立了马普青年伙伴小组。十多年来，基于与国内外一流专家的有效合作，年轻的胡耀武教授视野开阔，勇于探索，原创成果蜂出并作，有力地推动着我国古代食谱研究领域的发展，使之成为生物考古不可或缺的组成部分。

归根结底，我愿为之作序的最主要原因还是屈亚婷专著自身的价值。细阅全书，我惊奇地发现，其竟然涵盖稳定同位素食谱分析原理、方法、相关影响因素及该方法在我国考古前沿领域的多方面应用。显然，屈亚婷博士的这部新作与其博士学位论文的内容相去甚远，它是一本颇为全面而详尽地介绍稳定同位素食谱分析方法在我国考古学中应用的专著。该书层次清晰、语言流畅、逻辑严谨，充分体现着她的专注用心。不难意识到，屈亚婷的新书即将付梓发行之日，正是古代食谱分析在我国蓬勃发展之时。毫无疑问，这本专著的及时出版，对于从事古代食谱研究的年轻教师和研究生而言，将是身边必备的重要参考书；对于迷恋考古领域的读者而言，将使他们能从稳定同位素食谱分析视角，进一步领悟考古中国的神奇；即便对于像我这样的科技考古老兵，从该专著中也学到许多新的知识，例如，食谱分析中非传统稳定同位素的应用、农作物不同品种或不同组织间稳定同位素组成的差异、农业技术发展对农作物稳定同位素组成的影响等，所有这些使我由衷地认识到，何谓"后生可畏"。

相比之下，专著所谓"结论与展望"的第七章给我留下了最为深刻的印象。该章的篇幅不大，但字字珠玑，思维老辣，她高屋建瓴，将专著涉及的结论作了精辟的梳理，明确指出稳定同位素食谱分析方法存在的问题及今后的发展前景。屈亚婷博士的这些总结，特别是关于前景的思考，充分体现出成熟科学家的素质，这使我欣喜地看到，一位前途无量的年轻科学家正在迅速成长。

受第七章启发，我拟补充几点有关展望的建议。首先，应该基于动物的喂养实验，系统探讨食谱重建的稳定同位素分馏机理。记得20世纪90年代，国际上特别重视这一方面的工作，然而近20年来，相关工作几乎不见，显然说明缺乏基础研究的工作，而最终难免导致误入歧途。

其次，在胡耀武教授指导下，王宁同学建立的基于可溶性骨胶蛋白的食谱分析工作，是一项重要的原创性成果，应该将其进一步完善化、实用化，它可能是解决我国南方骨骼污染的有效方法，具有难以估量的应用前景。

最后，我想再次强调，若以^{14}C数据作为检验标准，彻底去除羟磷灰石的污染，那么，古代食谱分析的领域至少可追溯至古脊椎动物时代，其深远意义不言自明。

希望我的三点建议不被视为本序的续貂狗尾。

中国科学院大学

王昌燧　教授

2019年1月28日于北京

目 录

序
第一章 概述 ……………………………………………………………（1）
  1.1 古食谱分析的意义 ……………………………………………（1）
  1.2 国内外研究现状 ………………………………………………（1）
    1.2.1 稳定同位素食谱分析发展简史 …………………………（1）
    1.2.2 研究对象与稳定同位素分馏 ……………………………（2）
    1.2.3 稳定同位素食谱分析的影响因素 ………………………（5）
    1.2.4 不同分析样品污染的判别 ………………………………（8）
    1.2.5 考古学前沿研究中的稳定同位素食谱分析 ……………（9）
  1.3 存在的不足 ……………………………………………………（12）

第二章 生物体不同组织的结构 ……………………………………（39）
  2.1 骨骼 ……………………………………………………………（39）
  2.2 牙齿 ……………………………………………………………（41）
  2.3 毛发 ……………………………………………………………（44）
  2.4 指甲与角 ………………………………………………………（46）
  2.5 残留物 …………………………………………………………（48）
    2.5.1 牙结石 ……………………………………………………（48）
    2.5.2 粪化石 ……………………………………………………（49）

第三章 稳定同位素食谱分析原理 …………………………………（60）
  3.1 稳定同位素 ……………………………………………………（60）
  3.2 古食谱分析中常见稳定同位素 ………………………………（62）
    3.2.1 C 稳定同位素 ……………………………………………（62）
    3.2.2 N 稳定同位素 ……………………………………………（63）
    3.2.3 O 稳定同位素 ……………………………………………（64）
    3.2.4 H 稳定同位素 ……………………………………………（67）
    3.2.5 S 稳定同位素 ……………………………………………（67）

3.2.6　Sr 同位素 ……………………………………………………………（68）
　　3.2.7　非传统稳定同位素 ……………………………………………………（68）
3.3　人体不同组织与食物之间的稳定同位素分馏 ………………………………（70）
　　3.3.1　骨胶原 C、N 稳定同位素分馏 ……………………………………（70）
　　3.3.2　生物磷灰石 C、O 稳定同位素分馏 ………………………………（82）
　　3.3.3　角蛋白 C、N 稳定同位素分馏 ……………………………………（85）
　　3.3.4　其他组织或残留物 C、N 稳定同位素分馏 ………………………（86）
3.4　人体不同组织和成分之间稳定同位素组成的对比 …………………………（88）
　　3.4.1　骨胶原与磷灰石之间稳定同位素组成的对比 ……………………（88）
　　3.4.2　骨骼中不可溶性与可溶性胶原蛋白之间稳定同位素组成的对比 …（91）
　　3.4.3　不同类型蛋白质之间稳定同位素组成的对比 ……………………（94）
　　3.4.4　不同组织同种类型蛋白质之间稳定同位素组成的对比 …………（97）
3.5　不同组织与残留物指示的食谱信息 …………………………………………（98）
　　3.5.1　骨骼指示的食谱信息 ………………………………………………（99）
　　3.5.2　牙齿指示的食谱信息 ………………………………………………（101）
　　3.5.3　毛发、指甲与角指示的食谱信息 …………………………………（104）
　　3.5.4　牙结石和粪化石指示的食谱信息 …………………………………（106）

第四章　稳定同位素食谱分析的影响因素 ……………………………………（125）
4.1　自然环境因素的影响 …………………………………………………………（125）
　　4.1.1　植物 C 稳定同位素组成与气候因子之间的关系 …………………（125）
　　4.1.2　植物 N 稳定同位素组成与气候因子之间的关系 …………………（133）
　　4.1.3　环境引起的人与动物 N 稳定同位素组成的"异常" ……………（140）
4.2　农作物不同品种或不同组织间稳定同位素组成的差异 ……………………（142）
　　4.2.1　不同品种稳定同位素组成的差异 …………………………………（142）
　　4.2.2　农作物不同器官稳定同位素组成的差异 …………………………（144）
4.3　农业技术发展对农作物稳定同位素组成的影响 ……………………………（148）
　　4.3.1　灌溉对农作物稳定同位素组成的影响 ……………………………（148）
　　4.3.2　施肥对农作物稳定同位素组成的影响 ……………………………（151）
4.4　个体新陈代谢差异对其组织稳定同位素组成的影响 ………………………（156）
　　4.4.1　性别的影响 …………………………………………………………（156）
　　4.4.2　年龄的影响 …………………………………………………………（158）
　　4.4.3　疾病的影响 …………………………………………………………（162）
　　4.4.4　饮食习惯的影响 ……………………………………………………（166）
4.5　其他外界因素的影响 …………………………………………………………（172）

第五章 稳定同位素测试方法 (196)

- 5.1 质谱的基本原理 (196)
- 5.2 稳定同位素测试样品的前处理 (197)
  - 5.2.1 骨骼的处理方法 (197)
  - 5.2.2 牙齿的处理方法 (200)
  - 5.2.3 毛发的处理方法 (200)
  - 5.2.4 角质的处理方法 (201)
  - 5.2.5 牙结石与粪化石的处理方法 (201)
  - 5.2.6 现代与古代植物样品的处理方法 (202)
- 5.3 样品的测试分析 (203)
  - 5.3.1 稳定同位素的测试 (203)
  - 5.3.2 X 射线衍射分析 (204)
  - 5.3.3 红外光谱分析 (204)
- 5.4 考古样品污染的判别 (205)
  - 5.4.1 骨胶原污染的判别 (205)
  - 5.4.2 生物磷灰石污染的判别 (206)
  - 5.4.3 角蛋白污染的判别 (211)
  - 5.4.4 我国南北方骨骼保存现状 (213)

第六章 稳定同位素食谱分析：考古前沿研究 (225)

- 6.1 古人类摄食行为的演化与意义 (225)
- 6.2 农业的起源与古代人类生业模式的转变 (230)
- 6.3 农业的发展与经济主体的变革 (233)
- 6.4 农作物的传播与食物全球化 (237)
  - 6.4.1 中原及周边地区 (238)
  - 6.4.2 甘青地区 (242)
  - 6.4.3 新疆地区 (246)
  - 6.4.4 南方地区 (251)
- 6.5 食谱变化与人群迁徙 (254)
- 6.6 家畜的驯化与饲养 (261)
  - 6.6.1 野生动物的驯化 (261)
  - 6.6.2 家畜饲养策略 (262)
  - 6.6.3 动物种属的鉴定 (264)
- 6.7 食谱与社会、健康和环境 (268)
  - 6.7.1 劳动分工与等级分化 (268)

  6.7.2　生长发育与健康状况 ……………………………………………………（269）
  6.7.3　古环境的重建 ………………………………………………………………（270）

第七章　结论与展望 …………………………………………………………………（295）

7.1　结论 ……………………………………………………………………………………（295）
  7.1.1　不同组织成分、结构与形成的研究意义 …………………………………（295）
  7.1.2　我国古代独特饮食文化背景下的稳定同位素分馏机理 …………………（296）
  7.1.3　多因素对我国古代人与动物稳定同位素食谱分析的潜在影响 …………（297）
  7.1.4　我国考古遗址出土骨骼保存状况的时空差异 ……………………………（300）
  7.1.5　我国考古学文化发展脉络中稳定同位素食谱分析新进展 ………………（300）

7.2　展望 ……………………………………………………………………………………（303）

Abstract ………………………………………………………………………………………（306）

后记 ……………………………………………………………………………………………（307）

Contents

Foreword
Chapter 1　Introduction ··· (1)
　1.1　Significances of palaeodietary analyses ·· (1)
　1.2　Research status at home and abroad ··· (1)
　　1.2.1　Research history of the stable isotopes analyses of palaeodiet ············ (1)
　　1.2.2　Study objects and the principles of isotopic fractionation ················· (2)
　　1.2.3　Impact of factors on the dietary studies ·· (5)
　　1.2.4　Identification of contamination in different archaeological samples ······ (8)
　　1.2.5　Stable isotopes analysis of diet in archaeological researches ·············· (9)
　1.3　Some existing problems ·· (12)
Chapter 2　Chemical compositions of different biological tissues ············ (39)
　2.1　Bone ··· (39)
　2.2　Teeth ·· (41)
　2.3　Hair ·· (44)
　2.4　Nail and horn ··· (46)
　2.5　Residues ·· (48)
　　2.5.1　Dental calculus ··· (48)
　　2.5.2　Coprolite ··· (49)
Chapter 3　Principles of stable isotopes analysis ····································· (60)
　3.1　Stable isotopes ·· (60)
　3.2　Stable isotopes in dietary analysis ·· (62)
　　3.2.1　Stable carbon isotope ·· (62)
　　3.2.2　Stable nitrogen isotope ·· (63)
　　3.2.3　Stable oxygen isotope ·· (64)
　　3.2.4　Stable hydrogen isotope ··· (67)
　　3.2.5　Stable sulfur isotope ·· (67)

    3.2.6   Strontium isotope ·· (68)

    3.2.7   Non-traditional stable isotopes ··· (68)

  3.3 Isotopic fractionation between tissues and diets ······································· (70)

    3.3.1   Stable C, N isotope fractionation between bone collagen and diets ············ (70)

    3.3.2   Stable C, O isotope fractionation between bioapatites and diets ················ (82)

    3.3.3   Stable C, N isotope fractionation between keratin and diets ····················· (85)

    3.3.4   Stable C, N isotope fractionation between other tissues/residues and diets ······· (86)

  3.4 Intra-individual isotopic variation ·· (88)

    3.4.1   Differences in isotopic compositions of collagen and bioapatites ··············· (88)

    3.4.2   Differences in isotopic compositions of insoluble and soluble collagen ······· (91)

    3.4.3   Differences in isotopic compositions of collagen and keratin ···················· (94)

    3.4.4   Differences in isotopic compositions of hair and nail keratin ···················· (97)

  3.5 Dietary information revealed by human/animal tissues and residues ············ (98)

    3.5.1   Dietary information revealed by bone ·· (99)

    3.5.2   Dietary information revealed by tooth ·· (101)

    3.5.3   Dietary information revealed by hair, nail and horn ······························ (104)

    3.5.4   Dietary information revealed by dental calculus and coprolite ················ (106)

Chapter 4 Factors contributing to variations in stable isotopes and their potential uses in palaeodietary studies ······································ (125)

  4.1 Environmental factors ··· (125)

    4.1.1   Relationship between climate and $\delta^{13}C$ values of plants ···························· (125)

    4.1.2   Relationship between climate and $\delta^{15}N$ values of plants ··························· (133)

    4.1.3   Anomalous $\delta^{15}N$ values of human/animal tissues caused by different climatic conditions ··· (140)

  4.2 Differences in $\delta^{13}C$ and $\delta^{15}N$ values in crops ··· (142)

    4.2.1   Differences in $\delta^{13}C$ and $\delta^{15}N$ values among different crop varieties ·········· (142)

    4.2.2   Differences in $\delta^{13}C$ and $\delta^{15}N$ values among different crop tissues ············ (144)

  4.3 Influences of agricultural technologies on the $\delta^{13}C$ and $\delta^{15}N$ values of crops ··· (148)

    4.3.1   Influences of irrigation on the $\delta^{13}C$ and $\delta^{15}N$ values of crops ················· (148)

    4.3.2   Influences of fertilize on the $\delta^{13}C$ and $\delta^{15}N$ values of crops ·················· (151)

  4.4 Inter-individual differences in metabolic rates ··· (156)

    4.4.1   Sex ·· (156)

    4.4.2   Age ··· (158)

    4.4.3 Pathology ·· (162)

    4.4.4 Dietary habits ·· (166)

  4.5 Other external factors ··· (172)

Chapter 5 The methods of stable isotopes analysis ··································· (196)

  5.1 The basic principle of Mass Spectrometry ·· (196)

  5.2 Preparation of samples for stable isotopes analysis ····································· (197)

    5.2.1 Preparation of bone samples ·· (197)

    5.2.2 Preparation of tooth samples ··· (200)

    5.2.3 Preparation of hair samples ·· (200)

    5.2.4 Preparation of nail and horn samples ·· (201)

    5.2.5 Preparation of dental calculus and coprolite samples ···························· (201)

    5.2.6 Preparation of modern and ancient plant samples ································ (202)

  5.3 Sample analysis ··· (203)

    5.3.1 Stable isotopes analysis ··· (203)

    5.3.2 X-ray diffraction analysis ·· (204)

    5.3.3 Infrared spectrum analysis ··· (204)

  5.4 Identification of contamination in archaeological samples ························· (205)

    5.4.1 Identification of collagen contamination ··· (205)

    5.4.2 Diagenetic evaluation of bone/teeth apatites ·· (206)

    5.4.3 Identification of keratin contamination ·· (211)

    5.4.4 An overview of the state of preservation of archaeological human remains in northern and southern China ·· (213)

Chapter 6 Applications of stable isotopes analysis in Chinese palaeodietary studies ·· (225)

  6.1 The evolution of dietary behavior of hominins ·· (225)

  6.2 The origin of agriculture and the transformation of early subsistence strategies ··· (230)

  6.3 Major developments in agriculture and the changes in economic structure ·· (233)

  6.4 The spread of crops and food globalization ··· (237)

    6.4.1 Central Plains and its surrounding areas ·· (238)

    6.4.2 Gansu and Qinghai areas ··· (242)

    6.4.3 Xinjiang area ·· (246)

		6.4.4 Southern China	（251）
6.5	Dietary changes and population dynamics		（254）
6.6	The domestication of livestock		（261）
	6.6.1	Domesticating wild animals	（261）
	6.6.2	Husbandry practices	（262）
	6.6.3	Species identification	（264）
6.7	Society, health, and environmental conditions revealed by palaeodietary reconstruction		（268）
	6.7.1	Social differentiation	（268）
	6.7.2	Growth and health conditions	（269）
	6.7.3	Paleoenvironmental reconstruction	（270）

Chapter 7　Conclusion and Prospects ……………………………………（295）

  7.1　Conclusion ………………………………………………………………（295）

    7.1.1　Significances of the researches on the composition, structure and formation of different tissues ……………………………………（295）

    7.1.2　Principles of isotopic fractionation with the unique dietary culture in China ……………………………………………………（296）

    7.1.3　Impact of multiple factors on the isotopes analysis of ancient human/animal diets in China ……………………………………（297）

    7.1.4　Spatial and temporal differences in the preservation of archaeological bones in China ………………………………………………………（300）

    7.1.5　New progress of the stable isotopes analysis of palaeodiet in the evolution of archaeological cultures in China ……………………（300）

  7.2　Prospects …………………………………………………………………（303）

Abstract ………………………………………………………………………（306）

Postscript ……………………………………………………………………（307）

插 图 目 录

图 2-1-1　现代猪骨胶原的氨基酸组成示意图 ……………………………………（40）
图 2-2-1　牙釉质和牙本质在牙胚中的形成示意图 ………………………………（41）
图 2-2-2　牙釉质中形成的生长线（釉柱横纹与芮氏线）示意图 ………………（42）
图 2-2-3　牙齿发育和萌出与年龄判断 ……………………………………………（43）
图 2-2-4　哺乳动物牙齿的结构示意图 ……………………………………………（43）
图 2-2-5　大猩猩的上下牙列示意图 ………………………………………………（44）
图 2-3-1　人发角质层的鳞片结构 …………………………………………………（45）
图 2-4-1　人指甲的结构示意图 ……………………………………………………（46）
图 2-4-2　动物角的周期性生长年轮示意图 ………………………………………（47）
图 2-4-3　大角羊角的微观结构示意图 ……………………………………………（48）
图 3-2-1　土壤中 N 的转化与植物 N 的吸收示意图 ……………………………（64）
图 3-2-2　大气降水在植物组织运输过程中 $\delta^{18}O$ 值的变化示意图 ……………（65）
图 3-2-3　森林环境中植物 $\delta^{18}O$ 值的变化示意图 ………………………………（66）
图 3-3-1　澳大利亚新南威尔士州不同生态系统与营养级生物的 $\delta^{13}C$ 和 $\delta^{15}N$ 值分布
　　　　　范围误差图 ………………………………………………………………（72）
图 3-3-2　不同种属动物骨胶原 $\delta^{13}C$ 和 $\delta^{15}N$ 值的相关性 ……………………（75）
图 3-3-3　不同动物骨胶原的 $\delta^{13}C$ 和 $\delta^{15}N$ 值相关系数（R^2）的对比分析 …（76）
图 3-3-4　不同遗址人骨胶原 $\delta^{13}C$ 和 $\delta^{15}N$ 值的相关性 ………………………（78）
图 3-3-5　不同遗址人骨胶原的 $\delta^{13}C$ 和 $\delta^{15}N$ 值相关系数（R^2）的对比分析 …（78）
图 3-3-6　半坡遗址不同人群骨胶原 $\delta^{13}C$ 和 $\delta^{15}N$ 值相关性的对比分析 ……（79）
图 3-3-7　鱼化寨遗址不同人群与植食动物骨胶原 $\delta^{13}C$ 和 $\delta^{15}N$ 值相关性的对比分析 …（80）
图 3-3-8　关中地区新石器时代家养与野生动物骨胶原平均 $\delta^{13}C$ 和 $\delta^{15}N$ 值误差图 …（81）
图 3-3-9　半坡与东营遗址先民骨胶原 $\delta^{13}C$ 和 $\delta^{15}N$ 值的相关性 …………（81）
图 3-3-10　同一个体 $\Delta^{13}C_{牙釉质-骨骼}$ 和 $\Delta^{18}O_{牙釉质-骨骼}$ 值误差图 ……………（83）
图 3-3-11　C_3 与 C_4 植物 $\delta^{13}C$ 值的分布与非洲现代哺乳动物牙釉质 $\delta^{13}C$ 值的对比 …（84）
图 3-3-12　不同体型非反刍类动物牙釉质的 C 同位素分馏误差图 ……………（84）

图 3-4-1	植食、杂食与肉食动物骨胶原与磷灰石之间 $\delta^{13}C$ 值的对比	（89）
图 3-4-2	贾湖遗址先民骨胶原与磷灰石的 $\delta^{13}C$ 值对比	（90）
图 3-4-3	贾湖遗址先民骨胶原与磷灰石的 $\delta^{13}C$ 和 $\delta^{15}N$ 值散点图	（91）
图 3-4-4	贾湖、姜寨和史家遗址人骨胶原 $\delta^{15}N$ 值与磷灰石 $\delta^{13}C$ 值的相关性	（91）
图 3-4-5	人骨胶原蛋白的氨基酸组成与不同氨基酸的 $\delta^{13}C$ 值	（93）
图 3-4-6	骨胶原与毛蛋白 C、N 稳定同位素组成的相关性分析	（94）
图 3-4-7	骨骼胶原蛋白与头发角蛋白氨基酸组成的对比	（95）
图 3-4-8	古墓沟墓地人骨与头发的 $\delta^{13}C$ 和 $\delta^{15}N$ 值散点图	（96）
图 3-4-9	头发与指甲角蛋白 C、N 稳定同位素组成的相关性分析	（98）
图 3-4-10	头发与指甲角蛋白氨基酸组成的对比	（98）
图 3-5-1	同一个体不同类型骨骼的 $\delta^{13}C$ 和 $\delta^{15}N$ 值散点图	（100）
图 3-5-2	理查德三世国王不同年龄段不同类型骨骼的 $\delta^{13}C$ 和 $\delta^{15}N$ 值散点图	（100）
图 3-5-3	同一个体肋骨与股骨（或肱骨） $\delta^{13}C$ 和 $\delta^{15}N$ 值散点图	（101）
图 3-5-4	同一个体肋骨与股骨（或肱骨） $\delta^{13}C$ 和 $\delta^{15}N$ 值之差	（101）
图 3-5-5	意大利罗马 Isola Sacra 墓地个体 M1 与 M3 $\delta^{18}O$ 值的分布范围散点图	（102）
图 3-5-6	安阳固岸墓地个体不同牙齿与股骨的 $\delta^{13}C$ 和 $\delta^{15}N$ 值散点图	（103）
图 3-5-7	羚羊牙釉质与同位素组成的序列年表	（103）
图 3-5-8	绵羊 M2 釉质序列样品的 $\delta^{13}C$ 值	（104）
图 3-5-9	山羊 M3 釉质序列样品的 $\delta^{13}C$ 值	（104）
图 3-5-10	每个努比亚人头发不同分段的 $\delta^{13}C$ 值	（105）
图 3-5-11	努比亚人群体一年内不同时间段头发 $\delta^{13}C$ 值的变化曲线	（105）
图 4-1-1	中国北方黄土高原不同区域粟、黍农作物种子的 $\delta^{13}C$ 值分布示意图	（127）
图 4-1-2	中国北方黄土高原干旱-半干旱区粟 $\delta^{13}C$ 值与气候因子之间的关系	（128）
图 4-1-3	中国北方黄土高原干旱-半干旱区黍的 $\delta^{13}C$ 值与气候因子之间的关系	（128）
图 4-1-4	中国北方部分地区月降水量与相对湿度的对比	（129）
图 4-1-5	工业革命前后大气 $\delta^{13}C$ 值与 CO_2 浓度的变化	（131）
图 4-1-6	中国北方黄土高原干旱-半干旱地区海拔与降水量的关系	（133）
图 4-1-7	不同功能型植物叶片的 $\delta^{15}N$ 值误差图	（134）
图 4-1-8	我国西北黄土高原干旱-半干旱地区土壤与植物 $\delta^{15}N$ 值之间的相关性	（134）
图 4-1-9	全球不同地区土壤 $\delta^{15}N$ 值与 $\Delta^{15}N_{植物-土壤}$ 值的分布示意图	（135）
图 4-1-10	土壤与生长植物的 $\delta^{15}N$ 值随时间的变化	（135）
图 4-1-11	土壤 $\delta^{15}N$ 值随土壤深度的变化	（135）
图 4-1-12	植物、土壤 $\delta^{15}N$ 值与年平均降水量之间的相关性	（136）
图 4-1-13	植物、土壤 $\delta^{15}N$ 值与年平均温度之间的相关性	（136）

图 4-1-14	植物叶片 $\delta^{15}N$ 值与大气 CO_2 浓度之间的关系	（137）
图 4-1-15	植物叶片 $\delta^{15}N$ 值与海拔的变化关系	（138）
图 4-1-16	我国西北黄土高原干旱-半干旱地区土壤、植物与农作物粟的 $\delta^{15}N$ 值散点图	（138）
图 4-1-17	不同时期粟种子的 $\delta^{13}C$ 和 $\delta^{15}N$ 值误差图	（140）
图 4-1-18	植物与植食动物骨胶原 $\delta^{15}N$ 值随海拔变化的对比	（141）
图 4-1-19	不同遗址（4000BP）植食动物的 $\delta^{15}N$ 值对比	（142）
图 4-1-20	新疆东黑沟遗址植食动物的 $\delta^{13}C$ 和 $\delta^{15}N$ 值误差图	（142）
图 4-2-1	古代与现代粟、黍种子 $\delta^{13}C$ 值对比	（143）
图 4-2-2	生长在同一地区不同品种粟的 $\delta^{13}C$ 值散点图	（143）
图 4-2-3	非洲大草原树木与草不同器官的 $\delta^{13}C$ 和 $\delta^{15}N$ 值误差图	（145）
图 4-2-4	西坡、东营和神圪垯墚遗址先民与家养猪骨胶原的 $\delta^{15}N$ 值误差图	（147）
图 4-3-1	小双桥遗址与二里头遗址不同种属动物骨胶原的平均 $\delta^{18}O$ 值误差图	（150）
图 4-3-2	中原及周边地区龙山至两汉时期部分遗址家养与野生植食动物的 $\delta^{13}C$ 和 $\delta^{15}N$ 值误差图	（155）
图 4-4-1	中国北方部分遗址男性与女性的 $\delta^{13}C$ 和 $\delta^{15}N$ 值散点图	（158）
图 4-4-2	黄河流域史前人口年龄构成与平均年龄散点图	（160）
图 4-4-3	不同遗址不同年龄组个体的 $\delta^{13}C$ 和 $\delta^{15}N$ 值散点图	（161）
图 4-4-4	河北邯郸南城遗址不同年龄段个体肋骨的 $\delta^{13}C$ 和 $\delta^{15}N$ 值散点图	（161）
图 4-4-5	妊娠期不同阶段孕妇头发的 $\delta^{15}N$ 值与体重	（163）
图 4-4-6	不同年龄个体牙本质与骨骼的 $\delta^{13}C$ 和 $\delta^{15}N$ 值误差图	（164）
图 4-4-7	苏丹努比亚人不同性别正常与患病个体的 $\delta^{13}C$ 和 $\delta^{15}N$ 值误差图	（164）
图 4-4-8	大同南郊北魏墓群中 15～40 岁个体的 $\delta^{13}C$ 和 $\delta^{15}N$ 值散点图	（165）
图 4-4-9	不同遗址 15～40 岁个体的 $\delta^{13}C$ 和 $\delta^{15}N$ 值散点图	（165）
图 4-4-10	自然生长与人工饲喂高原鼠兔肌肉、食物、粪便的 $\delta^{13}C$ 和 $\delta^{15}N$ 值散点图	（167）
图 4-4-11	我国古代野猪的 $\delta^{13}C$ 和 $\delta^{15}N$ 值散点图	（168）
图 4-4-12	月庄、小荆山和白家遗址先民、家养和野生猪与鹿骨胶原的 $\delta^{13}C$ 和 $\delta^{15}N$ 值散点图	（168）
图 4-4-13	酿酒过程中酒水 $\delta^{18}O$ 值的变化规律	（171）
图 4-4-14	四种烹饪方式不同时间段 $\delta^{18}O$ 值的变化	（171）
图 4-4-15	个体骨骼、地下水、葡萄酒的 $\delta^{18}O$ 值的对比	（171）
图 4-4-16	杂食和植食吸烟者与非吸烟者指甲的 $\delta^{13}C$ 和 $\delta^{15}N$ 值误差图	（172）
图 5-1-1	质谱仪分析原理示意图	（196）

图 5-2-1　高冠齿的序列取样 ………………………………………………………（200）
图 5-3-1　牙釉质粉末与羟基磷灰石标样的 XRD 谱图 ……………………………（204）
图 5-4-1　我国广西崇左步氏巨猿牙釉质中 Fe 和 Mn 元素分布 …………………（208）
图 5-4-2　浙江庄桥坟遗址污染骨骼的 XRD 谱图 …………………………………（208）
图 5-4-3　现生大象骨骼和牙釉质磷灰石的 XRD 谱图 ……………………………（209）
图 5-4-4　生物磷灰石 FTIR 谱图中 PCI 测量示意图 ………………………………（209）
图 5-4-5　生物磷灰石 FTIR 谱图中 BPI 测量示意图 ………………………………（210）
图 5-4-6　标准羟基磷灰石样品 XRD 谱图中 CI 指数测量图 ……………………（211）
图 5-4-7　我国广西崇左步氏巨猿牙釉质 XRD 和 FTIR 谱图 ……………………（212）
图 5-4-8　小河墓地 M53 人发及其显微结构 ………………………………………（213）
图 5-4-9　小河墓地伶鼬毛与羊角 …………………………………………………（214）
图 6-1-1　步氏巨猿动物群牙釉质的 $\delta^{18}O$ 值误差图 ……………………………（228）
图 6-1-2　比利时晚更新世尼安德特人与共生动物骨胶原的 $\delta^{13}C$ 和 $\delta^{15}N$ 值散点图 …（229）
图 6-2-1　新石器时代中期不同遗址先民骨胶原的 $\delta^{13}C$ 和 $\delta^{15}N$ 值散点图 ……（232）
图 6-3-1　新石器时代晚期不同遗址人骨的 $\delta^{13}C$ 和 $\delta^{15}N$ 值误差图 ……………（236）
图 6-3-2　新石器时代晚期北方各遗址人骨的 $\delta^{13}C$ 和 $\delta^{15}N$ 值误差图 …………（237）
图 6-4-1　新石器时代末期至两汉时期中原及周边部分遗址人骨的 $\delta^{13}C$ 和
　　　　　$\delta^{15}N$ 值误差图 ……………………………………………………………（240）
图 6-4-2　新石器时代末期中原及周边部分遗址主要农作物百分比示意图 ………（241）
图 6-4-3　新石器时代末期至青铜时代早期甘青地区各遗址人骨 $\delta^{13}C$ 和
　　　　　$\delta^{15}N$ 值误差图 ……………………………………………………………（246）
图 6-4-4　早期青铜时代至晋唐时期新疆地区各遗址人骨 $\delta^{13}C$ 和 $\delta^{15}N$ 值误差图 …（250）
图 6-4-5　新石器时代末期至青铜时代南方地区各遗址人骨的 $\delta^{13}C$ 和
　　　　　$\delta^{15}N$ 值误差图 ……………………………………………………………（253）
图 6-5-1　新疆小河文化人骨、牙和发的 $\delta^{13}C$ 和 $\delta^{15}N$ 值散点图 ………………（255）
图 6-5-2　新疆洋海墓地和下坂地墓地人骨的 $\delta^{13}C$ 和 $\delta^{15}N$ 值散点图 …………（256）
图 6-5-3　河南偃师二里头遗址不同种属动物的 $\delta^{18}O$ 值散点图 …………………（257）
图 6-5-4　河南小双桥遗址人与猪骨胶原的 $\delta^{13}C$、$\delta^{15}N$ 和 $\delta^{18}O$ 值误差图 ……（258）
图 6-5-5　湖北青龙泉遗址人与动物的 $\delta^{13}C$、$\delta^{15}N$ 和 $\delta^{34}S$ 值误差图 …………（259）
图 6-5-6　龙山时代至青铜时代北方各遗址人与动物的 $^{87}Sr/^{86}Sr$ 值散点图 ……（261）
图 6-6-1　新石器时代中期北方地区各遗址人、猪和狗的 $\delta^{13}C$ 和 $\delta^{15}N$ 值误差图 …（263）
图 6-6-2　肯尼亚中部裂谷地区山羊与绵羊牙釉质系列取样的 $\delta^{13}C$ 值散点图 …（266）
图 6-6-3　中原地区不同时期绵羊与未鉴定种属羊的 $\delta^{13}C$ 和 $\delta^{15}N$ 值散点图 …（267）
图 6-6-4　二里头遗址植食动物绵羊、牛和鹿 $\delta^{13}C$ 和 $\delta^{18}O$ 值误差图 …………（268）

插 表 目 录

表 3-3-1 不同种类食物被消化吸收并转化成动物不同组织时 C、N 稳定同位素的分馏 ……（71）

表 3-3-2 关中及周边地区新石器时代不同食性家养与野生动物骨胶原的 $\delta^{13}C$ 和 $\delta^{15}N$ 值 ……（73）

表 3-3-3 关中地区仰韶文化先民骨胶原的 $\delta^{13}C$ 和 $\delta^{15}N$ 值 ……（77）

表 3-3-4 鱼化寨遗址植食类动物骨胶原的 $\delta^{13}C$ 和 $\delta^{15}N$ 值 ……（79）

表 3-3-5 泉护村遗址部分动物骨胶原的 $\delta^{13}C$ 和 $\delta^{15}N$ 值 ……（80）

表 3-3-6 关中地区仰韶中晚期与龙山时期家养动物猪、狗骨胶原的 $\delta^{13}C$ 和 $\delta^{15}N$ 值 ……（82）

表 3-3-7 生物体骨骼与牙釉质碳酸盐的 C、O 稳定同位素分馏与两者之间的差异 ……（82）

表 3-4-1 贾湖遗址先民骨胶原与磷灰石的 $\delta^{13}C$ 和 $\delta^{15}N$ 值 ……（90）

表 3-4-2 C_4 类食物与以其喂养猪的骨胶原中不同氨基酸的 $\delta^{13}C$ 和 $\delta^{15}N$ 值及两者之间的分馏 ……（92）

表 3-5-1 国际放射防护委员会（International Commission on Radiological Protection）对不同年龄骨骼周转率的参考值 ……（99）

表 4-1-1 中国北方黄土高原不同区域粟种子 $\delta^{13}C$ 值与不同气候因子之间的相关性 ……（127）

表 4-1-2 中国北方地区史前与现代粟、黍 $\delta^{13}C$ 值对比 ……（131）

表 4-1-3 不同海拔生长小麦的 $\delta^{13}C$ 值 ……（133）

表 4-1-4 不同时期粟种子的 $\delta^{13}C$ 和 $\delta^{15}N$ 值 ……（139）

表 4-1-5 不同遗址植食动物的平均 $\delta^{13}C$ 和 $\delta^{15}N$ 值 ……（141）

表 4-2-1 粟、黍两种农作物种子的 $\delta^{13}C$ 值对比 ……（143）

表 4-2-2 现代不同品种小麦的 $\delta^{13}C$ 和 $\delta^{15}N$ 值 ……（144）

表 4-2-3 两种草本植物 N 源、不同器官与不同器官中 NO_3^- 的 $\delta^{15}N$ 值 ……（146）

表 4-2-4 仰韶中期至龙山晚期北方部分遗址先民与家养动物骨胶原的 $\delta^{13}C$ 和 $\delta^{15}N$ 值 ……（147）

表 4-2-5 小麦籽粒不同部位的 $\delta^{13}C$ 和 $\delta^{15}N$ 值 ……（147）

表 4-3-1	中原及周边地区龙山至两汉时期部分遗址家养与野生植食动物的平均 $\delta^{13}C$ 和 $\delta^{15}N$ 值	(153)
表 4-4-1	雄性与雌性水貂骨胶原的 $\delta^{13}C$ 和 $\delta^{15}N$ 值	(156)
表 4-4-2	中国北方部分遗址男性与女性骨胶原的平均 $\delta^{13}C$ 和 $\delta^{15}N$ 值及差异性分析	(157)
表 4-4-3	万发拨子遗址、双墩遗址和北阡遗址家猪与野猪的 $\delta^{13}C$ 和 $\delta^{15}N$ 值	(170)
表 5-3-1	牙釉质红外特征峰的震动模式及主要峰的强度	(205)
表 5-4-1	我国南方与北方多处遗址骨胶原提取状况详细信息	(214)
表 6-2-1	新石器时代中期各遗址信息与人骨的平均 $\delta^{13}C$ 和 $\delta^{15}N$ 值	(232)
表 6-3-1	新石器时代晚期南、北方各遗址人骨的平均 $\delta^{13}C$ 和 $\delta^{15}N$ 值	(234)
表 6-4-1	新石器时代末期至两汉时期中原及周边部分遗址人骨的平均 $\delta^{13}C$ 和 $\delta^{15}N$ 值	(239)
表 6-4-2	新石器时代末期至青铜时代早期甘青地区各遗址炭化农作物种子百分比	(243)
表 6-4-3	新石器时代末期至青铜时代早期甘青地区各遗址人骨的平均 $\delta^{13}C$ 和 $\delta^{15}N$ 值	(244)
表 6-4-4	早期青铜时代至晋唐时期新疆地区各遗址人骨的平均 $\delta^{13}C$ 和 $\delta^{15}N$ 值	(249)
表 6-4-5	新石器时代末期至青铜时代南方地区各遗址人骨的平均 $\delta^{13}C$ 和 $\delta^{15}N$ 值	(252)

第一章 概 述

1.1 古食谱分析的意义

"民以食为天",食物是人类演化的物质基础,是人类社会发展的原动力,又是人类文明形成的基本保障。同时,食物资源的演变规律记录了人类适应与改造外界环境的整个过程。因此,对古代人类食物结构的重建是我们追踪古代人类活动轨迹、探寻人类文化发展脉络、寻求人地关系的重要手段。

人类通过饮食不断与外界环境进行着物质与能量的交换,并随着人体组织的形成与更新,将外界环境的各方面信息记录下来。由于人体不同组织的生长发育与新陈代谢速度存在差异,且不同组织的成分也不同。因此,不同组织的形成与更新过程,将会记录人体生长发育、生老病死不同阶段的信息,这为我们重建整个人生历程中个体饮食与生存环境的变化规律奠定基础。

对于古代人类而言,随着死亡的降临,其与外界环境的物质与能量交换也被终止。同时,一种新的交换模式开启,即人体组织与埋藏环境的关系。在长期的埋藏过程中,受成岩作用(定义详见第五章)的影响,大部分情况下仅保留人体的硬体组织骨骼与牙齿。仅在特殊极端环境中人体的软体组织才能被保存下来,如新疆极度干燥环境中保存的木乃伊、长沙马王堆汉墓浸水环境下保存的女尸等。

考古遗址出土人体组织的稳定同位素分析可以直接定量或半定量的复原古代人类的食谱与生存环境,为古人类的演化,农业的起源与发展,人群的迁徙,文化的交流与传播,社会等级的分化,以及古病理等方面的研究提供一个新的视角。另外,考古遗址发现的动物与植物组织的稳定同位素分析,又为动物的驯化与饲养策略、农业技术的发展、环境的变迁等方面的研究开辟新的途径。

1.2 国内外研究现状

1.2.1 稳定同位素食谱分析发展简史

20世纪70年代末,稳定同位素食谱分析开始被用于探索美国北部地区史前人类对玉米的最早栽培（Vogel and van der Merwe，1977；van der Merwe and Vogel，1978）。同时，利用喂养实验的模拟检测，深入探索生物有机体组织与食物之间的稳定同位素分馏机理，探讨稳定同位素食谱分析在古生物化石食谱重建中的应用前景（DeNiro and Epstein，1978）。80年代初，人骨中羟磷灰石的稳定同位素食谱分析逐渐开展（Krueger and Sullivan，1984），极大地扩展了古人类食谱研究的领域；但同时，因骨骼成岩作用的影响，羟磷灰石稳定同位素食谱分析备受争议，因此骨骼成岩作用的判别方法被提出且不断被改进（Schoeninger and DeNiro，1982，1983；Lee-Thorp and van der Merwe，1987；Lee-Thorp，1989）。90年代末，"You are what you eat"（我即我食）原理的提出，为古人类食谱的分析提供了坚实的理论依据，明确指出生物体骨骼中的稳定同位素组成与其生前食物的稳定同位素组成密切相关（Kohn，1999），该理论的提出掀起新一轮稳定同位素食谱分析的浪潮。

我国C稳定同位素食谱分析起步于20世纪80年代前半叶，是由仇士华与蔡莲珍先生建立^{14}C测年实验室后，首次在国内利用C稳定同位素分析了我国新石器时代半坡、北首岭、浒西庄等遗址先民的食谱（蔡莲珍和仇士华，1984），开创了我国稳定同位素食谱分析的先河。20世纪末至21世纪初，王昌燧先生重新介绍了C、N稳定同位素分析的原理；随后，仇士华、蔡莲珍和张雪莲对N稳定同位素分析方法与研究进展作了进一步介绍；同时，胡耀武教授以综述的形式分别介绍了C、N、S稳定同位素及Sr、Ba微量元素等用于重建古食谱的方法（Hu，2018；蔡莲珍，2001）。2003年，第一批古代人类的C、N稳定同位素数据被正式发表在中国期刊上（张雪莲等，2003）。至此，稳定同位素食谱分析方法在我国考古学研究中得以建立。

1.2.2 研究对象与稳定同位素分馏

目前，稳定同位素食谱分析的研究对象主要集中在生物体的骨骼和牙齿上。由于骨骼和牙齿的化学、物理、生物性能的异同（Triffitt，1980；White and Folkens，1991；Pate，1994；胡耀武，2002；Katzenberg and Saunders，2008；Zhang et al.，2005；Swindler，2002；Hillson，1996），两者的稳定同位素食谱分析原理也存在明显的异同。

骨骼和牙齿有机质的主要成分均为胶原蛋白，但两者胶原蛋白的含量存在明显差异（Triffitt，1980；Hillson，1996）。骨胶原主要用于C、N、O和S等稳定同位素的分析。动物喂养实验显示，相对于食物，动物（猪或鼠）骨胶原的δ^{13}C值（表示"^{13}C/^{12}C比值"）富集0.5‰~6.1‰（Hare et al.，1991；Howland et al.，2003）。一般认为食物向古代人或动物骨胶原转变过程中，δ^{13}C值约富集5‰（Bocherens et al.，1994a；Cerling and Harris，1999）；δ^{15}N值随着营养级每升高一级，富集2‰~5‰（DeNiro and Epstein，1981；Schoeninger，1985；Hedges and Reynard，2007）。C和S同位素在营养级之间的分馏较小，分别约1‰（Schoeninger，1985）和-1‰~2‰，且人与动物骨胶原的S同位素组成取决于当地食物链中的S同位素组成（Richards et al.，2003）。生物体组织的O同位素组成与动物体液中的O同位素组成保持动态平衡，并取决于O的三大来源：饮用水、食物和空气（Luz and Kolodny，1985）。骨胶原中C主要来源于食物蛋白质部分（Ambrose and Norr，1993；Tieszen and Fagre，1993），N主要来源于含N量高的动物蛋白，根据骨胶原$\delta^{13}C$和$\delta^{15}N$值的相关性，可以判断人或动物的食谱主要是依赖于动物类食物还是植物类食物（胡耀武等，2007a）。

骨骼和牙齿无机质的主要成分为磷灰石，两者磷灰石的含量与结晶度均存在明显差异（Triffitt，1980；葛俊等，2006；Hillson，1996；Sponheimer and Lee-Thorp，1999a；Kohn and Cerling，2002）。两者磷灰石主要用于C、O和Sr等同位素的分析，但两者碳酸盐中的C和O稳定同位素组成存在一定差异（Webb et al.，2014；Zhu and Sealy，2019）。动物喂养实验显示，相对于食物，动物（猪或鼠）骨骼磷灰石的$\delta^{13}C$值富集9.10‰~10.20‰（DeNiro and Epstein，1978a；Tieszen and Fagre，1993；Jim et al.，2004；Howland et al.，2003）；另外，相对于食物，古代人骨磷灰石的$\delta^{13}C$值约富集12‰（Harrison and Katzenberg，2003）；而不同种属动物牙釉质中羟基磷灰石的$\delta^{13}C$值富集9‰~14‰（Ambrose and Norr，1993；Cerling and Harris，1999；Kohn and Cerling，2002）。有学者认为物种间牙釉质羟基磷灰石C稳定同位素分馏的差异，主要是由不同物种消化生理的差异所致（Passey et al.，2005），但反刍类动物与非反刍类动物牙釉质C稳定同位素的分馏却未见明显差异（Cerling and Harris，1999）。

骨胶原中的C主要来源于食物中的蛋白质部分，磷灰石中的C则来源于整个食物（包括碳水化合物、蛋白质和脂类）；一般而言，与碳水化合物相比，脂肪^{13}C含量少，而氨基酸则富集^{13}C（DeNiro and Epstein，1978b；Tieszen，1991），因此人（或动物）的不同组织与食物的C同位素分馏存在明显差异（Ambrose and Norr，1993；Tieszen and Fagre，1993）。另外，骨胶原与磷灰石$\delta^{13}C$值的差异程度和正负相关性均与人或动物的食性和所处的营养级有关（Harrison and Katzenberg，2003；Krueger and Sullivan，1984；Lee-Thorp et al.，1989；DeNiro and Epstein，1978b；Tieszen，1991；胡耀武等，2007a）。

不同类型骨骼的生长与更新所需的时间不同，如人体长骨和肋骨更新时间分别约为10年和3~5年，因此，不同类型骨骼所指示的食谱信息代表了个体死亡前不同时间段内的饮食习惯（Manolagas，2000；Price，1989；Jay and Richards，2006；Jørkov et al.，2009；Pate，1994；Frost，1980；Martin et al.，1998；Ortner，2003；Parks，2009；Valentin，2002；Hedges et al.，2007）。同一个体不同类型骨骼之间的稳定同位素分馏差异较小（Pate，1994；Jørkov et al.，2009）。牙釉质与牙本质形成后，其化学成分与组织结构基本不再发生改变,其所反映的食谱信息指示的是个体生长发育过程中(幼年时期)的饮食习惯(Hillson,1996;Swindler,2002)。不同牙齿发育与萌出时间的不同(Scheuer and Black,2004;Stanford et al.,2011),导致不同牙齿的稳定同位素组成可以反映幼儿不同生长发育阶段的食谱信息(Prowse et al.,2007)。牙釉质的形成呈现周期性层状堆积(FitzGerald,1998;Reid and Ferrell,2006),每层形成的生物物质的稳定同位素组成代表一个周期内个体的食谱信息(Henton et al.,2017;Balasse and Ambrose,2005)。

特殊情况下保存或形成的生物体其他组织或残留物,如毛发、指甲、动物角、牙结石、粪化石等,因其特殊的生理特征和形成过程,也逐渐得到古食谱研究的青睐,成为探讨考古学问题的重要研究对象。毛发、指甲、角等均是皮肤的衍生物,主要成分均为富含硫元素的硬角蛋白(Zviak and Dawber,1986;Venkat,2009;Wang et al.,2016),主要用于C、N、O和S等稳定同位素的分析。人或动物牙齿上牙斑堆积物重度矿化形成牙结石,使食物残渣被包裹在磷酸钙堆积物中得以保留(Jin and Yip,2002;Dorio,2012;Gobetz and Bozarth,2001;Mandel,1990;Marsh,2015)。粪化石由人或动物对食物消化吸收后排泄的食物残渣经长期埋藏后形成(Fry,1985;王文娟,2013)。牙结石与粪化石的稳定同位素组成间接或直接与食物的稳定同位素组成存在相关性,常被用于C、N稳定同位素食谱分析(Eerkens et al.,2014;Scott and Poulson,2012;Kuhnle et al.,2013;Phillips and O'Connell,2016;Mcfadden et al.,2006;Painter et al.,2009)。

与骨胶原相似,角蛋白中的C、N也主要来源于食物中的蛋白质部分(Ambrose and Norr,1993;Tieszen and Fagre,1993;屈亚婷等,2013)。已有的研究表明,相对于食物,动物毛角蛋白的$\delta^{13}C$值富集0.2‰~3.5‰(Sponheimer et al.,2003;Nardoto et al.,2006;Katzenberg and Krouse,1989;Jones et al.,1981;Tieszen et al.,1983);人发角蛋白的$\delta^{13}C$值富集1‰~2‰,$\delta^{15}N$值则随营养级每升高一级富集2‰~3‰(Sponheimer et al.,2003;Ambrose,2000;Tieszen and Fagre,1993;DeNiro and Epstein,1981;O'Connell,1996;Bol and Pflieger,2002;O'Connell and Hedges,1999a);人指甲角蛋白的$\delta^{13}C$值约富集3‰,$\delta^{15}N$值随营养级每升高一级约富集3.5‰(Vander Zanden and Rasmussen,2001;O'Connell et al.,2001;Buchardt et al.,2007;Williams and Katzenberg,2012);动物角$\delta^{13}C$值富集3.1‰±0.7‰(Cerling and Harris,1999),$\delta^{15}N$值随营养级每升高一级富集2‰~3‰(O'Connell and Hedges,1999a)。

考古遗址中,相对于发角蛋白,人骨胶原的$\delta^{13}C$值富集0~1‰,$\delta^{15}N$值富集0~2‰(O'Connell and Hedges,1999b),两者之间同位素分馏的本质在于两者氨基酸的组成存在差异(Hare et al.,1991;Robbins,2012;Marshall et al.,1991),且不同氨基

酸的代谢途径具有多源性，造成不同氨基酸的$\delta^{13}C$和$\delta^{15}N$值与食物相比存在不同程度上的分馏效应（O'Connell et al., 2001；O'Connell and Hedges, 2001；Ambrose et al., 2003）。人发与指甲角蛋白的稳定同位素组成也存在差异，主要与两者氨基酸组成的差异有关，也可能与氨基酸的代谢差异有关（O'Connell et al., 2001）。

人或动物软体组织的C、N稳定同位素也会发生一定分馏（Sweeting et al., 2007；Hare et al., 1991；Tieszen et al., 1983；DeNiro and Epstein, 1978a）。另外，相对于骨胶原，牙结石的$\delta^{13}C$和$\delta^{15}N$值分别富集-4.00‰~-0.80‰和2.10‰；相对于羟磷灰石，牙结石的$\delta^{13}C$值约降低6.4‰（Eerkens et al., 2014；Schwarcz and Schoeninger, 1991）。同一个体不同牙齿上牙结石的$\delta^{13}C$和$\delta^{15}N$值也存在一定差异（Poulson et al., 2013；Eerkens et al., 2014）。不同种属、不同个体消化系统的差异、咀嚼习惯的不同等，致使粪便的C、N稳定同位素分馏较为复杂（Kuhnle et al., 2013；Phillips and O'Connell, 2016；Sambrotto et al., 2006；Painter et al., 2009；Salvarina et al., 2013；Hare et al., 1991）。

毛发和指甲呈周期性持续生长（Robbins, 2002；王宁等，2012）。一般而言，人发和指甲的生长速度分别为每天生长0.35mm（Saitoh et al., 1969）和0.10~0.12mm（De Berker et al., 2007；Zaias, 1990）。牛科动物角从春天至冬天生长，将产生明显的年增量（年轮），且每年生长的年轮宽度将随着年龄的增长而逐渐减小（Marshall et al., 1991；Bassano et al., 2003；Giacometti et al., 2002；Barbosa et al., 2009）。牙斑的形成一般只需几天或几周（Boyadjian et al., 2007；Hayashizaki et al., 2008；Bosshardt and Lang, 2015），因此牙结石的稳定同位素组成反映的是个体生前某一较短时间段内的食物信息（Lieverse, 1999；Scott and Poulson, 2012）。粪便的稳定同位素组成也反映的是个体短期内的食谱信息，一般为几天至一周，甚至更短（Tieszen et al., 1983；Valamoti and Charles, 2005；Salvarina et al., 2013）。

总之，考古遗址中人或动物不同组织或残留物，因化学、物理与生物特性的差异，不同组织或不同成分稳定同位素的分馏效应存在差异。另外，人或动物不同组织或残留物生长与形成时间或周期的不同，代表了其生存期间不同时期内长周期或短周期的食谱信息。

1.2.3 稳定同位素食谱分析的影响因素

人或动物作为食物链中的消费者，一切影响其食物稳定同位素组成的因素，都将间接影响其自身组织的稳定同位素组成。另外，人或动物生存在自然与社会环境中，其组织的稳定同位素组成也将直接受到各种内外因素不同程度的影响。

植物位于食物链的底层，其稳定同位素组成的变化是整个食物链稳定同位素变化的根源。自然条件下，植物的稳定同位素组成取决于自身受遗传因素控制的生理代谢与组织成分，同时又受到自然环境和气候因素（土壤、降水、大气压、CO_2浓度、温度、光照、湿度、海拔、纬度等）的影响（Winkler et al., 1978; Hattersley, 1982; Beyschlag et al., 1987; Marino and McElroy, 1991; Gebauer and Schulze, 1991; Pate, 1994; Quade et al., 1995; Saliendra et al., 1996; Martinelli et al., 1999; Hobbie et al., 2000; Evans, 2001; Medlyn et al., 2001; Billings et al., 2002; Amundson et al., 2003; Sah and Brumme, 2003; Ghashghaie et al., 2003; 王国安等, 2003, 2005; Levin et al., 2004; Horz et al., 2004; 林先贵等, 2005; Codron et al., 2005; Houlton et al., 2006; Yi and Yang, 2006; 刘晓宏等, 2007; Aranibar et al., 2008; Dungait et al., 2008; 刘贤赵等, 2009, 2014; Liu and Wang, 2009; Bassirirad et al., 2010; 周咏春, 2012; Weigt et al., 2018）。同样，这些因素也将通过影响农作物的稳定同位素组成，间接影响人与动物组织的稳定同位素组成。

不同种属或品种的农作物（如粟、黍、麦等），生理特性的不同导致其稳定同位素组成也存在明显差异（Hattersley, 1982; Saliendra et al., 1996; An et al., 2015a; 陈玉凤, 2015; 刘宏艳等, 2017）。同一农作物（如小麦、粟、大豆、玉米、稻等）不同器官稳定同位素组成的差异，也将使不同消费者组织的稳定同位素组成产生差异（Yoneyama and Ohtani, 1983; Gleixner et al., 1993; Yoneyama et al., 1997; Cheng and Johnson, 1998; 冯虎元等, 2001; Zhao et al., 2004; Bogaard et al., 2007; 李树华等, 2010; Gupta et al., 2013; An et al., 2015a, 2015b）。不同种属的农作物在不同地区受不同主导气候因素的影响，如中国北方粟、黍种子$δ^{13}C$值就存在明显地域差异；粟$δ^{13}C$值与年降水量存在正相关关系，而$δ^{15}N$值与降水量不存在明显相关性；黍$δ^{13}C$值与年降水量不存在明显相关性（An et al., 2015a, 2015b）。黄土高原半干旱与干旱地区，粟$δ^{13}C$值与年降水量和生长季降水量无明显相关性，但随纬度增高，$δ^{13}C$值趋于偏负；黍$δ^{13}C$值与海拔、年降水量、生长季降水量、生长季可利用水分存在显著关系（杨青和李小强, 2015）。中国西北地区，小麦$δ^{13}C$值与降水量之间存在明显负相关性（陈玉凤, 2015），且随海拔升高趋于增大（吴翌硕, 2012; 刘宏艳等, 2017）。

人类活动有意或无意间对植物稳定同位素组成也会产生影响。例如，灌溉通过影响土壤硝化、矿化、氨挥发、反硝化、淋溶流失等过程，间接影响植物的N稳定同位素组成（Aranibar et al., 2008; Handley and Raven, 1992; Lloyd, 1993; Houlton et al., 2006; 袁新民等, 2000）；灌溉用水的硝酸盐含量和$δ^{15}N$值及$δ^{18}O$和$δD$值也会影响植物的稳定同位素组成（Bateman et al., 2005; 蒋静等, 2010; 郑淑惠等, 1983）。农作物生长所需N源主要来源于土壤中的氮库（Liu and Wang, 2009），农田土壤中N浓度在一定范围内，有机氮肥输入越多，植物$δ^{15}N$值越高（Evans, 2001; Bateman et al.,

2005; Hedges and Reynard, 2007; Lim et al., 2007; Bogaard et al., 2013)。如我国北方地区白水流域新石器时代晚期炭化粟、黍种子较高的δ^{15}N值与农业施猪粪肥相关（Wang et al., 2018）。另外，工业革命引起植物的δ^{13}C值明显偏负1‰~2‰（Marino and McElroy, 1991），δ^{15}N值显著降低（Bassirirad et al., 2010; Solga et al., 2006；陈崇娟和王国安，2015）；中国北方地区，与古代粟、黍相较，现代粟、黍的δ^{13}C值明显降低（An et al., 2015a）；同时，这也造成人与动物骨胶原δ^{13}C值也明显偏负约1.5‰（van der Merwe, 1989; Tieszen and Fagre, 1993）。

自然环境与气候也可通过影响人与动物的新陈代谢，直接对其组织的稳定同位素组成产生影响（Heaton et al., 1986; Sealy et al., 1987; Vander et al., 1975; Eckert et al., 1988; Cormie and Schwarcz, 1996; Shearer and Kohl, 1989）。如干旱环境中，新陈代谢受水分胁迫的影响，生物体骨胶原的δ^{15}N值明显增加（Pate, 1994; Ambrose, 1986; Yi and Yang, 2006）。个体生理特征通过影响其新陈代谢也将对自身组织的稳定同位素组成产生潜在的影响。喂养实验发现水貂组织的稳定同位素组成与其性别无关（DeNiro and Schoeniger, 1983），因此古代男、女食谱差异往往作为判断劳动分工、地位等级及社会组织变化等的重要依据（郭怡等，2017b; Dong et al., 2017; Naumann et al., 2014; Stantis et al., 2015）。对国内外多处遗址不同年龄段个体的δ^{13}C和δ^{15}N值进行对比分析，集中探讨不同年龄段个体食谱的差异（Pollard et al., 2012; Beaumont et al., 2013; 舒涛等，2016; 王洋等，2014; Ma et al., 2016a; Cheung et al., 2017; 张全超等，2006; 张雪莲等，2014）。其中，哺乳期婴儿的δ^{15}N值一般较高（Heaton et al., 1986; Sealy et al., 1987; Fogel et al., 1989; Bocherens et al., 1994a; 吴梦洋等，2016）。疾病、营养（或生理）压力、妊娠期等可在短期内引起人体新陈代谢异常，从而影响个体组织的稳定同位素组成，尤其是δ^{15}N值的变化（Krishnamurthy et al., 2017; Fuller et al., 2004, 2005; Mekota et al., 2006; Hayasaka et al., 2017; Neuberger et al., 2013; White and Armelagos, 1997; Pollard et al., 2012; 尹粟等，2017; Beaumont and Montgomery, 2016）。另外，生活习性的变化（如饮食习惯的改变、饮酒、吸烟等）也将对个体组织的稳定同位素组成产生影响（易现峰等，2004; Poupin et al., 2014; Lamb et al., 2014; Grolmusová et al., 2014）。此外，考古遗址中，农作物组织的炭化，样品埋藏过程中的污染，以及取样和保存等均可能对样品的稳定同位素组成产生影响（Pechenkina et al., 2005; Fraser et al., 2008; Barbosa et al., 2009; Yang et al., 2011; Bogaard et al., 2013; Gupta et al., 2013; An et al., 2015b）。

总之，食物链中生物体组织的稳定同位素组成受外界与自身多种因素的直接或间接影响，且不同遗址或个体所受的主导影响因素不同。另外，目前有关各因素影响机制的研究不够全面深入，且主要基于现代样品的分析。

1.2.4　不同分析样品污染的判别

生物体死亡之后，在长期的埋藏过程中，受各种埋藏环境因素的影响（如温度、湿度、微生物、沉积物的酸碱度、地下水等）（Price et al., 1992），其不同组织的化学成分、物理结构及生物性能均可能发生变化（Nelson, 1986; Price, 1989; Nielsen-Marsh and Hedges, 2000; Braida et al., 1994; Robbins, 2012）。因此，污染的判别是开展稳定同位素分析的前提。

骨骼中胶原蛋白污染的判别指标包括骨胶原提取率，C、N含量及C/N摩尔比（DeNiro, 1985; DeNiro and Weiner, 1988; Bocherens et al., 1994b）。另外，根据骨胶原中谷氨酸、脯氨酸和羟脯氨酸$\delta^{13}C$值的相似性及丝氨酸含量的变化，也可判断骨胶原是否受到外来物质的污染（Hare et al., 1991）。现代骨胶原提取率约20%（胡耀武等，2005），C、N含量分别为41%和15%，C/N摩尔比为3.2（Ambrose, 1990; Ambrose et al., 1997）；一般认为，考古遗址提取骨胶原的C、N含量分别介于15.3% ~ 47.0%和5.5% ~ 17.3%之间（Ambrose, 1990），且C/N摩尔比介于2.9 ~ 3.6之内，则认为提取骨胶原基本未受污染（DeNiro, 1985）。C/N摩尔比也是鉴定毛发、指甲、动物角等组织中残留角蛋白污染的重要指标。现代头发和指甲角蛋白C/N摩尔比变化范围分别为2.9 ~ 3.8和3.0 ~ 3.8（理论值均为3.4），如果考古遗址出土两者的C/N摩尔比超出此范围，则认为已被污染（O'Connell and Hedges, 1999a; O'Connell et al., 2001）。现代牛角角蛋白的C/N摩尔比为2.91（Barbosa et al., 2009），考古遗址出土披毛犀角角蛋白C/N摩尔比平均值为3.01±0.01（Tiunov and Kirillova, 2010）。

长期的埋藏过程中，骨骼和牙齿中因非晶态的磷灰石逐步转变为晶体磷灰石，或因离子取代、置换等，磷灰石结晶度将发生一定程度改变（Person et al., 1995）。另外，沉积物中的碳酸钙、长石、石英等进入到骨骼或牙齿孔隙中，造成骨骼的物理污染（胡耀武等，2001）。目前，用于生物磷灰石污染判别的指标主要包括磷灰石中C含量，Ca和P的含量（Price, 1989），Ca/P比值（Price et al., 1992; Schutkowski et al., 1999; Wright and Schwarcz, 1996），Fe和Al（或Mn）、Ba和Mn的相关性（Nielsen-Marsh and Hedges, 2000; Carvalho et al., 2004, 2007; Schutkowski et al., 1999），以及红外和衍射谱图与结晶指数（如PCI和BPI，定义详见第五章）（Greene et al., 2004; Weiner and Bar-Yosef, 1990; Sillen and Morris, 1996; Sponheimer and Lee-Thorp, 1999b），等等。Ca和P含量分别介于35% ~ 38%和16% ~ 18%范围内（Price, 1989），Ca/P比值介于2.00 ~ 2.29范围内（理论值约为2.15），一般认为磷灰石的晶体保存较为完整（Price et al., 1992; Schutkowski et al., 1999）。现代牙釉质和骨骼磷灰石的PCI指数变化范围分别为3.5 ~ 3.8（Sponheimer and Lee-Thorp,

1999b）和2.8~3.0（Shemesh，1990；郭怡等，2017a）；PCI≤3.8一般被认为是牙釉质原生的磷灰石（Shemesh，1990），PCI指数高于4.3，说明磷灰石发生较大程度的重结晶，已失去原有的成分结构（Shemesh，1990；郭怡等，2017a）。现代牙釉质磷灰石BPI指数变化范围为0.16~0.35，代表碳酸盐含量介于2.30%~4.20%的范围；现代骨骼碳酸盐含量约7.4%，碳酸盐含量的变化可指示外源碳酸盐的侵入或内源碳酸盐的流失，成为判断碳酸盐污染的重要指标（Wright and Schwarcz，1996；Sponheimer and Lee-Thorp，1999b；LeGeros，1991）。

样品的前期处理一定程度上可以去除污染，并为稳定同位素质谱分析提供合适的测试样品。目前，骨骼或牙齿中胶原蛋白或磷灰石的提取方法较为成熟（Ambrose，1990；Jay and Richards，2006；Lee-Thorp et al.，1989；Lee-Thorp and van der Merwe，1991；Ajle et al.，1991；王宁等，2014）；同时也关注不同处理方法对胶原蛋白C、N稳定同位素组成的影响（Pestle，2010；Tuross，2012；Sealy et al.，2014；Jørkov et al.，2007）。毛发、指甲、角、粪化石及植物具有相应的处理方法，且根据部分研究对象的周期性生长，进行序列取样分析（White，1993；Macko et al.，1997；O'Connell et al.，2001；O'Regan et al.，2008；Aguilera et al.，2008；Henton，2012；Qiu et al.，2014；Henton et al.，2017）。

1.2.5 考古学前沿研究中的稳定同位素食谱分析

考古遗址出土人、动物、植物等组织的稳定同位素分析，为考古学多个领域的研究提供了一个新的视角。目前，国内外相关研究主要集中在古人类的演化、古代人类生业模式的变迁、农业的起源与发展、人与动物的迁徙、文化的交流与传播、劳动分工与社会等级分化、生理健康与古病理、动物的驯化与饲养策略、环境的变迁等方面。

摄食行为的变迁对古人类的起源与演化起着至关重要的作用。早期人科成员地猿始祖种（*Ardipithecus ramidus*，距今约440万年）（White et al.，2009）、南方古猿非洲种（*Australopithecus africanus*，距今约300万~200万年）（Sponheimer and Lee-Thorp，1999a；Lee-Thorp et al.，2010；Sponheimer et al.，2005；van der Merwe et al.，2003）、南方古猿源泉种（*Australopithecus sediba*，距今约200万年）（Henry et al.，2012；Schoeninger et al.，1999）、傍人粗壮种（*Paranthropus robustus*，距今约180万年）（Sponheimer et al.，2005，2006；Lee-Thorp et al.，2000；Lee-Thorp et al.，1994）及傍人鲍氏种（*Paranthropus boisei*，距今约190万~140万年）（van der Merwe et al.，2008；Cerling et al.，2011）牙釉质稳定同位素食谱分析表明C_4类食物在非洲早期人类演化中起着至关重要的作用，C_4类食物的摄取促使早期人类能更好

的适应开阔、季节性明显的生存环境（Sponheimer et al., 2005）。目前，我国发现的直立人尚未开展稳定同位素食谱分析，但与其共生的灵长类动物（巨猿、猩猩等）食性的分析为其生存环境与生存压力的探索提供依据（Wang et al., 2007；赵凌霞等，2011；Zhao and Zhang, 2013；Qu et al., 2014）。另外，欧洲地区尼安德特人（Neandertals）的食性较为稳定，以陆生食草动物为主；现代人的食谱中出现淡水类或海生类食物，其较为广泛的食物选择使现代人在竞争中取胜，而尼安德特人最终走向灭亡（Bocherens et al., 1991, 2001, 2013；Fizet et al., 1995；Wißing et al., 2016；Richards et al., 2001, 2005）。我国早期现代人北京田园洞人也摄取淡水类食物，为欧亚东部更新世晚期人类饮食的广谱革命提供确凿证据（Hu et al., 2009）。

农业的起源与发展不断促进古代人类生业模式的转变与经济主体的变革。稳定同位素的证据显示：中石器时代瑞典中部穆塔拉地区（8000~7000BP）狩猎采集者摄入水生类蛋白（Eriksson et al., 2018）；玉米的最早栽培对美国北部地区史前人类生业模式的重要影响（van der Merwe and Vogel, 1978；Vogel and van der Merwe, 1977）；距今2500~1400年，气候变化引起玉米在阿根廷中西部先民食谱中重要性的降低（Gil et al., 2014）；北美东部全新世晚期，先民对马齿苋（C_4植物）的摄入促使我们重新评估先民对玉米的摄取量（Tankersley et al., 2016）；农作物（玉米）的栽培也对家畜饲养产生影响（Morris et al., 2016）。距今10000年前，随着我国北方粟、黍旱作农业和南方稻作农业的起源与发展（Lu et al., 2009；Yang et al., 2012；Zuo et al., 2017），新石器时代中期（9000~7000BP），我国黄河流域和西部辽河流域先民的生业模式发生转变（郭怡等，2016；Wang, 2004；Atahan et al., 2011；Hu et al., 2008；Hu et al., 2006；张雪莲等，2003；Liu et al., 2012）；新石器时代晚期（7000~5000BP），粟作农业与稻作农业分别成为北方和南方先民农业经济的主体（蔡莲珍和仇士华，1984；张雪莲等，2003, 2010；Pechenkina et al., 2005；胡耀武等，2005, 2007b, 2010；崔亚平等，2006；Barton et al., 2009；凌雪等，2010；张全超等，2010；付巧妹等，2010；孟勇，2011；南川雅男等，2011；郭怡等，2011a, 2016；Liu et al., 2012；王芬等，2012；Atahan et al., 2014；张国文等，2015；舒涛等，2016；董艳芳，2016）。同时，史前动物食性的变化又为探索家畜的驯化与饲养策略提供依据（管理等，2007, 2011；Hu et al., 2008；Barton et al., 2009；Atahan et al., 2011；Liu et al., 2012；陈相龙等，2012, 2014；侯亮亮等，2013；司艺等，2013；Chen et al., 2016a, 2016b；Dai et al., 2016）。

植物与动物组织的N稳定同位素分析又为农业技术的发展提供直接证据。新石器时代（5900~2400BC）欧洲早期农民通过使用牲畜粪便和水分管理来提高农作物产量（Bogaard et al., 2013）。瑞典斯坦斯堡新石器时代早期（4000~3300 BC）先民已对栽培谷物进行施肥，且施肥方法存在种内和种间差异（Gron et al., 2017）。土耳其阿斯兰泰普地区先民（4300~2000BC）对大麦和二聚体小麦采用灌溉、施肥及间作种植的农业技术（Vignola et al., 2017）。美国西南部考古出土玉米的O同位素分析用于追踪其灌溉用水的来源（Williams et al., 2005）。我国北方地区白水流域新石器时代晚期（5500~3500BP）先民利用猪粪对粟、黍旱作农业进行施肥（Wang et al., 2018）。

国内外考古研究中，根据不同类型骨骼和牙齿所指示的个体不同时间段的食谱与生存环境信息（Jørkov et al., 2009；Lamb et al., 2014；Pollard et al., 2012；Xia et al., 2018；Bocherens et al., 1994a；Reynard and Tuross, 2015；潘建才等，2009）及牙齿、毛发、指甲和角的周期性生长所体现的个体短周期内食谱和生存环境的变化规律（Henton et al., 2017；Balasse and Ambrose, 2005；Schwarcz and White, 2004；Williams and Katzenberg, 2012；Barbosa et al., 2009），探讨古代人与动物的迁徙与文化交流、农作物的传播、生业模式的变化、生存环境的变迁、生长发育过程等。例如，1—3世纪意大利罗马Isola Sacra地区人群的举家迁徙（Prowse et al., 2007），瓦迪阿尔法地区努比亚人食谱的季节性变化（Schwarcz and White, 2004），普纳南部全新世的生态变化（Grant et al., 2018），密西西比/古堡地区玉米传播与人群迁移的密切关系（Cook and Price, 2015），等等。我国不同时期考古遗址稳定同位素食谱分析显示，随着我国南北方文化的发展与交流，人群迁徙频繁发生，粟作农业与稻作农业的分布范围也不断扩大（Lanehart et al., 2011；陈相龙等，2017；Atahan et al., 2014；Chen et al., 2016a；郭怡等，2011b；田晓四等，2008；Xia et al., 2018；司艺等，2014；Cheung et al., 2017；尹若春等，2008；赵春燕等，2016）；西亚小麦的传入促使我国甘青地区先民的生业模式由粟作农业为主逐渐转为以麦作农业为主（Ma et al., 2014, 2015, 2016b）；欧亚草原青铜文化的扩张与甘青地区彩陶文化的西进促使我国新疆地区文化多元化、人群结构复杂化及生业模式多样化（张雪莲等，2003；张昕煜等，2016；Qu et al., 2018；Wang et al., 2017；司艺等，2013），等等。

此外，不同个体之间食谱的差异又体现了劳动分工、社会等级分化、特殊生理期、疾病等各方面的信息。例如，汤加塔布岛（500~150BP）不同墓葬和不同性别先民食谱的差异与社会等级有关（Stantis et al., 2015）；挪威北部沿海地区的铁器时代晚期，先民食谱的变化与海洋渔业的日益扩大有关（Naumann et al., 2014）；苏丹努比亚人（AD350~550）患骨质疏松症的女性，$\delta^{15}N$值明显升高（White and Armelagos, 1997）。我国仰韶文化早期，姜寨遗址中男性与女性的食谱差异体现了两者的劳动分工（郭怡等，2017b）；河南淅川申明铺遗址，具有较高社会等级的个体对肉食资源的占有量高（侯亮亮等，2012）；中原地区仰韶文化至东周时期，男性地位的逐渐升高（Dong et al., 2017）；安徽薄阳城遗址（1122~771BC）和四川成都高山古城遗址（4500BP）古代儿童断奶模式与喂养方式的探讨，为古代社会儿童营养和生长发育的研究提供重要依据（Xia et al., 2018; Yi et al., 2018）。

总之，稳定同位素食谱分析为多角度全面重建古代人类（或动物）的食物结构、揭示古代人类社会生活的各方面信息提供了有力的证据，已成为考古学研究的必要方法之一。

1.3 存在的不足

目前，国内外考古学研究中，稳定同位素食谱分析的应用领域不断得到扩展，研究对象不断多样化，研究理论与方法也不断得到完善。但仍有以下几方面有待更深入的研究：

（1）国内外考古研究中，稳定同位素食谱分析对象主要集中在骨骼和牙齿上，对于其他不同研究对象组织的化学、物理与生物特性及生长或形成机理缺乏系统的对比分析，尤其是不同研究对象对于指示个体食性上的异同，以及与食物之间的分馏机理仍需深入探索。

（2）国际上稳定同位素食谱分析的影响因素虽逐渐得到重视，但缺乏综合系统的探讨不同饮食文化背景下古食谱重建的潜在影响因素，以及不同影响因素的作用机制。

（3）国内外已对考古出土不同研究对象污染的判别提出多重指标，但对于不同埋藏环境下样品的保存状况与污染机制仍需深入探索。

（4）国内外稳定同位素食谱分析主要集中于某一文化或遗址，缺乏从时空大框架下，以文化发展为脉络、以自然地理环境为边界，综合探索古代人类生业模式的演变规律。

此外，国际上稳定同位素食谱分析相关专著（以部分章节为主）仍主要集中于骨骼和牙齿的分析（Gilbert and Mielke, 1985; Price, 1989; Larsen, 2004; Katzenberg and Saunders, 2008; Papathanasiou et al., 2015; Hublin and Richards, 2009）；而国内仅有三篇综合评述稳定同位素食谱分析应用于我国考古学研究的论文（陈松涛，2014；张国文，2016；Hu，2018）以及一部有关稳定同位素分析在考古学研究中具体案例分析的专著（郭怡，2013）。本书以我国古代独具特色的饮食文化为背景，通过对比分析不同研究对象组织的化学、物理与生物特性及生长或形成机理，深入探讨不同研究对象稳定同位素分馏的特征，以及我国古代人类（或动物）稳定同位素食谱分析可能存在的影响因素及不同因素的影响机制。同时，在不同研究对象污染判别指标综合分析的基础之上，探索我国南北方骨骼保存与污染的机理。最后，以我国考古学文化发展为脉络，深入解析我国古代不同地域人类社会经济的演变规律，并提出有关稳定同位素食谱分析新的见解。

参 考 书 目

[1] 蔡莲珍,2001. 古代人类食谱的研究方法. The Influence of Agriculture Origin on Formation of Chinese Civilization—Proceedings of CCAST (World Laboratory) Workshop: 93-95.

[2] 蔡莲珍,仇士华,1984. 碳十三测定和古代食谱研究. 考古,(10): 945-955.

[3] 陈崇娟,王国安,2015. 氮沉降显著降低植物氮同位素组成. 吉林大学学报(地球科学版),45(S1): 1507.

[4] 陈松涛,2014. 国内人骨碳氮稳定同位素考古学研究述评. 山东大学硕士学位论文: 1-82.

[5] 陈相龙,2012. 龙山时代家畜饲养策略研究. 中国科学院大学博士学位论文: 1.

[6] 陈相龙,李悦,刘欢,陈洪海,王振,2014. 陕西淳化枣树沟脑遗址马坑内马骨的C和N稳定同位素分析. 南方文物,(1): 82-85.

[7] 陈相龙,郭小宁,王炜林,胡松梅,杨苗苗,吴妍,胡耀武,2017. 陕北神圪垯墚遗址4000a BP前后生业经济的稳定同位素记录. 中国科学:地球科学,47(1): 95-103.

[8] 陈玉凤,2015. 中国西北地区现代小麦、赖草的稳定碳氮同位素组成及其与气候的关系. 兰州大学硕士学位论文: 1-33.

[9] 崔亚平,胡耀武,陈洪海,董豫,管理,翁屹,王昌燧,2006. 宗日遗址人骨的稳定同位素分析. 第四纪研究,26(4): 604-611.

[10] 董艳芳,2016. 浙江沿海地区史前先民生业经济初探——以田螺山遗址先民(动物)的食物结构分析为例. 浙江大学硕士学位论文: 1-50.

[11] 冯虎元,陈拓,徐世健,安黎哲,强维亚,张满效,王勋陵,2001. UV-B辐射对大豆生长、产量和稳定碳同位素组成的影响. 植物学报,43(7): 709-713.

[12] 付巧妹,靳松安,胡耀武,马钊,潘建才,王昌燧,2010. 河南淅川沟湾遗址农业发展方式和先民食物结构变化. 科学通报,55(7): 589-595.

[13] 葛俊,崔福斋,吉宁,阎建新,2006. 人牙釉质分级结构的观察. 牙体牙髓牙周病学杂志,16(2): 61-66.

[14] 管理,胡耀武,汤卓炜,杨益民,董豫,崔亚平,王昌燧,2007. 通化万发拨子遗址猪骨的C,N稳定同位素分析. 科学通报,52(14): 1678-1680.

[15] 管理,胡耀武,王昌燧,汤卓炜,胡松梅,阚绪杭,2011. 食谱分析方法在家猪起源研究中的应用. 南方文物,(4): 116-124.

[16] 郭怡,2013. 稳定同位素分析方法在探讨稻粟混作区先民(动物)食谱结构中的运用. 浙江大学出版社: 1-123.

[17] 郭怡,胡耀武,高强,王昌燧,Richards, M. P.,2011a. 姜寨遗址先民食谱分析. 人类学学报,30(2): 149-157.

[18] 郭怡, 胡耀武, 朱俊英, 周蜜, 王昌燧, Richards, M. P., 2011b. 青龙泉遗址人和猪骨的 C, N 稳定同位素分析. 中国科学: 地球科学, 41 (1): 52-60.

[19] 郭怡, 夏阳, 董艳芳, 俞博雅, 范怡露, 闻方园, 高强, 2016. 北刘遗址人骨的稳定同位素分析. 考古与文物, (1): 115-120.

[20] 郭怡, 项晨, 夏阳, 徐新民, 张国文, 2017a. 中国南方古人骨中羟磷灰石稳定同位素分析的可行性初探——以浙江省庄桥坟遗址为例. 第四纪研究, 37 (1): 143-154.

[21] 郭怡, 俞博雅, 夏阳, 董艳芳, 范怡露, 闻方园, 高强, Richards, M. P., 2017b. 史前时期社会性质初探——以北刘遗址先民食物结构稳定同位素分析为例. 华夏考古, (1): 45-53.

[22] 侯亮亮, 李素婷, 胡耀武, 侯彦峰, 吕鹏, 曹凌子, 胡保华, 宋国定, 王昌燧, 2013. 先商文化时期家畜饲养方式初探. 华夏考古, (2): 130-139.

[23] 侯亮亮, 王宁, 吕鹏, 胡耀武, 宋国定, 王昌燧, 2012. 申明铺遗址战国至两汉先民食物结构和农业经济的转变. 中国科学: 地球科学, 42 (7): 1018-1025.

[24] 胡耀武, 2002. 古代人类食谱及其相关研究. 中国科学技术大学博士学位论文: 1-87.

[25] 胡耀武, Ambrose, S. H., 王昌燧, 2007a. 贾湖遗址人骨的稳定同位素分析. 中国科学: 地球科学, 37 (1): 94-101.

[26] 胡耀武, 何德亮, 董豫, 王昌燧, 高明奎, 兰玉富, 2005. 山东滕州西公桥遗址人骨的稳定同位素分析. 第四纪研究, 25 (5): 561-567.

[27] 胡耀武, 李法军, 王昌燧, Richards, M. P., 2010. 广东湛江鲤鱼墩遗址人骨的C、N稳定同位素分析: 华南新石器时代先民生活方式初探. 人类学学报, 29 (3): 264-269.

[28] 胡耀武, 王根富, 崔亚平, 董豫, 管理, 王昌燧, 2007b. 江苏金坛三星村遗址先民的食谱研究. 科学通报, 52 (1): 85-88.

[29] 胡耀武, 王昌燧, 左健, 张玉忠, 2001. 古人类骨中羟磷灰石的XRD和喇曼光谱分析. 生物物理学报, 17 (4): 621-627.

[30] 蒋静, 冯绍元, 王永胜, 霍再林, 2010. 灌溉水量和水质对土壤水盐分布及春玉米耗水的影响. 中国农业科学, 43 (11): 2270-2279.

[31] 李树华, 许兴, 张艳铃, 景继海, 朱林, 雍立华, 王娜, 白海波, 吕学莲, 2010. 小麦不同器官碳同位素分辨率与产量的相关性研究. 中国农学通报, 26 (23): 121-125.

[32] 林先贵, 胡君利, 褚海燕, 尹睿, 苑学霞, 张华勇, 朱建国, 2005. 土壤氨氧化细菌对大气 CO_2 浓度增高的响应. 农村生态环境, 21 (1): 44-46.

[33] 凌雪, 陈靓, 薛新明, 赵丛苍, 2010. 山西芮城清凉寺墓地出土人骨的稳定同位素分析. 第四纪研究, 30 (2): 415-421.

[34] 刘宏艳, 郭波莉, 魏帅, 姜涛, 张森燊, 魏益民, 2017. 小麦制粉产品稳定碳、氮同位素组成特征. 中国农业科学, 50 (3): 556-563.

[35] 刘贤赵,王国安,李嘉竹,王庆,2009. 北京东灵山地区现代植物氮同位素组成及其对海拔梯度的响应. 中国科学: 地球科学, 39(10): 1347-1359.

[36] 刘贤赵,张勇,宿庆,田艳林,王庆,全斌,2014. 陆生植物氮同位素组成与气候环境变化研究进展. 地球科学进展, 29(2): 216-226.

[37] 刘晓宏,赵良菊,Gasaw, M., 高登义,秦大河,任贾文,2007. 东非大裂谷埃塞俄比亚段内C_3植物叶片$\delta^{13}C$和$\delta^{15}N$及其环境指示意义. 科学通报, 52(2): 199-206.

[38] 孟勇,2011. 陕西出土6000年和1000年前古人牙齿结构、组成及病理特征的对比研究. 第四军医大学博士学位论文: 1-67.

[39] 南川雅男,松井章,中村慎一等,2011. 由田螺山遗址出土的人类与动物骨骼胶质炭氮同位素组成推测河姆渡文化的食物资源与家畜利用. 北京大学中国考古学研究中心,浙江省文物考古研究所. 田螺山遗址自然遗存综合研究. 北京: 文物出版社: 262-269.

[40] 潘建才,胡耀武,潘伟斌,裴涛,王涛,王昌燧,2009. 河南安阳固岸墓地人牙的C、N稳定同位素分析. 江汉考古, (4): 114-120.

[41] 屈亚婷,杨益民,胡耀武,王昌燧,2013. 新疆古墓沟墓地人发角蛋白的提取与碳、氮稳定同位素分析. 地球化学, 42(5): 447-453.

[42] 舒涛,魏兴涛,吴小红,2016. 晓坞遗址人骨的碳氮稳定同位素分析. 华夏考古, (1): 48-55.

[43] 司艺,李志鹏,胡耀武,袁靖,王昌燧,2014. 河南偃师二里头遗址动物骨胶原的H、O稳定同位素分析. 第四纪研究, 34(1): 196-203.

[44] 司艺,吕恩国,李肖,蒋洪恩,胡耀武,王昌燧,2013. 新疆洋海墓地先民的食物结构及人群组成探索. 科学通报, 58(15): 1422-1429.

[45] 田晓四,朱诚,许信旺,马春梅,孙智彬,尹茜,朱青,史威,徐伟峰,关勇,2008. 牙釉质碳和氧同位素在重建中坝遗址哺乳类过去生存模式中的应用. 科学通报, 53(S1): 77-83.

[46] 王芬,樊榕,康海涛,靳桂云,栾丰实,方辉,林玉海,苑世领,2012. 即墨北阡遗址人骨稳定同位素分析: 沿海先民的食物结构. 科学通报, 57(12): 1037-1044.

[47] 王国安,韩家懋,刘东生,2003. 中国北方黄土区C-3草本植物碳同位素组成研究. 中国科学: 地球科学, 33(6): 550-556.

[48] 王国安,韩家懋,周力平,熊小刚,谭明,吴振海,彭隽,2005. 中国北方黄土区C_4植物稳定碳同位素组成的研究. 中国科学: 地球科学, 35(12): 1174-1179.

[49] 王宁,胡耀武,侯亮亮,杨瑞平,宋国定,王昌燧,2014. 古骨可溶性胶原蛋白的提取及其重建古食谱的可行性分析. 中国科学: 地球科学, 44: 1854-1862.

[50] 王宁,荣恩光,闫晓红,2012. 毛囊发育与毛发生产研究进展. 东北农业大学学报, 43(9): 6-12.

[51] 王文娟, 2013. 河南灵井许昌人遗址鬣狗粪化石研究. 中国科学院大学硕士学位论文: 1-58.

[52] 王洋, 南普恒, 王晓毅, 魏东, 胡耀武, 王昌燧, 2014. 相近社会等级先民的食物结构差异——以山西聂店遗址为例. 人类学学报, 33（1）: 82-89.

[53] 吴梦洋, 葛威, 陈兆善, 2016. 海洋性聚落先民的食物结构: 昙石山遗址新石器时代晚期人骨的碳氮稳定同位素分析. 人类学学报, 35（2）: 246-256.

[54] 吴翌硕, 2012. 阿坝大骨节病区食物链碳同位素地球化学特征. 成都理工大学硕士学位论文: 1-53.

[55] 杨青, 李小强, 2015. 黄土高原地区粟、黍碳同位素特征及其影响因素研究. 中国科学: 地球科学, 45（11）: 1683-1697.

[56] 易现峰, 李来兴, 张晓爱, 赵亮, 李明财, 2004. 人工食物对高原鼠兔稳定性碳和氮同位素组成的影响. 动物学研究, 25（3）: 232-235.

[57] 尹若春, 2008. 锶同位素分析技术在贾湖遗址人类迁移行为研究中的应用. 中国科学技术大学博士学位论文: 1-92.

[58] 尹粟, 李恩山, 王婷婷, 屈亚婷, Fuller, B.T., 胡耀武, 2017. 我即我食 vs. 我非我食——稳定同位素示踪人体代谢异常初探. 第四纪研究, 37（6）: 1464-1471.

[59] 袁新民, 同延安, 杨学云, 李晓林, 张福锁, 2000. 灌溉与降水对土壤NO_3^-—N累积的影响. 水土保持学报, 14（3）: 71-74.

[60] 张国文, 2016. 古食谱分析方法与中国考古学研究. 郑州大学学报（哲学社会科学版）, （4）: 105-108.

[61] 张国文, 蒋乐平, 胡耀武, 司艺, 吕鹏, 宋国定, 王昌燧, Richard, M. P., 郭怡, 2015. 浙江塔山遗址人和动物骨的C、N稳定同位素分析. 华夏考古, （2）: 138-146.

[62] 张全超, Jacqueline, T. E. N. G., 魏坚, 朱泓, 2010. 内蒙古察右前旗庙子沟遗址新石器时代人骨的稳定同位素分析. 人类学学报, 29（3）: 270-275.

[63] 张全超, 朱泓, 胡耀武, 李玉中, 曹建恩, 2006. 内蒙古和林格尔县新店子墓地古代居民的食谱分析. 文物, （1）: 87-91.

[64] 张昕煜, 魏东, 吴勇, 聂颖, 胡耀武, 2016. 新疆下坂地墓地人骨的C, N稳定同位素分析: 3500年前东西方文化交流的启示. 科学通报, 61（32）: 3509-3519.

[65] 张雪莲, 仇士华, 张君, 郭物, 2014. 新疆多岗墓地出土人骨的碳氮稳定同位素分析. 南方文物, （3）: 79-91.

[66] 张雪莲, 仇士华, 钟建, 赵新平, 孙福喜, 程林泉, 郭永淇, 李新伟, 马萧林, 2010. 中原地区几处仰韶文化时期考古遗址的人类食物状况分析. 人类学学报, 29（2）: 197-207.

[67] 张雪莲, 王金霞, 冼自强, 仇士华, 2003. 古人类食物结构研究. 考古, （2）: 62-75.

[68] 赵春燕, 王明辉, 叶茂林, 2016. 青海喇家遗址人类遗骸的锶同位素比值分析. 人类学学报, （2）: 212-222.

[69] 赵凌霞, 张立召, 张福松, 吴新智, 2011. 根据步氏巨猿与伴生动物牙釉质稳定碳同位素分析探讨其食性及栖息环境. 科学通报, 56 (35): 2981-2987.

[70] 郑淑蕙, 侯发高, 倪葆龄, 1983. 我国大气降水的氢氧稳定同位素研究. 科学通报, 28 (13): 801.

[71] 周咏春, 2012. 中国草地样带植被碳氮同位素组成的空间格局及其对气候因子的响应. 中国科学院地理科学与资源研究所博士学位论文: 1-141.

[72] Aguilera, M., Araus, J. L., Voltas, J., Rodriguez-Ariza, M. O., Molina, F., Rovira, N., Buxò, R., Ferrio, J. P., 2008. Stable carbon and nitrogen isotopes and quality traits of fossil cereal grains provide clues on sustainability at the beginnings of Mediterranean agriculture. Rapid Communications in Mass Spectrometry, 22: 1653-1663.

[73] Ajie, H. O., Hauschka, P. V., Kaplan, I. R., Sobel, H., 1991. Comparison of bone collagen and osteocalcin for determination of radiocarbon ages and paleodietary reconstruction. Earth Planetary Science Letters, 107(2): 380-388.

[74] Ambrose, S. H., 1986. Stable carbon and nitrogen isotope analysis of human and animal diet in Africa. Journal of Human Evolution, 15(8): 707-731.

[75] Ambrose, S. H., 1990. Preparation and characterization bone and tooth collagen for stable carbon and nitrogen isotope analysis. Journal of Archaeological Science, 17: 431-451.

[76] Ambrose, S. H., 2000. Controlled diet and climate experiments on nitrogen isotope ratios of rats. In: Ambrose, S. H., Katzenberg, M. A. (eds.), Biogeochemical Approaches to Palaeodietary Analysis. New York: Kluwer Academic Publishers: 243-257.

[77] Ambrose, S. H., Norr, L., 1993. Experimental evidence for the relationship of the carbon isotope ratios of whole diet and dietary protein to those of bone collagen and carbonate. In: Lambert, J. B., Grupe, G. (eds.), Prehistoric Human Bone: Archaeology at the Molecular Level. Berlin: Springer-Verlag: 1-38.

[78] Ambrose, S. H., Buikstra, J., Krueger, H. W., 2003. Status and gender differences in diet at Mound 72, Cahokia, revealed by isotopic analysis of bone. Journal of Anthropological Archaeology, 22(3): 217-226.

[79] Ambrose, S. H., Butler, B. M., Hanson, D. B., Hunter-Anderson, R. L., Krueger, H. W., 1997. Stable isotopic analysis of human diet in the Marianas Archipelago, Western Pacific. American Journal of Physical Anthropology, 104: 343-361.

[80] Amundson, R., Austin, A. T., Schuur, E. A. G., Yoo, K., Matzek, V., Kendall, C., Uebersax, A., Brenner, D., Baisden, W. T., 2003. Global patterns of the isotopic composition of soil and plant nitrogen. Global Biogeochemical Cycles, 17(1): 1031.

[81] An, C. B., Dong, W. M., Li, H., Zhang, P. Y., Zhao, Y. T., Zhao, X. Y., Yu, S. Y., 2015a. Variability

of the stable carbon isotope ratio in modern and archaeological millets: evidence from northern China. Journal of Archaeological Science, 53: 316-322.

[82] An, C. B., Dong, W. M., Chen, Y. F., Li, H., Shi, C., Wang, W., Zhang, P. Y., Zhao, X. Y., 2015b. Stable isotopic investigations of modern and charred foxtail millet and the implications for environmental archaeological reconstruction in the western Chinese Loess Plateau. Quaternary Research, 84(1): 144-149.

[83] Aranibar, J. N., Anderson, I. C., Epstein, H. E., Feral, C. J. W., Swap, R. J., Ramontsho, J., Macko, S. A., 2008. Nitrogen isotope composition of soils, C_3 and C_4 plants along land use gradients in southern Africa. Journal of Arid Environments, 72(4): 326-337.

[84] Atahan, P., Dodson, J., Li, X. Q., Zhou, X. Y., Chen, L., Barry, L., Bertuch, F., 2014. Temporal trends in millet consumption in northern China. Journal of Archaeological Science, 50: 171-177.

[85] Atahan, P., Dodson, J., Li, X. Q., Zhou, X. Y., Hu, S. M., Chen, L., Bertuch, F., Grice, K., 2011. Early Neolithic diets at Baijia, Wei River Valley, China: stable carbon and nitrogen isotope analysis of human and faunal remains. Journal of Archaeology Science, 38(10): 2811-2817.

[86] Balasse, M., Ambrose, S. H., 2005. Distinguishing sheep and goats using dental morphology and stable carbon isotopes in C_4, grassland environments. Journal of Archaeological Science, 32(5): 691-702.

[87] Barbosa, I. C. R., Kley, M., Schäufele, R., Auerswald, K., Schröder, W., Filli, F., Hertwig, S., Schnyder, H., 2009. Analysing the isotopic life history of the alpine ungulates *Capra ibex* and *Rupicapra rupicapra rupicapra* through their horns. Rapid Communications in Mass Spectrometry, 23(15): 2347-2356.

[88] Barton, L., Newsome, S. D., Chen, F. H., Wang, H., Guilderson, T. P., Bettinger, R. L., 2009. Agricultural origins and the isotopic identity of domestication in northern China. Proceedings of the National Academy of Sciences of the United States of America, 106(14): 5523-5528.

[89] Bassano, B., Perrone, A., Von Hardenberg, A., 2003. Body weight and horn development in Alpine chamois, *Rupicapra rupicapra* (Bovidae, Caprinae). Mammalia, 67(1): 65-73.

[90] Bassirirad, H., Constable, J. V. H., Lussenhop, J., Kimball, B. A., Norby, R. J., Oechel, W. C., Reich, P. B., Schlesinger, W. H., Zitzer, S., Sehtiya, H. L., Silim, S., 2010. Widespread foliage $\delta^{15}N$ depletion under elevated CO_2: inferences for the nitrogen cycle. Global Change Biology, 9(11): 1582-1590.

[91] Bateman, A. S., Kelly, S. D., Jickells, T. D., 2005. Nitrogen isotope relationships between crops and fertilizer: implications for using nitrogen isotope analysis as an indicator of agricultural regime. Journal of Agricultural and Food Chemistry, 53(14): 5760-5765.

*[92] Beaumont, J., Montgomery, J., 2016. The great Irish famine: Identifying starvation in the tissues of

victims using stable isotope analysis of bone and incremental dentine collagen. PLOS ONE, 11(8): e0160065.

[93] Beaumont, J., Geber, J., Powers, N., Wilson, A., Lee-Thorp, J., Montqomery, J., 2013. Victims and survivors: stable isotopes used to identify migrants from the Great Irish Famine to 19th century London. American Journal of Physical Anthropology, 150(1): 87-98.

[94] Beyschlag, W., Lange, O. L., Tenhunen, J. D., 1987. Diurnal patterns of leaf internal CO_2 partial pressure of the sclerophyll shrub Arbutus unedo growing in Portugal. Plant Response to Stress: 355-368.

[95] Billings, S. A., Schaeffer, S. M., Zitzer, S., Charlet, T., Smith, S. D., Evans, R. D., 2002. Alterations of nitrogen dynamics under elevated carbon dioxide in an intact Mojave Desert ecosystem: evidence from nitrogen-15 natural abundance. Oecologia, 131(3): 463-467.

[96] Bocherens, H., Fizet, M., Mariotti, A., 1994a. Diet, physiology and ecology of fossil mammals as inferred from stable carbon and nitrogen isotope biogeochemistry: implications for Pleistocene bears. Palaeogeography, Palaeoclimatology, Palaeoecology, 107(107): 213-225.

[97] Bocherens, H., Germonpré, M., Toussaint, M., Semal, P., 2013. Stable isotopes. In: Rougier, H., Semal, P. (eds.), Spy cave. 125 years of multidisciplinary research at the Betche aux Rotches (Jemeppe-sur-Sambre, Province of Namur, Belgium), vol. 1, Anthropologica et Praehistorica, 123/2012. Royal Belgian Institute of Natural Sciences, Royal Belgian Society of Anthropology and Praehistory & NESPOS Society, Brussels: 357-370.

[98] Bocherens, H., Fizet, M., Mariotti, A., Gangloff, R. A., Burns, J. A., 1994b. Contribution of isotopic biogeochemistry (^{13}C, ^{15}N, ^{18}O) to the paleoecology of mammoths (*Mammuthus primigenius*). Historical Biology, 7: 187-202.

[99] Bocherens, H., Fizet, M., Mariotti, A., Lange-Badré, B., Vandermeersch, B., Borel, J. P., Bellon, G., 1991. Isotopic biochemistry (^{13}C, ^{15}N) of fossil vertebrate collagen: implications for the study of fossil food web including Neandertal Man. Journal of Human Evolution, 20: 481-492.

[100] Bocherens, H., Billiou, D., Mariotti, A., Toussaint, M., Patou-Mathis, M., Bonjean, D., Otte, M., 2001. New isotopic evidence for dietary habits of Neandertals from Belgium. Journal of Human Evolution, 40(6): 497-505.

[101] Bogaard, A., Heaton, T. H. E., Poulton, P., Merbach, I., 2007. The impact of manuring on nitrogen isotope ratios in cereals: archaeological implications for reconstruction of diet and crop management practices. Journal of Archaeological Science, 34(3): 335-343.

[102] Bogaard, A., Fraser, R., Heaton, T. H. E., Wallace, M., Vaiglova, P., Charles, M., Jones, G., Evershed, R. P., Styring, A. K., Andersen, N. H., Arbogast, R-M., Bartosiewicz, L., Gardeisen, A., Kanstrup, M., Maier, U., Marinova, E., Ninov, L., Schäfer, M., Stephan, E., 2013. Crop manuring

and intensive land management by Europe's first farmers. Proceedings of the National Academy of Sciences of the United States of America, 110(31): 12589-12594.

[103] Bol, R., Pflieger, C., 2002. Stable isotope (^{13}C, ^{15}N and ^{34}S) analysis of the hair of modern humans and their domestic animals. Rapid Communications in Mass Spectrometry, 16(23): 2195-2200.

[104] Bosshardt, D. D., Lang, N. P., 2015. Dental calculus. In: Lang, N. P., Lindhe, J. (eds.), Clinical Periodontology and Implant Dentistry. Ltd., West Sussex: John Wiley & Sons: 183-190.

[105] Boyadjian, C. H. C., Eggers, S., Reinhard, K., 2007. Dental wash: a problematic method for extracting microfossils from teeth. Journal of Archaeological Science, 34: 1622-1628.

[106] Braida, D., Dubief, C., Lang, G., Hallegot, P., 1994. Ceramide: A new approach to hair protection and conditioning. Cosmetics & Toiletries, 109(12): 49-57.

[107] Buchardt, B., Bunch, V., Helin, P., 2007. Fingernails and diet: Stable isotope signatures of a marine hunting community from modern Uummannaq, North Greenland. Chemical Geology, 244: 316-329.

[108] Carvalho, M. L., Marques, J. P., Marques, A. F., Casaca, C., 2004. Synchrotron microprobe determination of the elemental distribution in human teeth of the Neolithic period. X-Ray Spectrom, 33(1): 55-60.

[109] Carvalho, M. L., Marques, A. F., Marques, J. P., Casaca, C., 2007. Evaluation of the diffusion of Mn, Fe, Ba and Pb in Middle Ages human teeth by synchrotron microprobe X-ray fluorescence. Spectrochimica Acta Part B: Atomic Spectroscopy, 62 (6-7): 702-706.

[110] Cerling, T. E., Harris, J. M., 1999. Carbon isotope fractionation between diet and bioapatite in ungulate mammals and implications for ecological and paleoecological studies. Oecologia, 120(3): 247-363.

[111] Cerling, T. E., Mbua, E., Kirera, F. M., Manthi, F. K., Grine, F. E., Leakey, M. G., Sponheimer, M., Uno, K., 2011. Diet of *Paranthropus boisei* in the early Pleistocene of East Africa. Proceedings of the National Academy of Sciences of the United States of America, 108: 9337-9341.

[112] Chen, X. L., Hu, S. M., Hu, Y. W., Wang, W. L., Ma, Y. Y., Lü, P., Wang, C. S., 2016a. Raising practices of Neolithic livestock evidenced by stable isotope analysis in the Wei River valley, North China. International Journal of Osteoarchaeology, 26(1): 42-52.

[113] Chen, X. L., Fang, Y. M., Hu, Y. W., Hou, Y. F., Lü, P., Yuan, J., Song, G. D., Fuller, B. T., Richards, M. P., 2016b. Isotopic reconstruction of the Late Longshan period (*ca.* 4200-3900BP) dietary complexity before the onset of state-level societies at the Wadian site in the Ying River Valley, Central Plains, China. International Journal of Osteoarchaeology, 26(5): 808-817.

[114] Cheng, C., Johnson, D. W., 1998. Elevated CO_2, rhizosphere processes, and soil organic matter decomposition. Plant and Soil, 202: 167-174.

[115] Cheung, C., Jing, Z., Tang, J., Weston, D. A., Richards, M. P., 2017. Diets, social roles, and

geographical origins of sacrificial victims at the royal cemetery at Yinxu, Shang China: New evidence from stable carbon, nitrogen, and sulfur isotope analysis. Journal of Anthropological Archaeology, 48: 28-45.

[116] Codron, J., Codron, D., Lee-Thorp, J. A., Sponheimer, M., Bond, W. J., Ruiter, D. D., Grant, R., 2005. Taxonomic, anatomical, and spatio-temporal variations in the stable carbon and nitrogen isotopic compositions of plants from an african savanna. Journal of Archaeological Science, 32(12): 1757-1772.

[117] Cook, R. A., Price, T. D., 2015. Maize, mounds, and the movement of people: isotope analysis of a Mississippian/Fort Ancient region. Journal of Archaeological Science, 61: 112-128.

[118] Cormie, A. P., Schwarcz, H. P., 1996. Effects of climate on deer bone $\delta^{15}N$ and $\delta^{13}C$: lack of precipitation effects on $\delta^{15}N$ for animals consuming low amounts of C_4 plants. Geochimica et Cosmochimica Acta, 60: 4161-4166.

[119] Dai, L. L., Li, Z. P., Zhao, C. Q, Yuan, J., Hou, L. L., Wang, C. S., Fuller, B. T., Hu, Y. W., 2016. An isotopic perspective on animal husbandry at the Xinzhai Site during the initial stage of the legendary Xia Dynasty (2070-1600BC). International Journal of Osteoarchaeology, 26(5): 885-896.

[120] De Berker, D. A. R., André, J., Baran, R., 2007. Nail biology and nail science. International Journal of Cosmetic Science, 29(4): 241-275.

[121] DeNiro, M. J., 1985. Postmortem preservation and alteration of in vivo bone collagen isotope ratios in relation to palaeodietary reconstruction. Nature, 317: 806-809.

[122] DeNiro, M. J., Epstein, S., 1978a. Influence of diet on the distribution of carbon isotopes in animals. Geochimica et Cosmochimica Acta, 42: 495-506.

[123] DeNiro, M. J., Epstein, S., 1978b. Mechanism of carbon isotope fractionation associated with lipid synthesis. Science, 197: 261-263.

[124] DeNiro, M. J., Epstein, S., 1981. Influence of diet on the distribution of nitrogen isotopes in animals. Geochimica et Cosmochimica Acta, 45: 341-351.

[125] DeNiro, M. J., Schoeniger, M. J., 1983. Stable carbon and nitrogen isotope ratios of bone collagen: Variations within individuals, between sexes, and within populations raised on monotonous diets. Journal of Archaeological Science, 10(3): 199-203.

[126] DeNiro, M. J., Weiner, S., 1988. Chemical, enzymatic and spectroscopic characterization of"collagen"and other organic fractions from prehistoric bones. Geochimica et Cosmochimica Acta, 52(9): 2197-2206.

[127] Dong, Y., Morgan, C., Chinenov, Y., Zhou, L., Fan, W., Ma, X., Pechenkina, K., 2017. Shifting diets and the rise of male-biased inequality on the central plains of china during eastern Zhou. Proceedings of the National Academy of Sciences of the United States of America, 114(5): 932-937.

[128] Dorio, L. A. E., 2012. Stable Carbon and Nitrogen Isotope Analysis: A Comparison of Modern Calculus, Hair and Fingernail. University of Nevada (M. A. thesis): 1-66.

[129] Dungait, J. A. J., Docherty, G., Straker, V., Evershed, R. P., 2008. Interspecific variation in bulk tissue, fatty acid and monosaccharide $\delta^{13}C$ values of leaves from a mesotrophic grassland plant community. Phytochemistry, 69(10): 2041-2051.

[130] Eckert, R., Randall, D., Augustine, G., 1988. Animal Physiology: Mechanisms and Adaptations. New York: W. H. Freeman & Co.: 1-683.

[131] Eerkens, J. W., de Voogt, A., Dupras, T. L., Rose, S. C., Bartelink, E. J., Francigny, V., 2014. Intra- and inter-individual variation in $\delta^{13}C$ and $\delta^{15}N$ in human dental calculus and comparison to bone collagen and apatite isotopes. Journal of Archaeological Science, 52: 64-71.

[132] Eriksson, G., Frei, K. M., Howcroft, R., Gummesson, S., Molin, F., Lidén, K., Frei, R., Hallgren, F., 2018. Diet and mobility among Mesolithic hunter-gatherers in Motala (Sweden) ——The isotope perspective. Journal of Archaeological Science: Reports, 17: 904-918.

[133] Evans, R. D., 2001. Physiological mechanisms influencing plant nitrogen isotope composition. Trends in plant science, 6(3): 121-126.

[134] FitzGerald, C. M., 1998. Do enamel microstructures have regular time dependency? Conclusions from the literature and a large-scale study. Journal of Human Evolution, 35(4): 371-386.

[135] Fizet, M., Mariotti, A., Bocherens, H., Lange-Badré, B., Vandermeersch, B., Borel, J. P., Bellon, G., 1995. Effect of diet, physiology and climate on carbon and nitrogen isotopes of collagen in a late Pleistocene anthropic paleoecosystem (France, Charente, Marillac). Journal of Archaeological Science, 22: 67-79.

[136] Fogel, M. L., Tuross, N., Owsley, D. W., 1989. Nitrogen isotope tracers of human lactation in modern and archeological populations. Washington: Annu. Rep. Dir. Geophys. Lab. Carnegie Inst.: 111-117.

[137] Fraser, I., Meieraugenstein, W., Kalin, R. M., 2008. Stable isotope analysis of human hair and nail samples: the effects of storage on samples. Journal of Forensic Sciences, 53(1): 95-99.

[138] Frost, H. M., 1980. Skeletal physiology and bone remodeling. In: Urist, M. R. (eds.), Fundamental and Clinical Bone Physiology. Philadelphia: J. B. Lippincott: 208-241.

[139] Fry, G., 1985. Analysis of fecal material. In: Robert Jr., G. I., Mielke, J. H. (eds.), Analysis of Prehistoric Diets. Orlando: Academic Press: 127-154.

[140] Fuller, B. T., Fuller, J. L., Sage, N. E., Harris, D. A., O'Connell, T. C., Hedges, R. E. M., 2004. Nitrogen balance and $\delta^{15}N$: why you're not what you eat during pregnancy. Rapid Communications in Mass Spectrometry, 18(23): 2889-2896.

[141] Fuller, B. T., Fuller, J. L., Sage, N. E., Harris, D. A., O'Connell, T. C., Hedges, R. E. M., 2005.

Nitrogen balance and $\delta^{15}N$: why you're not what you eat during nutritional stress. Rapid Communications in Mass Spectrometry, 19: 2497-2506.

[142] Gebauer, G., Schulze, E., 1991. Carbon and nitrogen isotope ratios in different compartments of a healthy and a declining *Picea abies* forest in the Fichtelgebirge, NE Bavaria. Oecologia, 87(2): 198-207.

[143] Ghashghaie, J., Badek, F. W., Lanigan, G., Nogués, S., Tcherkez, G., Deléens, E., Cornic, G., Griffiths, H., 2003. Carbon isotope fractionation during dark respiration and photorespiration in C_3 plants. Phytochemistry Reviews, 2: 145-161.

[144] Giacometti, M., Willing, R., Defila, C., 2002. Ambient temperature in spring affects horn growth in male alpine ibexes. Journal of Mammalogy, 83(1): 245-251.

[145] Gil, A. F., Villalba, R., Ugan, A., Cortegoso, V., Neme, G., Michieli, C. T., Novellino, P., Durán, V., 2014. Isotopic evidence on human bone for declining maize consumption during the little ice age in central western Argentina. Journal of Archaeological Science, 49: 213-227.

[146] Gilbert, R. I., Mielke, J. H., 1985. The Analysis of Prehistoric Diets. Orlando: Academic Press: 1-436.

[147] Gleixner, G., Danier, H. J., Werner, R. A., Schmidt, H. L., 1993. Correlations between the ^{13}C content of primary and secondary plant products in different cell compartments and that in decomposing basidiomycetes. Plant Physiology, 102: 1287-1290.

[148] Gobetz, K. E., Bozarth, S. R., 2001. Implications for Late Pleistocene mastodon diet from opal phytoliths in tooth calculus. Quaternary Research, 55(2): 115-122.

[149] Grant, J., Mondini, M., Panarello, H. O., 2018. Carbon and nitrogen isotopic ecology of Holocene camelids in the Southern Puna (Antofagasta de la Sierra, Catamarca, Argentina): Archaeological and environmental implications. Journal of Archaeological Science: Reports, 18: 637-647.

[150] Greene, E. F., Tauch, S., Webb, E., Amarasiriwardena, D., 2004. Application of diffuse reflectance infrared Fourier transform spectroscopy (DRIFTS) for the identification of potential diagenesis and crystallinity changes in teeth. Microchemical Journal, 76: 141-149.

[151] Grolmusová, Z., Rapčanová, A., Michalko, J., Čech, P., Veis, P., 2014. Stable isotope composition of human fingernails from Slovakia. Science of the Total Environment, 49: 226-232.

[152] Gron, K. J., Gröcke, D. R., Larsson, M., Sørensen, L., Larsson, L., Rowley-Conwy, P., Church, M. J., 2017. Nitrogen isotope evidence for manuring of early Neolithic Funnel Beaker Culture cereals from Stensborg, Sweden. Journal of Archaeological Science: Reports, 14: 575-579.

[153] Gupta, N. S., Leng, Q., Yang, H., Cody, G. D., Fogel, M. L., Liu, W., Sun, G., 2013. Molecular preservation and bulk isotopic signals of ancient rice from the Neolithic Tianluoshan site, lower Yangtze River valley, China. Organic Geochemistry, 63: 85-93.

[154] Handley, L. L., Raven, J. A., 1992. The use of natural abundance of nitrogen isotopes in plant physiology and ecology. Plant Cell and Environment, 15(9): 965-985.

[155] Hare, P. E., Fogel, M. L., Stafford Jr., T. W., Mitchell, A. D., Hoering, T. C., 1991. The isotopic composition of carbon and nitrogen in individual amino acids isolated from modern and fossil proteins. Journal of Archaeological Science, 18(3): 277-292.

[156] Harrison, R. G., Katzenberg, M. A., 2003. Paleodiet studies using stable carbon isotopes from bone apatite and collagen: examples from Southern Ontario and San Nicolas Island, California. Journal of Anthropological Archaeology, 22: 227-244.

[157] Hattersley, P. W., 1982. $\delta^{13}C$ values of C_4 types in grasses. Australian Journal of Plant Physiology, 9(2): 139-154.

[158] Hayasaka, M., Ogasawara, H., Hotta, Y., Tsukagoshi, K., Kimura, O., Kura, T., Tarumi, T., Muramatsu, H., Endo, T., 2017. Nutritional assessment using stable isotope ratios of carbon and nitrogen in the scalp hair of geriatric patients who received enteral and parenteral nutrition formulas. Clinical Nutrition, 36(6): 1661-1668.

[159] Hayashizaki, J., Ban, S., Nakagaki, H., Okumura, A., Yoshii, S., Robinson, C., 2008. Site specific mineral composition and microstructure of human supra-gingival dental calculus. Archives of Oral Biology, 53(2): 168-174.

[160] Heaton, T. H. E., Vogel, J. C., Chevallerie, G. V. L., Collett, G., 1986. Climatic influence on the isotopic composition of bone nitrogen. Nature, 322: 822, 823.

[161] Hedges, R. E. M., Reynard, L. M., 2007. Nitrogen isotopes and the trophic level of humans in archaeology. Journal of Archaeological Science, 34: 1240-1251.

[162] Hedges, R. E., Clement, J. G., Thomas, C. D., O'Connell, T. C., 2007. Collagen turnover in the adult femoral mid-shaft: modeled from anthropogenic radiocarbon tracer measurements. American Journal of Physical Anthropology, 133(2): 808-816.

[163] Henry, A. G., Ungar, P. S., Passey, B. H., Sponheimer, M., Rossouw, L., Bamford, M., Sandberg, P., de Ruiter, D. J., Berger, L., 2012. The diet of *Australopithecus sediba*. Nature, 487(7405): 90-93.

[164] Henton, E., 2012. The combined use of oxygen isotopes and microwear in sheep teeth to elucidate seasonal management of domestic herds: the case study of Çatalhöyük, central Anatolia. Journal of Archaeological Science, 30: 3264-3276.

[165] Henton, E., Martin, L., Garrard, A., Jourdan, A., Thirlwall, M., Boles, O., 2017. Gazelle seasonal mobility in the Jordanian steppe: The use of dental isotopes and microwear as environmental markers, applied to Epipalaeolithic Kharaneh IV. Journal of Archaeological Science Reports, 11: 147-158.

[166] Hillson, S., 1996. Dental Anthropology. Cambridge: Cambridge University Press: 68-84.

[167] Hobbie, E. A., Macko, S. A., Williams, M., 2000. Correlations between foliar $\delta^{15}N$ and nitrogen concentrations may indicate plant-mycorrhizal interactions. Oecologia, 122(2): 273-283.

[168] Horz, H. P., Barbrook, A., Field, C. B., Bohannan, B. J., 2004. Ammonia-oxidizing bacteria respond to multifactorial global change. Proceedings of the National Academy of Sciences of the United States of America, 101(42): 15136-15141.

[169] Houlton, B. Z., Sigman, D. M., Hedin, L. O., 2006. Isotopic evidence for large gaseous nitrogen losses from tropical rainforests. Proceedings of the National Academy of Sciences of the United States of America, 103(23): 8745-8750.

[170] Howland, M. R., Corr, L. T., Young, S. M., Jones, V., Jim, S., van der Merwe, N. J., Mitchell, A. D., Evershed, R., 2003. Expression of the dietary isotope signal in the compound specific $\delta^{13}C$ values of pig bone lipids and amino acids. International Journal of Osteoarchaeology, 13: 54-65.

[171] Hu, Y. W., 2018. Thirty-four years of stable isotopic analyses of ancient skeletons in China: an overview, progress and prospects. Archaeometry, 60: 144-156.

[172] Hu, Y. W., Ambrose, S. H., Wang, C. S., 2006. Stable isotopic analysis of human bones from Jiahu site, Henan, China: implications for the transition to agriculture. Journal of Archaeological Science, 33(9): 1319-1330.

[173] Hu, Y. W., Wang, S. G., Luan, F. S., Wang, C. S., Richards, M. P., 2008. Stable isotope analysis of humans from Xiaojingshan site: implications for understanding the origin of millet agriculture in China. Journal of Archaeological Science, 35(11): 2960-2965.

[174] Hu, Y. W., Shang, H., Tong, H. W., Nehlich, O., Liu, W., Zhao, C. H., Yu, J. C., Wang, C. S., Trinkaus, E., Richards, M. P., 2009. Stable isotope dietary analysis of the Tianyuan 1 early modern human. Proceedings of the National Academy of Sciences of the United States of America, 106(27): 10971-10974.

[175] Hublin, J. J., Richards, M. P., 2009. The Evolution of Hominid Diets: Integrating approaches to the study of Palaeolithic subsistence. Dordrecht: Springer: 1-259.

[176] Jay, M., Richards, M. P., 2006. Diet in the Iron Age cemetery population at Wetwang Slack, East Yorkshire, UK: carbon and nitrogen stable isotope evidence. Journal of Archaeological Science, 33(5): 653-662.

[177] Jim, S., Ambrose, S. H., Evershed, R. P., 2004. Stable carbon isotopic evidence for differences in the dietary origin of bone cholesterol, collagen and apatite: implications for their use in palaeodietary reconstruction. Geochimica et Cosmochimica Acta, 68(1): 61-72.

[178] Jin, Y., Yip, H., 2002. Supragingival calculus: formation and control. Crit. Rev. Oral Biol. Med., 13: 426-441.

[179] Jones, R. J., Ludlow, M. M., Troughton, J. H., Blunt, C. G., 1981. Changes in natural carbon isotope

ratio of the hair from steers fed diets of C_4, C_3, C_4 species in sequence. Search, 12(3/4): 85-87.

[180] Jørkov, M. L. S., Heinemeier, J., Lynnerup, N., 2009. The petrous bone—a new sampling site for identifying early dietary patterns in stable isotopic studies. American Journal of Physical Anthropology, 138(2): 199-209.

[181] Jørkov, M. L. S., Heinemeier, J., Lynnerup, N., 2007. Evaluating bone collagen extraction methods for stable isotope analysis in dietary studies. Journal of Archaeological Science, 34: 1824-1829.

[182] Katzenberg, M. A., Krouse, H. R., 1989. Application of stable isotope variation in human tissue to problems in identification. Canadian Society of Forensic Science Journal, 22(1): 7-20.

[183] Katzenberg, M. A., Saunders, S. R., 2008. Biological Anthropology of the Human Skeleton, 2nd Edition. Hoboken: John Wiley & Sons: 411-443.

[184] Kohn, M. J., 1999. You are what you eat. Science, 283(5400): 335, 336.

[185] Kohn, M. J., Cerling, T. E., 2002. Stable isotope compositions of biological apatite. Reviews in Mineralogy & Geochemistry, 48(1): 455-488.

[186] Krishnamurthy, R. V., Suryawanshi, Y. R., Essani, K., 2017. Nitrogen isotopes provide clues to amino acid metabolism in human colorectal cancer cells. Scientific Reports, 7(1): 2562.

[187] Krueger, H. W., Sullivan, C. H., 1984. Models for carbon isotope fractionation between diet and bone. In: Turnlund, J. E., Johnson, P. E. (eds.), Stable Isotopes in Nutrition. American Chemical Society Symposium Series, No. 258: 205-222.

[188] Kuhnle, G. G. C., Joosen, A. M. C. P., Kneale, C. J., O'Connell, T. C., 2013. Carbon and nitrogen isotopic ratios of urine and faeces as novel nutritional biomarkers of meat and fish intake. European Journal of Nutrition, 52(1): 389-395.

[189] Lamb, A. L., Evans, J. E., Buckley, R., Appleby, J., 2014. Multi-isotope analysis demonstrates significant lifestyle changes in King Richard III. American Journal of Physical Anthropology, 50: 559-565.

[190] Lanehart, R. E., Tykot, R. H., Underhill, A. P., Luan, F., Yu, H., Fang, H., Cai, F., Feinman, G., Nicholas, L., 2011. Dietary adaptation during the longshan period in china: stable isotope analyses at liangchengzhen (southeastern shandong). Journal of Archaeological Science, 38(9): 2171-2181.

[191] Larsen, C. S., 2004. Bioarchaeology: Interpreting behavior from the human skeleton. Cambridge: Cambridge University Press: 270-300.

[192] Lee-Thorp, J. A., 1989. Stable Isotopes in Deep Time: the Diets of Fossil Fauna and Hominids. University of Cape Town (Ph. D. thesis): 1-170.

[193] Lee-Thorp, J. A., van der Merwe, N. J., 1987. Carbon isotope analysis of fossil bone apatite. South African Journal of Science, 83: 712-715.

[194] Lee-Thorp, J. A., van der Merwe, N. J., 1991. Aspects of the chemistry of modern and fossil

biological apatites. Journal of Archaeological Science, 18: 343-354.

[195] Lee-Thorp, J. A., Sealy, J. C., Van der Merwe, N. J., 1989. Stable carbon isotope ratio differences between bone collagen and bone apatite, and their relationship to diet. Journal of Archaeological Science, 16: 585-599.

[196] Lee-Thorp, J. A., van der Merwe, N. J., Brain, C. K., 1994. Diet of *Australopithecus robustus* at Swartkrans from stable carbon isotopic analysis. Journal of Human Evolution, 27: 361, 372.

[197] Lee-Thorp, J. A., Thackeray, J. F., van der Merwe, N. J., 2000. The hunters and the hunted revisited. Journal of Human Evolution, 39: 565-576.

[198] Lee-Thorp, J. A., Sponheimer, M., Passey, B. H., de Ruiter, D. J., Cerling, T. E., 2010. Stable isotopes in fossil hominin tooth enamel suggest a fundamental dietary shift in the Pliocene. Philosophical Transactions of the Royal Society B, 365: 3389-3396.

[199] LeGeros, R. Z., 1991. Calcium phosphates in oral biology and medicine. In: Myers, H. (eds.), Monographs in Oral Sciences. Basel: Karger: 1-201.

[200] Levin, N. E., Quade, J., Simpson, S. W., Semaw, S., Rogers, M., 2004. Isotopic evidence for Plio-Pleistocene environmental change at Gona, Ethiopia. Earth and Planetary Science Letters, 219: 93-110.

[201] Lieverse, A. R., 1999. Diet and the aetiology of dental calculus. International Journal of Osteoarchaeology, 9: 219-232.

[202] Lim, S. S., Choi, W. J., Kwak, J. H., Jung, J. W., Chang, S. X., Kim, H. Y., Yoon, K. S., Choi, S. M., 2007. Nitrogen and carbon isotope responses of chinese cabbage and chrysanthemum to the application of liquid pig manure. Plant Soil, 295(2): 67-77.

[203] Liu, W. G., Wang, Z., 2009. Nitrogen isotopic composition of plant-soil in the loess plateau and its responding to environmental change. Chinese Science Bulletin, 54(2): 272-279.

[204] Liu, X., Jones, M. K., Zhao, Z., Liu, G., O'Connell, T. C., 2012. The earliest evidence of millet as a staple crop: New light on Neolithic foodways in North China. American Journal of Physical Anthropology, 149(2): 283-290.

[205] Lloyd, D., 1993. Aerobic denitrification in soils and sediments: From fallacies to factx. Trends in Ecology & Evolution, 8(10): 352-356.

[206] Lu, H. Y., Zhang, J. P., Liu, K., Wu, N. Q., Li, Y. M., Zhou, K. S., Ye, M. L., Zhang, T. Y., Zhang, H. J., Yang, X. Y., Shen, L. C., Xu, D. K., Li, Q., 2009. Earliest domestication of common millet (*Panicum miliaceum*) in East Asia extended to 10,000 years ago. Proceedings of the National Academy of Sciences of the United States of America, 106(18): 7367-7372.

[207] Luz, B., Kolodny, Y., 1985. Oxygen isotope variations in phosphate of biogenic apatites, IV. Mammal teeth and bones. Earth and Planetary Science Letters, 75: 29-36.

[208] Ma, Y., Fuller, B. T., Wei, D., Shi, L., Zhang, X. Z., Hu, Y. W., Richards, M. P., 2016a. Isotopic perspectives (δ^{13}C, δ^{15}N, δ^{34}S)of diet, social complexity, and animal husbandry during the proto-shang period (*ca.* 2000-1600BC) of China. American Journal of Physical Anthropology, 160(3): 433-445.

[209] Ma, M., Dong, G., Jia, X., Wang, H., Cui, Y., Chen, F., 2016b. Dietary shift after 3600 cal yr BP and its influencing factors in northwestern China: Evidence from stable isotopes. Quaternary Science Reviews, 145: 57-70.

[210] Ma, M., Dong, G., Lightfoot, E., Wang, H., Liu, X., Jia, X., Zhang, K., Chen, F., 2014. Stable isotope analysis of human and faunal remains in the western Loess Plateau, approximately 2000 cal BC. Archaeometry, 56(S1): 237-255.

[211] Ma, M., Dong, G., Liu, X., Lightfoot, E., Chen, F., Wang, H., Li, H., Jones, M. K., 2015. Stable isotope analysis of human and animal remains at the Qijiaping site in middle Gansu, China. International Journal of Osteoarchaeology, 25(6): 923-934.

[212] Macko, S. A., Uhle, M. E., Engel, M. H., Andrusevich, V., 1997. Stable nitrogen isotope analysis of amino acid enantiomers by gas chromatography/combustion/isotope ratio mass spectrometry. Analytical Chemistry, 69: 926-929.

[213] Mandel, I., 1990. Calculus formation and prevention: an overview. Compend Contin Educ Dent Supp l, 8: S235-S241.

[214] Manolagas, S. C., 2000. Birth and death of bone cells: Basic regulatory mechanisms and implications for the pathogenesis and treatment of osteoporosis. Endocrine Reviews, 21(2): 115-137.

[215] Marino, B. D., McElroy, M. B., 1991. Isotopic composition of atmospheric CO_2 inferred from carbon in C_4 plant cellulose. Nature, 349: 127-131.

[216] Marsh, P. D., 2015. Dental biofilms. In: Lang, N. P., Lindhe, J. (eds.), Clinical Periodontology and Implant Dentistry. West Sussex: John Wiley & Sons: 169-182.

[217] Marshall, R. C., Orwin, D. F. G., Gillespie, J. M., 1991. Structure and biochemistry of mammalian hard keratin. Electron Microsc Rev, 4(1): 47-83.

[218] Martin, R. B., Burr, D. B., Sharkey, N. A., 1998. Skeletal Tissue Mechanics. New York: Springer: 1-392.

[219] Martinelli, L. A., Piccolo, M. C., Townsend, A. R., Vitousek, P. M., Cuevas, E., Mcdowell, W., Robertson, G. P., Santos, O. C., Treseder, K., 1999. Nitrogen stable isotopic composition of leaves and soil: Tropical versus temperate forests. Biogeochemistry, 46: 45-65.

[220] Mcfadden, K. W., Sambrotto, R. N., Medellín, R. A., Gompper, M. E., 2006. Feeding habits of endangered pygmy raccoons (*Procyon pygmaeus*) based on stable isotope and fecal analyses.

Journal of Mammalogy, 87(3): 501-509.

[221] Medlyn, B. E., Cvm, B., Msj, B., Ceulemans, R., De, A. P., Forstreuter, M., Freeman, M., Jackson, S. B., Kellomaki, S., Laitat, E., 2001. Stomatal conductance of forest species after long-term exposure to elevated CO_2 concentration: a synthesis. The New Phytologist, 149(2): 247-264.

[222] Mekota, A. M., Grupe, G., Ufer, S., Cuntz, U., 2006. Serial analysis of stable nitrogen and carbon isotopes in hair: monitoring starvation and recovery phases of patients suffering from anorexia nervosa. Rapid Communications in Mass Spectrometry, 20(10): 1604-1610.

[223] Morris, Z., White, C., Hodgetts, L., Longstaffe, F., 2016. Maize provisioning of Ontario Late Woodland turkeys: Isotopic evidence of seasonal, cultural, spatial and temporal variation. Journal of Archaeological Science: Reports, 10: 596-606.

[224] Nardoto, G. B., de Godoy, P. B., de Barros Ferraz, E. S., Ometto, J. P. H. B., Martinelli, L. A., 2006. Stable carbon and nitrogen isotopic fractionation between diet and swine tissues. Scientia Agricola (Piracicaba, Braz.), 63(6): 579-582.

[225] Naumann, E., Price, T. D., Richards, M. P., 2014. Changes in dietary practices and social organization during the pivotal late iron age period in Norway (AD 550-1030): isotope analyses of Merovingian and Viking Age human remains. American Journal of Physical Anthropology, 155(3): 322-331.

[226] Nelson, B. K., DeNiro, M. J., Schoeninger, M. J., De Paolo, D. J., 1986. Effects of diagenesis on strontium, carbon, nitrogen and oxygen concentration and isotopic composition of bone. Geochim Cosmochim Acta, 50(9): 1941-1949.

[227] Neuberger, F. M., Jopp, E., Graw, M., Püschel, K., Grupe, G., 2013. Signs of malnutrition and starvation-reconstruction of nutritional life histories by serial isotopic analyses of hair. Forensic Science International, 226(1-3): 22-32.

[228] Nielsen-Marsh, C. M., Hedges, R. E. M., 2000. Patterns of diagenesis in bone I: The effects of site environments. Journal of Archaeological Science, 27(12): 1139-1150.

[229] O'Connell, T. C., 1996. The Isotopic Relationship between Diet and Body Proteins: Implications for the Study of Diet in Archaeology. Oxford: University of Oxford (Ph. D. thesis): 1-253.

[230] O'Connell, T. C., Hedges, R. E. M., 1999a. Investigations into the effect of diet on modern human hair isotopic values. American Journal of Physical Anthropology, 108(4): 409-425.

[231] O'Connell, T. C., Hedges, R. E. M., 1999b. Isotopic comparison of hair and bone: archaeological analyses. Journal of Archaeological Science, 26: 661-665.

[232] O'Connell, T. C., Hedges, R. E. M., 2001. Isolation and isotopic analysis of individual amino acids from archaeological bone collagen: A new method using RP-HPLC. Archaeometry, 43(3): 421-438.

[233] O'Connell, T. C., Hedges, R. E. M., Healey, M. A., Simpson, A. H. R. W., 2001. Isotopic

comparison of hair, nail and bone: modern analyses. Journal of Archaeological Science, 28(11): 1247-1255.

[234] O'Regan, H. J., Chenery, C., Lamb, A. L., Stevens, R. E., Rook, L., Elton, S., 2008. Modern macaque dietary heterogeneity assessed using stable isotope analysis of hair and bone. Journal of Human Evolution, 55: 617-626.

[235] Ortner, D. J., 2003. Identification of Pathological Conditions in Human Skeletal Remains, 2nd edition. San Diego: Academic Press INC: 1-645.

[236] Painter, M. L., Chambers, C. L., Siders, M., Doucett, R. R., Whitaker, J. O., Jr., Phillips, D. L., 2009. Diet of spotted bats (*Euderma maculatum*) in Arizona as indicated by fecal analysis and stable isotopes. Canadian Journal of Zoology, 87(10): 865-875.

[237] Papathanasiou, A., Richards, M. P., Fox, S. C., 2015. Archaeodiet in the Greek World. Hesperia Supplement 49; Occasional Wiener Laboratory Series 2. American School of Classical Studies at Athens: 1-224.

[238] Parks, C. L., 2009. Oxygen isotope analysis of human bone and tooth enamel: Implications for forensic investigations. Annales Chirurgiae Et Gynaecologiae Fenniae Supplementum, 46(2): 1-79.

[239] Passey, B. H., Robinson, T. F., Ayliffe, L. K., Cerling, T. E., Sponheimer, M., Dearing, M. D., Roeder, B. L., Ehleringer, J. R., 2005. Carbon isotope fractionation between diet, breath CO_2, and bioapatite in different mammals. Journal of Archaeological Science, 32(10): 1459-1470.

[240] Pate, F. D., 1994. Bone chemistry and paleodiet. Journal of Archaeological Method and Theory, 1(2): 161-209.

[241] Pechenkina, E. A., Ambrose, S. H., Ma, X. L., Benfer Jr., R. A., 2005. Reconstructing northern Chinese Neolithic subsistence practices by isotopic analysis. Journal of Archaeological Science, 32(8): 1176-1189.

[242] Person, A., Bocherens, H., Saliège, J. F., Paris, F., Zeitoun, V., Gérard, M., 1995. Early diagenetic evolution of bone phosphate: an X-ray diffractometry analysis. Journal of Archaeological Science, 22(2): 211-221.

[243] Pestle, W. J., 2010. Chemical, elemental, and isotopic effects of acid concentration and treatment duration on ancient bone collagen: an exploratory study. Journal of Archaeological Science, 37(12): 3124-3128.

[244] Phillips, C. A., O'Connell, T. C., 2016. Fecal carbon and nitrogen isotopic analysis as an indicator of diet in Kanyawara chimpanzees, Kibale National Park, Uganda. American Journal of Physical Anthropology, 161(4): 685-697.

[245] Price, T. D., 1989. The Chemistry of Prehistoric Human Bone. Cambridge: Cambridge University Press: 1-291.

[246] Price, T. D., Blitz, J., Burton, J., Ezzo, J. A., 1992. Diagenesis in prehistoric bone: Problems and solutions. Journal of Archaeological Science, 19(5): 513-529.

[247] Prowse, T. L., Schwarcz, H. P., Garnsey, P., Knyf, M., Macchiarelli, R., Bondioli, L., 2007. Isotopic evidence for age-related immigration to imperial Rome. American Journal of Physical Anthropology, 132(4): 510-519.

[248] Pollard, A. M., Ditchfield, P., Piva, E., Wallis, S., Falys, C., Ford, S., 2012. 'sprouting like cockle amongst the wheat': the St Brice's Day Massacre and the isotopic analysis of human bones from St John's College, Oxford. Oxford Journal of Archaeology, 31(1): 83-102.

[249] Poulson, S. R., Kuzminsky, S. C., Scott, G. R., Standen, V. G., Arriaza, B., Muñoz, I., Dorio, L., 2013. Paleodiet in northern Chile through the Holocene: extremely heavy $\delta^{15}N$ values in dental calculus suggest a guano-derived signature? Journal of Archaeological Science, 40(12): 4576-4585.

[250] Poupin, N., Mariotti, F., Huneau, J. F., Hermier, D., 2014. Natural isotopic signatures of variations in body nitrogen fluxes: A compartmental model analysis. Plos Computational Biology, 10(10): e1003865.

[251] Qiu, Z., Yang, Y., Shang, X., Li, W., Abuduresule, Y., Hu, X., Pan, Y., Ferguson, D. K., Hu, Y., Wang, C., Jiang, H., 2014. Paleo-environment and paleo-diet inferred from Early Bronze Age cow dung at Xiaohe Cemetery, Xinjiang, NW China. Quaternary International, 349: 167-177.

[252] Qu, Y., Jin, C., Zhang, Y., Hu, Y., Shang, X., Wang, C., 2014. Preservation assessments and carbon and oxygen isotopes analysis of tooth enamel of *Gigantopithecus blacki* and contemporary animals from Sanhe Cave, Chongzuo, China. Quaternary International, 354: 52-58.

[253] Qu, Y., Hu, Y., Rao, H., Abuduresule, I., Li, W., Hu, X., Jiang, H., Wang, C., Yang, Y., 2018. Diverse lifestyles and populations in the Xiaohe Culture of the Lop Nur region, Xinjiang, China. Archaeological and Anthropological Sciences, 10(8): 2005-2014.

[254] Quade, J., Cerling, T. E., Andrews, P., Alpagut, B., 1995. Paleodietary reconstruction of Miocene faunas from Paşalar, Turkey using stable carbon and oxygen isotopes of fossil tooth enamel. Journal of Human Evolution, 28: 373-384.

[255] Reid, D. J., Ferrell, R. J., 2006. The relationship between number of striae of Retzius and their periodicity in imbricational enamel formation. Journal of Human Evolution, 50 (2): 195-202.

[256] Reynard, L. M., Tuross, N., 2015. The known, the unknown and the unknowable: weaning times from archaeological bones using nitrogen isotope ratios. Journal of Archaeological Science, 53: 618-625.

[257] Richards, M. P., Pettitt, P. B., Stiner, M. C., Trinkaus, E., 2001. Stable isotope evidence for increasing dietary breadth in the European mid-Upper Paleolithic. Proceedings of the National Academy of Sciences of the United States of America, 98: 6528-6532.

[258] Richards, M. P., Fuller, B. T., Sponheimer, M., Robinson, T., Ayliffe, L., 2003. Sulphur isotopes in palaeodietary studies: a review and results from a controlled feeding experiment. International Journal of Osteoarchaeology, 13: 37-45.

[259] Richards, M. P., Jacobi, R., Cook, J., Pettitt, P. B., Stringer, C. B., 2005. Isotope evidence for the intensive use of marine foods by Late Upper Palaeolithic humans. Journal of Human Evolution, 49(3): 390-394.

[260] Robbins, C. R., 2002. Chemical composition. In: Robbins, C. R. (eds.), Chemical and Physical Behavior of Human Hair. New York: Springer: 63-75.

[261] Robbins, C. R., 2012. Chemical and Physical Behavior of Human Hair. New York: Springer-Verlag: 116-119.

[262] Sah, S. P., Brumme, R. B., 2003. Altitudinal gradients of natural abundance of stable isotopes of nitrogen and carbon in the needles and soil of a pine forest in Nepal. Journal of Forest Science, 49(1): 19-26.

[263] Saitoh, M., Uzuka, M., Sakamoto, M., Kobori, T., 1969. Rate of hair growth. In: Montagna, W., Dobson, R. L. (eds.), Advances in Biology of Skin, Volume IX, Hair Growth. Oxford: Pergamon Press: 183-201.

[264] Saliendra, N. Z., Meinzer, F. C., Perry, M., Thom, M., 1996. Association between partitioning of carboxylase activity and bundle sheath leakiness to CO_2, carbon isotope discrimination, photosynthesis, and growth in sugarcane. Journal of Experimental Botany, 47: 907-914.

[265] Salvarina, I., Yohannes, E., Siemers, B. M., Koselj, K., 2013. Advantages of using fecal samples for stable isotope analysis in bats: evidence from a triple isotopic experiment. Rapid Communications in Mass Spectrometry, 27(17): 1945-1953.

[266] Sambrotto, R. N., Medellín, R. A., Gompper, M. E., 2006. Feeding habits of endangered pygmy raccoons (*Procyon pygmaeus*) based on stable isotope and fecal analyses. Journal of Mammalogy, 87(3): 501-509.

[267] Scheuer, L., Black, S., 2004. The Juvenile Skeleton. San Diego: Academic Press: 1-400.

[268] Schoeninger, M. J., 1985. Trophic level effects on $^{15}N/^{14}N$ and $^{13}C/^{12}C$ ratios in bone collagen and strontium levels in bone mineral. Journal of Human Evolution, 14: 515-525.

[269] Schoeninger, M. J., DeNiro, M. J., 1982. Carbon isotope ratios from fossil bone cannot be used to reconstruct diets of animals. Nature, 297: 577, 578.

[270] Schoeninger, M. J., DeNiro, M. J., 1983. Reply to: carbon isotope ratios of bone apatite and animal diet reconstruction. Nature, 301: 177, 178.

[271] Schoeninger, M. J., Moore, J., Sept, J. M., 1999. Subsistence strategies of two "savanna" chimpanzee populations: the stable isotope evidence. American Journal of Primatology, 49: 297-314.

[272] Schutkowski, H., Herrmann, B., Wiedemann, F., Bocherens, H., Grupe, G., 1999. Diet, status and decomposition at Weingarten: trace element and isotope analyses on early mediaeval skeletal material. Journal of Archaeological Science, 26(6): 675-685.

[273] Schwarcz, H. P., Schoeninger, M. J., 1991. Stable isotope analyses in human nutritional ecology. Yearbook of Physical Anthropology, 34: 283-321.

[274] Schwarcz, H. P., White, C. D., 2004. The grasshopper or the ant?: cultigen-use strategies in ancient Nubia from C-13 analyses of human hair. Journal of Archaeological Science, 31: 753-762.

[275] Scott, G. R., Poulson, S. R., 2012. Stable carbon and nitrogen isotopes of human dental calculus: a potentially new non-destructive proxy for paleodietary analysis. Journal of Archaeological Science, 39: 1388-1393.

[276] Sealy, J. C., van der Merwe, N. J., Lee-Thorp, J. A., Lanham, J. L., 1987. Nitrogen isotopic ecology in Southern Africa: implications for environmental and dietary tracing. Geochimica et Cosmochimica Acta, 51: 2707-2717.

[277] Sealy, J., Johnson, M., Richards, M., Nehlich, O., 2014. Comparison of two methods of extracting bone collagen for stable carbon and nitrogen isotope analysis: comparing whole bone demineralization with gelatinization and ultrafiltration. Journal of Archaeological Science, 47(7): 64-69.

[278] Shearer, G., Kohl, D. H., 1989. Estimates of N_2 fixation in ecosystems: the need for and basis of the ^{15}N natural abundance method. In: Rundel, P. W., Ehleringer, J. R., Nagy, K. A. (eds.), Stable Isotopes in Ecological Research. New York: Springer-Verlag Press: 342-374.

[279] Shemesh, A., 1990. Crystallinity and diagenesis of sedimentary apatites. Geochimica et Cosmochimica Acta, 54: 2433-2438.

[280] Sillen, A., Morris, A., 1996. Diagenesis of bone from Border Cave: implications for the age of the Border Cave hominids. Journal of Human Evolution, 31: 499-506.

[281] Solga, A., Burkhardt, J., Frahm, J. P., 2006. A new approach to Assess Atmospheric Nitrogen Deposition by Way of Standardized Exposition of mosses. Environmental Monitoring & Assessment, 116(1-3): 399-417.

[282] Sponheimer, M., Lee-Thorp, J. A., 1999a. Isotopic evidence for the diet of an early hominid, *Australopithecus africanus*. Science, 283: 368-370.

[283] Sponheimer, M., Lee-Thorp, J. A., 1999b. Alteration of enamel carbonate environments during fossilization. Journal of Archaeological Science, 26: 143-150.

[284] Sponheimer, M., Passey, B. H., de Ruiter, D. J., Guatelli-Steinberg, D., Cerling, T. E., Lee-Thorp, J. A., 2006. Isotopic evidence for dietary variability in the early hominin *Paranthropus robustus*. Science, 314: 980-982.

[285] Sponheimer, M., Lee-Thorp, J., de Ruiter, D., Codron, D., Codron, J., Baugh, A. T., Thackeray, F., 2005. Hominins, sedges, and termites: New carbon isotope data from the Sterkfontein Valley and Kruger National Park. Journal of Human Evolution, 48: 301-312.

[286] Sponheimer, M., Robinson, T., Ayliffe, L., Passey, B., Roeder, B., Shipley, L., Lopez, E., Cerling, T., Dearing, D., Ehleringer, J., 2003. An experimental study of carbon-isotope fractionation between diet, hair, and feces of mammalian herbivores. Canadian Journal of Zoology, 81(5): 871-876.

[287] Stanford, C. B., Allen, J. S., Antón, S. C., 2011. Biological Anthropology: The Natural History of Humankind. Upper Saddle River, N. J.: Pearson Prentice Hall: 534, 535.

[288] Stantis, C., Kinaston, R. L., Richards, M. P., Davidson, J. M., Buckley, H. R., 2015. Assessing human diet and movement in the tongan maritime chiefdom using isotopic analyses. Plos One, 10(3): e0123156.

[289] Sweeting, C. J., Barry, J., Barnes, C., Polunin, N. V. C., Jennings, S., 2007. Effects of body size and environment on diet-tissue $\delta^{15}N$ fractionation in fishes. Journal of Experimental Marine Biology and Ecology, 340(1): 1-10.

[290] Swindler, D. R., 2002. Primate Dentition: An Introduction to the Teeth of Non-human Primates. Cambridge: Cambridge University Press: 1-31.

[291] Tankersley, K. B., Conover, D. G., Lentz, D. L., 2016. Stable carbon isotope values ($\delta^{13}C$) of purslane (*Portulaca oleracea*) and their archaeological significance. Journal of Archaeological Science: Reports, 7: 189-194.

[292] Tieszen, L. L., 1991. Natural variations in the carbon isotope values of plants: implications for archaeology, ecology and paleocology. Journal of Archaeological Science, 18: 227-248.

[293] Tieszen, L. L., Fagre, T., 1993. Effect of diet quality and composition on the isotopic composition of respiratory CO_2, bone collagen, bioapatite, and soft tissues. In: Lambert, J. B., Grupe, G. (eds.), Prehistoric Human Bone: Archaeology at the Molecular Level. Berlin: Springer-Verlag: 121-155.

[294] Tieszen, L. L., Boutton, T. W., Tesdahl, K. G., Slade, N. A., 1983. Fractionation and turnover of stable carbon isotopes in animal tissues: Implications for $\delta^{13}C$ analysis of diet. Oecologia, 57(1/2): 32-37.

[295] Tiunov, A. V., Kirillova, I. V., 2010. Stable isotope ($^{13}C/^{12}C$ and $^{15}N/^{14}N$) composition of the woolly rhinoceros *Coelodonta antiquitatis* horn suggests seasonal changes in the diet. Rapid Commun. Mass Spectrom, 24: 3146-3150.

[296] Triffitt, J. T., 1980. The organic matrix of bone tissue. In: Urist, M. R. (ed.), Fundamental and Clinical Bone Physiology. Philadelphia: J. B. Lippincott: 45-82.

[297] Tuross, N., 2012. Comparative decalcification methods, radiocarbon dates and stable isotopes of the VIRI bones. Radiocarbon, 54(3-4): 837-844.

[298] Valentin, J., 2002. Basic anatomical and physiological data for use in radiological protection: reference values. ICRP publication 89: International Commission on Radiological Protection, 32 (3-4): 1-277.

[299] Valamoti, S. M., Charles, M., 2005. Distinguishing food from fodder through the study of charred plant remains: an experimental approach to dung-derived chaff. Vegetation History and Archaeobotany, 14: 528-533.

[300] Vander Zanden, M. J., Rasmussen, J. B., 2001. Variation in $\delta^{15}N$ and $\delta^{13}C$ trophic fractionation: Implications for aquatic food web studies. Limnology and Oceanography, 48: 2061-2066.

[301] Vander, A. J., Sherman, J. N., Luciano, D. S., 1975. Human Physiology: the Mechanisms of Body Function. New York: McGraw-Hill Book Company Press: 1-696.

[302] van der Merwe, N. J., 1989. Natural variation in ^{13}C concentration and its effect on environmental reconstruction using $^{13}C/^{12}C$ ratios in animal bones. In: Price, D. (eds.), Bone Chemistry and Past Behavior. School of American Research Advanced Seminar Series. Cambridge: Cambridge University Press: 105-125.

[303] van der Merwe, N. J., Vogel, J. C., 1978. ^{13}C content of human collagen as a measure of prehistoric diet in Woodland North America. Nature, 276: 815, 816.

[304] van der Merwe, N. J., Masao, F. T., Bamford, M. K., 2008. Isotopic evidence for contrasting diets of early hominins *Homo habilis* and *Australopithecus boisei* of Tanzania. South African Journal of Science, 104: 153-155.

[305] van der Merwe, N. J., Thackeray, J. F., Lee-Thorp, J. A., Luyt, J., 2003. The carbon isotope ecology and diet of *Australopithecus africanus* at Sterkfontein, South Africa. Journal of Human Evolution, 44: 581-597.

[306] Venkat Rao, P., 2009. Studies on Solid State Physics of Keratinised Hard Tissue: Human Nail. Jawaharlal Nehru Technological University(Ph. D. thesis): 1-185.

[307] Vignola, C., Masi, A., Restelli, F. B., Frangipane, M., Marzaioli, F., Passariello, I., Stellato, L., Terrasi, F., Sadori, L., 2017. $\delta^{13}C$ and $\delta^{15}N$ from ^{14}C-AMS dated cereal grains reveal agricultural practices during 4300-2000BC at Arslantepe (Turkey). Review of Palaeobotany and Palynology, 247: 164-174.

[308] Vogel, J. C., van der Merwe, N. J., 1977. Isotopic evidence for early maize cultivation in New York State. American Antiquity, 42: 238-242.

[309] Wang, B., Yang, W., Mckittrick, J., Meyers, M. A., 2016. Keratin: structure, mechanical properties, occurrence in biological organisms, and efforts at bioinspiration. Progress in Materials Science, 76: 229-318.

[310] Wang, R., 2004. Fishing, Farming, and Animal Husbandry in the Early and Middle Neolithic of the

Middle Yellow River Valley, China. Urbana: University of Illinois at Urbana-Champaign (Ph. D. thesis): 1-196.

［311］ Wang, T., Wei, D., Chang, X., Yu, Z., Zhang, X., Wang, C., Hu, Y., Fuller, B. T., 2017. Tianshanbeilu and the Isotopic Millet Road: Reviewing the late Neolithic/Bronze Age radiation of human millet consumption from north China to Europe. National Science Review, doi: 10. 1093/nsr/nwx015.

［312］ Wang, W., Potts, R., Baoyin, Y., Huang, W. W., Cheng, H., Edwards, R. L., Ditchfield, P., 2007. Sequence of mammalian fossils, including hominoid teeth, from the Bubing Basin caves, South China. Journal of Human Evolution, 52: 370-379.

［313］ Wang, X., Fuller, B. T., Zhang, P. C., Hu, S. M., Hu, Y. W., Shang, X., 2018. Millet manuring as a driving force for the Late Neolithic agricultural expansion of north China. Scientific reports, 8: 5552.

［314］ Webb, E. C., White, C. D., Longstaffe, F. J., 2014. Investigating inherent differences in isotopic composition between human bone and enamel bioapatite: Implications for reconstructing residential histories. Journal of Archaeological Science, 50: 97-107.

［315］ Weigt, R. B., Streit, K., Saurer, M., Siegwolf, R. T. W., 2018. The influence of increasing temperature and CO_2 concentration on recent growth of old-growth larch: contrasting responses at leaf and stem processes derived from tree-ring width and stable isotopes. Tree Physiology, 38(5): 706-720.

［316］ Weiner, S., Bar-Yosef, O., 1990. State of preservation of bones from prehistoric sites in the Near East: A survey. Journal of Archaeological Science, 17: 187-196.

［317］ White, C. D., 1993. Isotopic determination of seasonality in diet and death from Nubian mummy hair. Journal of Archaeological Science, 20: 657-666.

［318］ White, C. D., Armelagos, G. J., 1997. Osteopenia and stable isotope ratios in bone collagen of Nubian female mummies. American Journal of Physical Anthropology, 103(2): 185-199.

［319］ White, T. D., Folkens, P. A., 1991. Human Osteology. San Diego: academic press: 1-455.

［320］ White, T. D., Ambrose, S. H., Suwa, G., Su, D. F., DeGusta, D., Bernor, R. L., Boisserie, J. -R., Brunet, M., Delson, E., Frost, S., Garcia, N., Giaourtsakis, I. X., Haile-Selassie, Y., Howell, F. C., Lehmann, T., Likius, A., Pehlevan, C., Saegusa, H., Semprebon, G., Teaford, M., Vrba, E., 2009. Macrovertebrate paleontology and the Pliocene habitat of *Ardipithecus ramidus*. Science, 326: 87-93.

［321］ Williams, J. S., Katzenberg, M. A., 2012. Seasonal fluctuations in diet and death during the late horizon: a stable isotopic analysis of hair and nail from the central coast of Peru. Journal of Archaeological Science, 39: 41-57.

［322］ Williams, D. G., Coltrain, J. B., Lott, M., English, N. B., Ehleringer, J. R., 2005. Oxygen isotopes in cellulose identify source water for archaeological maize in the American Southwest. Journal of Archaeological Science, 32(6): 931-939.

[323] Winkler, F. J., Wirth, E., Latzko, E., Schmidt, H. L., Hoppe, W., Wimmer, P., 1978. Influence of growth conditions and development on $\delta^{13}C$ values in different organs and constituents of wheat, oat and maize. Journal of Plant Physiology, 87: 255-263.

[324] Wißing, C., Rougier, H., Crevecoeur, I., Germonpré, M., Naito, Y. I., Semal, P., Bocherens, H., 2016. Isotopic evidence for dietary ecology of late Neandertals in North-Western Europe. Quaternary International, 411: 327-345.

[325] Wright, L. E., Schwarcz, H. P., 1996. Infrared and isotopic evidence for diagenesis of bone apatite at Dos Pilas, Guatemala: Palaeodietary implications. Journal of Archaeological Science, 23: 933-944.

[326] Xia, Y., Zhang, J., Yu, F., Zhang, H., Wang, T., Hu, Y., Fuller, B. T., 2018. Breastfeeding, weaning, and dietary practices during the Western Zhou Dynasty (1122-771BC) at Boyangcheng, Anhui Province, China. American Journal of Physical Anthropology, 165: 343-352.

[327] Yang, Q., Li, X., Liu, W., Zhou, X., Zhao, K., Sun, N., 2011. Carbon isotope fractionation during low temperature carbonization of foxtail and common millets. Organic Geochemistry, 42(7): 713-719.

[328] Yang, X., Wan, Z., Perry, L., Lu, H., Wang, Q., Zhao, C., Li, J., Xie, F., Yu, J., Cui, T., Wang, T., Li, M., Ge, Q., 2012. Early millet use in northern China. Proceedings of the National Academy of Sciences of the United States of America, 109(10): 3726-3730.

[329] Yi, B., Liu, X., Yuan, H., Zhou, Z., Chen, J., Wang, T., Wang, Y., Hu, Y., Fuller, B. T., 2018. Dentin isotopic reconstruction of individual life histories reveals millet consumption during weaning and childhood at the Late Neolithic (4500BP) Gaoshan site in southwestern China. International Journal of Osteoarchaeology, 28(6): 636-644.

[330] Yi, X. F., Yang, Y. Q., 2006. Enrichment of stable carbon and nitrogen isotopes of plant populations and plateau pikas along altitudes. Journal of animal and feed sciences, 15(4): 661-667.

[331] Yoneyama, T., Ohtani, T., 1983. Variations of natural ^{13}C abundances in leguminous plants. Plant and Cell Physiology, 13: 971-977.

[332] Yoneyama, T., Handley, L. L., Scrimgeour, C. M., Fisher, D. B., Raven, J. A., 1997. Variations of the natural abundances of nitrogen and carbon isotopes in *Triticum aestivum*, with special reference to phloem and xylem exudates. New Phytologist, 137: 205-213.

[333] Zaias, N., 1990. The Nail in Health and Disease. Norwalk, Connecticut: Appleton & Lange: 439.

[334] Zhang, Y. D., Chen, Z., Song, Y. Q., Liu, C., Chen, Y. P., 2005. Making a tooth: growth factors, transcription factors, and stem cells. Cell research, 15(5): 301-316.

[335] Zhao, B., Kondo, M., Maeda, M., Ozaki, Y., Zhang, J., 2004. Water-use efficiency and carbon isotope discrimination in two cultivars of upland rice during different developmental stages under three water regimes. Plant & Soil, 261(1-2): 61-75.

[336] Zhao, L. X., Zhang, L. Z., 2013. New fossil evidence and diet analysis of *Gigantopithecus blacki* and its distribution and extinction in South China. Quaternary International, 286: 69-74.

[337] Zhu, M., Sealy, J., 2019. Multi-tissue stable carbon and nitrogen isotope models for dietary reconstruction: Evaluation using a southern African farming population. American journal of physical anthropology, 168(1): 145-153.

[338] Zuo, X., Lu, H., Jiang, L., Zhang, J., Yang, X., Huan, X., Wu, N., 2017. Dating rice remains through phytolith Carbon-14 study reveals domestication at the beginning of the Holocene. Proceedings of the National Academy of Sciences of the United States of America, 114(25): 6486-6491.

[339] Zviak, C., Dawber, R. P. R., 1986. Hair structure, function, and physicochemical properties. In: Bouillon, C., Wilkinson, J. (eds.), The Science of Hair Care. New York and Basel: Marcel Dekker INC: 74-82.

第二章 生物体不同组织的结构

稳定同位素食谱分析对象主要以考古遗址出土的人或动物的骨骼、牙齿为主，特殊情况下保存的其他组织如毛发、指甲、动物角及残留的牙结石、粪化石等也成为稳定同位素食谱分析的重要材料。多材料、多角度及多重稳定同位素分析为古代人类和动物的食谱与生存环境的重建提供了充分的依据。

2.1 骨　　骼

骨骼是人体（或动物）的重要组织，主要起着支撑软组织、保护器官、造血、运动和调节人体矿物质代谢等功能（White and Folkens，1991，2005；胡耀武，2002）。人体不同部位骨骼的功能与形态各异，根据形态可分为长骨、短骨、扁平骨、不规则骨及混合骨（李云庆，2002）。

不同形态骨骼的解剖学也存在细微差异。以长骨为例，其外侧面为结构致密的骨密质，内侧面则为纵横交错的骨小梁呈立体构筑的骨松质，骨松质中分布有骨髓腔，骨髓、血管和神经等分布于骨松质和骨密质中，骨骼内外表面由骨膜覆盖。人骨组成主要包括骨基质和细胞。其中，骨基质主要包括以骨胶原为主的有机部分和以磷灰石为主的无机部分，细胞又分为骨原细胞、骨细胞、成骨细胞和破骨细胞（胡耀武，2002；凌雪，2010；Katzenberg and Saunders，2008）。

骨基质是由无机质的磷酸钙沉积在有机胶原基质中形成的。以人骨为例，首先，人体吸收小分子胶原蛋白并合成具有三螺旋结构的胶原蛋白，胶原纤维相互交织形成坚韧的基质网，然后利用人体吸收的羟脯氨酸有效地将钙、磷离子运输并沉积在胶原蛋白基质上，形成坚硬的骨骼。人体骨骼中，无机质部分占69%~72%，有机质为20%~22%，其余部分为水分（8%~9%）（Triffitt，1980；Elliott，2002）。无机质（又称骨盐）成分主要包括磷酸钙、碳酸钙、柠檬酸钙，磷酸氢二钠及其他盐类等（胡耀武等，2001）。其中，碳酸盐的含量为4.8~5.8wt%（CO_3^{2-}）（Daculsi et al.，1997；Elliott，2002）。骨骼磷灰石的衍射、红外与拉曼谱图中，存在较强的碳酸盐与H_2O的震动带，未见羟基（OH⁻）谱带，可见，骨骼磷灰石未被羟基化，而是以碳酸盐-水-磷灰石的形式存在（carbonate-hydro-apatite）（Pasteris et al., 2004; Greiner et al., 2018）。有机质主要由胶原蛋白（也称骨胶原）组成，约占90%；其余10%为非胶原蛋白（如磷酸化蛋白、糖蛋白、蛋白聚糖）、脂质、碳水化合物、酶和激素。骨骼的成分会随年龄与骨类型的不同而变化（Pate, 1994）。另外，不同种属动物骨胶原的氨基酸组成存在差异，成为判断动物种属的一个重要手段（图2-1-1）（Hare et al., 1991）。

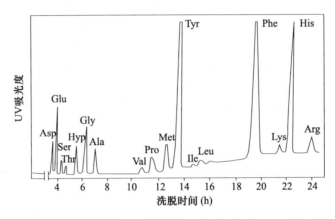

图2-1-1 现代猪骨胶原的氨基酸组成示意图
（改自Hare et al., 1991）

骨骼中成骨细胞与破骨细胞的动态平衡促使骨组织不断更新。破骨细胞可降解骨组织中的有机质与无机矿物质；成骨细胞可合成与分泌骨基质，促进骨基质的矿化，最终因受伤、疾病、年龄等引起的破损骨结构单元被新的骨结构单元替代。大型长寿命脊椎动物的骨骼重塑（Bone remodeling）是为了维持骨骼的机械性能与生理功能，而与生长发育相关的骨骼更新称为骨塑造（Bone modeling）。骨塑造在幼儿阶段最快，之后的生长过程中下降，至骨骼成熟时几乎停止（Frost, 1980）。骨骼更新过程缓慢，因此一个成年个体的骨化学组成反映的是该个体长期的平均食谱。

考古遗址中，保存下来的人骨成为我们探索古人类演化规律、重建古人类社会、追踪人类文明发展脉络的直接研究对象。例如，在人类进化过程中，生存策略与生存环境的变化会引起骨干结构中长骨的变化，如在人类文明的进程中，农业的出现导致人类定居及劳动量减少，人类的股骨和肱骨的骨骼强度相对降低（Katzenberg and Saunders, 2008），以及人类对碳水化合物摄入量的增加，造成龋齿发病率的提高（孟勇，2011）。骨骼的研究方法也在不断多样化，包括骨骼的形态分析、骨微观结构分析、骨病理分析、骨化学分析、DNA分析等，可全面揭示古人类（或动物）的年龄、性别、生长发育状况、疾病、行为、饮食、社会关系等各方面的信息。

2.2 牙　齿

上皮细胞和间充质组织之间的连续相互作用在哺乳动物牙齿的发育过程中起着核心作用（Thesleff et al.，1995）。哺乳动物牙齿的发育过程包括两大阶段，即胚胎期的牙胚发育和胎儿出生后牙齿的萌发。对于牙齿早期发育阶段，又可分为牙板期、蕾状期、帽状期、钟状期和分泌期。人牙的发育始于胚胎发育的第6周，上皮细胞形态发生变化、增厚，形成牙板；随后，牙上皮细胞聚集、增生，形成蕾状结构，成为乳牙早期的成釉器，即蕾状期；进入帽状期，蕾状成釉器外部细胞增殖较快，促使上皮逐渐外翻，呈帽状，中部则形成釉结节，调控牙齿形态的发育，并在牙齿发育后期消失；之后进入钟状期，分别来源于上皮和间充质的成釉质细胞和成牙本质细胞发生分化，成牙本质细胞开始分泌前牙本质，随即刺激釉母细胞分泌釉基质（图2-2-1）（Zhang et al.，2005；Swindler，2002）。

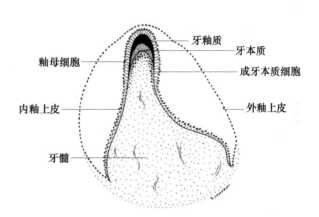

图2-2-1　牙釉质和牙本质在牙胚中的形成示意图
（改自Swindler，2002）

釉质与本质首先在牙冠的釉质与本质结合处形成晶核，随着晶核的长大，形成有机晶粒，有机晶粒中有机质的含量约30%。随着牙齿矿化的进行，牙釉质中的有机质逐渐被取代，最终形成结构致密的羟基磷灰石晶体［$Ca_{10}(PO_4)_6(OH)_2$］（Hydroxyapatite，HAp）［具有较强的羟基（OH^-）震动带］，其晶胞参数a_0=0.938~0.943nm，c_0=0.686~0.688nm（表示a轴和c轴方向上晶胞的边长），z=2（表示晶胞中不对称单元的个数）（葛俊等，2006；Hillson，1996；Greiner et al.，2018），含量约97%，成为哺乳动物体中最坚硬的生物结构（莫氏硬度为5~8），残留有机质仅占1%（其中90%为骨胶原），其余成分为水分（约2%）。牙釉质碳酸盐的含量为3~3.5wt%（CO_3^{2-}）（Daculsi et al.，1997；Elliott，2002）。随着牙釉质分泌的增加和减缓，釉质形成呈渐进式，离冠面越近，釉质层的矿化程度越高，即密度越大。而牙本质仍保留原有的有机物含量，其硬度介于牙釉质与骨骼之间。牙釉质与牙本质一旦形成，其化学成分与组织结构基本不发生变化，除咀嚼过程中造成的磨损或病理导致的破损，如龋齿病、酸蚀症等（Hillson，1996；Swindler，2002）。

牙釉质的生长，是由牙尖向牙颈呈层状堆积形成。在形成过程中，因泌釉细胞分泌活动的节律性变化，釉质中形成规律性生长线，成为反映个体生长发育的重要标记（图2-2-2）（FitzGerald，1998；Reid and Ferrell，2006；Hillson，2014）。在牙釉质表面表现为釉面横纹（Perikymate），在牙釉质内部表现为釉柱横纹（Cross striation）和芮氏线（Striae of Retzius，简称SR）。釉柱横纹为短周期生长线，生长周期为1天；芮氏线为长周期生长线，其生长周期因物种不同而有所差异，例如步氏巨猿（*Gigantopithecus blacki*）釉柱横纹的宽度范围为3.8~6μm，芮氏线生长周期为11天；阿法南猿（*Australopithecus afarensis*）和粗壮傍人（*Paranthropus robustus*）芮氏线生长周期为6~8天；现代人（modern humans）芮氏线生长周期为6~11天。芮氏线的生长周期可通过测量和计算相邻两条芮氏线之间的釉柱横纹数得出（Dean and Schrenk，2003；Lacruz et al.，2006；Dirks and Bowman，2007；Hu et al.，2012）。

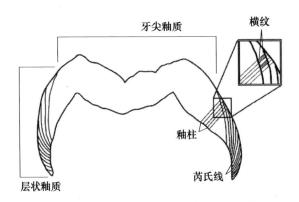

图2-2-2 牙釉质中形成的生长线（釉柱横纹与芮氏线）示意图
（改自Smith et al.，2003）

灵长类的釉柱类型存在3种模式：Ⅰ型釉柱，由中型成釉细胞形成，形似封闭的环形；Ⅱ型釉柱，由小型成釉细胞形成，以一个开放的表面交替排列；Ⅲ型釉柱，由最大成釉细胞形成，形似锁孔（Swindler，2002）。不同种属之间在釉柱类型及其分布上存在明显的差异。例如，现代人牙表层釉质和牙尖中心区釉质为Ⅰ型釉柱，其余釉柱为Ⅲ型和少量Ⅱ型釉柱（Boyde and Martin，1982）。釉柱类型的差别体现了其加工食物功能上的差异（Gantt et al.，1977）。另外，不同种属之间牙釉质的厚度也存在差异，因此牙釉质厚度测量被广泛应用于个体的系统分类和演化脉络的研究（Martin，1985；Beynon et al.，1991），以及判断个体的食物类型。一般而言，相对较厚的牙釉质适于研磨较硬的食物，而相对较薄的牙釉质适于咀嚼较软的食物。另外，牙釉质在牙冠上的分布并不均匀，牙齿不同区域功能不同，釉质厚度也存在差异。例如，功能区的上原尖（Protocone）、下原尖（Protoconid）的釉质比相对应非功能区的上前尖（Paracone）和下后尖（Metaconid）的釉质厚（Schwartz，2000）。

人类一生中发育两套牙列，第一套为乳牙（Deciduous teeth），最初矿化形成于子宫内，胎儿出生6个月后开始萌出，约2岁时20颗乳牙全部萌出，约6岁开始脱落，在幼年和青少年时期逐渐被萌出的恒牙替代。恒牙牙胚形成于人牙早期发育阶段的蕾状期与帽状期之间，钟状期停止发育，直至乳牙脱落之前重新发育。6~8岁时，随着乳牙的脱落，第一颗恒牙萌出。恒牙为第二套牙列，共计32颗，12岁左右萌出28颗，剩余4颗磨牙萌出时间不确定（Hillson, 1996; Scheuer and Black, 2004）。由于不同牙齿萌出的时间不同，因此个体牙齿的萌出情况常被用于判断儿童的年龄（图2-2-3）（Stanford et al., 2011）。

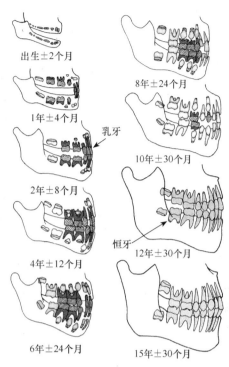

图2-2-3 牙齿发育和萌出与年龄判断
（改自Stanford et al., 2011）

一般而言，萌出后的牙齿由牙冠、牙颈和牙根三部分组成，牙冠位于牙龈之上，牙根完全被牙槽骨包裹，牙颈则连接牙冠和牙根。牙冠最外层是牙釉质，内部是被牙釉质包裹的牙本质，牙本质中部腔体称为牙髓腔，分布着神经、血管等。牙根主要由牙本质组成，在其外层分布有一层牙骨质。牙骨质与牙槽骨之间由牙周膜连接。牙骨质由成牙骨质细胞产生，呈层状堆积，硬度低于牙釉质与牙本质，与骨骼较为相似，但形成后其化学成分与组织结构基本不发生变化，对牙根本质起到保护作用，并可增加牙齿的强度（图2-2-4）（Swindler, 2002）。

萌发后的牙齿按照一定的顺序、方向和位置排列在口腔内，形成一定形态的牙列（图2-2-5）。绝大部分哺乳动物的牙列属于异型齿牙列（Heterodont dentition），在解剖学上一般分为门齿（Incisors）、犬齿（Canines）、前磨牙（Premolars）和磨牙（Molars）四种类型，不同类型的牙齿在形态与功能上存在明显差异，例如切牙牙冠纵剖面呈楔形，具有单个牙根，用于切断食物；磨牙牙冠咬合面宽大，呈方形，具有多个牙尖和牙根，主要用于咀嚼研磨食物（Swindler, 2002）。

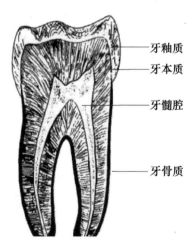

图2-2-4 哺乳动物牙齿的结构示意图
（改自Swindler, 2002）

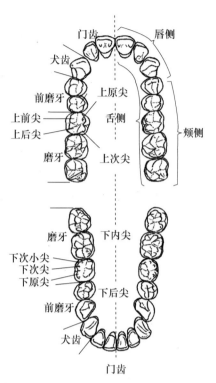

图2-2-5 大猩猩的上下牙列示意图
（改自Swindler，2002）

牙齿作为人体最硬的组织，矿化程度高，耐环境因素侵蚀，因此当人体的其他组织被破坏时，牙齿能在埋藏环境中被长期保存，成为生物考古最重要的研究对象之一。通过牙齿生长发育状况、形态、尺寸、微观结构、磨耗、病理等分析，可以判断生物体的种属、性别、年龄、食性、健康状况等，尤其是骨化学、DNA、蛋白质组学等的分析，从分子层面解读生物体的演化、生存与社会群体等。

2.3 毛 发

毛发作为哺乳动物特有的组织，生长于皮肤的衍生物毛囊中。毛囊从皮肤的表面延伸穿过角质层和表皮进入真皮，呈周期性不断生长。毛发具有调节体温、抵御严寒、预防紫外线辐射、保护深层组织、感触外界刺激等生理功能，并具有一定的形态结构。毛发的外观形态，如长度、颜色、粗细等，因动物种属、生长部位、生长环境等的不同存在明显的差异（Robbins，2002；王宁等，2012）。

单根毛发由毛干和毛囊组成。毛干由外到内可分为毛小皮（Cuticle）、皮质（Cortex）和髓质（Medulla）三层。毛小皮又称角质层，包括上表皮和外表皮，由完全角质化的扁平状鳞片细胞呈不同形状重叠而成（图2-3-1）。鳞片形态的变化主要与动物种属和毛发功能的不同（如保温性能、疏水性能、柔韧性能）有关（杨晓东和任露泉，2002）。皮质由纺锤形细胞沿着纤维轴排列组成；而髓细胞排列疏松，在较厚的毛发中形成一个或多个髓质（Robbins，2002）。

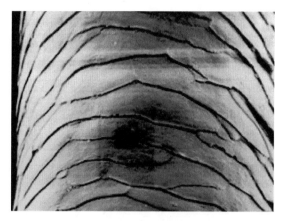

图2-3-1　人发角质层的鳞片结构
（引自Robbins，2002）

毛发中的有机质部分，主要为角蛋白（富含胱氨酸残基和二硫键），属于纤维性的、非营养型的硬蛋白，占毛发质量分数的65%~95%。除髓质细胞的角蛋白二级结构为β-折叠以外，毛小皮和皮质细胞的角蛋白均为α-螺旋。2~3股α-螺旋的角蛋白，可组成原纤维，进而形成细纤维，最终形成粗纤维。大量粗纤维，再组成结构致密的纤维束，成为皮质的重要组成部分（Zviak and Dawber，1986；何学民和严品华，1992a）。细纤维内部主要为α-螺旋结晶区，使毛发角蛋白具有一定的结晶度（Briki et al.，1998）。人与动物或不同种属的哺乳动物之间，其毛发角蛋白的组分存在明显的差异。例如，人发角蛋白与动物毛角蛋白组分的主要差异显示在低分子量区域（分子量小于18500）（何学民和严品华，1992b）。

毛发表面覆盖有一层非极性脂质。另外，在毛小皮细胞之间及毛小皮与皮质细胞之间的细胞间隙中也含有内部脂质，被称为细胞膜络合物（Cell membrane complex，简称CMC）（Braida et al.，1994）。CMC脂质是主要的结构脂质，占毛发质量分数的5%~7%。CMC脂质与蛋白质结合形成脂蛋白，能围绕头发纤维形成一个连续的网状结构，起到对毛小皮细胞之间、毛小皮与皮质细胞之间的黏合作用；另外，毛小皮内含有的丰富高硫蛋白能抵御外界物理和化学因素的影响，利于毛发的保存（何学民，2000）。

毛发的成分中还包括水分（约32%）、色素和微量元素（van der Mei et al.，2002；Mikulewicz et al.，2013）。例如Ca元素，以两种形式存在于毛发中，一是存在于毛小皮、皮质与髓质中，可溶于盐酸；二是存在于髓质壁中，不易溶于盐酸（Mérigoux et al.，2003）。另外，哺乳动物通过饮食将自然环境中的Sr与Pb元素沉积在毛发中，并保留当地自然环境中特有的同位素组成特征，成为探索人类与动物迁徙的有力证据（Vautour et al.，2015）。

毛囊基部乳突区域是蛋白质合成与毛发生长的核心区域，黑色素细胞与产生毛细胞的基层均位于该区域。毛发纤维的生长一般包括三个阶段，即毛发生长初期

（Anagen）、中期（Catagen）和末期（Telogen），且呈现周期性。对于头皮毛发而言，其生长初期持续2~6年；生长中期，细胞代谢减慢，该时期持续几周；生长末期，头发完全停止生长，该时期也仅持续几周。一般而言，人发的生长速度为每天生长0.35mm（Saitoh et al.，1969）。但是，人体头部不同区域，头发的生长速度不同，例如头皮的顶部，头发生长速度约为16cm/年；在颞区，头发生长速度为14cm/年；在须区，头发生长速度为10cm/年。人类胎发最早形成于胚胎发育的第3或第4个月，胎发生长至约15cm，随着胎儿的出生，之后以头发的形式继续生长（Robbins，2002）。由此可见，毛发记录的是生物体近期内的生存环境与新陈代谢信息（Iacumin et al.，2006；Thompson et al.，2010），并因其周期性可持续生长，为详细探索短周期内生物体的生存环境变迁与新陈代谢变化提供依据（White，1993；Schwarcz and White，2004）。

2.4 指甲与角

脊椎动物的身体包含软组织和硬组织。在硬组织中，角、蹄、羽毛、爪和指甲均是皮肤的衍生物，主要成分均为硬角蛋白（Venkat Rao，2009）。角蛋白是一种不溶性纤维状的高硫蛋白，包括α-角蛋白和β-角蛋白两种类型（Wang et al.，2016）。特殊情况下，考古遗址中保存有人甲和动物角，以此为例简述其结构与成分。

甲板（Nail plate）是指甲最突出的解剖特征，由扁平的角质化细胞形成致密有弹性的层状组成，人的甲板厚度约为0.5~1.0mm，其下较软的皮肤组织称为甲床（Nail bed），是指甲所依靠的血管床（Forslind and Thyresson，1975；赵文静和张晓凯，2013）。甲板三面镶嵌在由典型角质化上皮细胞内陷形成的甲褶（Nail fold）中，再由周边覆盖的皮肤形成的甲廓（Nail wall）包围（Runne and Orfanos，1981）。形成甲板的角质化细胞来源于一种活跃的、高度增殖的表皮组织，即指甲基质（Nail matrix），其位于伸入近端皮肤中3~5mm深的甲根（Nail root）下面，是指甲的生长区，且在指甲基质的远端出现新月状浅色的甲半月（Nail lunula）（图2-4-1）（Walters and Flynn，1983；De Berker et al.，2007）。

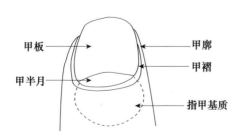

图2-4-1 人指甲的结构示意图
（改自Walters and Flynn，1983；De Berker et al.，2007）

甲板角质化细胞来源于指甲基质的背侧和腹侧细胞，细胞分裂发生在形成甲板两侧的指甲基质细胞的最外层包膜上，并不断向指甲基质的中心推进；而细胞的角质化主要沿着指甲基质轴进行，在此过程中，细胞形态等方面的变化与表皮细胞和毛发角质化相似，角质化的细胞最终在甲板中形成致密的结构层，且在最外层垂直分布有角蛋白纤维，有利于层间的结合（Walters and Flynn，1983；Venkat Rao，2009）。虽然指甲从表面看起来很均匀，但至少有两个明显的宏观层，背侧甲板层和中间甲板层。其中，背侧甲板层质地较硬，存在垂直分布的角蛋白纤维，中间甲板层柔软且较薄（Spearman，1978；Johnson and Shuster，1993）。

人体指甲从妊娠第8周就可以分辨出来，指甲单元的第一个胚胎元素就是指背尖上的表皮在9周后出现的指甲角。指甲将在一生中持续生长，通常以每天0.10~0.12mm的速度从甲根处生长，整个甲板的形成需要4~5个月（De Berker et al.，2007；Zaias，1990）。年龄的增长、寒冷的气候条件、疾病及营养不良，均会影响指甲的生长速度与形态（Germann et al.，1980；Ramos-e-Silva，2008）。

甲板主要化学成分为角蛋白，与毛发角蛋白具有相似的氨基酸组成，主要包括谷氨酸、胱氨酸、精氨酸、丝氨酸和亮氨酸；另外，大量的S元素（约含4%）以角蛋白含硫氨基酸二硫键形式和硫化物形式存在于指甲中，指甲中还包含有一定量的微量元素，如Ca、Mg、Fe、Cu和Zn（Gillespie and Marshall，1980；O'Connell et al.，2001；Marshall，1983）。指甲中水分的含量约18%；脂质的含量低于5%，胆固醇作为指甲的增塑剂，是其中主要的脂类（Gniadecka et al.，1998；Walters and Flynn，1983）。

角出现在牛、绵羊、山羊、羚羊等牛科动物头部，其质地坚韧，能抵抗外界冲击；且不同种属动物的角大小与形态存在差异。角并非是个体的活组织，其内未分布神经。角内部包裹着一个短的骨芯（Bony core），由松质骨（海绵骨或小梁骨）组成，表面覆盖着从颅骨后部突出的皮肤，皮肤表皮细胞将产生新的细胞以促进角的生长。角纤维的形成一般是来自干细胞群体的细胞，经历分化（Differentiation）、角质化（Keratinisation）和角化（Cornification），最终在解剖结构上产生差异。有蹄类动物角的生长贯穿于其整个生命中，通过角蛋白鞘环绕骨芯顺序沉积（Marshall et al.，1991）。从春天至冬天，角的生长将产生明显的年增量，即年轮（图2-4-2），且角每年生长的长度将随着年龄的增长而逐渐减少（Bassano et al.，2003；Giacometti et al.，2002；Barbosa et al.，2009）。角并未与头骨完整结合，当兽皮去除后，角将脱落（Kitchener，2000；Tombolato et al.，2010）。

角的主要成分为α-角蛋白，由于半胱

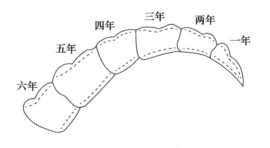

图2-4-2 动物角的周期性生长年轮示意图
（改自Barbosa et al.，2009）

氨酸的存在，角蛋白分子通过氢键和二硫键连接在一起；两条蛋白质多肽链形成长度约45nm、直径约1nm的双螺旋分子结构，即α-角蛋白原纤维（α-keratin protofibril）；多个原纤维又被螺旋缠绕在一起形成直径为7nm的微纤维（称为中间丝，Intermediate filaments）；形成的中间丝又被嵌入至由高硫蛋白（含半胱氨酸残基较多）和高甘氨酸-酪氨酸蛋白（甘氨酸残基含量较高）组成的黏性蛋白质基质中，形成一个扁平薄层；长小管延长了散布在薄片之间角的长度；最终形成由纤维角蛋白组成且横跨角厚度存在孔隙度梯度的三维层状结构（图2-4-3；彩版一，1）(Fraser and MacRae, 1980; Fraser et al., 1986; Feughelman, 1997; Tombolato et al., 2010)。

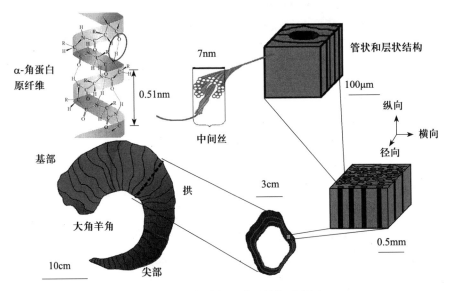

图2-4-3　大角羊角的微观结构示意图
（改自Tombolato et al., 2010; Wang et al., 2016）

指甲与角的多稳定同位素分析（C、N、H、O、S等）、DNA分析、微量元素分析等，已在考古、法医、人类学和生物学研究中得到广泛应用，以探索人与动物的食谱、迁移、环境污染、病理等（Truong et al., 2015; Grolmusová et al., 2014; 秦俊法，2003；梅宏成等，2016; Nardoto et al., 2011; Buchardt et al., 2007; Lehn et al., 2011; Williams and Katzenberg, 2012; Tombolato et al., 2010; Fraser and Meier-Augenstein, 2007）。

2.5　残　留　物

2.5.1　牙结石

牙齿在咀嚼食物过程中，常常会在牙缝、牙颈部及牙冠表面残留食物残渣。口腔内分泌的唾液、细菌及脱落的上皮细胞等与食物残渣混合在一起，在牙齿表面形成牙菌斑，随着牙菌斑的逐渐钙化，常在下前牙的舌侧或上磨牙的颊侧牙龈线上和/或下面，形成浅黄或黄褐色硬质薄片状的牙结石（金琳，2006；Gobetz and Bozarth，2001）。

牙结石的形成、发展与溶解涉及多个磷酸钙相及离子与有机分子之间的相互作用，因此是热力学和动力学因素共同起作用的一个复杂过程（Nancollas and Johnsson，1994）。牙龈上结石的形成开始于包含微生物有机层的沉积。其中，有机质含量约为16wt%，C/N比率为5.4±0.4（Jin and Yip，2002；Dorio，2012）。有机质包括蛋白质、糖蛋白、脂质和碳水化合物及残留的食物，而唾液是寄生微生物主要的营养来源（Mandel，1990；Marsh，2015）。另外，唾液蛋白是牙菌斑中矿化反应的有效抑制剂，但如被吸附，其结构将会改变现有表面，从而催化矿物相的成核，最终在微生物表面或微生物内部结构中形成磷酸钙晶体（Zander et al.，1960；Hay et al.，1979；Hay and Margolis，1992；Campbell and Nancollas，1991）。随着牙齿上残渣的矿化，形成主要由磷酸钙组成的结石，或形成不稳定的亚稳态中间体；随后，这些不稳定的中间产物也可能转化为稳定的结石（Nancollas and Johnsson，1994）。牙菌斑的沉积与矿化速率受到pH酸碱度、微生物数量、食物种类、饮用水矿物质含量、唾液矿物质浓度和产生速率等多种因素的影响（Marsh，1992；Cobb and Killoy，1990；Gaare et al.，1989；Lieverse，1999）。

人类或动物牙齿上，随着牙斑堆积物的重度矿化，被包裹在磷酸钙堆积物中的食物残渣将随着牙结石在地层堆积中保存下来。尤其对于植食动物，大量食物残留物和植物微体化石（如植物纤维、孢粉、植硅体和淀粉粒等）被保存在牙结石中。通过对这些残留植物组织的提取与鉴定及稳定同位素的分析，可望重建古代人类、动物的食谱与生存环境（Fox et al.，1996；Lieverse，1999；Hardy et al.，2009；Wesolowski et al.，2010）。

相对于反映个体长期内平均食谱信息的骨骼稳定同位素分析（约10年以上）（Manolagas，2000），牙结石中植物微体化石与稳定同位素分析，将反映的是个体生前某一较短时间段内的食谱信息（几天或几周，取决于牙结石形成的时间长短）（Boyadjian et al.，2007）。另外，牙结石植物微体化石分析，可提供生物体摄入植物的种类，进一步细化人类与动物的食谱；而稳定同位素分析可提供不同类型植物（C_3植物与C_4植物）在食谱中所占比例，使定量或半定量判断生物体的食谱差异与变化成为可能，因此，两方面的分析相互补充，可共同验证生物体生前的摄食行为。

2.5.2 粪化石

生物体对摄入的食物，经过一系列的消化吸收之后，将剩余残渣与肠道和消化系统分泌物、细菌、排入消化道的物质和细胞结构一起排出体外，形成粪便（Fry，1985）。不同种属动物粪便的颜色、形状等存在差异，常成为鉴定动物种属的标准之一（高福清，1962；龚一鸣等，2009）。目前，粪便的DNA、稳定同位素、植物微体组织等分析，已被广泛应用到现生动物遗传结构、种群数量、食性、营养水平、健康状态、生存环境等方面的研究中（Codron et al.，2006；靳勇超，2012；朱国栋，2016；胡贺娇，2016；郭文康，2016）。粪化石则是由粪便经长期埋藏后形成的一类遗迹化石（王文娟，2013）。随着粪化石的形成，包裹在其中的生物体食物残渣等也将一同被保存下来，成为现今探索古人类与动物食性、生存环境、健康状况等方面的重要材料之一。

目前，考古遗址出土的粪化石研究，主要集中在粪化石中植物残留物的分析，如植物种子、孢粉、植硅体、纤维、植物角质层等，通过鉴定植物种属，重建古人类或动物的食谱与生存环境，进而探索古人类生业模式、动物饲养与迁徙、古生物的灭绝、古植被、古环境及古病理等（王文娟等，2013；Fall et al.，1990；Valamoti，2007；Scott，1990；Scott and Bousman，1990；Scott et al.，2004；Shahack-Gross et al.，2003；Thompson et al.，1980）。粪化石中，植物残留组织的鉴定分析，仅提供了生物体食物结构中的植物类食物，且无法判断具有不同光合作用途径的各类植物所占的比例。已有的研究表明，生物体对食物进行消化吸收时，虽产生稳定同位素的分馏，但粪便作为生物体新陈代谢的产物，其稳定同位素组成与其食物的稳定同位素组成存在明显相关性（Kuhnle et al.，2013；Phillips and O'Connell，2016；Mcfadden et al.，2006；Painter et al.，2009）。因此，粪化石稳定同位素分析一定程度上也可以反映生物体的食物结构，且与粪化石大植物遗存、植物微体化石等分析相互补充、相互印证（Scott and Vogel，2000；Qiu et al.，2014；Reitsema，2012；Finucane，2007）。

参 考 书 目

[1] 高福清，1962. 记泥河湾粪化石层. 古脊椎动物学报，（4）：80-93.

[2] 葛俊，崔福斋，吉宁，阎建新，2006. 人牙釉质分级结构的观察. 牙体牙髓牙周病学杂志，16（2）：61-66.

[3] 龚一鸣，张立军，吴义布，2009. 秦皇岛石炭纪粪化石. 中国科学，（10）：1421-1428.

[4] 郭文康，2016. 中国季风边缘区、青藏高原和新疆干旱区有机碳同位素现代过程研究. 兰州大学硕士学位论文：1-92.

[5] 何学民，2000. 头发的损伤与头发结构和组分的相互关系. 日用化学工业，（4）：34-36.

[6] 何学民，严品华，1992a. 用N-（3-P）NEM标记毛发角蛋白研究毛发中低硫和高硫蛋白的状态. 华东师范大学学报，（2）：74-82.

[7] 何学民，严品华，1992b. 动物的毛与人发角蛋白组分的比较研究. 动物学研究，13（2）：

153-159.

[8] 胡贺娇, 2016. 西藏马鹿 (*Cervus wallichii*) 分子生态学与营养生态学研究. 东北林业大学博士学位论文: 1-75.

[9] 胡耀武, 2002. 古代人类食谱及其相关研究. 中国科学技术大学博士学位论文: 1-87.

[10] 胡耀武, 王昌燧, 左健, 张玉忠, 2001. 古人类骨中羟磷灰石的XRD和喇曼光谱分析. 生物物理学报, 17 (4): 621-627.

[11] 金琳, 2006. 新型牙石防治剂的研究. 西北大学硕士学位论文: 1-39.

[12] 靳勇超, 2012. 基于粪便分子生物学对马鹿种群遗传结构以及家域的研究. 东北林业大学硕士学位论文: 1-45.

[13] 李云庆, 2002. 人体解剖学. 第四军医大学出版社: 13-17.

[14] 凌雪, 2010. 秦人食谱研究. 西北大学博士学位论文: 32-42.

[15] 梅宏成, 朱军, 权养科, 王桂强, 2016. 稳定同位素检验推断生物物证供体的生活时空信息. 刑事技术, 41 (2): 87-92.

[16] 孟勇, 2011. 陕西出土6000年和1000年前古人牙齿结构、组成及病理特征的对比研究. 第四军医大学博士毕业论文: 59-67.

[17] 秦俊法, 2003. 指甲元素分析的生物学基础及医学应用. 广东微量元素科学, 10 (4): 1-17.

[18] 王宁, 荣恩光, 闫晓红, 2012. 毛囊发育与毛发生产研究进展. 东北农业大学学报, 43 (9): 6-12.

[19] 王文娟, 2013. 河南灵井许昌人遗址鬣狗粪化石研究. 中国科学院大学硕士学位论文: 1-58.

[20] 王文娟, 吴妍, 宋国定, 赵克良, 李占扬, 2013. 灵井许昌人遗址鬣狗粪化石的孢粉和真菌孢子研究. 科学通报, 58 (s1): 51-56.

[21] 杨晓东, 任露泉, 2002. 动物毛发的形态结构及其功能特性研究. 农业工程学, 18 (2): 21-24.

[22] 赵文静, 张晓凯, 2013. 人类指甲的显微结构观察与分析. 分析测试技术与仪器, 19 (3): 164-170.

[23] 朱国栋, 2016. 内蒙古荒漠草原植物、土壤、放牧牛羊粪便及毛发的稳定性碳同位素特征. 内蒙古农业大学硕士学位论文: 1-26.

[24] Barbosa, I. C. R., Kley, M., Schäufele, R., Auerswald, K., Schröder, W., Filli, F., Hertwig, S., Schnyder, H., 2009. Analysing the isotopic life history of the alpine ungulates *Capra ibex* and *Rupicapra rupicapra rupicapra* through their horns. Rapid Communications in Mass Spectrometry, 23(15): 2347-2356.

[25] Bassano, B., Perrone, A., Von Hardenberg, A., 2003. Body weight and horn development in Alpine chamois, *Rupicapra rupicapra* (Bovidae, Caprinae). Mammalia, 67(1): 65-73.

[26] Beynon, A. D., Dean, M. C., Reid, D. J., 1991. On thick and thin enamel in hominoids. American Journal of Physical Anthropology, 86: 295-309.

[27] Boyadjian, C. H. C., Eggers, S., Reinhard, K., 2007. Dental wash: a problematic method for extracting microfossils from teeth. Journal of Archaeological Science, 34: 1622-1628.

[28] Boyde, A., Martin, L., 1982. Enamel microstructure determination in hominoid and cercopithecoid primates. Anatomy and Embryology, 165: 193-212.

[29] Braida, D., Dubief, G., Lang, G., Hallegot, P., 1994. Ceramide: A new approach to hair protection and conditioning. Cosmetics & Toiletries, 109: 49-57.

[30] Briki, F., Busson, B., Doucet, J., 1998. Organization of microfibrils in keratin fibers studied by X-ray scattering modelling using the paracrystal concept. Biochimica et Biophysica Acta, 1429(1): 57.

[31] Buchardt, B., Bunch, V., Helin, P., 2007. Fingernails and diet: Stable isotope signatures of a marine hunting community from modern Uummannaq North Greenland. Chemical Geology, 244(1-2): 316-329.

[32] Campbell, A. A., Nancollas, G. H., 1991. The mineralization of calcium phosphate on separated salivary protein films. Colloids & Surfaces, 54: 33-40.

[33] Cobb, C. M., Killoy, W. J., 1990. Microbial colonization in human periodontal disease: An illustrated tutorial on selected ultrastructural and ecologic considerations. Scanning Microscopy, 4(3): 675-691.

[34] Codron, D., Codron, J., Lee-Thorp, J. A., Sponheimer, M., de Ruiter, D., Brink, J. S., 2006. Dietary variation in impala *Aepyceros melampus* recorded by carbon isotope composition of feces. Acta Zoologica Sinica, 52(6): 1015-1025.

[35] Daculsi, G., Bouler, J. M., LeGeros, R. Z., 1997. Adaptive crystal formation in normal and pathological calcifications in synthetic calcium phosphate and related biomaterials. International Review of Cytology, 172: 129-191.

[36] Dean, M. C., Schrenk, F., 2003. Enamel thickness and development in a third permanent molar of *Gigantopithecus blacki*. Journal of Human Evolution, 45: 381-387.

[37] De Berker, D. A. R., André, J., Baran, R., 2007. Nail biology and nail science. International Journal of Cosmetic Science, 29(4): 241-275.

[38] Dirks, W., Bowman, J. E., 2007. Life history theory and dental development in four species of catarrhine primates. Journal of Human Evolution, 53(3): 309-320.

[39] Dorio, L. A. E., 2012. Stable Carbon and Nitrogen Isotope Analysis: a Comparison of Modern Calculus, Hair and Fingernail. University of Nevada (M. A. thesis): 1-66.

[40] Elliott, J. C., 2002. Calcium phosphate biominerals. In: Kohn, M. J., Rakovan, J., Hughes, J. M. (eds.), Phosphates: Geochemical, Geobiological and Material Importance. Reviews in Mineralogy and

[41] Fall, P. L., Linquist, C. A., Falconer, S., 1990. Fossil hyrax middens from the Middle East: a record of paleovegetation and human disturbance. In: Betancourt, J. L., Van Devender, T. R., Martin, P. S. (eds.), Packrat Middens the Last 40, 000 Years of Biotic Change. Tucson: University of Arizona Press: 408-427.

[42] Feughelman, M., 1997. Mechanical properties and structure of a -keratin fibres: wool, human hair and related fibres. Sydney: University of New South Wales Press: 1-164.

[43] Finucane, B. C., 2007. Mummies, maize, and manure: multi-tissue stable isotope analysis of late prehistoric human remains from the Ayacucho Valley, Perú. Journal of Archaeological Science, 34(12): 2115-2124.

[44] FitzGerald, C. M., 1998. Do enamel microstructures have regular time dependency? Conclusions from the literature and a large-scale study. Journal of Human Evolution, 35(4): 371-386.

[45] Forslind, B., Thyresson, N., 1975. On the structure of the normal nail. Archiv Für Dermatologische Forschung, 251(3): 199-204.

[46] Fox, C. L., Jordi, J., Albert, R. M., 1996. Phytolith analysis on dental calculus, enamel surface and burial soil: information about diet and paleoenvironment. American Journal of Physical Anthropology, 102: 101-113.

[47] Fraser, I., Meier-Augenstein, W., 2007. Stable ^{2}H isotope analysis of modern-day human hair and nails can aid forensic human identification. Rapid Commun Mass Spectrom, 21(20): 3279-3285.

[48] Fraser, R. D., MacRae, T. P., 1980. Molecular structure and mechanical properties of keratin. In: Vincent, J. F. V., Currey, J. D. (eds.), The mechanical properties of biological materials. Symposium of the society of experimental biology. Cambridge: Cambridge University Press: 211-246.

[49] Fraser, R. D., MacRae, T. P., Parry, D. A., Suzuki, E., 1986. Intermediate filaments in alpha keratins. Proceedings of the National Academy of Sciences of the United States of America, 83: 1179-1183.

[50] Frost, H. M., 1980. Skeletal physiology and bone remodeling. In: Urist, M. R. (eds.), Fundamental and Clinical Bone Physiology. Philadelphia: J. B. Lippincott: 208-241.

[51] Fry, G., 1985. Analysis of fecal material. In: Robert Jr., G. I., Mielke, J. H. (eds.), Analysis of prehistoric diets. Orlando: Academic Press: 127-154.

[52] Gaare, D., Rølla, G., van der Ouderaa, F., 1989. Comparison of the rate of formation of supragingival calculus in an Asian and European population. In: Ten Cate, J. M. (eds.), Recent Advances in the Study of Dental Calculus. Oxford: IRL Press: 115-122.

[53] Gantt, D. G., Pilbeam, D., Steward, G. P., 1977. Hominoid enamel prism patterns. Science, 198(4322): 1155-1157.

[54] Germann, H., Barran, W., Plewig, G., 1980. Morphology of corneocytes from human nail plates.

Journal of Investigative Dermatology, 74(3): 115-118.

[55] Giacometti, M., Willing, R., Defila, C., 2002. Ambient temperature in spring affects horn growth in male alpine ibexes. Journal of Mammalogy, 83(1): 245-251.

[56] Gillespie, J. M., Marshall, R. C., 1980. Proteins of human hair and nail. Cosmetics & Toiletries, 95: 29-34.

[57] Gniadecka, M., Nielsen, O. F., Christensen, D. H., Wulf, H. C., 1998. Structure of water, proteins, and lipids in intact human skin, hair, and nail. Journal of Investigative Dermatology, 110(4): 393-398.

[58] Gobetz, K. E., Bozarth, S. R., 2001. Implications for Late Pleistocene mastodon diet from opal phytoliths in tooth calculus. Quaternary Research, 55(2): 115-122.

[59] Greiner, M., Kocsis, B., Heinig, M. F., Mayer, K., Toncala, A., Grupe, G., Schmahl, W. W., 2018. Experimental cremation of bone: Crystallite size and lattice parameter evolution. In: Endo, K., Kogure, T., Nagasawa, H. (eds), Biomineralization. Singapore: Springer: 21-29.

[60] Grolmusová, Z., Rapčanová, A., Michalko, J., Čech, P., Veis, P., 2014. Stable isotope composition of human fingernails from Slovakia. Science of the Total Environment, 496: 226-232.

[61] Hardy, K., Blakeney, T., Copeland, L., Kirkham, J., Wrangham, R., Collins, M., 2009. Starch granules, dental calculus and new perspectives on ancient diet. Journal of Archaeological Science, 36: 248-255.

[62] Hare, P. E., Fogel, M. L., Jr, T. W. S., Mitchell, A. D., Hoering, T. C., 1991. The isotopic composition of carbon and nitrogen in individual amino acids isolated from modern and fossil proteins. Journal of Archaeological Science, 18(3): 277-292.

[63] Hay, D. I., Margolis, H. C., 1992. Salivary factors in calculus formation and control. Journal of Dental Research, 71: 234.

[64] Hay, D. I., Moreno, E. C., Schlesinger, D. H., 1979. Phosphoprotein inhibitors of calcium phosphate precipitation from salivary secretions. Inorg Persp Biol Med, 2: 271-285.

[65] Hillson, S., 1996. Dental Anthropology. Cambridge: Cambridge University Press: 68-84.

[66] Hillson, S., 2014. Tooth Development in Human Evolution and Bioarchaeology. Cambridge: Cambridge University Press: 70-110.

[67] Hu, R., Zhao, L. X., Wu, X. Z., 2012. Periodicity of Retzius lines in fossil *Pongo* from South China. Chinese Science Bulletin, 57: 790-794.

[68] Iacumin, P., Davanzo, S., Nikolaev, V., 2006. Spatial and temporal variations in the $^{13}C/^{12}C$ and $^{15}N/^{14}N$ ratios of mammoth hairs: Palaeodiet and palaeoclimatic implications. Chemical Geology, 231(1-2): 16-25.

[69] Jin, Y., Yip, H., 2002. Supragingival calculus: formation and control. Crit. Rev. Oral Biol. Med., 13:

426-441.

[70] Johnson, M., Shuster, S., 1993. Continuous formation of nail along the bed. British Journal of Dermatology, 128(3): 277-280.

[71] Katzenberg, M. A., Saunders, S. R., 2008. Biological Anthropology of the Human Skeleton, 2nd Edition. Hoboken: John Wiley & Sons: 149-191.

[72] Kitchener, A. C., 2000. Fighting and the mechanical design of horns and antlers. In: Domenici, P., Blake, R. W. (eds.), Biomechanics in Animal Behaviour. Oxford: BIOS Scientific Publishers: 291-311.

[73] Kuhnle, G. G. C., Joosen, A. M. C. P., Kneale, C. J., O'Connell, T. C., 2013. Carbon and nitrogen isotopic ratios of urine and faeces as novel nutritional biomarkers of meat and fish intake. European Journal of Nutrition, 52: 389-395.

[74] Lacruz, R. S., Rozzi, F. R., Bromage, T. G., 2006. Variation in enamel development of South African fossil hominids. Journal of Human Evolution, 51: 580-590.

[75] Lehn, C., Mützel, E., Rossmann, A., 2011. Multi-element stable isotope analysis of H, C, N and S in hair and nails of contemporary human remains. International Journal of Legal Medicine, 125(5): 695-706.

[76] Lieverse, A. R., 1999. Diet and the aetiology of dental calculus. International Journal of Osteoarchaeology, 9: 219-232.

[77] Mandel, I., 1990. Calculus formation and prevention: an overview. Compend Contin Educ Dent Suppl, 8: S235-S241.

[78] Manolagas, S., 2000. Birth and death of bone cells: Basic regulatory mechanisms and implications for the pathogenesis and treatment of osteoporosis. Endocrine Reviews, 21(2): 115-137.

[79] Marsh, P. D., 1992. Microbial aspects of the chemical control of plaque and gingivitis. Journal of Dental Research, 71(7): 1431-1438.

[80] Marsh, P. D., 2015. Dental biofilms. In: Lang, N. P., Lindhe, J. (eds.), Clinical Periodontology and Implant Dentistry. West Sussex: John Wiley & Sons: 169-182.

[81] Marshall, R. C., 1983. Characterization of the proteins of human hair and nail by electrophoresis. Journal of Investigative Dermatology, 80(6): 519-524.

[82] Marshall, R. C., Orwin, D. F. G., Gillespie, J. M., 1991. Structure and biochemistry of mammalian hard keratin. Electron Microscopy Reviews, 4(1): 47-83.

[83] Martin, L., 1985. Significance of enamel thickness in hominoid evolution. Nature, 314: 260-263.

[84] Mcfadden, K. W., Sambrotto, R. N., Medellín, R. A., Gompper, M. E., 2006. Feeding habits of endangered pygmy raccoons (*Procyon pygmaeus*) based on stable isotope and fecal analyses. Journal of Mammalogy, 87(3): 501-509.

[85] Mikulewicz, M., Chojnacka, K., Gedrange, T., Górecki, H., 2013. Reference values of elements in human hair: a systematic review. Environmental Toxicology & Pharmacology, 36(3): 1077-1086.

[86] Mérigoux, C., Briki, F., Sarrotreynauld, F., Salomé, M., Fayard, B., Susini, J., Doucet, J., 2003. Evidence for various calcium sites in human hair shaft revealed by sub-micrometer X-ray fluorescence. Biochimica et Biophysica Acta(BBA)—General Subjects, 1619(1): 53-58.

[87] Nancollas, G. H., Johnsson, M. A., 1994. Calculus formation and inhibition. Advances in Dental Research, 8(2): 307-311.

[88] Nardoto, G. B., Murrieta, R. S. S., Prates, L. E. G., Adams, C., Garavello, M. E. P. E., Schor, T., De Moraes, A., Rinaldi, F. D., Gragnani, J. G., Moura, E. A. F., Duarte-Neto, P. J., Martinelli, L. A., 2011. Frozen chicken for wild fish: nutritional transition in the Brazilian Amazon region determined by carbon and nitrogen stable isotope ratios in fingernails. American Journal of Human Biology, 23(5): 642-650.

[89] O'Connell, T. C., Hedges, R. E. M., Healey, M. A., Simpson, A. H. R. W., 2001. Isotopic comparison of hair, nail and bone: Modern analyses. Journal of Archaeological Science, 28(11): 1247-1255.

[90] Painter, M. L., Chambers, C. L., Siders, M., Doucett, R. R., Whitaker, J. O., Phillips, D. L., 2009. Diet of spotted bats (*Euderma maculatum*) in Arizona as indicated by fecal analysis and stable isotopes. Canadian Journal of Zoology, 87(10): 865-875.

[91] Pasteris, J. D., Wopenka, B., Freeman, J. J., Rogers, K., Valsami-Jones, E., Van Der Houwen, J. A. M., Silva, M. J., 2004. Lack of OH in nanocrystalline apatite as a function of degree of atomic order: Implications for bone and biomaterials. Biomaterials, 25(2): 229-238.

[92] Pate, F. D., 1994. Bone chemistry and paleodiet. Journal of Archaeological Method and Theory, 1(2): 161-209.

[93] Phillips, C. A., O'Connell, T. C., 2016. Fecal carbon and nitrogen isotopic analysis as an indicator of diet in Kanyawara chimpanzees, Kibale National Park, Uganda. American Journal of Physical Anthropology, 161(4): 685-697.

[94] Qiu, Z., Yang, Y., Shang, X., Li, W., Abuduresule, Y., Hu, X., Pan, Y., Ferguson, D. K., Hu, Y., Wang, C., Jiang, H., 2014. Paleo-environment and paleo-diet inferred from early bronze age cow dung at Xiaohe cemetery, Xinjiang, NW china. Quaternary International, 349: 167-177.

[95] Ramos-e-Silva, M., Azevedo-E-Silva, M. C., Carneiro, S. C., 2008. Hair, nail, and pigment changes in major systemic disease. Clinics in Dermatology, 26(3): 296-305.

[96] Reid, D. J., Ferrell, R. J., 2006. The relationship between number of striae of Retzius and their periodicity in imbricational enamel formation. Journal of Human Evolution, 50 (2): 195-202.

[97] Reitsema, L. J., 2012. Introducing fecal stable isotope analysis in primate weaning studies.

American Journal of Primatology, 74(10): 926-939.

[98] Robbins, C. R., 2002. Chemical composition. In: Robbins, C. R. (eds.), Chemical and Physical Behavior of Human Hair. New York: Springer: 63-75.

[99] Runne, U., Orfanos, C. E., 1981. The human nail. Current Problems in Dermatology, 9: 102-149.

[100] Saitoh, M., Uzuka, M., Sakamoto, M., Kobori, T., 1969. Rate of hair growth. In: Montagna, W., Dobson, R. L. (eds.), Advances in Biology of Skin, Volume IX, Hair Growth. Oxford: Pergamon Press: 183-201.

[101] Scheuer, L., Black, S., 2004. The Juvenile Skeleton. San Diego: Academic Press: 1-400.

[102] Schwarcz, H. P., White, C. D., 2004. The grasshopper or the ant? : cultigen-use strategies in ancient Nubia from C-13 analyses of human hair. Journal of Archaeological Science, 31: 753-762.

[103] Schwartz, G. T., 2000. Taxonomic and functional aspects of the patterning of enamel thickness distribution in extant large-bodied Hominoids. American Journal of Physical Anthropology, 111: 221-244.

[104] Scott, L., 1990. Hyrax (Procaviidae) and Dassie Rat (Petromuridae) middens in paleoenvironmental studies in Africa. In: Betancourt, J. L., Van Devender, T. R., Martin, P. S. (eds.), Packrat Middens the Last 40, 000 Years of Biotic Change. Tucson: University of Arizona Press: 398-407.

[105] Scott, L., Bousman, C. B., 1990. Palynological analysis of hyrax middens from Southern Africa. Palaeogeography, Palaeoclimatology, Palaeoecology, 76: 367-379.

[106] Scott, L., Vogel, J. C., 2000. Evidence for environmental conditions during the last 20000 years in Southern Africa from ^{13}C in fossil hyrax dung. Global and Planetary Change, 26: 207-215.

[107] Scott, L., Marais, E., Brook, G. A., 2004. Fossil hyrax dung and evidence of Late Pleistocene and Holocene vegetation types in the Namib Desert. Journal of Quaternary Science, 19: 829-832.

[108] Shahack-Gross, R., Marshall, F., Weiner, S., 2003. Geo-ethnoarchaeology of pastoral sites: the identification of livestock enclosures in abandoned Maasai settlements. Journal of Archaeological Science, 30: 439-459.

[109] Smith, T. M., Martin, L. B., Leakey, M. G., 2003. Enamel thickness, microstrucutre and development in Afropithecus turkanensis. Journal of Human Evolution, 44: 286-306.

[110] Spearman, R. I. C., 1978. The physiology of the nail. Physiology Pathophysiology Skin, 5: 1811-1855.

[111] Stanford, C. B., Allen, J. S., Antón, S. C., 2011. Biological anthropology: the natural history of humankind. Pearson Prentice Hall: 534, 535.

[112] Swindler, D. R., 2002. Primate dentition: an introduction to the teeth of non-human primates. Cambridge: Cambridge University Press: 1-31.

[113] Thesleff, I., Vaahtokari, A., Partanen, A. M., 1995. Regulation of organogenesis. Common

molecular mechanisms regulating the development of teeth and other organs. International Journal of Developmental Biology, 39(1): 35-50.

[114] Thompson, A. H., Chesson, L. A., Podlesak, D. W., Bowen, G. J., Cerling, T. E., Ehleringer, J. R., 2010. Stable isotope analysis of modern human hair collected from Asia(China, India, Mongolia, and Pakistan). American Journal of Physical Anthropology, 141(3): 440-451.

[115] Thompson, R. S., Van Devender, T. R., Martin, P. S., Foppe, T., Long, A., 1980. Shasta ground sloth (*Nothrotheriops shastense Hoffstetter*) at Shelter Cave, New Mexico: environment, diet, and extinction. Quaternary Research, 14: 360-376.

[116] Tombolato, L., Novitskaya, E. E., Chen, P. Y., Sheppard, F. A., McKittrick, J., 2010. Microstructure, elastic properties and deformation mechanisms of horn keratin. Acta Biomaterialia, 6: 319-330.

[117] Triffitt, J. T., 1980. The organic matrix of bone tissue. In: Urist, M. R. (eds.), Fundamental and Clinical Bone Physiology. Philadelphia: J. B. Lippincott: 45-82.

[118] Truong, L., Park, H. L., Chang, S. S., Ziogas, A., Neuhausen, S. L., Wang, S. S., Bernstein, L., Anton-Culver, H., 2015. Human nail clippings as a source of DNA for genetic studies. Open Journal of Epidemiology, 5: 41-50.

[119] Valamoti, S. M., 2007. Detecting seasonal movement from animal dung: an investigation in Neolithic Northern Greece. Antiquity, 81: 1053-1064.

[120] van der Mei, I. A. F., Blizzard, L., Stankovich, J., Ponsonby, A. L., Dwyer, T., 2002. Misclassification due to body hair and seasonal variation on melanin density estimates for skin type using spectrophotometry. Journal of Photochemistry and Photobiology B: Biology, 68(1): 45-52.

[121] Vautour, G., Poirier, A., Widory, D., 2015. Tracking mobility using human hair: what can we learn from lead and strontium isotopes? Science & Justice, 55(1): 63-71.

[122] Venkat Rao, P., 2009. Studies on Solid State Physics of Keratinised Hard Tissue: Human Nail. Jawaharlal Nehru Technological University (Ph. D. thesis): 1-185.

[123] Walters, K. A., Flynn, G. L., 1983. Permeability characteristics of the human nail plate. International Journal of Cosmetic Science, 5(6): 231-246.

[124] Wang, B., Yang, W., Mckittrick, J., Meyers, M. A., 2016. Keratin: structure, mechanical properties, occurrence in biological organisms, and efforts at bioinspiration. Progress in Materials Science, 76: 229-318.

[125] Wesolowski, V., de Souza, S. M. F. M., Reinhard, K. J., Ceccantini, G., 2010. Evaluating microfossil content of dental calculus from Brazilian sambaquis. Journal of Archaeological Science, 37: 1326-1338.

[126] White, C. D., 1993. Isotopic determination of seasonality in diet and death from Nubian mummy hair. Journal of Archaeological Science, 20(6): 657-666.

[127] White, T. D., Folkens, P. A., 1991. Human Osteology. San Diego: academic press: 1-455.

[128] White, T. D., Folkens, P. A., 2005. Chapter 4: Bone biology & variation. In: White, T. D., Folkens, P. A. (eds.), The Human Bone Manual. Amsterdam: Elsevier Science: 31-48.

[129] Williams, J. S., Katzenberg, M. A., 2012. Seasonal fluctuations in diet and death during the late horizon: a stable isotopic analysis of hair and nail from the central coast of Peru. Journal of Archaeological Science, 39: 41-57.

[130] Zaias, N., 1990. The Nail in Health and Disease. Norwalk, Connecticut: Appleton & Lange: 439.

[131] Zander, H. A., Hazen, S. P., Scott, D. B., 1960. Mineralization of dental calculus. Proceedings of the Society for Experimental Biology and Medicine, 103: 257-260.

[132] Zhang, Y. D., Chen, Z., Song, Y. Q., Liu, C., Chen, Y. P., 2005. Making a tooth: growth factors, transcription factors, and stem cells. Cell research, 15(5): 301-316.

[133] Zviak, C., Dawber, R. P. R., 1986. Hair structure, function, and physicochemical properties. In: Bouillon, C., Wilkinson, J. (eds.), The Science of Hair Care. New York and Basel: Marcel Dekker INC: 74-82.

第三章 稳定同位素食谱分析原理

3.1 稳定同位素

原子是由位于原子中心的原子核和围绕原子核高速运动的一些微小的电子组成。原子核的符号表示为$^A_ZX_N$（简写为^AX），Z表示质子数，即原子序数，N表示中子数，A表示质子数与中子数的总和，即核内核子数或质量数，X为元素符号，X相同表示元素相同（易现峰，2007；林光辉，2013）。

原子核内质子数相同而中子数不同的一类原子称为同位素（Isotopes）。Isotopes一词源于希腊语，意思是"equal places"，表示同位素在元素周期表中占有相同的位置。因此，互为同位素的元素，如C元素（^{12}C、^{13}C和^{14}C），其化学和物理性质基本相同，但核性质完全不同。每一种自然产生元素的原子量是其各种同位素质量的平均值。

同位素可以分为两种基本的类型，即稳定性同位素（Stable isotope）和放射性同位素（Radioactive isotope）。绝大多数元素至少存在两种同位素，而且每种元素不同同位素的相对丰度存在差异。例如，Cu元素^{63}Cu和^{65}Cu的相对丰度分别为69%和31%；而对于质量较轻的元素而言，则是以一种同位素为主，其他同位素仅占微量，如H元素^1H和^2H的相对丰度分别为99.984426%和0.015574%。

一种元素的原子质量变化引起的化学和物理性质的差异称为同位素效应（Isotope effects）。众所周知，一个元素的电子结构基本决定其化学行为，而原子核或多或少决定其物理性质。虽然一种元素的所有同位素具有相同数量与分布特征的电子，使其所有同位素的化学行为极为相似，但因质量数的差异所引起的物理化学性质的差异也确实存在。如果一个分子中任何一个原子被其一种同位素所代替，将造成不同的同位素组成的分子之间存在相对质量差，从而引起该分子在物理与化学性质上的差异，导致在不同的物理、化学和生物作用过程中，出现不同的同位素效应。且这些化学性质的差异会导致化学反应中同位素的大量分离。这种现象在最轻的元素中尤为明显，例如$H_2^{16}O$、$D_2^{16}O$和$H_2^{18}O$的物理化学性质（熔点、沸点、蒸气压、密度等）不同。

同位素的物理化学性质的差异是由于量子力学效应而产生的。根据量子理论，分子的能量被限制在一定的离散能级上。即使在绝对零度的基态中，振动分子也会在分子势能曲线的最小值处拥有一定的零点能。值得注意的是振动决定化学同位素效应。因此，含有不同同位素，但化学式相同的分子，其零点能不同。由于含有重同位素的分子振动频率较低，其零点能量低于含有轻同位素的分子，这意味着轻同位素形成的化学键弱于重同位素形成的化学键。因此，在化学反应过程中，携带轻同位素的分子一般比携带重同位素的分子反应稍快一些。

具有不同同位素比值的两种物质或同一物质的两个物相之间的同位素分离称为同位素分馏（Isotope fractionation）。同位素的分馏主要发生在同位素交换反应（Isotope exchange）与动力学过程（Kinetic processes）。在稳定同位素地球化学中，两种物质之间同位素分馏程度用同位素分馏系数 α 表示，指的是两种物质中同位素比值之商（陈骏和王鹤年，2004）：

$$\alpha_{A\text{-}B} = R_A/R_B \qquad （公式1）$$

R_A 和 R_B 表示某种元素的两种同位素在A、B两种物质中的比值。同位素组成用 δ 值表示，指的是样品与标准之间同位素比值的相对偏差，单位为千分值（‰）：

$$\delta（‰）=(R_{样品}/R_{标准}-1) \times 1000 \qquad （公式2）$$

同位素的交换过程存在各异的物理化学机制，在此过程中，不同的化学物质、不同的物相或者不同的分子个体之间的同位素分布发生变化。同位素交换反应是一种特殊的化学平衡，其平衡常数K对温度的依赖是其最重要的属性。原则上，同位素交换反应中，同位素分馏系数也有轻微的压力依赖性，这缘于同位素的替代使固体和液体的摩尔体积发生微小变化。另外，蒸发与冷凝过程中，同位素化合物的蒸气压差异也会导致明显的同位素分馏。

同位素动力学分馏则与一些不完全的和单向的过程有关，如蒸发、离解反应、生物媒介反应和扩散。另外，当化学反应速率对其中一种反应物中某一特定位置的原子质量敏感时，也会发生动力学同位素效应。另外，无论在热力学平衡中抑或动力学过程中，一种元素的不同同位素之间的质量差异往往决定着同位素的分布。因此，常常认为自然界中的同位素分馏仅由同位素的质量差异引起，即质量依赖分馏（Mass-dependent fractionation）。其实还存在少数的与质量无关的同位素分馏，即非质量依赖分馏（Non-mass dependent fractionation）（曹晓斌等，2011），这种分馏现象首次发现于陨石与臭氧中，且普遍存在于地球大气圈与固体水库。

在稳定同位素地球化学研究中，通常以主体同位素组成来表示自然界中物质的同位素组成（如 $\delta^{13}C$ 和 $\delta^{18}O$ 等）；在气体测量中，主体同位素的组成取决于大量分子中仅含有一种稀少的同位素，如 $^{13}C^{16}O^{16}O$ 或 $^{12}C^{18}O^{18}O$；但也存在少数的分子中含有一个以上稀少的同位素，如 $^{13}C^{18}O^{16}O$ 或 $^{12}C^{18}O^{17}O$，被称为同位素异数体（Isotopologues），两者之间存在差异。此外，同位素的分馏还受到压力、化学成分及晶体结构等因素的影响。

3.2　古食谱分析中常见稳定同位素

生物体组织的稳定同位素组成，已被广泛应用于判断生物体的食物资源与生存环境，如不同的生态系统（陆生与海生系统），不同的气候区（干旱与潮湿地区），非连续的地球化学环境（由不同地质年代的沉积物或岩石类型形成），不同的营养水平（生产者、植食动物与肉食动物），以及采用不同光合作用途径的植物（C_3、C_4、CAM）（Pate，1994）。目前，用于同位素食谱分析的元素主要包括C、N、H、O、S、Sr、Ca、Zn等。

3.2.1　C稳定同位素

自然界中的C元素有三种同位素，分别为^{12}C、^{13}C、^{14}C（比率为89∶1∶$ca.$ 10^{-12}）（Stuiver，1982）。其中，^{14}C为放射性同位素，^{12}C和^{13}C为稳定性同位素。一般用$^{13}C/^{12}C$比率表示物质中两种稳定同位素的丰度（Farquhar et al.，1982）。C同位素组成用$\delta^{13}C$值表示：

$$\delta^{13}C = [(^{13}C/^{12}C)_{样品}/(^{13}C/^{12}C)_{标准} - 1] \times 1000 \qquad （公式3）$$

标准采用Carolina南部白垩纪皮狄组中的拟箭石，以PDB（PeeDee Belemnite）表示。

自然界中，C同位素的分馏主要为生物作用过程中的动力学分馏效应和C同位素交换反应。大洋上空大气中CO_2的$\delta^{13}C$值为−7‰，且较为恒定。对于森林植被等环境，受到植物光合作用、呼吸作用及有机质氧化等的影响，导致CO_2浓度的波动，从而引起其$\delta^{13}C$值的波动（陈骏和王鹤年，2004；Mackenzie and Lerman，2006）。

植物光合作用是将光能转换为可用于生命过程的化学能并将CO_2转化成有机物的生物过程（Damesin，2003）。由于植物固定CO_2化合物的不同，植物光合作用的途径可分为C_3途径（Calvin-Benson途径）、C_4途径（Hatch-Slack途径）和景天酸代谢途径（Crassulacaean Acid Metabolism，简称CAM），分别采用这三种途径的植物称为C_3植物、C_4植物和CAM植物。自然界中最为常见的是C_3植物，包括乔木、大多数灌木、高海拔或高纬度草本植物；其次为C_4植物，主要为热带与亚热带草本植物。由于不同的光合作用途径，C稳定同位素的分馏系数存在差异（如C_3途径和C_4途径的C同位素分馏系数分别约为1.026和1.013），因此，具有不同碳素代谢途径的植物将产生不同的$\delta^{13}C$值（Berry，1989；Farquhar et al.，1989）。

一般而言，C_3植物$\delta^{13}C$值的范围为-30‰～-23‰（平均值为-26.5‰），C_4植物$\delta^{13}C$值的范围为-16‰～-9‰（平均值为-12.5‰）（van der Merwe，1982；O'Leary，1981），CAM植物$\delta^{13}C$值的范围为-30‰～-10‰，覆盖C_3与C_4植物$\delta^{13}C$值的范围（Farquhar et al.，1989；Farquhar et al.，1982；Troughton and Card，1975）。生长在不同森林密度环境中的植物具有不同的$\delta^{13}C$值，如分别生长在密闭、中间和开阔的森林环境中，C_3植物的平均$\delta^{13}C$值分别为-30.85‰、-29.29‰和-27.07‰，这种变化与光照和气压从密闭环境向开阔环境逐步增高有关（Ehleringer et al.，1986）。植物$\delta^{13}C$值的变化也受到植物生长周期、降雨量、光照强度、植物叶片与空气之间的水汽压、CO_2浓度等因素的影响（Quade et al.，1995；Levin et al.，2004）。另外，植物的不同部位，其$\delta^{13}C$值也存在细微差异，从叶片、茎到根，$\delta^{13}C$值逐步增高，如同一植物叶、茎、根的$\delta^{13}C$值分别为-29.49‰、-28.81‰和-27.60‰（Peuke et al.，2006）。

另外，C_3植物生长在寒冷或温凉的气候环境中，如寒带、温带和热带地区的寒冷小生境；C_4植物则更适应相对干旱的强烈季节性气候；因此，同一地区C_3植物与C_4植物所占的比例，某种程度上可以反映该地区的植被类型与气候特征（董军社和邓涛，1998）。

根据"我即我食（You are what you eat）"原理（Kohn，1999），生物组织的化学成分与其食物密切相关。因此，不同植物因光合作用途径的不同而具有的$\delta^{13}C$值的差异，也将贯穿于以不同植物为营养级底层的食物链中。换言之，通过生物体组织C稳定同位素组成的测试，可以判断生物体的食物种类（C_3或C_4类食物）。目前，考古学研究中，常见的C_3类农作物主要包括水稻、大麦、小麦等，常见的C_4类农作物主要包括粟、黍、玉米、高粱等。

3.2.2　N稳定同位素

N元素的稳定同位素包括^{14}N和^{15}N，相对丰度分别为99.635%和0.365%。一般用$^{15}N/^{14}N$比率表示物质中两种稳定同位素的丰度。同位素组成用$\delta^{15}N$值表示：

$$\delta^{15}N=[(^{15}N/^{14}N)_{样品}/(^{15}N/^{14}N)_{标准}-1]\times1000 \qquad (公式4)$$

标准采用大气中的N_2，以AIR表示（陈骏和王鹤年，2004；胡耀武，2002）。

自然界中，99%的N是以N_2的形式分布于大气或溶解于海洋中，仅约1%的N形成不同价态的化合物，存在于不同的N源中。由于大气中N混合均匀，一般大气中的$\delta^{15}N$值约0；海洋中的$\delta^{15}N$值约1.0‰。土壤与海洋有机质的分解过程中^{14}N相对于^{15}N流失速度快，导致$\delta^{15}N$值增加5‰～10‰。一般而言，土壤有机质的$\delta^{15}N$值介于-4‰～14‰之间；悬浮在海洋中的颗粒有机物的$\delta^{15}N$值介于-2‰～11‰之间（Mariotti，1983）。

对于绝大多数生物体来说，N_2中N的化学键能很强，因此不能直接分解吸收大气中

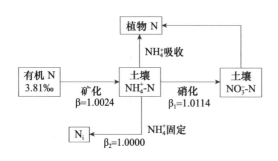

图3-2-1 土壤中N的转化与植物N的吸收示意图
（改自Koba et al., 2003）
注：β、$β_1$、$β_2$分别表示矿化、硝化及NH_4^+固定过程中N同位素的分馏系数

的N_2。仅有少数植物、藻类和菌类可以直接利用大气中的N_2，如豆科植物，由于其根部共生的根瘤菌可直接将大气中的N_2转化成NH_3，被母体植物吸收。在此过程中，N同位素基本不发生分馏，因此豆科植物的$δ^{15}N$值最低，为0~1‰（Mariotti, 1983; Shearer and Kohl, 1988）。

非豆科植物只能通过土壤中由NH_3转化而来的NO_3^-和NH_4^+盐来获取维持正常生理功能所需的N，在此过程中，N同位素将发生分馏，导致$δ^{15}N$的富集（图3-2-1），因此，非豆科植物的$δ^{15}N$值较高，约3‰（Schmidt and Stewart, 2003; Koba et al., 2003）。可见，植物中的N同位素组成与土壤中的N同位素组成存在密切的关系。一般而言，土壤中$δ^{15}N$值取决于土壤形成时的母土特征（苏波等，1999），换言之，土壤中的N同位素组成与地理环境和气候密切相关。但随着农业技术的发展，田间施肥对其影响越来越大，并通过一系列的生物转化过程（如N的吸收、土壤硝化、反硝化、有机N的矿化等）影响土壤中的N同位素分馏，进而影响植物的N同位素组成（Hedges and Reynard, 2007; 刘宏艳等, 2017）。

对于淡水鱼类而言，水中的蓝藻门植物的自生固氮或与其他植物的共生固氮，导致鱼类食物$δ^{15}N$值的富集，因此水生鱼类的$δ^{15}N$值较高。此外，由于海洋中溶解有大量的NO_3^-离子团，动植物以其为N源，$δ^{15}N$值一般要高于同一营养级的陆生生物。N同位素在食物链中的分馏与营养级存在明显的关系（Hedges and Reynard, 2007）。

3.2.3 O稳定同位素

O元素的稳定同位素包括^{16}O、^{17}O和^{18}O，相对丰度分别为99.762%、0.038%和0.200%（易现峰，2007）。一般用$^{18}O/^{16}O$比率表示物质中两种稳定同位素的丰度。同位素组成用$δ^{18}O$值表示：

$$δ^{18}O=[(^{18}O/^{16}O)_{样品}/(^{18}O/^{16}O)_{标准}-1]×1000 \quad \text{（公式5）}$$

标准采用标准平均大洋水，以SMOW（Standard Mean Ocean Water）表示。

同位素标准水样包括V-SMOW（Vienna-SMOW）和SLAP（Standard Light Antarctic Precipitation）。对于碳酸盐样品的O同位素分析，常常采用PDB标准。自然界中，O同位素的分馏主要是由平衡交换过程引起，也存在动力学分馏效应，如光合作用、呼吸作用、蒸发过程、凝聚过程、结晶与溶解过程等。由于受到环境因素的影响，自然界中大气降水的$\delta^{18}O$值并非恒定值，其总的变化范围为-55‰~8‰（陈骏和王鹤年，2004；Hayes，1983；Zeebe and Wolf-Gladrow，2001）。

水自大气降水转化为土壤水，其$\delta^{18}O$值没有发生明显变化（Saurer et al.，1997）。植物光合作用所需水，是通过根系从土壤中吸收所得，且根部吸收的水通过木质部运输时并不发生明显的同位素分馏。因此，大气降水与植物根茎之间不存在明显的同位素分馏。然而，由于叶片的蒸腾作用，$H_2^{16}O$分子流失，造成叶片中水分相对于当地的大气降水一般将富集$H_2^{18}O$（2.5‰~25‰），尤其在干旱地区富集更高，而在相对潮湿的地区则富集较低（Dongmann et al.，1974；Yakir and DeNiro，1990）。此外，因叶片的蒸腾作用及纤维素合成过程中的生物化学反应，植物的叶片与纤维素，其$\delta^{18}O$值存在明显富集（Dongmann et al.，1974）。通过监测植物碳水化合物中O同位素组成的形成过程，发现光合作用所形成的碳水化合物也明显富集^{18}O（Yakir，1992；Yakir and DeNiro，1990）。

如图3-2-2所示，Saurer等（1997）对瑞士夏季植物组织水分与大气降水之间关系的研究显示，雨水与土壤中水的$\delta^{18}O$值（均为-8‰）没有明显差异；与土壤中水分相比，地下水（$\delta^{18}O$值为-11‰）与水蒸气的$\delta^{18}O$值明显降低，尤其是水蒸气（$\delta^{18}O$值为-18‰）；反观植物的叶片水分、纤维素和葡萄糖，其$\delta^{18}O$值均存在明显富集，分别高达6‰、26‰和33‰。此外，叶片中水的$\delta^{18}O$值，还受到生长环境中各种水分及湿度等因素的影响，且各因素之间存在明显线性关系[$\delta_1 \approx (1-h)(\delta_s-\delta_v+\varepsilon_k)+\varepsilon_e+\delta_v$；$\delta_1$、$\delta_s$和$\delta_v$分别代表叶片中水分、土壤中水分和水蒸气的$\delta^{18}O$值，$h$代表相对湿度]（Dongmann et al.，1974）。根据公式，环境湿度h越大，叶片中水的$\delta^{18}O$值就越低。

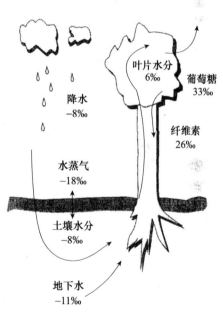

图3-2-2 大气降水在植物组织运输过程中$\delta^{18}O$值的变化示意图
（改自Saurer et al.，1997）

需要指出的是，植物叶片中的$\delta^{18}O$值除受到相对湿度、大气降水等因素的影响，还受到生长微环境、蒸发量等因素的影响（Quade et al.，1995；Dongmann et al.，1974；Luz et al.，1990）。如图3-2-3所示，开阔森林环境或树冠中，水分蒸发量高，植物叶片富集$H_2^{18}O$；而生长在林荫下的草，叶片水分蒸发量低，其$\delta^{18}O$值较低（Quade et al.，1995）。

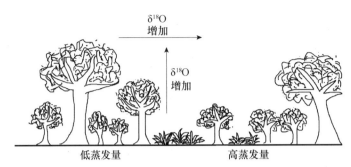

图3-2-3　森林环境中植物$\delta^{18}O$值的变化示意图

（改自Quade et al., 1995）

对于哺乳动物牙釉质羟磷灰石结构碳酸根和磷酸根中的O同位素组成而言，其与动物体液中的O同位素组成保持平衡。体液中O同位素组成与O的三大来源有关，包括饮用水、食物和空气（Luz and Kolodny, 1985）。对于大型哺乳动物，如食草类动物牛、马、犀牛，其身体内水主要来源于饮用水，而自然环境中动物饮用水则直接来源于大气降水（Luz and Kolodny, 1985）。因此，直接饮水的大型食草类动物（Obligate drinker and grazer），如牛或犀牛，具有较低的$\delta^{18}O$值。而对于小型食叶动物，其身体内水分主要来自于食物叶片中的水分。因此，非直接饮水的食叶动物（Non-obligate drinkers and browser），如鹿或羊，具有较高的$\delta^{18}O$值（Quade et al., 1995; Wang et al., 2008; Kohn et al., 1996）。对于混食者，其食物结构中既包括植物叶片，也含有草、植物根茎，因此其$\delta^{18}O$值介于食草动物与食叶动物之间（Kohn et al., 1996; Cerling et al., 1997）。

Bryant等（1994）和Chillón等（1994）的研究表明，大型哺乳动物牙釉质中O同位素的组成与大气降水的O同位素组成具有明显的线性关系；大气降水的$\delta^{18}O$值与气温存在明显的对应关系（Dansgaard, 1964; Bryant and Froelich, 1995）。因此，大型哺乳动物牙釉质中O同位素的组成与气温也存在明显的线性关系（$\delta^{18}O_{PO_4^{3-}}=0.508T+10.49$，$r=0.82$）（邓涛和薛祥煦，1996），即随着气温的升高，牙釉质的$\delta^{18}O$值也相应升高。由此可见，大型哺乳动物牙釉质中的$\delta^{18}O$值极易受到气候因素（如年平均气温、当地年降雨量）的影响（Dansgaard, 1964; Bryant and Froelich, 1995）。另外，Luz等（1990）的研究显示，鹿骨骼中磷灰石的$\delta^{18}O$值与大气降水和相对湿度之间存在明显的相关性（$\delta_p=35.9\pm0.881\delta_w-0.180h$，$r=0.93$；$\delta_p$与$\delta_w$分别代表磷灰石与大气降水的$\delta^{18}O$值，$h$代表相对湿度）。湿度越大，鹿骨骼中磷灰石的$\delta^{18}O$值则越低。

综上，通过哺乳动物牙釉质中O同位素的分析，即可推断动物的食性、水源、栖息地、迁徙及古温度等（Luz et al., 1984; Kohn, 1996; Dupras and Schwarcz, 2001; Sponheimer and Lee-Thorp, 1999a; Ayliffe and Chivas, 1990; Bryant et al., 1994）。

3.2.4　H稳定同位素

H元素的稳定同位素包括^{1}H和^{2}H，相对丰度分别为99.984426%和0.015574%。一般用^{2}H/^{1}H比率表示物质中两种稳定同位素的丰度。同位素组成用δ^{2}H（或δD）值表示：

$$\delta D = [(^2H/^1H)_{样品}/(^2H/^1H)_{标准} - 1] \times 1000 \qquad (公式6)$$

标准采用标准平均大洋水，以SMOW（Standard Mean Ocean Water）表示。

自然界中，H同位素的分馏主要是由平衡交换过程引起，也存在动力学分馏效应。自然界中，大气降水的δD值变化范围为-440‰~35‰（陈骏和王鹤年，2004；Hayes，1983；Zeebe and Wolf-Gladrow，2001）。

受气候因素影响，降雨δD值发生变化，使得大气降水δD值的变化显示出典型的地理特征。陆生有机体组织中H同位素组成与食物或饮用水中H同位素组成密切相关，大气降水δD值的变化同样反映在古生物组织中。因此，古生物骨胶原中的H同位素组成可揭示该生物生存的古环境信息。另外，与N同位素相似，食草动物、杂食动物、食肉动物的δD值依次升高，表明不同营养级之间H同位素组成存在明显差异。因此，H同位素分析对于了解古生物营养级别、生存环境、古气候（古温度）开辟了新的道路（Reynard and Hedges，2008；Leyden et al.，2006；Birchall，2005）。

3.2.5　S稳定同位素

S元素的稳定同位素包括^{32}S、^{33}S、^{34}S和^{36}S，相对丰度分别为95.000%、0.760%、4.220%和0.014%（易现峰，2007）。一般用^{34}S/^{32}S比率表示物质中两种稳定同位素的丰度。同位素组成用δ^{34}S值表示：

$$\delta^{34}S = [(^{34}S/^{32}S)_{样品}/(^{34}S/^{32}S)_{标准} - 1] \times 1000 \qquad (公式7)$$

标准采用迪亚布洛峡谷铁陨石中陨硫铁，以CDT（Canyon Diablo Troilite）表示。

自然界中，S同位素的分馏效应大，包括动力学分馏和热力学平衡分馏（陈骏和王鹤年，2004）。

生物体中的S主要存在于骨胶原的甲硫氨酸中，且其含量较低，约0.2%（Giesemann et al.，1994；Nehlich and Richards，2009）。人与动物骨胶原中的S同位素组成反映了其食物的S同位素组成。当地食物链中的δ^{34}S值受到当地基岩、大气沉降物及土壤中微生物活性的影响。因此，人与动物骨胶原S同位素的测试可了解当地食物链中的S同位素组成，用于区分本土与外来人群或动物群（Richards et al.，2003）。另外，S稳定同位素在食物链之间存在较小的分馏，为-1‰~2‰（Richards et al.，2003）。

不同地质储库的S同位素组成存在很大差异。生物圈内的不同生态系统，生物的S同位素组成存在很大差异。如陆生生物（Terrestrial）的δ^{34}S值低于10‰，淡水生生物（Freshwater）的δ^{34}S值范围为-22‰~22‰，海生生物（Marine）的δ^{34}S值接近20‰（Richards et al.，2003；Peterson and Fry，1987；Mekhtiyeva et al.，1976）。因此，S同位素的分析可以判断人与动物的食物来源于陆生生物还是海生生物。

3.2.6 Sr同位素

Sr元素的同位素包括^{84}Sr、^{86}Sr、^{87}Sr和^{88}Sr，相对丰度分别为0.56%、9.87%、7.04%和82.53%。其中，^{87}Sr是由^{87}Rb放射性衰变形成。一般用^{87}Sr/^{86}Sr比率表示物质中两种同位素的丰度。同位素组成用δ^{87}Sr值表示：

$$\delta^{87}Sr=[(^{87}Sr/^{86}Sr)_{样品}/(^{87}Sr/^{86}Sr)_{标准}-1]\times 1000 \quad （公式8）$$

标准采用BULK EARTH（δ^{87}Sr为0.7045）、NBS987（δ^{87}Sr为0.710250）或SRM987（National Institute of Standards and Technology，δ^{87}Sr为0.71023）（尹若春等，2008；Beard and Johnson，2000；Willmes et al.，2013；Zhao et al.，2012）。

脊椎动物组织中约99%的Sr沉积在骨骼矿物质中。人体骨骼中Sr的含量或Sr/Ca比值主要与食物种类（不同种类植物、植物的不同器官）、营养级别（植物类/动物类食物、陆地/海洋食物）、生存环境（饮用水、土壤）中Sr含量有关，还受到年龄、性别及代谢差异的影响等（Pate，1994）。

然而，Sr同位素相对丰度的自然变化不会因Sr元素在食物链中的传递而改变。由于不同地区，Sr同位素组成存在明显差异，具有地域性指标作用，不同地区的人或动物具有不同的Sr同位素组成，因此，人与动物骨骼中的Sr同位素分析可以用于判断生物体栖息的地理区域及迁徙活动。生物体骨骼中的Sr同位素组成反映的是生物体从食物中摄入并转化为骨组织的Sr同位素组成，生物体不同类型骨骼形成的时间不同，因此不同类型骨骼的Sr同位素组成将反映生物体不同生存期间的地理信息。例如，牙齿萌发形成于生物体幼年时，牙釉质中Sr同位素组成反映的是个体幼年时期生存的地理环境，骨骼则反映的是生物体死亡前10年左右的生存地理环境（尹若春等，2008；Beard and Johnson，2000；Willmes et al.，2013）。

3.2.7 非传统稳定同位素

Ca元素的稳定同位素包括^{40}Ca、^{42}Ca、^{43}Ca、^{44}Ca、^{46}Ca和^{48}Ca，相对丰度分别为

96.941%、0.647%、0.135%、2.086%、0.004%和0.187%。一般用$^{44}Ca/^{40}Ca$比率表示生物体中两种稳定同位素的丰度。同位素组成用$δ^{44}Ca$值表示：

$$δ^{44}Ca=[(^{44}Ca/^{40}Ca)_{样品}/(^{44}Ca/^{40}Ca)_{标准}-1]×1000 \quad （公式9）$$

标准采用天然萤石、SRM 915a $CaCO_3$等。

生物样品的系统分析显示生物作用过程中抵制重的Ca同位素，且生物分馏是自然界中主要的Ca同位素分馏方式。Ca同位素随着食物链营养级的上升逐渐降低。目前考古学上，Ca同位素分析主要用于判断奶制品的摄入，以及婴幼儿母乳喂养与断奶经历等，从而为深入探讨古代人口变化与生长发育过程的营养健康等问题提供依据（李亮和蒋少涌，2008；Skulan et al.，1997；Fairweather-Tait et al.，1989；Reynard et al.，2013；Tacail et al.，2017）。由于Ca同位素的分馏机理尚未完全解答，因此，Ca稳定同位素分析在考古学上并未得到广泛应用。

Zn元素的稳定同位素包括^{64}Zn、^{66}Zn、^{67}Zn、^{68}Zn和^{70}Zn，相对丰度分别为48.6%、27.9%、4.1%、18.8%和0.6%。一般用$^{66}Zn/^{64}Zn$比率表示生物体中两种稳定同位素的丰度。同位素组成用$δ^{66}Zn$值表示：

$$δ^{66}Zn=[(^{66}Zn/^{64}Zn)_{样品}/(^{66}Zn/^{64}Zn)_{标准}-1]×1000 \quad （公式10）$$

标准采用Zn AA-MPI，苔藓BCR 482，骨标准SRM 1486，牛肝SRM 1577c，同位素比值以相对国际标准JMC-Lyon表示。

Zn元素主要沉积在骨骼磷灰石中。动物组织的Zn同位素组成除了与食物的Zn同位素组成有关外，还受到肠道吸收过程中Zn同位素分馏的影响。肠道吸收过程中，植物性食物中植酸盐（肌醇六磷酸）与轻的Zn元素的沉淀，间接抑制了人体（或动物）对轻的Zn元素的吸收，导致生物体组织相对富集^{66}Zn，因此，植食动物组织的$δ^{66}Zn$值相对于其食物明显富集；相反，肉食动物食物中不含植酸盐，因此，其组织的Zn同位素组成相对于其食物分馏较小（Lönnerdal，2000；Jaouen et al.，2013，2016a）。另外，已有的研究表明，相对于其他组织，生物体的肌肉贫^{66}Zn（Balter et al.，2013），素食者与杂食者血液中的Zn同位素组成存在明显的差异（Costas-Rodríguez et al.，2014），海洋生物的$δ^{66}Zn$值与营养级之间存在明显的相关性（Jaouen et al.，2016b），等等。由于生物体组织与食物之间Zn同位素的分馏机理复杂，因此，Zn同位素的分析也未在考古学研究中得到广泛应用。

Fe元素的稳定同位素包括^{54}Fe、^{56}Fe、^{57}Fe和^{58}Fe，相对丰度分别为5.84%、91.76%、2.12%和0.28%。一般用$^{56}Fe/^{54}Fe$比率表示生物体中两种稳定同位素的丰度。同位素组成用$δ^{56}Fe$值表示：

$$δ^{56}Fe=[(^{56}Fe/^{54}Fe)_{样品}/(^{56}Fe/^{54}Fe)_{标准}-1]×1000 \quad （公式11）$$

标准采用IRMM-014，UW J-M Fe，UW HPS Fe等（Beard et al.，2003；Johnson and Beard，2006）。

地球上不同地表环境中Fe同位素组成存在一定的差异（Johnson and Beard，2006）。一般而言，大部分硅酸盐类岩石的$\delta^{56}Fe$值变化范围较小（John and Adkins，2010）。生物引起的Fe同位素分馏包括铁还原菌，有机配体存在下的矿物溶解与趋磁细菌（Beard et al.，1999，2003；Brantley et al.，2001）。Fe是人体必需的微量元素，具有重要的生理作用，如血液中O的运输、肌肉中O的储存及作为酶辅助因子。人体对食物中Fe的吸收与代谢将导致Fe同位素发生一定分馏。相对于食物，人体血液和其他组织中Fe同位素的组成将降低约2.6‰，且血液与其他组织之间Fe同位素的组成也存在细微差异；另外，男性血液的$\delta^{56}Fe$值比女性血液的$\delta^{56}Fe$值降低约0.3‰（Walczyk and von Blanckenburg，2002；Heghe et al.，2012），同样，考古遗址出土男性与女性骨骼的$\delta^{56}Fe$值也存在明显差异（0.33‰）（Jaouen et al.，2012）。考古学研究中，Fe同位素分析可用于追踪古代人类或动物的食物来源，探索古代人类或动物的饮食习惯，区分古代人类的性别，以及判断因肠道Fe吸收异常引起的个体生理健康等。

3.3　人体不同组织与食物之间的稳定同位素分馏

根据"我即我食（You are what you eat）"原理，生物组织的稳定同位素组成与其食物密切相关（Kohn，1999）。但与食物相比，不同组织的同位素分馏又存在差异。主要以C、N稳定同位素为例，对比分析不同组织与食物之间同位素分馏的异同。

3.3.1　骨胶原C、N稳定同位素分馏

在脊椎动物的矿化组织中，C以有机相与无机相的形式分别存在于骨骼和牙齿的骨胶原（90%）与磷灰石中（2%~5%的CO_3^{2-}）；N是蛋白质的主要成分，骨胶原是骨骼和牙本质中主要的蛋白质（Bocherens et al.，1994）。骨胶原的C、N稳定同位素分析是目前古食谱重建的主要方法之一，应用领域最为广泛。

由于植物光合作用途径的不同，食物链底层不同种类植物的C稳定同位素组成存在差异，因此，生物有机体组织中C同位素主要反映的是其所处食物链中底层植物的种类，即反映的是食物为C_3植物（或以C_3植物为食的动物）和（或）C_4植物（或以C_4植物为食的动物）的有机体。另外，由于植物的N含量（0.87%±0.75%）远低于动物蛋白的N含量（13.45%±1.53%），因此，在生物体的食谱中，含N量较低的植物类食物，对其骨胶原N的贡献较少；相反，对于含N量较高的动物类食物，即使所占比例较小，其所含的N仍然是整个骨胶原中N的主要来源。因此，消费者骨胶原的N稳定同位素组成主要反映的是其食谱中肉食的来源（胡耀武等，2007；Ambrose et al.，1997）。

C、N稳定同位素食谱分析的分馏机理，主要基于实验室的喂养实验，选取的动物

主要包括不同种属的啮齿类动物与猪。综合不同学者的测试数据，相对于食物，动物骨胶原中的$\delta^{13}C$值富集0.5‰~6.1‰（Hare et al.，1991；Howland et al.，2003），其差异主要由不同动物种属消化系统的差异引起，也与食物的种类相关。例如，C_3与C_4植物分别被同种动物消化吸收并转化为动物的不同组织时，两者的C稳定同位素分馏存在明显差异。如表3-3-1所示，分别以C_4植物和C_3植物喂养的猪，骨胶原的$\delta^{13}C$值分别富集3.2‰和1.4‰，两者差异为1.8‰；对于大型食草动物，则分别富集6‰和5‰，两者的差异为1‰（Hare et al.，1991；van der Merwe and Vogel，1978；van der Merwe，1986）。另外，C同位素在营养级之间的分馏较小，约1‰（Schoeninger，1985）。在不考虑种属差异与食物差异的条件下，一般认为食物向人或动物骨胶原转变过程中，$\delta^{13}C$值约富集5‰（Bocherens et al.，1994；Cerling and Harris，1999）。根据这一理论，以纯C_3植物（$\delta^{13}C$平均值为-26.5‰）或C_4植物（$\delta^{13}C$平均值为-12.5‰）为食的人或动物，其骨胶原的$\delta^{13}C$值分别约-21.5‰或-7.5‰。

表3-3-1　不同种类食物被消化吸收并转化成动物不同组织时C、N稳定同位素的分馏

喂养模式	组织	$\delta^{13}C$值（‰）	$\Delta^{13}C$值（‰）	$\delta^{15}N$值（‰）	$\Delta^{15}N$值（‰）
C_4类食物	/	-12.4	/	3.2	/
猪喂养C_4类食物	肌肉	-11.4	1.0	5.0	1.8
	骨胶原	-9.2	3.2	5.5	2.3
	粪便	-12.8	-0.4	2.3	-0.9
C_3类食物	/	-25.3	/	1.8	/
猪喂养C_3类食物	肌肉	-23.8	1.5	2.7	0.9
	骨胶原	-23.9	1.4	4.0	2.2
	粪便	-25.7	-0.4	5.1	3.3

注：数据来源于Hare et al.，1991

食物链中N同位素的分馏与营养级之间存在明显的关系（Hedges and Reynard，2007）。综合已有的研究，随着营养级每升高一级，$\delta^{15}N$值富集2‰~5‰（DeNiro and Epstein，1981；Schoeninger，1985）。常见以2‰~3‰（Nakagawa et al.，1985；Sealy et al.，1987；Hare et al.，1991）、3‰~4‰（van der Merwe et al.，1981；Bocherens et al.，1994）或3‰~5‰（Hedges and Reynard，2007）作为消费者（人或动物）营养级别的判断标准，其差异主要缘于分析动物种属的不同。由此判断，植食类动物骨胶原比摄取植物的$\delta^{15}N$值富集3‰~5‰（以此为例），肉食类动物骨胶原又比摄取植食类动物骨胶原的$\delta^{15}N$值富集3‰~5‰（Hedges and Reynard，2007）。豆科植物的$\delta^{15}N$值最低，为0~1‰，非豆科植物的$\delta^{15}N$值较高，约3‰；因此，一般认为，植食类动物骨胶原的$\delta^{15}N$值为3‰~7‰；杂食类动物骨胶原$\delta^{15}N$值为7‰~9‰；肉食类动物骨胶原

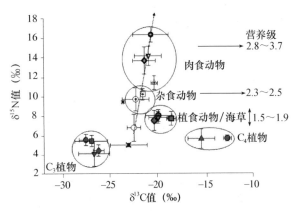

图3-3-1 澳大利亚新南威尔士州不同生态系统与营养级生物的$\delta^{13}C$和$\delta^{15}N$值分布范围误差图
(改自Mazumder et al., 2011)

$\delta^{15}N$值高于9‰（胡耀武等, 2007; 张雪莲, 2006; Ambrose, 1990）。An等（2015）通过对中国北方不同时期考古遗址出土小米、家养动物猪与人的$\delta^{15}N$值的对比分析，进一步提出人与动物$\delta^{15}N$值的差异为3‰~5‰，则表明人食用了这种动物。总体而言，不同生态系统及不同营养级之间，生物组织的$\delta^{13}C$和$\delta^{15}N$值存在明显的差异（图3-3-1）(Mazumder et al., 2011)。

另外，骨胶原中的N稳定同位素分馏也与食物的种类密切相关，如分别以C_4植物和C_3植物喂养的猪，其骨胶原的$\delta^{15}N$值分别富集2.3‰和2.2‰，两者差异较小，仅为0.1‰（如表3-3-1所示）。^{15}N在营养级之间的富集还受到多种因素的影响。例如，气候的干燥促使每一营养级上生物组织的$\delta^{15}N$值增加（Heaton et al., 1986; Sealy et al., 1987）；哺乳期婴儿组织的$\delta^{15}N$值要高于其断奶后的$\delta^{15}N$值，与其母亲相比，其$\delta^{15}N$值富集1‰~3‰（Fogel et al., 1989; Bocherens et al., 1994; Fuller et al., 2006）。

骨胶原中C主要来源于食物中的蛋白质部分（Ambrose and Norr, 1993; Tieszen and Fagre, 1993），而N主要来源于含N量高的动物蛋白。如果骨胶原的$\delta^{13}C$和$\delta^{15}N$值存在明显的相关性，则表明其C、N的来源相似，即均来自于动物蛋白，换言之，其食谱以动物蛋白为主，人类主要以渔猎或家畜饲养为生；如若不存在明显相关性，则表明其食谱以植物类食物为主，人类的生业模式以农业经济为主。因此，通过骨胶原C、N稳定同位素组成之间的相关性分析，可以判断人或动物的食谱主要是依赖于动物类食物还是植物类食物（胡耀武等, 2007）。

对于古代人类而言，其食物结构相对复杂，虽存在个别绝对的素食或肉食者，但很难形成绝对的素食或肉食群体，因此，骨胶原中C、N稳定同位素的相关性达到什么程度时，才能认为该群体是以植物类食物为主或以动物类食物为主呢？为避免因地理环境及种属差异造成的影响，我们选取史前关中及周边地区的白家遗址、泉护村遗址、东营遗址、康家遗址、铜川瓦窑沟遗址及靖边五庄果墚遗址中（Atahan et al., 2011; Pechenkina et al., 2005; Hu et al., 2014; Chen et al., 2016; 管理等, 2008）出土的植食动物鹿和牛、杂食动物猪和狗与肉食动物猫（表3-3-2），分别探讨不同食性动物骨胶原$\delta^{13}C$和$\delta^{15}N$值之间的相关性，为利用骨胶原$\delta^{13}C$和$\delta^{15}N$值之间的相关性来判断古代人类的生业模式提供依据。

表3-3-2 关中及周边地区新石器时代不同食性家养与野生动物骨胶原的$\delta^{13}C$和$\delta^{15}N$值

种属	$\delta^{13}C$值（‰）	$\delta^{15}N$值（‰）	数据来源	种属	$\delta^{13}C$值（‰）	$\delta^{15}N$值（‰）	数据来源
鹿	−20.5	3.5	Atahan et al., 2011	猪	−11.5	7.8	Pechenkina et al., 2005
	−21.6	4.0			−11.8	9.6	
	−21.1	3.3			−7.5	8.7	
	−18.8	4.1			−11.0	6.7	Hu et al., 2014
	−21.6	4.0			−11.0	8.3	
	−21.6	3.8			−6.3	8.0	
	−20.6	4.4			−10.2	8.7	
	−20.0	5.2			−7.4	9.2	
	−21.5	5.0			−8.6	6.8	
	−17.4	4.2			−9.3	7.9	
	−21.7	4.0			−9.2	8.0	
	−21.1	5.0			−7.9	8.0	
	−19.3	5.6			−8.3	8.0	
	−21.9	3.8			−6.6	7.8	管理等，2008
	−19.8	3.8	Chen et al., 2016		−11.9	7.9	
	−20.5	3.6			−6.6	7.9	
	−18.9	4.1			−6.2	8.8	
	−21.1	6.3			−6.2	9.9	
	−20.1	4.1			−16.6	7.2	Chen et al., 2016
	−20.1	3.5			−10.7	5.9	
	−20.3	3.9			−17.6	4.7	
	−19.9	4.3			−17.0	5.4	
	−19.3	7.6			−9.0	6.3	
	−19.8	4.3			−12.4	5.0	
	−20.6	4.6			−9.8	6.1	
	−21.6	5.8			−9.2	7.7	
	−22.7	2.8	Hu et al., 2014		−14.6	6.3	
	−22.9	3.5			−15.4	5.9	
	−20.0	4.5			−8.0	7.5	
	−19.9	3.9			−7.8	9.1	
	−15.1	7.4	Pechenkina et al., 2005		−8.2	7.6	
牛	−14.2	6.6	Pechenkina et al., 2005		−9.5	7.1	
	−18.8	6.6			−9.7	7.4	
	−17.5	6.0	Chen et al., 2016		−21.7	4.9	Atahan et al., 2011

续表

种属	$\delta^{13}C$值（‰）	$\delta^{15}N$值（‰）	数据来源	种属	$\delta^{13}C$值（‰）	$\delta^{15}N$值（‰）	数据来源
牛	−18.0	6.3	Chen et al., 2016	狗（一组）	−9.0	9.5	Pechenkina et al., 2005
	−17.8	4.5			−14.5	9.8	
	−13.8	7.5			−8.2	8.8	Hu et al., 2014
	−15.5	7.0			−9.2	8.9	
	−13.3	7.6			−7.8	8.7	管理等，2008
	−13.1	5.6			−6.6	9.4	
	−15.0	8.5	Atahan et al., 2011		−11.0	9.7	Chen et al., 2016
	−15.7	7.0			−11.3	9.7	
	−12.6	6.0		狗（二组）	−14.6	6.9	Chen et al., 2016
	−14.1	5.4			−9.1	5.9	
	−13.6	5.4			−10.9	7.1	
	−16.3	6.6			−8.7	6.8	Hu et al., 2014
	−14.0	5.1		猫	−16.1	8.2	Hu et al., 2014
	−15.2	5.8			−13.5	8.9	
					−12.3	5.8	
					−17.0	7.0	Chen et al., 2016

鹿属于野生植食类动物，其骨胶原的$\delta^{13}C$和$\delta^{15}N$值之间的相关系数$R^2=0.23$（$n=31$）（图3-3-2a）。牛也属于植食动物，但包括家养与野生两种，其骨胶原的$\delta^{13}C$和$\delta^{15}N$值之间的相关系数$R^2=0.005$（$n=17$）（图3-3-2b）。猪是关中地区新石器时代主要的家养动物，是家养杂食类动物的代表，常被认为其食物结构与人类最为相似，其骨胶原的$\delta^{13}C$和$\delta^{15}N$值之间的相关系数$R^2=0.41$（$n=33$）（图3-3-2c）（其中一个体的$\delta^{13}C$和$\delta^{15}N$值分别为−21.7‰和4.9‰，反映该个体食性为野生植食，因此分析杂食类动物$\delta^{13}C$和$\delta^{15}N$值相关性时，排除该个体）。狗是关中地区新石器时代另一种重要的家养动物，所有个体骨胶原的$\delta^{13}C$和$\delta^{15}N$值之间的相关系数非常低（$R^2=0.0001$），通过对其$\delta^{15}N$值的分析，发现其$\delta^{15}N$值的变化范围非常广（5.9‰~9.8‰），可能存在食性不同的群体。根据狗的$\delta^{15}N$值，我们将其分为两类分别进行分析（图3-3-2d），第一组骨胶原$\delta^{13}C$和$\delta^{15}N$值之间的相关系数$R^2=0.47$（$n=8$）；第二组骨胶原$\delta^{13}C$和$\delta^{15}N$值之间的相关系数$R^2=0.21$（$n=4$）。由于目前关中地区食肉动物骨胶原的测试数据较少，仅存在猫的4个个体（包括家养与野生），其中一个个体的$\delta^{15}N$值非常低（5.8‰），显示该个体食性为植食。排除该个体，其他3个个体骨胶原$\delta^{13}C$和$\delta^{15}N$值之间的相关系数R^2高达0.83（图3-3-2e）。

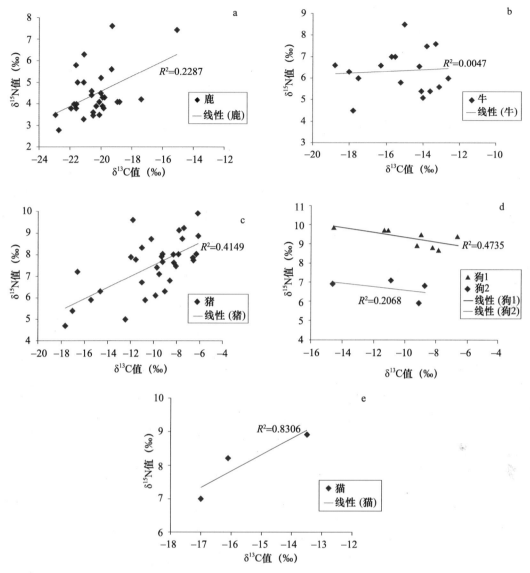

图3-3-2 不同种属动物骨胶原$\delta^{13}C$和$\delta^{15}N$值的相关性

注：a. 鹿　b. 牛　c. 猪　d. 狗　e. 猫

根据以上史前关中地区植食类、杂食类、肉食类动物骨胶原的$\delta^{13}C$和$\delta^{15}N$值之间相关性分析，发现植食类动物牛骨胶原的$\delta^{13}C$和$\delta^{15}N$值的相关系数（R^2）非常低，表明两者之间不存在明显的相关性；鹿骨胶原的$\delta^{13}C$和$\delta^{15}N$值的相关系数高于牛，表明鹿的食物结构中蛋白质的含量高于牛（图3-3-3）。不同植物的蛋白质含量存在差异，例如阔叶的蛋白质含量高于草的蛋白质含量（韩发等，1997；刘萍和刘学勤，1989）。因此，与食草动物牛相比，食叶动物鹿食谱中较高的蛋白质含量导致其骨胶原的δ^{13}C和δ^{15}N值的相关性高于食草动物牛。

杂食类动物猪骨胶原的δ^{13}C和δ^{15}N值的相关系数明显高于植食动物（图3-3-3），缘于其食物结构中较高含量的蛋白质。对于狗，第一组较高的δ^{15}N值表明该组狗的食性为杂食，其δ^{13}C和δ^{15}N值的相关系数与猪相近，且略高于猪，表明其蛋白质的摄入量稍高于猪，换言之，与猪相比，狗的食谱中含有较多的肉食；第二组较低的δ^{15}N值表明该组狗的食性为植食，

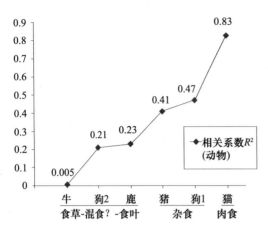

图3-3-3 不同动物骨胶原的δ^{13}C和δ^{15}N值相关系数（R^2）的对比分析

其δ^{13}C和δ^{15}N值的相关系数极低，位于牛与鹿之间，暗示其食性可能为混食。食肉类动物猫骨胶原δ^{13}C和δ^{15}N值的相关系数最高，接近于1，进一步证明肉食动物骨胶原中的C、N均来自于食物蛋白质。综合以上分析，食草、混食、食叶、杂食到肉食动物，其骨胶原的δ^{13}C和δ^{15}N值之间的相关系数（R^2）依次增加，因此动物骨胶原δ^{13}C和δ^{15}N值之间的相关性分析可以作为判断食性的依据，并为关中地区史前人类生业模式的判断提供依据。

已有的证据表明，关中地区新石器时代仰韶文化，先民的生业模式以旱作农业为主，兼营家畜饲养，因此先民骨胶原具有较高的δ^{13}C和δ^{15}N值，显示先民杂食性的食谱特征（Pechenkina et al., 2005；郭怡等，2011，2016；孟勇，2011；张雪莲等，2010）（表3-3-3）。

姜寨遗址、史家遗址、半坡遗址、鱼化寨遗址及北刘遗址出土人骨的δ^{13}C和δ^{15}N值之间的相关系数R^2分别为0.34（$n=20$）、0.30（$n=9$）、0.09（$n=11$）、0.15（$n=27$）和0.28（$n=9$）（图3-3-4），相对较低的相关系数进一步验证了关中地区仰韶文化先民的生业模式以农业为主，兼营家畜饲养。

如图3-3-5所示，姜寨遗址、史家遗址与北刘遗址人骨的δ^{13}C和δ^{15}N值之间的相关系数均高于植食动物鹿和牛，进一步表明仰韶时期关中地区先民的食性主要为杂食；但半坡遗址与鱼化寨遗址，先民的平均δ^{15}N值最高，分别为9.3‰±0.9‰（$n=11$）和9.3‰±0.7‰（$n=27$），明显高于植食类动物的δ^{15}N值（5.3‰±1.1‰，$n=8$，鱼化寨遗址）（表3-3-4），显示偏向肉食的食性，但其δ^{13}C和δ^{15}N值之间的相关系数却介于食叶动物鹿与食草动物牛之间。

表3-3-3 关中地区仰韶文化先民骨胶原的$\delta^{13}C$和$\delta^{15}N$值

遗址	$\delta^{13}C$值(‰)	$\delta^{15}N$值(‰)	数据来源	遗址	$\delta^{13}C$值(‰)	$\delta^{15}N$值(‰)	数据来源
姜寨	−8.5	8.1	Pechenkina et al., 2005；郭怡等，2011	半坡	−10.2	9.7	孟勇，2011；Pechenkina et al., 2005
	−10.0	8.6			−9.1	8.2	
	−10.7	9.7			−8.6	10.1	
	−9.1	8.2			−9.4	9.6	
	−10.9	9.0			−9.7	8.9	
	−8.9	9.1			−11.0	8.3	
	−9.0	8.1			−9.8	9.6	
	−9.7	8.6			−8.3	10.3	
	−10.9	8.8			−10.6	8.2	
	−8.8	7.8			−10.1	10.6	
	−8.7	8.4			−15.0	9.1	
	−9.8	8.1			−10.0	8.8	张雪莲等，2010
	−11.5	8.3			−8.6	8.3	
	−8.9	8.2			−8.0	8.4	
	−12.7	9.9			−10.5	8.8	
	−9.9	8.9			−10.8	8.7	
	−11.2	9.2			−10.9	9.3	
	−8.6	9.1			−7.6	10.6	
	−9.6	8.4			−7.7	9.4	
	−10.7	8.3			−10.2	9.9	
史家	−9.1	7.3	Pechenkina et al., 2005	鱼化寨	−7.6	9.7	张雪莲等，2010
	−10.0	7.7			−7.6	8.5	
	−10.4	8.0			−7.5	10.2	
	−10.5	8.8			−7.5	9.1	
	−9.2	7.9			−8.4	9.7	
	−11.2	8.2			−9.0	9.2	
	−10.2	8.1			−8.5	8.8	
	−10.2	8.6			−9.6	9.1	
	−9.5	8.3			−9.5	9.2	
北刘	−12.8	8.9	郭怡等，2016		−8.2	10.4	
	−13.5	9.0			−8.2	9.6	
	−13.0	10.0			−6.5	9.2	
	−10.4	8.9			−8.1	8.7	
	−11.5	8.4			−11.6	8.8	
	−10.3	8.2			−7.4	9.8	
	−11.8	9.4			−6.7	10.8	
	−10.2	8.6			−9.0	8.2	
	−12.4	8.5			−9.1	8.6	

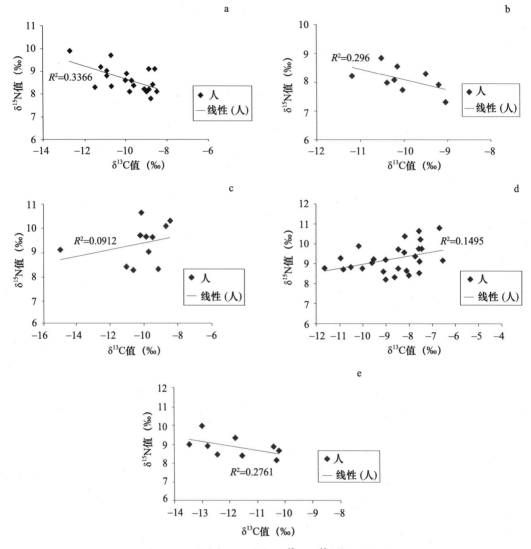

图3-3-4 不同遗址人骨胶原δ¹³C和δ¹⁵N值的相关性

注：a.姜寨遗址 b.史家遗址 c.半坡遗址 d.鱼化寨遗址 e.北刘遗址

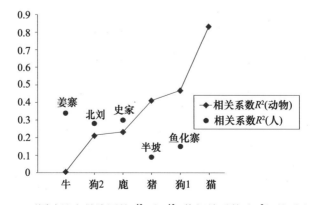

图3-3-5 不同遗址人骨胶原的δ¹³C和δ¹⁵N值相关系数（R^2）的对比分析

表3-3-4 鱼化寨遗址植食类动物骨胶原的δ^{13}C和δ^{15}N值

动物种属	δ^{13}C值（‰）	δ^{15}N值（‰）	数据来源
植食动物	−19.1	3.8	张雪莲等，2010
	−17.5	6.2	
	−21.7	4.2	
	−11.9	6.3	
	−17.0	5.4	
	−21.3	5.6	
	−17.8	6.6	
	−18.5	4.5	
平均值	−18.1±3.0	5.3±1.1	

为了进一步分析半坡遗址与鱼化寨遗址先民骨胶原δ^{13}C和δ^{15}N值相关系数较低的原因，对两处遗址人骨的δ^{13}C和δ^{15}N值进行分组讨论。一般而言，δ^{15}N值在食物链中，随营养级每升高一级，富集2‰~5‰（DeNiro and Epstein，1981；Schoeninger，1985），即杂食类动物骨胶原的δ^{15}N值介于7‰~9‰之间，肉食类动物骨胶原的δ^{15}N值高于9‰（胡耀武等，2007；张雪莲，2006；Ambrose，1990）。据此，我们将两处遗址人骨胶原的δ^{13}C和δ^{15}N值分为两组，第一组个体的δ^{15}N值低于9‰，第二组个体的δ^{15}N值大于9‰。如图3-3-6所示，半坡遗址第一组和第二组人群骨胶原的δ^{13}C和δ^{15}N值的相关系数R^2分别为0.06和0.46，第二组人群的δ^{15}N值高，且δ^{13}C和δ^{15}N值的相关系数也高，表明第二组人群摄入较多的动物蛋白。如图3-3-7所示，鱼化寨第一组与第二组人群骨胶原的δ^{13}C和δ^{15}N值的相关系数R^2分别为0.28和0.15，均低于该遗址植食类动物骨胶原的δ^{13}C和δ^{15}N值的相关系数R^2（0.31），其中第二组人群的δ^{15}N值高，但δ^{13}C和δ^{15}N值的相关系数却较低。究其原因，主要包括以下两方面因素。

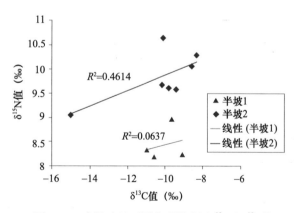

图3-3-6 半坡遗址不同人群骨胶原δ^{13}C和δ^{15}N值相关性的对比分析

第一，与陆生野生动物蛋白相比，淡水鱼类的少量摄入可以使消费者的δ^{15}N值明显增加，但其δ^{13}C值变化不显著，从而导致骨胶原δ^{13}C和δ^{15}N值的相关系数降低。例如，关中地区仰韶文化时期，泉护村遗址淡水鱼类骨胶原的δ^{13}C和δ^{15}N值分别为−20.4‰±1.3‰和6.9‰±0.7‰（$n=3$），陆生植食类动物（包括梅花鹿、狍和野兔）

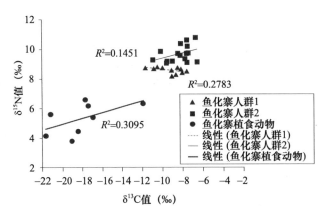

图3-3-7 鱼化寨遗址不同人群与植食动物骨胶原$\delta^{13}C$和$\delta^{15}N$值相关性的对比分析

骨胶原的$\delta^{13}C$和$\delta^{15}N$值分别为$-21.0‰±1.3‰$和$4.2‰±0.8‰$（$n=7$）（Hu et al., 2014）（表3-3-5）。

表3-3-5 泉护村遗址部分动物骨胶原的$\delta^{13}C$和$\delta^{15}N$值

动物种属		$\delta^{13}C$值（‰）	$\delta^{15}N$值（‰）	数据来源
淡水鱼		−21.9	6.5	
		−19.4	6.6	
		−19.8	7.7	
平均值		−20.4±1.3	6.9±0.7	
植食动物	梅花鹿	−22.7	2.8	Hu et al., 2014
		−22.9	3.5	
		−20.0	4.5	
		−19.9	3.9	
	狍	−20.6	5.4	
		−21.0	4.6	
	野兔	−20.1	4.4	
平均值		−21.0±1.3	4.2±0.8	

第二，关中地区仰韶文化先民以C_4类食物为主，如果在同一遗址中，某些个体C_3类动物蛋白的摄入增加（如野生动物），将导致$\delta^{15}N$值增加，$\delta^{13}C$值则降低；某些个体C_4类动物蛋白的摄入增加（如家养动物），将使$\delta^{15}N$与$\delta^{13}C$值均增加；且家养动物与野生动物的$\delta^{15}N$与$\delta^{13}C$值也存在明显的差异（图3-3-8），不同个体食谱中家养与野生动物肉食资源所占比例也存在差异，因此，在对整个遗址人群的$\delta^{15}N$与$\delta^{13}C$值相关性分析时，个体食物选择的不同将对其产生较大影响。由此可见，人类食物结构的复杂性，导致群体间不同个体的食物结构存在较大差异，即使较高的$\delta^{15}N$值显示肉食所占比例较

大，但该群体骨胶原的$\delta^{15}N$与$\delta^{13}C$值的相关性也可能较低。因此，利用骨胶原$\delta^{15}N$与$\delta^{13}C$值的相关性分析人类生业模式时，需考虑该群体中是否存在多种生业类型。但对于动物，其食物结构相对简单，因此利用骨胶原$\delta^{15}N$和$\delta^{13}C$值之间的相关性，可以判断动物的食性。

另外，个体食物结构中C_3类动物蛋白的增加，可以使$\delta^{15}N$值增加，$\delta^{13}C$值降低。因此一个群体若以C_3类动物蛋白为食，该群体骨胶原的$\delta^{13}C$与$\delta^{15}N$值呈负相关；相反，如若以C_4类动物蛋白为食，该群体骨胶原的$\delta^{13}C$与$\delta^{15}N$值呈正相关。可以根据人骨胶原$\delta^{13}C$与$\delta^{15}N$值的

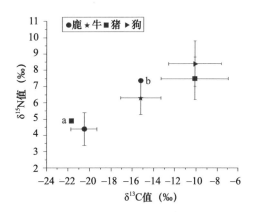

图3-3-8 关中地区新石器时代家养与野生动物骨胶原平均$\delta^{13}C$和$\delta^{15}N$值误差图
（数据来源于Pechenkina et al., 2005；管理等, 2008；Atahan et al., 2011；Hu et al., 2014；Chen et al., 2016）
注：a. 野猪 b. 可能为家养鹿

正负相关性判断其食物结构中动物蛋白的种类。例如，关中地区仰韶文化时期，先民的生业模式以粟作农业为主，兼营家畜饲养，先民的食物资源主要来源于C_4类食物，即粟、黍或以其喂养的动物。因此，先民的食物结构中，随着C_4类动物蛋白的增加，先民骨胶原的$\delta^{13}C$与$\delta^{15}N$值均增加，两者呈现明显的正相关，如半坡遗址以肉食为主食之一的人群（图3-3-9）。龙山文化时期，关中地区的农业结构中，黍、粟的比重均有所下降，水稻的含量相对增加（钟华等, 2015；刘晓媛, 2014；张建平等, 2010；刘焕等, 2013；周原考古队, 2004），且相对于仰韶中晚期，龙山文化猪、狗等家养动物食物结构中，C_3类食物增加（表3-3-6）（Pechenkina et al., 2005；Hu et al., 2014；Chen et al., 2016），暗示着水稻对家畜饲养的影响。另外，龙山时期关中地区家养动物比例普遍增加（祁国琴, 1988；胡松梅, 2010；张云翔, 2006；傅勇, 2000；刘莉等, 2001），已形成主要以饲养活动为主、渔猎活动为辅的肉食获取方式（袁靖, 2015）。因此，先民食物结构中，C_3类肉食资源的增加将使先民骨胶原$\delta^{15}N$值增高的同时$\delta^{13}C$值降低，两者呈现负相关，例如龙山时期的东营遗址（图3-3-9）。

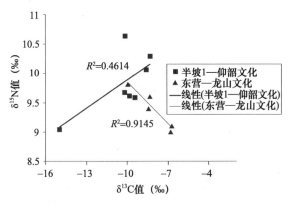

图3-3-9 半坡与东营遗址先民骨胶原$\delta^{13}C$和$\delta^{15}N$值的相关性

表3-3-6 关中地区仰韶中晚期与龙山时期家养动物猪、狗骨胶原的$\delta^{13}C$和$\delta^{15}N$值

时期	遗址	种属	样品数量	$\delta^{13}C$值±SD（‰）	$\delta^{15}N$值±SD（‰）	数据来源
仰韶中晚期	泉护村	猪	10	−8.9±1.5	8.0±0.8	Hu et al.，2014
		狗	3	−8.7±0.5	8.2±1.2	
	东营	猪	2	−9.5±0.4	6.9±1.1	Chen et al.，2016
龙山时期	康家	猪	3	−10.3±2.4	8.7±0.9	Pechenkina et al.，2005
		狗	2	−11.8±3.9	9.7±0.3	
	东营	猪	7	−10.5±3.2	7.3±1.0	Chen et al.，2016
		狗	2	−11.9±3.9	6.4±0.7	

3.3.2 生物磷灰石C、O稳定同位素分馏

骨骼或牙齿中磷灰石的C稳定同位素分析也是古食谱重建的一种重要手段。动物喂养实验分析显示，相对于食物，老鼠骨骼中磷灰石的$\delta^{13}C$值富集9.1‰~9.6‰（DeNiro and Epsteina，1978a；Tieszen and Fagre，1993；Ambrose and Norr，1993；Jim et al.，2004），猪骨骼中磷灰石的$\delta^{13}C$值富集10.2‰~12.1‰（Howland et al.，2003；Warinner and Tuross，2009）。Harrison和Katzenberg（2003）通过对不同饮食文化背景的古代人骨中磷灰石的C稳定同位素的分析，发现其磷灰石的$\delta^{13}C$值约富集12‰时，才能准确地反映不同群体先民的食谱。另外，相对于食物，不同种属动物牙釉质中羟磷灰石的$\delta^{13}C$值富集9‰~14‰（Ambrose and Norr，1993；Cerling and Harris，1999；Kohn and Cerling，2002）。

进一步对比分析发现，相对于喂养食物，动物骨骼与牙釉质磷灰石的C、O稳定同位素的分馏，不仅存在种间和种内差异，甚至同一个体差异也较显著；另外，人牙釉质磷灰石与骨骼磷灰石之间C、O稳定同位素组成也存在差异，且两者差异并不恒定（表3-3-7）。通过对同一个体牙釉质与骨骼之间碳酸盐与磷酸盐C、O稳定同位素组成的对比分析（$\Delta^{13}C_{牙釉质-骨骼}$和$\Delta^{18}O_{牙釉质-骨骼}$值，表示牙釉质$\delta^{18}O$值与骨骼$\delta^{18}O$值的差异），发现在饮食与生存环境不发生明显变化的情况下，同一个体牙釉质与骨骼中磷酸盐的O同位素组成差异较小（0.7‰±0.5‰）（Webb et al.，2014），但两者碳酸盐的C、O同位素组成差异均较明显；且相对于骨骼碳酸盐的C、O稳定同位素组成，牙釉质碳酸盐中富集^{13}C和^{18}O（Warinner and Tuross，2009；Webb et al.，2014；Santana-Sagredo et al.，2015；Zhu and Sealy，2019）（图3-3-10）。因此，利用牙釉质重建的古食谱，可能会过高地估算C_4植物所占的比重（Warinner and Tuross，2009）。

表3-3-7 生物体骨骼与牙釉质碳酸盐的C、O稳定同位素分馏与两者之间的差异

种属	样品数量	$\Delta^{13}C_{骨骼-食物}$值	样品数量	$\Delta^{13}C_{牙釉质-食物}$值	样品数量	$\Delta^{18}O_{骨骼-食物}$值	样品数量	$\Delta^{18}O_{牙釉质-食物}$值	数据来源
老鼠	6	9.6±0.1‰	/	/	/	/	/	/	DeNiro and Epstein，1978a
	4	9.1±1.6‰	/	/	/	/	/	/	Tieszen and Fagre，1993
	7	9.5±0.6‰	/	/	/	/	/	/	Ambrose and Norr，1993
	15	9.5‰	/	/	/	/	/	/	Jim et al.，2004

续表

种属	样品数量	$\Delta^{13}C_{骨骼-食物}$值	样品数量	$\Delta^{13}C_{牙釉质-食物}$值	样品数量	$\Delta^{18}O_{骨骼-食物}$值	样品数量	$\Delta^{18}O_{牙釉质-食物}$值	数据来源
田鼠	/	/	9	11.5±0.3‰	/	/	/	/	Passey et al., 2005
兔子	/	/	3	12.8±0.7‰	/	/	/	/	Passey et al., 2005
猪	6	10.2±1.3‰	/	/	/	/	/	/	Howland et al., 2003
猪	/	/	4	13.3±0.3‰	/	/	/	/	Passey et al., 2005
猪	9	12.1±0.6‰	7	14.2±0.4‰	9	−4.0±0.4‰	7	−2.4±0.2‰	Warinner and Tuross, 2009
牛	/	/	4	14.6±0.3‰	/	/	/	/	Passey et al., 2005

种属	样品数量	$\Delta^{13}C_{牙釉质-骨骼}$值	样品数量	$\Delta^{18}O_{牙釉质-骨骼}$值	数据来源
人	10	4.3±1.2‰	10	1.4±1.0‰	Webb et al., 2014
人	51	1.7±1.2‰	/	/	Zhu and Sealy, 2019
人	19	1.8±2.3‰	19	−0.6±1.3‰	Santana-Sagredo et al., 2015
人	33	0.6±1.5‰	/	/	Loftus and Sealy, 2012
人	13	0.1±2.9‰	13	0.9±1.3‰	France and Owsley, 2015

由于骨骼与牙釉质磷灰石中的碳酸盐均由血液中溶解的碳酸氢盐沉积而成，因此，同一形成期内，两者碳酸盐稳定同位素组成的差异不能完全归因于消化差异（Clementz et al., 2007；Warinner and Tuross, 2009）。骨骼和牙釉质中碳酸盐含量存在差异，且两者磷灰石晶体粒径大小与结晶度也存在差异（Sponheimer and Lee-Thorp, 1999b；Kohn and Cerling, 2002；Pasteris et al., 2004）。牙釉质形成过程中，成釉细胞为抵御酸性形成环境，释放碳酸氢根离子，从而产生额外的C同位素分馏（Simmer and Fincham, 1995；Smith et al., 2005）。因此，磷灰石形成与矿化的差异可能是血液中溶解的碳酸氢盐与骨骼和牙釉质中碳酸盐之间分馏程度变化的主要原因之一（Smith et al., 2005；Warinner and Tuross, 2009；Zhu and Sealy, 2019；Webb et al., 2014）。

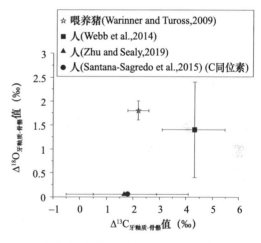

图3-3-10 同一个体$\Delta^{13}C_{牙釉质-骨骼}$和$\Delta^{18}O_{牙釉质-骨骼}$值误差图

Cerling和Harris（1999）对不同地区多种大型反刍类动物与非反刍类动物（如牛、骆马、转角牛羚、斑马、犀牛等）的食物与牙釉质羟基磷灰石的$\delta^{13}C$值进行了对比分析，发现与食物相比，大型哺乳动物牙釉质中的$\delta^{13}C$值富集12.9‰~14.8‰（平均富集14.1‰±0.5‰，$n=85$）（图3-3-11），提出哺乳动物牙釉质与食物之间C同位素的分馏系数约为1.0141，同时认为反刍类动物牙釉质C稳定同位素的分馏（平均值14.1‰±0.5‰，$n=$

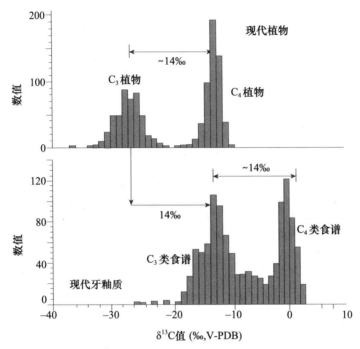

图3-3-11 C_3与C_4植物$\delta^{13}C$值的分布与非洲现代哺乳动物牙釉质$\delta^{13}C$值的对比
（引自Kohn and Cerling, 2002）

64）与非反刍类动物（平均值14.4‰±0.4‰, $n=21$）之间没有明显的差异（$P=0.51$）。

Passey等（2005）通过对不同种属哺乳动物牙釉质羟基磷灰石中C稳定同位素分馏的对比分析，发现与食物相比，田鼠、兔子、猪和牛牙釉质中羟基磷灰石的$\delta^{13}C$值分别富集11.5‰±0.3‰（$n=9$）、12.8‰±0.7‰（$n=3$）、13.3‰±0.3‰（$n=4$）和14.6‰±0.3‰（$n=4$），认为物种间牙釉质羟基磷灰石C稳定同位素分馏的差异主要是由不同物种消化生理的差异所致，并非牙釉质矿物和体液之间的分馏差异引起。综合两者的研究，大型反刍类动物与非反刍类动物的消化系统存在明显的差异，但是两者牙釉质羟基磷灰石的C稳定同位素的分馏却未见明显差异。对于不同体型大小的非反刍类哺乳动物，如田鼠、兔子、猪、犀牛（14.4‰±1.6‰, $n=7$）（Cerling and Harris, 1999），其牙釉质羟基磷灰石的C同位素分馏却存在明显差异（图3-3-12），可见牙釉质

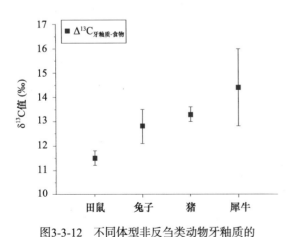

图3-3-12 不同体型非反刍类动物牙釉质的C同位素分馏误差图

（数据来源于Passey et al., 2005; Cerling and Harris, 1999）

中羟基磷灰石的C同位素分馏可能与个体的体型大小有关，且这种关系也可能存在于骨骼磷灰石与食物之间的稳定同位素分馏中。

3.3.3 角蛋白C、N稳定同位素分馏

毛发、指甲、动物角的主要成分均为角蛋白（Zviak and Dawber, 1986; Venkat Rao, 2009; Tombolato et al., 2010）。与骨胶原相似，角蛋白中的C、N也主要来源于食物中的蛋白质部分（Ambrose and Norr, 1993; Tieszen and Fagre, 1993; 屈亚婷等，2013）。

已有的研究表明，在食物被消化吸收并转化为生物毛发角蛋白的过程中，C同位素将发生一定程度的分馏，但分馏系数因动物种属不同而有所差异（Sponheimer et al., 2003）。例如，与食物相比，猪（*Sus scrofa*）毛发角蛋白 $\delta^{13}C$ 值约富集 0.2‰（Nardoto et al., 2006），沙鼠（*Meriones unguienlatus*）、牛（*Bos taurus*）、美洲驼（*Lama glama*）则分别富集 1‰、2.7‰、3.5‰（Katzenberg and Krouse, 1989; Jones et al., 1981; Tieszen et al., 1983）。人发角蛋白的 $\delta^{13}C$ 值富集 1‰~2‰，而 $\delta^{15}N$ 值则随着营养级每升高一级，富集2‰~3‰（Sponheimer et al., 2003; Ambrose, 2000; Tieszen and Fagre, 1993; DeNiro and Epstein, 1981; O'Connell, 1996; Bol and Pflieger, 2002; O'Connell and Hedges, 1999a）。相对于食物，人指甲角蛋白 $\delta^{13}C$ 值约富集3‰，$\delta^{15}N$ 值随营养级每升高一级，约富集3.5‰（Vander Zanden and Rasmussen, 2001; O'Connell et al., 2001; Buchardt et al., 2007; Williams and Katzenberg, 2012）。动物角的 $\delta^{13}C$ 值，相对于食物，约富集3.1‰±0.7‰（Cerling and Harris, 1999）；与其他角蛋白（毛发、指甲）相似，动物角的 $\delta^{15}N$ 值也随着营养级每升高一级，富集2‰~3‰（McCullagh et al., 2005; O'Connell and Hedges, 1999a）。

目前，通过对生物不同组织中角蛋白的C、N稳定同位素分析来揭示该个体的食物结构，在国际生物考古界已有不少报道。例如，5200年前冰人毛发的 $\delta^{13}C$ 和 $\delta^{15}N$ 值分别为−21.2‰和7.0‰，表明该个体死亡前的一段时间内主要摄取C_3植物（Macko et al., 1999）；冰河时期（42700±1300BP）的猛犸象，其毛发中C、N稳定同位素组成的变化与其觅食环境的季节性变迁密切相关（Iacumin et al., 2005）；小河墓地不同时期先民头发 $\delta^{13}C$ 和 $\delta^{15}N$ 值的变化及与牙齿胶原蛋白 $\delta^{13}C$ 和 $\delta^{15}N$ 值的差异，表明小河人群结构与生业模式不断受到东西方文化交流与人群迁徙的影响（Qu et al., 2018）。对秘鲁中部海岸Puruchuco-Huaquerones遗址晚期地层中（AD 1476~1532）出土的人发与指甲分段进行C、N稳定同位素分析，结果显示个体的食谱每个月不断发生变化，可能与农业的周期性变化密切相关；另外，个体短期内食谱（发与甲）与长期

食谱（骨骼）较为相似，表示先民一直定居于此，且在夏季的死亡率略高（Williams and Katzenberg, 2012）。现生羊角与灭绝的披毛犀角从角尖部至基部$\delta^{13}C$和$\delta^{15}N$值的变化反映了其食谱的季节性变化（Barbosa et al., 2009；Tiunov and Kirillova, 2010）。

3.3.4 其他组织或残留物C、N稳定同位素分馏

考古遗址中，生物体的软体组织一般很难保存下来，如肌肉、内脏等。但这些软体组织作为人或动物肉食的主要来源之一，其组织的同位素分馏在整个食物链中也将留下印记。

现代鱼类喂养实验测试分析显示，与食物相比，鱼的肌肉、心脏和肝脏C同位素的分馏为1‰~2‰，N同位素的分馏为2‰~4‰，其中肌肉的$\delta^{15}N$值约富集3.2‰（Sweeting et al., 2007）。猪喂养实验测试分析显示，相对于食物，猪肌肉的$\delta^{13}C$值富集1‰~1.5‰，$\delta^{15}N$值富集0.9‰~1.8‰（Hare et al., 1991）。沙鼠喂养实验进一步表明，其毛发、大脑、肌肉、肝脏和脂肪的$\delta^{13}C$值依次降低，其中，与食物相比，脂肪的$\delta^{13}C$值约富集-3.0‰，肌肉的$\delta^{13}C$值与食物相似（Tieszen et al., 1983）。人肌肉的$\delta^{13}C$值相对于其食物富集1‰~2‰，脂类通常贫^{13}C（DeNiro and Epstein, 1978a）。可见，不同生物体的不同软体组织稳定同位素的分馏也存在差异。

粪化石和牙结石作为生物体摄取食物后的残留部分，其稳定同位素组成与食物来源也存在密切关系，成为考古研究中探索生物体生存环境与食谱的重要研究对象之一。由于生物体消化系统结构的差异、咀嚼习惯的不同等，两者稳定同位素分馏较为复杂。例如，蝙蝠食物与粪便$\delta^{13}C$、$\delta^{15}N$、$\delta^{34}S$值的差异分别为0.11‰、1.47‰、0.74‰，两者之间不存在显著性的差异（Salvarina et al., 2013）。猪喂养实验显示，相对于食物，猪粪便的$\delta^{13}C$值富集-0.4‰，$\delta^{15}N$值富集-0.9‰~3.3‰（Hare et al., 1991）。猿类食物与粪便稳定同位素组成的差异，$\Delta^{13}C$值介于0~2.3‰之间（平均值为1.3‰±0.2‰，$n=10$），$\Delta^{15}N$值介于-1.2‰~1.4‰之间（平均值为0.6‰±0.2‰，$n=10$），猿类粪便的$\delta^{13}C$值较高于食物的$\delta^{13}C$值，两者$\delta^{15}N$值则相似（Phillips and O'Connell, 2016）。以上分析显示，不同种属、不同个体食物与粪便的$\delta^{15}N$值差异不同，主要缘于不同生物体食物结构的复杂性、新陈代谢的差异、外界环境因素的影响等，使得不同生物体粪便$\delta^{15}N$值与食物$\delta^{15}N$值之间的关系复杂，无法利用粪便的$\delta^{15}N$值准确评估有机体的营养级别（Kuhnle et al., 2013；Phillips and O'Connell, 2016；Sambrotto et al., 2006；Painter et al., 2009）。

牙结石的稳定同位素分析是否可用于重建古人类与动物的食谱与生存环境则备受

争议。其中，认为牙结石的稳定同位素组成能够反映个体饮食结构的特征，主要是基于牙结石与骨胶原（或生物磷灰石）稳定同位素组成之间的相关性，且牙结石与骨胶原（或生物磷灰石）之间存在一定的稳定同位素分馏（Eerkens et al., 2014; Scott and Poulson, 2012）。已有的研究表明，相对于骨胶原，牙结石的$\delta^{13}C$和$\delta^{15}N$值分别富集−4.0‰~−0.8‰和2.1‰；相对于磷灰石，牙结石的$\delta^{13}C$值约降低6.4‰（Eerkens et al., 2014; Schwarcz and Schoeninger, 1991）。但越来越多的分析显示，同一个体牙结石与骨骼（或牙齿）胶原蛋白的$\delta^{13}C$和$\delta^{15}N$值虽存在一定差异，但牙结石与骨骼（或牙齿）胶原蛋白之间的$\delta^{13}C$和$\delta^{15}N$值不存在明显的相关性（Salazar-García et al., 2014; Price et al., 2018）。造成同一个体牙结石与骨骼（或牙齿）胶原蛋白之间稳定同位素组成的差异主要有两方面的原因。

一是牙结石的成分并非单一稳定。牙结石是由食物残渣混合唾液、细菌及口腔上皮细胞等矿化后形成的（Gobetz and Bozarth, 2001），因此牙结石的稳定同位素组成除取决于食物的稳定同位素组成，还受到口腔内细菌蛋白、脱落的口腔细胞等的影响（Salazar-García et al., 2014）。另外，个体食物资源的多样性及食性的不断变化，使得牙结石的成分可能在其形成过程中不断发生变化，不同个体食性的差异及牙结石形成时间的不同，或同一个体不同牙齿上牙结石矿化时间的不同，均可能造成不同个体或同一个体不同牙齿上牙结石的稳定同位素组成存在差异。已有的研究表明，同一个体不同牙齿上牙结石的$\delta^{13}C$和$\delta^{15}N$值在个体内部的差异范围分别为1.0‰~1.8‰和2.0‰~2.1‰（Poulson et al., 2013; Eerkens et al., 2014）。

二是无法确定牙结石所指代的个体生存期间食谱的时间阶段。牙齿、骨骼分别代表个体幼年短期内与成年较长时间段内的食谱信息（Manolagas, 2000; Price, 1989; Prowse et al., 2007），牙结石形成的时间无法确定，因此无法进一步明确其指示的食谱信息代表个体生存期间的哪个阶段。如果个体的食谱在其生存期间不断发生变化，而三者所指代的时间段又不同，则会造成三者之间的稳定同位素组成存在较大差异，且互不相关（Salazar-García et al., 2014）。

虽然，总体上牙结石与骨胶原（或生物磷灰石）的稳定同位素组成存在差异或不存在明显相关性，但部分个体的牙结石与骨胶原（或生物磷灰石）的稳定同位素组成相似，表明牙结石的稳定同位素组成一定程度上可以反映个体食谱信息。那么如何判断牙结石食谱重建的可靠性？有学者提出可根据牙结石的C/N摩尔比进行判断。牙结石的C/N摩尔比小于12时，牙结石与骨胶原的$\delta^{13}C$和$\delta^{15}N$值存在明显正相关关系，暗示两者代表了相似的食谱（Eerkens et al., 2014）。也有学者提出，将牙结石中的有机质与无机质进行分离，有机质部分可根据其含量的变化判断，无机质部分可通过与生物磷灰石$\delta^{18}O$值的对比判断（Price et al., 2018）。

3.4 人体不同组织和成分之间稳定同位素组成的对比

当食物被消化吸收，并转换成生物体自身组织时，同一组织不同成分之间（如骨胶原与磷灰石）、同一组织相近成分之间（如骨骼中可溶性胶原蛋白与不可溶性胶原蛋白）、不同组织相似成分之间（如骨胶原与角蛋白）或不同组织同一成分之间（如毛发角蛋白与指甲角蛋白），稳定同位素的分馏均存在明显的差异。对于骨胶原与磷灰石而言，其差异主要是两者形成过程中所需C源的不同；而对于骨胶原、毛发角蛋白与指甲角蛋白而言，主要是三者氨基酸组成的不同。

3.4.1 骨胶原与磷灰石之间稳定同位素组成的对比

白鼠喂养模拟实验显示，如果食物中蛋白质部分的$\delta^{13}C$值与整个食物相同，食物与骨胶原的$\delta^{13}C$值之间的差异将为5‰；如果食物中蛋白质部分的$\delta^{13}C$值高于整个食物，两者之间的差异将高于5‰，反之将低于5‰。但是，食物与磷灰石的$\delta^{13}C$值之间的差异恒定为9.4‰，与整个食物中蛋白质$\delta^{13}C$值的浮动无关。由此判断，骨胶原中的C稳定同位素组成主要反映的是食物中的蛋白质部分，磷灰石中的C稳定同位素组成则反映的是整个食物（包括碳水化合物、蛋白质和脂类）（Ambrose and Norr, 1993; Tieszen and Fagre, 1993）。虽然，磷灰石与食物之间$\delta^{13}C$值的差异不会因食物中蛋白质含量的变化而变化，但当蛋白质含量低于5%时，食物的$\delta^{13}C$值更能准确地反映骨骼磷灰石的$\delta^{13}C$值（Kellner and Schoeninger, 2007）。

在个体食谱中，不同组分的稳定同位素组成也存在差异。一般而言，与碳水化合物相比，脂肪贫^{13}C，而氨基酸则富集^{13}C（DeNiro and Epstein, 1978b; Tieszen, 1991）。正是人（或动物）的不同组织所需C源不同，造成不同组织与食物之间C同位素的分馏存在明显差异（Ambrose and Norr, 1993; Tieszen and Fagre, 1993）。另外，对于同一个体，其骨胶原与磷灰石$\delta^{13}C$值的差异并不恒定，如安大略南部古代人类骨胶原与磷灰石$\delta^{13}C$值的差异范围为5‰~10‰（Harrison and Katzenberg, 2003）。其差异的程度与个体所处的营养级有关，例如植食动物主要食用碳水化合物，而肉食动物主要摄入氨基酸与脂肪。因此，对于同一个体，植食动物骨胶原与磷灰石之间$\delta^{13}C$值的差异最大，其次是杂食动物，差异最小的是肉食动物（图3-4-1）（Krueger and Sullivan, 1984; Lee-Thorp et al., 1989; DeNiro and Epstein, 1978b; Tieszen, 1991）。之后，Kellner和Schoeninger（2007）发现骨胶原与磷灰石$\delta^{13}C$值差异范围的变化与生物体的体型和营养级无明显关系，而是与生物体食谱中蛋白质的含量有关，即以高蛋白为

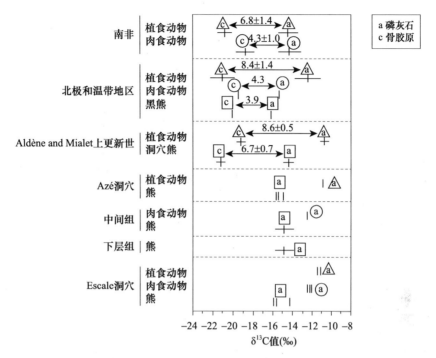

图3-4-1 植食、杂食与肉食动物骨胶原与磷灰石之间$\delta^{13}C$值的对比

（引自Bocherens et al.，1994）

食的生物体，其$\Delta^{13}C_{磷灰石-骨胶原}$值最小，且$\Delta^{13}C_{磷灰石-骨胶原}$值的大小取决于$\Delta^{13}C_{磷灰石-食物}$值的变化（O'Connell and Hedges，2017）。另外，Codron等（2018）进一步验证了生物体$\Delta^{13}C_{磷灰石-骨胶原}$值的变化与其食谱和消化生理有关，如大型植食动物随着其食谱中C_4植物含量的增加，其磷灰石$\delta^{13}C$值的增加速度高于其骨胶原$\delta^{13}C$值的增加速度，尤其是反刍类植食动物。

Harrison和Katzenberg（2003）通过对安大略南部与加利福尼亚南部不同时期古人类骨胶原与磷灰石中C稳定同位素的对比分析，发现安大略南部先民以C_3类食物为主，当玉米（C_4植物）最初进入到人类的饮食结构中时，最先在人骨磷灰石中检测到C_4植物的信号，只有当先民对玉米的摄入达到一定量时，才能在人体骨胶原中留下印记。加利福尼亚南部先民较高的$\delta^{13}C$值则反映了食物中蛋白质相对于食物中其他成分将富集^{13}C，因此骨胶原的$\delta^{13}C$值可能过多的反映了高蛋白食物的重要性。

我国河南贾湖遗址，年代距今9000~7500年，分为三期九个阶段（第一期7000~6600BC，第二期6600~6200BC，第三期6200~5800BC）（河南省文物考古研究院和中国科学技术大学科技史与科技考古系，2015）。大量炭化稻和稻壳印痕的发现，表明该遗址已存在较发达的稻作农业。先民骨胶原C、N稳定同位素的分析进一步显示，贾湖遗址的先民以C_3类食物为主，结合骨胶原$\delta^{15}N$值与磷灰石$\delta^{13}C$值随时间的变化，得出大约在第二期第五段，先民狩猎和捕捞业逐渐被兴起的稻作农业和家畜饲养所代替的结论（胡耀武等，2007）（表3-4-1）。但从骨胶原的$\delta^{13}C$值变化来看，先民生业模式的转变明显发生在第二期第六段（图3-4-2），可见，长时间尺度上，利用骨胶原的$\delta^{13}C$值变化判断先民食谱的演变，存在一定的滞后性。因此，在利用骨胶原的$\delta^{13}C$值变化分析史前先民的生业模式演变及农业起源时，其反映的时间节点可能要稍晚。

表3-4-1　贾湖遗址先民骨胶原与磷灰石的$\delta^{13}C$和$\delta^{15}N$值

分期	$\delta^{13}C_{骨胶原}$值（‰）	$\delta^{15}N_{骨胶原}$值（‰）	$\delta^{13}C_{磷灰石}$值（‰）	$\Delta^{13}C_{磷灰石-骨胶原}$值（‰）
Ⅰ-1 M303	−20.3	7.2	−9.9	10.4
M341	−18.8	8.7	−9.7	9.1
Ⅰ-2 M126	−20.1	9.2	−10.1	10.0
M109	−20.0	9.7	−10.8	9.2
M318	−20.2	7.6	−10.0	10.2
Ⅰ-3 M243	−20.6	8.7	−9.3	11.3
Ⅱ-4 M380	−20.5	8.3	−9.7	10.8
M381	−20.7	8.7	−10.2	10.5
Ⅱ-5 M282	−20.3	10.0	−11.5	8.8
M335	−20.9	10.0	−10.7	10.2
M344	−20.3	9.5	−11.6	8.7
M394	−20.8	10.5	−11.6	9.2
Ⅱ-6 M277	−21.2	6.8	−10.7	10.5
Ⅲ-9 M223	−20.4	8.8	−9.8	10.6

注：数据来源于胡耀武等，2007

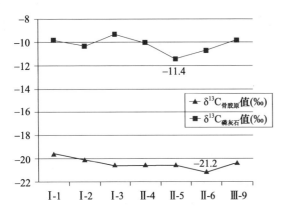

图3-4-2　贾湖遗址先民骨胶原与磷灰石的$\delta^{13}C$值对比

（数据来源于胡耀武等，2007）

另外，如图3-4-3所示，贾湖遗址中个体M341骨胶原的$\delta^{13}C$值反映出该个体的食性与其他先民存在明显的差异，即摄入少量的C_4类食物；但磷灰石的$\delta^{13}C$值却与其他先民相似。根据骨胶原C稳定同位素组成主要反映的是食物中的蛋白质部分，磷灰石C稳定同位素组成反映的是整个食物（包括碳水化合物、蛋白质和脂类）（Ambrose and Norr, 1993; Tieszen and Fagre, 1993），推断该个体骨胶原所反映的

C_4类食物应为该个体食谱中的C_4类动物蛋白，也进一步表明骨胶原的$\delta^{13}C$值过多地强调了高蛋白食物的重要性。

由于磷灰石C稳定同位素组成反映的是整个食物的C稳定同位素组成（包括碳水化合物、蛋白质和脂类）（Ambrose and Norr，1993；Tieszen and Fagre，1993）；骨胶原的N稳定同位素组成主要反映的是其食谱中的肉食来源（胡耀武等，2007；Ambrose et al.，1997）；且一般而言，与碳水化合物相比，脂肪贫^{13}C，而氨基酸则富集^{13}C（DeNiro and Epstein，1978b；Tieszen，1991）。

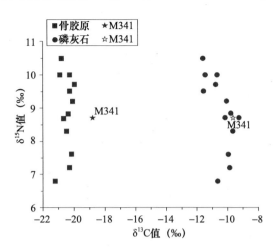

图3-4-3 贾湖遗址先民骨胶原与磷灰石的$\delta^{13}C$和$\delta^{15}N$值散点图

（数据来源于胡耀武等，2007）

因此，如果群体食物结构中的肉食不断增加，则该群体骨胶原$\delta^{15}N$值与磷灰石$\delta^{13}C$值均增加，即两者之间存在明显的正相关；如果两者之间存在明显的负相关关系，即随着$\delta^{15}N$值增加的同时$\delta^{13}C$值降低，表明该群体食物结构中动物蛋白增加的同时，非蛋白类食物也在不断地增加，如贾湖遗址（图3-4-4）（胡耀武等，2007），或随着$\delta^{13}C$值增加的同时$\delta^{15}N$值降低，表明该群体食物结构中C_4植物不断增加（如关中地区仰韶文化早期的姜寨遗址与半坡遗址）。总之，骨胶原$\delta^{15}N$值与磷灰石$\delta^{13}C$值之间的负相关性与农作物的栽培和家畜饲养存在密切的关系。

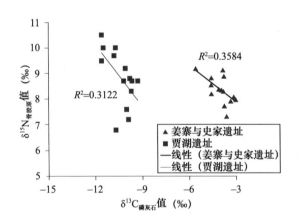

图3-4-4 贾湖、姜寨和史家遗址人骨胶原$\delta^{15}N$值与磷灰石$\delta^{13}C$值的相关性

（数据来源于胡耀武等，2007；Pechenkina et al.，2005；郭怡等，2011）

3.4.2 骨骼中不可溶性与可溶性胶原蛋白之间稳定同位素组成的对比

人或动物骨骼中，90%以上的有机质为胶原蛋白，其物理化学性质较为稳定，但随着生物体的死亡，以及在各种埋藏环境因素的侵蚀之下，骨胶原中的大分子量、长

肽链及不可溶性组分不断发生降解或分解，促使可溶性胶原蛋白含量相对增加（胡耀武，2002；王宁等，2014a）。在以往的明胶化提取骨胶原的过程中，这些可溶性的胶原蛋白被视为废液丢弃，仅提取不可溶性的胶原蛋白用于稳定同位素的分析。但对于保存较差的骨样，不可溶性胶原蛋白几乎降解或分解殆尽，可溶性的胶原蛋白则成为重建古人类食谱的重要突破之处，那么对于同一样品，不可溶性胶原蛋白与可溶性胶原蛋白之间存在同位素的分馏吗？可溶性胶原蛋白能全面反映个体的摄食信息吗？

王宁等（2014a）利用明胶化法与凝胶层析法分别对同一骨样中不可溶性胶原蛋白与可溶性胶原蛋白分别进行了提取，对两者C、N稳定同位素组成进行了对比分析，结果发现可溶性与不可溶性胶原蛋白的$\delta^{13}C$值差异为0.3‰±0.2‰（$n=2$），$\delta^{15}N$值差异为0.6‰±0.1‰（$n=2$），表明两种胶原蛋白的C、N稳定同位素组成较为接近，可以反映个体的食谱信息。那么，两种胶原蛋白$\delta^{13}C$和$\delta^{15}N$值的差异又是怎么形成的呢？

蛋白质由20种不同氨基酸组成，骨胶原中的氨基酸主要为甘氨酸（Gly）、脯氨酸（Pro）、谷氨酸（Glu）和天冬氨酸（Asp）等（Hare et al., 1991）。其中，甘氨酸（Gly）的含量高达30.9%（Weiss et al., 1999）。另外，不同氨基酸代谢途径的多源性，往往造成不同氨基酸的$\delta^{13}C$和$\delta^{15}N$值与食物相比存在不同程度的分馏（O'Connell and Hedges, 2001；Ambrose et al., 2003）。最终导致不同氨基酸的C、N稳定同位素组成存在明显差异（表3-4-2）（O'Connell et al., 2001）。

表3-4-2　C_4类食物与以其喂养猪的骨胶原中不同氨基酸的$\delta^{13}C$和$\delta^{15}N$值及两者之间的分馏

氨基酸	C_4类食物		猪骨胶原		$\Delta^{13}C$值=$\delta^{13}C$值#-$\delta^{13}C$值*	$\Delta^{15}N$值=$\delta^{15}N$值#-$\delta^{15}N$值*
	$\delta^{13}C$值*	$\delta^{15}N$值*	$\delta^{13}C$值#	$\delta^{15}N$值#		
Asp	-11.6	3.4	-8.1	7.0	3.5	3.6
Glu	-12.9	1.1	-5.5	7.8	7.4	6.7
Ser	1.3	2.1	2.5	4.7	1.2	2.6
Thr	-1.9	-0.1	-1.9	-6.2	0.0	-6.1
Gly	-5.7	3.6	-4.8	5.8	0.9	2.2
Ala	-11.9	2.5	-8.5	6.1	3.4	3.6
Val	-16.7	5.6	-15.4	9.7	1.3	4.1
Pro	-13.2	4.6	-11.2	8.2	2.0	3.6
Hyp	/	/	-10.6	8.1	/	/
总计	-12.4	3.2	-9.2	5.5	3.2	2.3

注：数据来源于Hare et al., 1991；*表示食物，#表示猪骨胶原

王宁等（2014b）从不可溶性胶原蛋白与可溶性胶原蛋白的氨基酸组成入手（图3-4-5），发现两者总氨基酸的组成完全符合Ⅰ型胶原蛋白的特点；两者之间必需氨基酸组成的变异范围仅为0.25%（$n=3$），半必需氨基酸与非必需氨基酸组成的变异范围为0.90%（$n=3$）。由于生物体骨胶原中的必需氨基酸直接来源于食物蛋白质中的氨基酸，在此过程中，C、N稳定同位素分馏较小，因此两种胶原蛋白必需氨基酸的$\delta^{13}C$和$\delta^{15}N$值与食物差异较小；另外，可溶性胶原蛋白作为不可溶性胶原蛋白的降解产物，两者之间的必需氨基酸组成未发生明显变化，因此两种胶原蛋白之间必需氨基酸的$\delta^{13}C$和$\delta^{15}N$值差异也较小，且对整个胶原蛋白的$\delta^{13}C$和$\delta^{15}N$值不会产生明显的影响。而半必需与非必需氨基酸，是人体利用食物中的蛋白质、脂质和碳水化合物在体内合成的，由于食物中三种原料的比例不同及C、N稳定同位素组成存在明显差异（Choy et al., 2010；DeNiro and Epstein, 1978b；Tieszen, 1991），胶原蛋白中半必需和非必需氨基酸与食物之间将产生较大的同位素分馏，这也是食物与骨胶原之间稳定同位素分馏的主要来源（O'Connell and Hedges, 2001）。另外，可溶性与不可溶性胶原蛋白氨基酸组成的对比分析发现，两种胶原蛋白的半必需与非必需氨基酸的组成差异较小（0.90%），因此，两者之间半必需与非必需氨基酸的$\delta^{13}C$和$\delta^{15}N$值差异也较小，最终使得两种胶原蛋白的$\delta^{13}C$和$\delta^{15}N$值存在较小的差异（王宁等，2014b）。

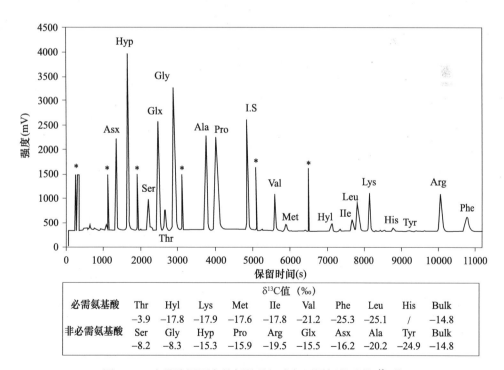

图3-4-5　人骨胶原蛋白的氨基酸组成与不同氨基酸的$\delta^{13}C$值

（改自Choy et al., 2010）

3.4.3 不同类型蛋白质之间稳定同位素组成的对比

骨胶原与角蛋白作为生物体组织中两种不同类型的蛋白质，同一个体两者之间稳定同位素组成是否存在差异呢？动物喂养实验的测试分析显示，骨胶原与毛发角蛋白的C、N稳定同位素组成均与个体食物结构中蛋白质的C、N稳定同位素组成存在密切关系，即两者的C与N源一致，均源于食物蛋白质，且两种蛋白质之间的C、N稳定同位素组成无明显差异。一般而言，与食物相比，骨胶原δ^{13}C值富集1.4‰~5‰（Hare et al.，1991；Ambrose and Norr，1993；Tieszen and Fagre，1993），角蛋白δ^{13}C值富集0.2‰~3‰（Nardoto et al.，2006；Jones et al.，1981；Tieszen et al.，1983）。且由于不同种属动物生长发育、消化系统与新陈代谢等差异，不同种属动物的骨胶原与毛发角蛋白的稳定同位素组成的差异程度也各不相同。

考古遗址出土的古代人类的骨胶原与头发角蛋白的δ^{13}C和δ^{15}N值对比分析显示，相对于头发角蛋白，人骨胶原的δ^{13}C值富集0~1‰，δ^{15}N值富集0~2‰（O'Connell et al.，1999b）。由于缺乏对考古出土人生前食谱的了解，其骨与头发稳定同位素组成之间的差异，是由其食物向不同类型蛋白质转化过程中的分馏差异所致，还是由个体在死亡前一段时间内食物变化引起头发角蛋白的δ^{13}C和δ^{15}N值发生变化所致，还有待进一步探讨。

为了深入探索人的骨胶原与头发角蛋白之间的稳定同位素分馏机理，O'Connell和Hedges（2001）从骨胶原与角蛋白分子结构的角度出发，对现生8个人体的骨骼与头发进行了分析。为了避免测试对象食谱变化对稳定同位素组成的影响，取样之前，详细记录他们的饮食结构，确保取样期间他们的饮食结构未发生明显改变。分析结果显示，对于同一个体骨胶原的δ^{13}C与δ^{15}N值均高于头发角蛋白，骨胶原相对于头发角蛋白，δ^{13}C值富集1.4‰±0.5‰（$n=8$），δ^{15}N值富集0.9‰±0.2‰（$n=8$），两者之间存在明显的差异。另外，骨胶原与角蛋白之间的δ^{15}N值具有很高的相关性（$R^2=0.947$），而δ^{13}C值的相关性较低（图3-4-6）。

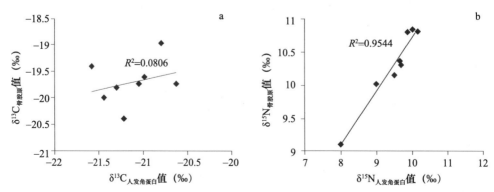

图3-4-6　骨胶原与角蛋白C、N稳定同位素组成的相关性分析

（数据来源于O'Connell et al.，2001）

骨胶原与头发角蛋白之间同位素分馏的本质在于两种类型蛋白质氨基酸组成的差异。骨胶原的氨基酸主要为甘氨酸、脯氨酸、谷氨酸和天冬氨酸等（Hare et al., 1991）。角蛋白由22种氨基酸组成，以胱氨酸、甘氨酸和酪氨酸为主（Robbins, 2012; Marshall et al., 1991），如图3-4-7所示，骨胶原与角蛋白的氨基酸组成存在很大差异。另外，不同氨基酸的代谢途径具有多源性，往往造成不同氨基酸的C、N稳定同位素与食物相比存在不同程度上的分馏效应（O'Connell and Hedges, 2001; Ambrose et al., 2003），使不同氨基酸的$\delta^{13}C$和$\delta^{15}N$值也存在明显的差异（表3-4-2）（O'Connell et al., 2001）；且不同氨基酸$\delta^{13}C$值的变化范围较大，$\delta^{15}N$值的差异相对较小（除苏氨酸Thr，其具有最低的$\delta^{15}N$值）。

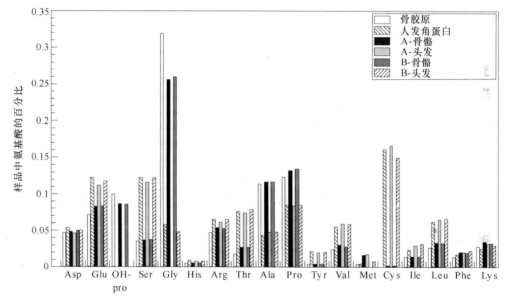

图3-4-7　骨骼胶原蛋白与头发角蛋白氨基酸组成的对比
（引自O'Connell et al., 2001）
注：A、B表示两个个体

骨胶原中甘氨酸的含量高达30.9%，且甘氨酸的$\delta^{13}C$值较高，因此可将骨胶原中^{13}C值的富集至少提高2‰（Weiss et al., 1999）。相对于骨胶原，角蛋白中半胱氨酸（Cys）和丝氨酸（Ser）的代谢与骨胶原中的甘氨酸相似，两者总含量约28.1%，但两者的$\delta^{13}C$值与甘氨酸也存在明显差异（Hare et al., 1991）。根据骨胶原与角蛋白氨基酸的组成与每种氨基酸的$\delta^{13}C$值推测，相对于角蛋白，骨胶原的$\delta^{13}C$值理论上将富集1‰~2‰（O'Connell et al., 2001）。现代人骨胶原与头发角蛋白之间的分馏（相对于毛发角蛋白，骨胶原的$\delta^{13}C$值约富集1.4‰±0.5‰，$n=8$）在此范围之内，表明骨胶原与头发角蛋白之间的C稳定同位素分馏主要缘于两者之间氨基酸组成的差异。

另外，其他氨基酸的$\delta^{15}N$值相近，仅苏氨酸的$\delta^{15}N$值非常低，因此骨胶原与角蛋白

$\delta^{15}N$值差异的最大来源在于两者苏氨酸的含量（分别为1.8%和6%~7%），由此造成的骨胶原与角蛋白$\delta^{15}N$值差异的理论值应为0.25‰，但现代人骨胶原与头发角蛋白之间$\delta^{15}N$值的差异（0.86‰）明显高于此值，这意味着骨胶原与角蛋白之间N稳定同位素的分馏不仅与两种蛋白质的氨基酸组成有关，还与不同组织氨基酸代谢的差异有关。因此，新陈代谢（转氨作用）对有机体蛋白质中N稳定同位素分馏的影响较大（O'Connell et al., 2001）。

由于研究个体的食物来源多样，包括蛋白质、脂质、碳水化合物、糖等（杂食），因此无法判断个体以高蛋白为主食或以植物为主食时，其骨与头发之间的稳定同位素组成是否存在差异？由于骨胶原与角蛋白中的C与N均来自食物中的蛋白质部分，为了探索当个体食谱以高蛋白食物为主时，其骨与头发之间的稳定同位素分馏机理，我们分析对比了新疆古墓沟墓地高蛋白摄入者骨与头发的C、N稳定同位素组成。

新疆地区是东西方文化交流的重要通道，其畜牧业一直是先民最重要的生计之一。公元前2000年初，新疆罗布淖尔地区出现小河文化（以小河墓地和古墓沟墓地为代表）。该文化墓葬中的随葬品，除常见的细石器镞、铜刀、骨角器、牛羊骨骼和皮毛制品外，还存在石镰和石磨盘、石磨棒等农业工具及小麦和粟等植物遗存，显示该人群的生业模式可能以畜牧狩猎为主，并辅以少许农业（韩建业，2007；王炳华，1983a，1983b；新疆文物考古研究所，2004，2007；韩康信，1986）。古墓沟墓地成年个体骨胶原的C、N稳定同位素分析进一步显示，人骨胶原的$\delta^{13}C$和$\delta^{15}N$平均值分别为−18.2‰±0.2‰和14.4‰±0.5‰（$n=10$），显示该墓地的先民主要以C_3类动物蛋白为食（张全超和朱泓，2011），而小麦（C_3植物）仅作为补给，或用于宗教活动（Zhang et al., 2015）。因此，古墓沟墓地的先民是典型的以高蛋白为主食的人群。

为了探索高蛋白摄入者的骨胶原与头发角蛋白之间的同位素分馏，选取M5中同一个体（年龄约6岁，性别不详）的骨骼和头发。根据其年龄推测该个体出生与成长均在新疆罗布淖尔地区，其饮食习惯与成人相似（图3-4-8），且未发生本质改变。其骨骼代表了个体有生之年平均的食物组成；其头发长度为8.77cm，若以人发的生长速度为每天生长0.35mm（Saitoh et al., 1969）计算，则反映了该个体死亡前约250天的平均食物组成。从图3-4-8可以明显看出，头发与骨的$\delta^{13}C$值（分别为−18.8‰和−18.3‰）显现出典型的C_3类特征，表明先民的食

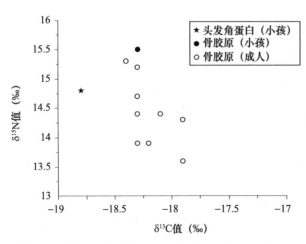

图3-4-8 古墓沟墓地人骨与头发的$\delta^{13}C$和$\delta^{15}N$值散点图
（数据来源于屈亚婷等，2013；张全超和朱泓，2011）

物主要来源于C_3植物或以C_3植物为食的动物。头发与骨的高$\delta^{15}N$值（14.8‰和15.5‰）表明该个体食物中包含了大量的动物蛋白。由此可见，M5个体的食物来源一直相当稳定，C_3类动物蛋白在其食物中居主导地位。

相对于头发角蛋白，M5个体骨胶原的$\delta^{13}C$值约富集0.5‰，$\delta^{15}N$值约富集0.7‰，其$\delta^{13}C$和$\delta^{15}N$值的较小差异，表明两者具有相似的C与N源。O'Connell和Hedges对现代杂食摄入者骨与发的同位素分馏分析显示，相对于头发角蛋白，骨胶原$\delta^{13}C$值约富集1.41‰，$\delta^{15}N$值约富集0.86‰。与此相比，M5个体骨与头发之间的C、N稳定同位素分馏均小于现代杂食摄入者。另外，M5个体骨胶原与头发角蛋白$\delta^{13}C$值的差异（0.5‰）小于理论差值（1‰~2‰），且骨胶原与角蛋白之间的$\delta^{13}C$值相关性低（O'Connell et al.，2001），说明骨胶原与头发角蛋白之间的C同位素分馏，并不是单纯的氨基酸组成的差异引起，也可能与高蛋白食物中的氨基酸分别向骨胶原与角蛋白转化过程中的分馏效应差异有关。另外，M5骨胶原与头发角蛋白$\delta^{15}N$值的差异（0.7‰）高于两者之间的理论差值（0.25‰），除与新陈代谢对有机体蛋白质中N稳定同位素分馏的影响有关外（O'Connell et al.，2001），也可能与该个体幼年母乳喂养阶段骨胶原的$\delta^{15}N$值较高，致使整个生存期间（6年）骨胶原的平均$\delta^{15}N$值增高有关。总体而言，当食物以高蛋白为主时，骨胶原与头发角蛋白之间C、N稳定同位素的分馏较小。然而，当食物以碳水化合物为主时，人骨与头发之间的同位素分馏是否存在相似或相异的规律，尚有待进一步研究。

3.4.4 不同组织同种类型蛋白质之间稳定同位素组成的对比

C与N来源的差异，致使骨骼中胶原蛋白与磷灰石的稳定同位素组成存在差异；虽然骨胶原与头发角蛋白的C、N同源，但因氨基酸的组成与代谢途径的差异，也使两种蛋白质的稳定同位素组成出现分歧；那么，对于C、N同源，且成分相似的头发与角质之间的同位素组成是否存在差异呢？

头发与角质主要成分均为硬角蛋白，其氨基酸的组成也非常相似。O'Connell和Hedges对12位现生人体同一生长期间内，头发与指甲中角蛋白的C、N稳定同位素进行了分析，结果显示头发与指甲的$\delta^{13}C$值未见明显的差异（0.21‰±0.39‰，$n=12$），但$\delta^{15}N$值的差异明显（约为0.65‰±0.20‰，$n=12$），同样，两者之间$\delta^{15}N$值具有明显的相关性（图3-4-9）。另外，同一个体头发与指甲的氨基酸组分的测试分析显示，两者之间氨基酸组成最大的差异在于半胱氨酸（Cysteine）的含量，且两者氨基酸的组成存在个体差异（图3-4-10），因此，头发与指甲角蛋白的稳定同位素组成的差异除与氨基酸组成的差异有关外，也可能与氨基酸的代谢有关（O'Connell et al.，2001）。

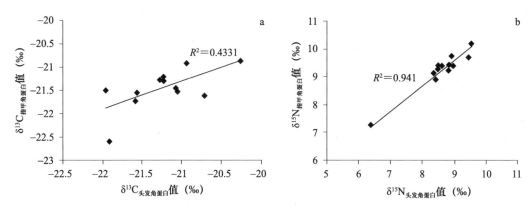

图3-4-9 头发与指甲角蛋白C、N稳定同位素组成的相关性分析
（数据来源于O'Connell et al., 2001）

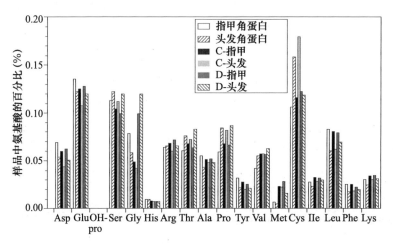

图3-4-10 头发与指甲角蛋白氨基酸组成的对比
（引自O'Connell et al., 2001）
注：C、D表示两个个体

同样，该人群的食物结构为杂食，然而针对高蛋白摄入者头发与指甲分馏机理的探讨，我们将焦点聚集在现代哺乳期的婴儿，其食物以高蛋白奶制品为主，其头发与指甲的定期收集及稳定同位素的分析，将解答高蛋白食物被消化吸收后，分别转化为头发与指甲角蛋白时是否存在分馏差异，以及这种差异是否与幼体生长发育的不同阶段及健康状况有关等问题。

3.5 不同组织与残留物指示的食谱信息

人体不同组织形成时间与新陈代谢速度的差异，致使不同组织（或残留物）的稳定同位素组成指示个体从出生至死亡不同时期的食谱信息。同时，个体不同组织稳定同位素组成的变化规律，又为深入了解个体的生长发育过程、特殊生理期（如妊娠期）、迁徙活动、生业模式变化、生存环境变迁等提供重要的依据。

3.5.1 骨骼指示的食谱信息

骨骼作为人体的硬体组织，具有生物活性，在个体的存活期间，骨骼中成骨细胞与破骨细胞的动态平衡促使骨组织不断更新。一般而言，骨结构单元的平均寿命在3~20年（Pate，1994）；成人骨密质年平均更新比例为5%，用于破损细胞的更替与结构完整的维持；骨松质年平均更新比率为25%，用于维持体内矿物质的平衡，是人体某些生理功能维持的必要条件（Martin et al.，1998；Ortner，2003）。因此，骨松质持续快速地更换其成分中的元素组成，而骨密质成分的更新速度较低（Parks，2009）。另外，成人不同类型骨骼的皮质年平均更新比率不同，如椎骨为8.3%、肋骨为4.7%、股骨为2.9%、头骨为1.8%（Pate，1994）。

人体组织更新速率受多种因素的影响，如年龄、性别、健康状况等，表3-5-1为不同年龄段骨骼的周转率（Valentin，2002）。另外，相对于结构致密的大骨（如股骨），小骨或主要由小梁骨构成的骨头（如肋骨）更新速度较快（Hedges et al.，2007）。一般而言，人体长骨的更新时间大约为10年（Manolagas，2000；Price，1989），肋骨更新的时间为3~5年（Hedges et al.，2007；Jay and Richards，2006；Jørkov et al.，2009）。因此，骨胶原的稳定同位素组成所代表的饮食信息的时间长短，取决于所使用骨的种类和个体的年龄，如成年人的骨骼可代表10~30年时间内的饮食信息，青少年因骨骼周转率快，则代表较短时间内的饮食信息（Bell et al.，2001；Hedges et al.，2007；Valentin，2002）。

表3-5-1 国际放射防护委员会（International Commission on Radiological Protection）对不同年龄骨骼周转率的参考值

年龄	皮层骨	骨小梁
新生儿	300	300
1岁	105	105
5岁	56	66
10岁	33	48
15岁	19	35
成人	3	18

注：参考值按百分比计算；数据来源于Valentin，2002

另外，同一个体不同类型骨骼之间稳定同位素组成差异较小（Pate，1994；Jørkov

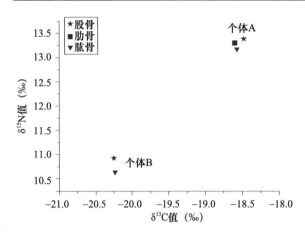

图3-5-1 同一个体不同类型骨骼的$\delta^{13}C$和$\delta^{15}N$值散点图
（个体A和B）
（数据来源于Jørkov et al., 2007）

et al., 2009; Warinner and Tuross, 2009）。如图3-5-1所示，同一个体股骨、肱骨、肋骨的稳定同位素组成不存在明显的差异（Jørkov et al., 2007）。猪喂养实验显示，其肱骨（−18.9‰±0.4‰, $n=9$）与下颚骨（−18.9‰±0.4‰, $n=9$）骨胶原的C稳定同位素组成无明显差异（T-test, $P=0.44$）（Warinner and Tuross, 2009）。由此可见，不同类型骨骼稳定同位素组成的差异主要与不同时期个体的食谱差异或其他方面因素的影响有关。因此，不同类型骨骼稳定同位素分析可以反映个体生存期间不同时期的食谱变化规律，进而根据个体生存期间的食谱变化规律探讨个体的迁徙、生业模式的改变、断奶及生长发育过程等（Jørkov et al., 2009; Lamb et al., 2014; Pollard et al., 2012; Xia et al., 2018）。

例如，中世纪晚期英格兰理查德三世国王（King Richard Ⅲ）遗骸中，股骨（17～32岁）、肋骨（29～32岁）和2颗牙齿（M2：3岁；PM2：2.25～7岁，7～14岁）的C、N、O稳定同位素分析为探索其生活方式、饮食史、迁徙等提供了充分的证据。理查德三世国王出生在英格兰东部北安普敦郡，七岁时迁移至西部威尔士边界。如图3-5-2所示，国王7岁时其牙齿的C、N稳定同位素组成发生明显的变化（牙齿所指示的食谱信息在下文详述）；死亡前3年，肋骨的$\delta^{15}N$值明显增高，可能与较多猎物与淡水鱼等食物的摄入有关（Lamb et al., 2014）。

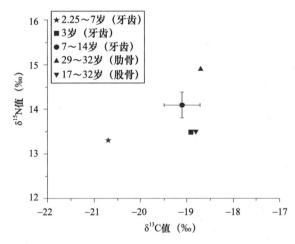

图3-5-2 理查德三世国王不同年龄段不同类型骨骼的$\delta^{13}C$和$\delta^{15}N$值散点图
（数据来源于Lamb et al., 2014）

为了确定圣约翰学院发现的集体埋葬者的身份，Pollard等（2012）选取19个个体的肋骨、股骨（或肱骨），对其多种稳定同位素组成进行了分析，结果显示，所有个体均以C_3类食物为主（图3-5-3）。同一个体肋骨与股骨（或肱骨）$\delta^{13}C$值差异较小（T-test，$P=0.18$），但两者之间$\delta^{15}N$值存在明显的差异（T-test，$P=0.009$）。从图3-5-4可见，除过16号样品，其余样品肋骨的$\delta^{15}N$值均高于股骨的$\delta^{15}N$值，表明这些个体死亡前3年多时间内，其$\delta^{15}N$值增高，认为可能与水生高蛋白食物的过多摄入有关，也可能是这段时间内压力大、活动频繁造成的自身新陈代谢异常所致（Pollard et al.，2012）。

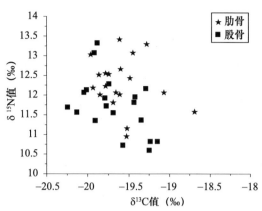

图3-5-3　同一个体肋骨与股骨（或肱骨）$\delta^{13}C$和$\delta^{15}N$值散点图

（数据来源于Pollard et al.，2012）

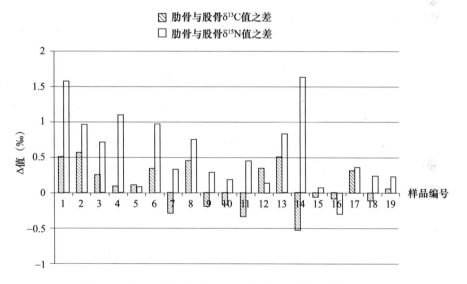

图3-5-4　同一个体肋骨与股骨（或肱骨）$\delta^{13}C$和$\delta^{15}N$值之差

（数据来源于Pollard et al.，2012）

3.5.2　牙齿指示的食谱信息

与骨骼不同，牙齿（包括牙釉质、牙本质与牙骨质）一旦形成，其化学成分与组织结构基本不发生改变（Hillson，1996，2014）。因此，牙齿保留有其矿化形成过程中的元素特征，其稳定同位素组成所反映的食谱信息指示的是个体生长发育过程中（幼年至青少年时期）的饮食习惯。

不同牙齿发育与萌出的时间不同，因此不同牙齿的稳定同位素组成可以反映个体不同生长发育阶段的食谱。另外，个体生长发育不同时期牙齿稳定同位素组成的变化又可反映群体的迁徙等。例如，Prowse等（2007）对意大利罗马附近Isola Sacra墓地（1~3世纪）61个个体的恒牙、第一磨牙（M1）与第三磨牙（M3）釉质的O同位素

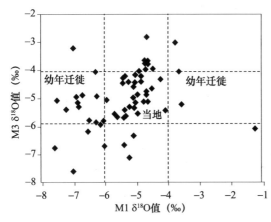

图3-5-5　意大利罗马Isola Sacra墓地个体M1与M3
$\delta^{18}O$值的分布范围散点图
（改自Prowse et al., 2007）

进行了分析，以探索该地区人群的迁徙。M1牙冠约在出生时开始形成最初的牙尖，2.5~3岁时完全萌出；M3牙冠在7~12岁开始形成，10~17.5岁完全萌出，因此同一个体M1与M2牙釉质O同位素组成代表了个体从幼儿至儿童不同时期的饮食特征。为了确定当地人群的O同位素组成，选取现代24个个体的乳牙，其中75%个体牙釉质的$\delta^{18}O$值介于-4‰~-6‰范围内。如图3-5-5所示，该墓葬20个个体M1的$\delta^{18}O$值超出现代个体$\delta^{18}O$值的范围，表明该墓地约33%（20/61）的个体出生在其他地区；这20个个体中又有14个个体M3的$\delta^{18}O$值相对于M1发生变化，介于现代个体$\delta^{18}O$值的范围内，表明这14个个体成长在该地区，可见该墓地将近23%（14/61）的个体是幼年时期从外地迁移至该地区，并在该地区长大。由此可见，1~3世纪，意大利罗马Isola Sacra地区人群的迁徙较为复杂，并不是单个成年男子的迁移，而是整个家庭的搬迁。

同样，牙齿与骨骼稳定同位素组成的对比分析，可揭示个体幼年与成年后食谱的变化。一般而言，幼儿出生后，在其断奶之前，牙齿萌出过程中胶原蛋白的合成受到富含^{15}N母乳的影响，使得牙齿胶原蛋白的$\delta^{15}N$值高于断奶后骨骼胶原蛋白的$\delta^{15}N$值；同时，受母乳喂养影响，其$\delta^{13}C$值约富集1‰（Bocherens et al., 1994；Reynard and Tuross, 2015；Fuller et al., 2006）。例如，我国河南安阳固岸墓地4个个体不同牙齿（I^1、I^2、C、P^1、P^2、M^1、M^2、M^3）牙本质与股骨胶原蛋白的C、N稳定同位素分析显示，先民股骨具有较高的$\delta^{13}C$和$\delta^{15}N$值，与较多C_4类动物蛋白的摄取有关，反映了该遗址先民的生业模式以畜牧业为主（图3-5-6；彩版一，2）。不同个体之间，牙本质（或股骨）的$\delta^{13}C$和$\delta^{15}N$值存在明显的差异，表明该遗址不同个体之间的食谱存在差异。同一个体，牙齿与股骨的$\delta^{13}C$和$\delta^{15}N$值存在一定的差异，表明个体幼年至成年期食谱发生了变化，幼年较高的$\delta^{15}N$值与母乳喂养有关（如M82和M66个体）。成年较高的$\delta^{15}N$值则与肉食的摄取相关（如M31个体）。此外，同一个体，不同牙齿的$\delta^{13}C$和$\delta^{15}N$值也存在一定的差异，表明个体在生长发育过程中食谱发生一定的变化，如M40个体食谱中C_3类蛋白含量逐渐增加（潘建才等，2009）。

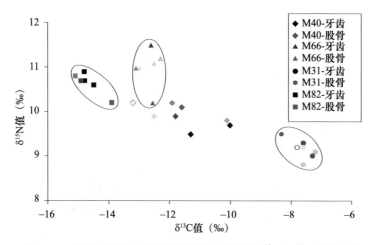

图3-5-6 安阳固岸墓地个体不同牙齿与股骨的$\delta^{13}C$和$\delta^{15}N$值散点图
（数据来源于潘建才等，2009）

注：按照牙齿萌出的先后顺序I^1-I^2-C-P^1-P^2-M^1-M^2-M^3分别由深色至浅色图标表示

另外，牙釉质与牙骨质的形成呈现周期性层状堆积，每层形成的生物物质的稳定同位素组成代表一个周期内个体的食谱，使短时间尺度上重建个体的食谱变化规律成为可能，为深入探索幼儿发育期的营养状况、哺乳与断奶行为、动物食性的季节性变化、古环境复原等提供重要依据。例如，Henton等（2017）根据约旦草原东部Kharaneh Ⅳ旧石器早期/中期遗址中，羚羊（*Gazella subgutturosa*）下颌第二磨牙牙釉质的形成时间（12个月以上），结合全球自然降水$\delta^{18}O$值的季节性变化，通过序列取样重建牙釉质稳定同位素组成的序列年表（图3-5-7）。在此基础之上，探讨牙釉质C、O和Sr同位素的季节性变化，追踪羚羊季节性的时空分布、长距离的迁徙活动及人类狩猎行为的季节性变化。

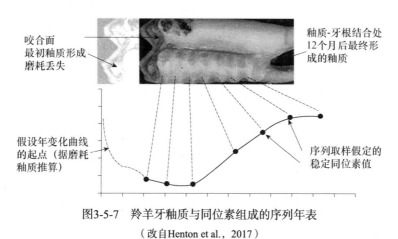

图3-5-7 羚羊牙釉质与同位素组成的序列年表
（改自Henton et al.，2017）

肯尼亚中部裂谷地区，现生绵羊与山羊牙齿序列取样的C稳定同位素分析显示，山羊与绵羊牙釉质形成过程中，$\delta^{13}C$值存在明显的周期性变化（图3-5-8、图3-5-9），山羊一个周期内$\delta^{13}C$值的变化幅度可达5.9‰,绵羊一个周期内$\delta^{13}C$值的变化幅度为4.9‰,这可能与其摄取植物$\delta^{13}C$值的季节性变化有关(Balasse and Ambrose,2005)。一般而言,植物$\delta^{13}C$值的季节性变化幅度为2‰~3‰,有些C_3植物种属$\delta^{13}C$值的季节性变化幅度可高达4.8‰,而C_4类草的$\delta^{13}C$值无明显季节性变化(Ehleringer et al.,1992;Lowdon and Dyck,1974;Smedley et al.,1991;Marino and McElroy,1991)。另外,山羊与绵羊牙釉质$\delta^{13}C$值的周期性变化也可能与两者不同季节食物中C_3与C_4植物比例的变化有关(Tieszen et al.,1997),或者与绵羊和山羊不同季节对不同食物的偏好有关,如山羊喜欢雨季开始时的嫩草,绵羊在牧草太干时摄取较多的双子叶植物叶片(Balasse and Ambrose,2005)。

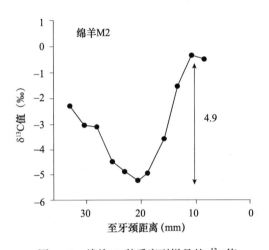

图3-5-8　绵羊M2釉质序列样品的$\delta^{13}C$值

(改自Balasse and Ambrose,2005)

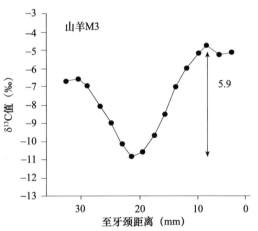

图3-5-9　山羊M3釉质序列样品的$\delta^{13}C$值

(改自Balasse and Ambrose,2005)

3.5.3　毛发、指甲与角指示的食谱信息

人或动物毛发角蛋白的稳定同位素分析,同样可提供个体摄入的饮食信息及生理状态的变化(Wilson and Gilbert,2007;Williams et al.,2011),但其反映的饮食信息在时间尺度上明显较短,主要缘于毛发快速生长的特征。已有的研究表明,一般人发的平均生长速率为每天生长0.35mm(Saitoh et al.,1969);且饮食结构变化至少需要持续4周,才能在人发角蛋白的$\delta^{13}C$和$\delta^{15}N$值中体现出来,主要由于毛囊中角质化和细胞分化的过程及发纤维从头皮中长出需要一定时间(Huelsemann et al.,2009;Petzke and Lemke,2009)。因此,为了分析人发生长过程中体现的不同时间段个体食谱的变化,常将人发从根部至发梢,每1cm(代表约1个月内个体的饮食信息)为一段,进行稳定同位素分析(Webb et al.,2013;McCullagh et al.,2005)。

另外,由于人发生长周期的特殊性,在任何特定时间内,大部分毛发组织形成于生长活跃的初期（Anagen），对于生长缓慢或停滞的中期（Catagen）和末期（Telogen），仍需要考虑（Williams et al., 2011）。为此，目前利用毛发的周期性生长判断不同时间段个体饮食结构的变化时，常将毛发从发根至发梢，每2cm（代表约2个月内的饮食信息）进行分段（Schwarcz and White, 2004; White, 1993）。此外，毛发的生长速度还受到生理特征（性别和年龄）及营养水平的影响（White, 1993）。

例如，瓦迪阿尔法地区（Wadi Halfa area）发现的X族群（X-Group）（AD 350~550）和基督教王国（Christian）（AD 550~1300）两个时期的苏丹努比亚木乃伊，对其头发进行分段处理，每2cm为一段，分为2~4段，最长头发可代表约8个月的饮食信息，然后对每段进行C、N稳定同位素分析。如图3-5-10所示，不同时间段个体的$\delta^{13}C$值存在明显的差异。不同个体死亡的季节不同，因此不同个体发根处所代表的时间不同。为此，根据每个个体头发的$\delta^{13}C$值，对不同个体所反映的时间段进行拼接，如图3-5-11所示，得出一年多内该群体食谱的变化规律。其结果显示一千多年以来，该地区一年内食谱的规律一直保持不变，即在冬季以C_3类食物（小麦和大麦）为主，约占75%；夏季以C_4类食物（小米和高粱）为主，高达75%；且在冬季食用少量夏季储藏的食物，而夏季食谱中含有冬季生产的食物约25%，其中部分可能来源于以C_3类食物喂养的动物。努比亚人食物结构的季节性变化主要依赖于不同季节生长的粮食作物，而储藏的谷物主要用于紧急措施（Schwarcz and White, 2004）。

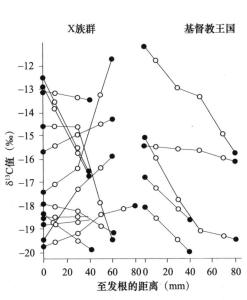

图3-5-10　每个努比亚人头发不同分段的$\delta^{13}C$值

（引自Schwarcz and White, 2004）

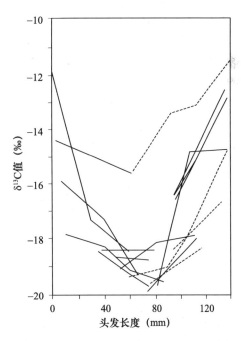

图3-5-11　努比亚人群体一年内不同时间段头发$\delta^{13}C$值的变化曲线

（改自Schwarcz and White, 2004）

此外，指甲的可持续生长，同样可为生物体短期内食谱变化研究提供依据。一般情况下，指甲的生长速度为0.10～0.12mm/每天，需要4～5个月即可形成整个甲板（De Berker et al., 2007; Zaias, 1990）。根据指甲的生长规律分段取样，进行稳定同位素分析，便可揭示短期内个体的食谱变化规律。例如，秘鲁中部海岸Puruchuco-Huaquerones遗址晚期地层中人指甲甲板近端2mm与最远端部分（分别代表死亡前约2周和4个月）的C、N稳定同位素分析显示，大部分个体指甲的近端与远端的$δ^{13}C$和$δ^{15}N$值分别相差2.1‰±0.9‰和1.7‰±0.8‰，表明个体死亡前食谱发生变化；并根据个体死亡前的食谱特征判断该遗址人群夏季的死亡率略高，可能与作物歉收和后续粮食的短缺有关（Williams and Katzenberg, 2012）。

有蹄类植食动物角的生长也呈现明显的周期性，每年生长一个年轮，且随着个体年龄的增加，角的生长速度逐渐减慢，因此从角尖部至基部，每一年轮的长度逐渐减小（Marshall et al., 1991; Bassano et al., 2003; Giacometti et al., 2002; Barbosa et al., 2009）。动物角的周期性生长过程中，其食谱的变化、生存环境的变迁、生理状况等也被记录下来（Tiunov and Kirillova, 2010）。例如，根据羊角的年轮将其进行分段，然后将较长的年轮进行切片，同时选择每一切片的前面与背面，分别进行C、N稳定同位素分析，结果显示羊角两侧的$δ^{13}C$值不存在显著性差异，但背面角的$δ^{15}N$值相对于前面约富集0.1‰；随着年龄的增长，羊角$δ^{13}C$值的年增长率为0.03‰，$δ^{15}N$值的年增长率为0.1‰；且羊角的$δ^{13}C$值呈现出年际变化与每年内季节性变化，但$δ^{15}N$值仅在每年内不同季节发生变化（Barbosa et al., 2009）。

3.5.4 牙结石和粪化石指示的食谱信息

牙结石的矿化虽需较长时间，但其牙斑的形成一般只需几天或几周（Boyadjian et al., 2007; Hayashizaki et al., 2008; Bosshardt and Lang, 2015），因此牙结石稳定同位素分析反映的是个体生前某一较短时间段内的食物信息（Lieverse, 1999; Scott and Poulson, 2012）。且生物体一生中任何时间段内，其牙齿上皆有可能形成牙结石，因此，无法明确指出其所反映的食谱信息代表生物体生存期间的具体时间段。

粪化石是由生物体对食物消化吸收后排出体外的残渣经长期埋藏后形成的一类遗迹化石（Fry, 1985; 王文娟, 2013）。一般情况下，粪便的稳定同位素组成反映的是生物体短期内的食谱信息，且因不同种属新陈代谢速度存在差异，粪便所反映的食谱信息代表的时间长短也不同，一般为几天至一周（Tieszen et al., 1983），甚至更短。例如，山羊粪便中保存的野生植物种子是其一两天内摄取的（Valamoti and Charles, 2005）；蝙蝠在新食物摄取2～3h内，粪便就可以反映出新食物的信息（Salvarina et al., 2013）。另外，粪便的稳定同位素组成受到食物消化率和发酵程度的影响，如反刍类动物粪便是食物经历两次胃液消化而形成的发酵产物（Wittmer et al., 2010; Codron et al., 2012; Qiu et al., 2014）。因食物在反刍类动物消化道内储存时间较长，所以其粪便所指示的食谱信息代表的时间较长（200h）；相比，非反刍类动物粪便所反映的食谱信息代表的时间较短（60h）（Sponheimer et al., 2003）。粪化石指示的是生物体短期内的饮食信息，因此常被用于追踪现生生物体短期内的摄食行为变化（如季节性变化）（Phillips and O'Connell, 2016; Blumenthal et al., 2012），幼儿的断奶与哺乳行为（Reitsema, 2012; Orr et al., 2012），以及标记肉类和鱼类新营养物质的摄取量（Kuhnle et al., 2013）等。

参 考 书 目

[1] 曹晓斌，张继习，唐茂，刘耘，2011. 氧同位素质量依赖分馏线的精确确定. 地球化学，40（2）：147-155.

[2] 陈骏，王鹤年，2004. 地球化学. 科学出版社：106-136.

[3] 邓涛，薛祥煦，1996. 马牙氧同位素组成与气候指标的定量关系. 地球科学进展，11（5）：481-486.

[4] 董军社，邓涛，1998. 哺乳动物化石牙齿釉质的碳氧同位素组成与古气候重建方面的研究进展. 古脊椎动物学报，36（4）：330-337.

[5] 傅勇，2000. 陕西扶风案板遗址动物遗存的研究. 西北大学文博学院考古专业编. 扶风案板遗址. 科学出版社：290-294.

[6] 管理，胡耀武，胡松梅，孙周勇，秦亚，王昌燧，2008. 陕北靖边五庄果墚动物骨的C和N稳定同位素分析. 第四纪研究，28（6）：1160-1165.

[7] 郭怡，胡耀武，高强，王昌燧，Richards, M. P., 2011. 姜寨遗址先民食谱分析. 人类学学报，30（2）：149-157.

[8] 郭怡，夏阳，董艳芳，俞博雅，范怡露，闻方园，高强，2016. 北刘遗址人骨的稳定同位素分析. 考古与文物，（1）：115-120.

[9] 韩发，贲桂英，师生波，1997. 青藏高原不同海拔矮嵩草蛋白质、脂肪和淀粉含量的变异. 植物生态学报，21（2）：105-114.

[10] 韩建业，2007. 新疆的青铜时代和早期铁器时代文化. 文物出版社：1-126.

[11] 韩康信，1986. 新疆孔雀河古墓沟墓地人骨研究. 考古学报，（3）：361-384.

[12] 河南省文物考古研究院，中国科学技术大学科技史与科技考古系，2015. 舞阳贾湖（二）. 科学出版社：553-564.

[13] 胡松梅，2010. 高陵东营遗址动物遗存分析. 陕西省考古研究院、西北大学文化遗产与考古学研究中心编. 高陵东营. 科学出版社：147-200.

[14] 胡耀武, 2002. 古代人类食谱及其相关研究. 中国科学技术大学博士学位论文: 1-87.

[15] 胡耀武, Ambrose, S. H., 王昌燧, 2007. 贾湖遗址人骨的稳定同位素分析. 中国科学: 地球科学, 37(1): 94-101.

[16] 李亮, 蒋少涌, 2008. 钙同位素地球化学研究进展. 中国地质, 35(6): 1088-1100.

[17] 林光辉, 2013. 稳定同位素生态学. 高等教育出版社: 1-58.

[18] 刘宏艳, 郭波莉, 魏帅, 姜涛, 张森燚, 魏益民, 2017. 小麦制粉产品稳定碳、氮同位素组成特征. 中国农业科学, 50(3): 556-563.

[19] 刘焕, 胡松梅, 张鹏程, 杨岐黄, 蒋洪恩, 王炜林, 王昌燧, 2013. 陕西两处仰韶时期遗址浮选结果分析及其对比. 考古与文物, (4): 106-112.

[20] 刘莉, 阎毓民, 秦小丽, 2001. 陕西临潼康家龙山文化遗址1990年发掘动物遗存. 华夏考古, (1): 3-24.

[21] 刘萍, 刘学勤, 1989. 42种树叶氨基酸组成的研究. 林业科学, 25(5): 453-458.

[22] 刘晓媛, 2014. 案板遗址2012年发掘植物遗存研究. 西北大学硕士学位论文: 1-41.

[23] 孟勇, 2011. 陕西出土6000年和1000年前古人牙齿结构、组成及病理特征的对比研究. 第四军医大学博士学位论文: 59-67.

[24] 潘建才, 胡耀武, 潘伟斌, 裴涛, 王涛, 王昌燧, 2009. 河南安阳固岸墓地人牙的C、N稳定同位素分析. 江汉考古, (4): 114-120.

[25] 祁国琴, 1988. 姜寨新石器时代遗址动物群的分析. 西安半坡博物馆、陕西省考古研究所、临潼县博物馆编. 姜寨——新石器时代遗址发掘报告. 文物出版社: 504-538.

[26] 屈亚婷, 杨益民, 胡耀武, 王昌燧, 2013. 新疆古墓沟墓地人发角蛋白的提取与碳、氮稳定同位素分析. 地球化学, 42(5): 447-453.

[27] 苏波, 韩兴国, 黄建辉, 1999. ^{15}N自然丰度法在生态系统氮素循环研究中的应用. 生态学报, 19(3): 120-128.

[28] 王炳华, 1983a. 孔雀河古墓沟发掘及其初步研究. 新疆社会科学, (1): 117-127.

[29] 王炳华, 1983b. 古墓沟人社会文化生活中几个问题. 新疆大学学报(哲学社会科学版), (2): 86-90.

[30] 王宁, 胡耀武, 侯亮亮, 杨瑞平, 宋国定, 王昌燧, 2014a. 古骨可溶性胶原蛋白的提取及其重建古食谱的可行性分析. 中国科学: 地球科学, 44: 1854-1862.

[31] 王宁, 胡耀武, 宋国定, 王昌燧, 2014b. 古骨中可溶性、不可溶性胶原蛋白的氨基酸组成和C、N稳定同位素比较分析. 第四纪研究, 34(1): 204-211.

[32] 王文娟, 2013. 河南灵井许昌人遗址鬣狗粪化石研究. 中国科学院大学硕士学位论文: 1-58.

[33] 新疆文物考古研究所, 2004. 2002年小河墓地考古调查与发掘报告. 边疆考古研究, (3): 338-398.

[34] 新疆文物考古研究所, 2007. 新疆罗布泊小河墓地2003年发掘简报. 文物, (10): 4-42.

[35] 易现峰, 2007. 稳定同位素生态学. 中国农业出版社: 1-10.

[36] 尹若春, 张居中, 杨晓勇, 2008. 贾湖史前人类迁移行为的初步研究——锶同位素分析技术在考古学中的运用. 第四纪研究, 28 (1): 50-57.

[37] 袁靖, 2015. 中国动物考古学. 文物出版社: 88-103.

[38] 张建平, 吕厚远, 吴乃琴, 李丰江, 杨晓燕, 王炜林, 马明志, 张小虎, 2010. 关中盆地 6000~2100 cal. aB. P. 期间黍、粟农业的植硅体证据. 第四纪研究, 30 (2): 287-297.

[39] 张全超, 朱泓, 2011. 新疆古墓沟墓地人骨的稳定同位素分析——早期罗布泊先民饮食结构初探. 西域研究, (3): 91-96.

[40] 张雪莲, 2006. 碳十三和氮十五分析与古代人类食物结构研究及其新进展. 考古, (7): 50-56.

[41] 张雪莲, 仇士华, 钟建, 赵新平, 孙福喜, 程林泉, 郭永淇, 李新伟, 马萧林, 2010. 中原地区几处仰韶文化时期考古遗址的人类食物状况分析. 人类学学报, 29 (2): 197-207.

[42] 张云翔, 2006. 旬邑下魏洛遗址动物遗存鉴定报告. 西北大学文化遗产与考古学研究中心、陕西省考古研究所编. 旬邑下魏洛. 科学出版社: 546-548.

[43] 钟华, 杨亚长, 邵晶, 赵志军, 2015. 陕西省蓝田县新街遗址炭化植物遗存研究. 南方文物, (3): 36-43.

[44] 周原考古队, 2004. 周原遗址 (王家嘴地点) 尝试性浮选的结果及初步分析. 文物, (10): 89-96.

[45] Ambrose, S. H., 1990. Preparation and characterization bone and tooth collagen for stable carbon and nitrogen isotope analysis. Journal of Archaeological Science, 17: 431-451.

[46] Ambrose, S. H., 2000. Controlled diet and climate experiments on nitrogen isotope ratios of rats. Ambrose, S. H., Katzenberg, M. A. (eds.), Biogeochemical Approaches to Palaeodietary Analysis. New York: Kluwer Academic Publishers: 243-257.

[47] Ambrose, S. H., Norr, L., 1993. Experimental evidence for the relationship of the carbon isotope ratios of whole diet and dietary protein to those of bone collagen and carbonate. In: Lambert, J. B., Grupe, G. (eds.), Prehistoric human bone: archaeology at the molecular level. Berlin: Springer-Verlag: 1-38.

[48] Ambrose, S. H., Buikstra, J., Krueger, H. W., 2003. Status and gender differences in diet at Mound 72, Cahokia, revealed by isotopic analysis of bone. Journal of Anthropological Archaeology, 22(3): 217-226.

[49] Ambrose, S. H., Butler, B. M., Hanson, D. B., Hunter-Anderson, R. L., Krueger, H. W., 1997. Stable isotopic analysis of human diet in the Marianas Archipelago, Western Pacific. American Journal of Physical Anthropology, 104: 343-361.

[50] An, C. B., Dong, W. M., Chen, Y. F., Li, H., Shi, C., Wang, W., Zhang, P. Y., Zhao, X. Y., 2015.

Stable isotopic investigations of modern and charred foxtail millet and the implications for environmental archaeological reconstruction in the western Chinese Loess Plateau. Quaternary Research, 84(1): 144-149.

[51] Atahan, P., Dodson, J., Li, X. Q., Zhou, X. Y., Hu, S. M., Chen, L., Bertuch, F., Grice, K., 2011. Early Neolithic diets at Baijia, Wei River Valley, China: stable carbon and nitrogen isotope analysis of human and faunal remains. Journal of Archaeology Science, 38(10): 2811-2817.

[52] Ayliffe, L. K., Chivas, A. R., 1990. Oxygen isotope composition of the bone phosphate of Australian kangaroos: Potential as a paleoenvironmental recorder. Geochimica et Cosmochimica Acta, 54: 2603-2609.

[53] Balasse, M., Ambrose, S. H., 2005. Distinguishing sheep and goats using dental morphology and stable carbon isotopes in C_4, grassland environments. Journal of Archaeological Science, 32(5): 691-702.

[54] Balter, V., Lamboux, A., Zazzo, A., Télouk, P., Leverrier, Y., Marvel, J., Moloney, A. P., Monahan, F. J., Schmidt, O., Albarède, F., 2013. Contrasting Cu, Fe, and Zn isotopic patterns in organs and body fluids of mice and sheep, with emphasis on cellular fractionation. Metallomics, 5: 1470-1482.

[55] Barbosa, I. C. R., Kley, M., Schäufele, R., Auerswald, K., Schröder, W., Filli, F., Hertwig, S., Schnyder, H., 2009. Analysing the isotopic life history of the alpine ungulates *Capra ibex* and *Rupicapra rupicapra rupicapra* through their horns. Rapid Communications in Mass Spectrometry, 23(15): 2347-2356.

[56] Bassano, B., Perrone, A., Von Hardenberg, A., 2003. Body weight and horn development in Alpine chamois, *Rupicapra rupicapra* (Bovidae, Caprinae). Mammalia, 67(1): 65-73.

[57] Beard, B. L., Johnson, C. M., 2000. Strontium isotope composition of skeletal material can determine the birth place and geographic mobility of humans and animals. Journal of Forensic Sciences, 45(5): 1049-1061.

[58] Beard, B. L., Johnson, C. M., Cox, L., Sun, H., Nealson, K. H., Aguilar, C., 1999. Iron isotope biosignatures. Science, 285: 1889-1892.

[59] Beard, B. L., Johnson, C. M., Skulan, J. L., Nealson, K. H., Cox, L., Sun, H., 2003. Application of Fe isotopes to tracing the geochemical and biological cycling of Fe. Chemical Geology, 195: 87-117.

[60] Bell, L. S., Cox, G., Sealy, A., 2001. Determining isotopic life history trajectories using bone density fractionation and stable isotope measurements: a new approach. American Journal of Physical Anthropology, 116: 66-79.

[61] Berry, J. A., 1989. Studies of mechanisms affecting the fractionation of carbon isotopes in photosynthesis. In: Rundel, P. W., Ehleringer, J. R., Nagy, K. A. (eds.), Stable Isotope in Ecological

Research. New York: Springer-Verlag: 82-94.

[62] Birchall, J., O'Connell, T. C., Heaton, T. H. E., Hedges, R. E. M., 2005. Hydrogen isotope ratios in animal body protein reflect trophic level. Journal of Animal Ecology, 74: 877-881.

[63] Blumenthal, S., Chritz, K., Rothman, J., Cerling, T., 2012. Detecting intra-annual dietary variability in wild mountain gorillas by stable isotope analysis of feces. Proceedings of the National Academy of Sciences of the United States of America, 109: 21277-21282.

[64] Bocherens, H., Fizet, M., Mariotti, A., 1994. Diet, physiology and ecology of fossil mammals as inferred from stable carbon and nitrogen isotope biogeochemistry: implications for Pleistocene bears. Palaeogeography, Palaeoclimatology, Palaeoecology, 107(107): 213-225.

[65] Bol, R., Pflieger, C., 2002. Stable isotope (^{13}C, ^{15}N and ^{34}S) analysis of the hair of modern humans and their domestic animals. Rapid Communications in Mass Spectrometry, 16(23): 2195-2200.

[66] Bosshardt, D. D., Lang, N. P., 2015. Dental calculus. In: Lang, N. P., Lindhe, J. (eds.), Clinical Periodontology and Implant Dentistry. West Sussex: John Wiley & Sons: 183-190.

[67] Boyadjian, C. H. C., Eggers, S., Reinhard, K., 2007. Dental wash: a problematic method for extracting microfossils from teeth. Journal of Archaeological Science, 34: 1622-1628.

[68] Brantley, S. L., Liermann, L., Bullen, T. D., 2001. Fractionation of Fe isotopes by soil microbes and organic acids. Geology, 29: 535-538.

[69] Bryant, J. D., Froelich, P. N., 1995. A model of oxygen isotope fractionation in body water of large mammals. Geochim Cosmochim Acta, 59: 4523-4537.

[70] Bryant, J. D., Luz, B., Froelich, P. N., 1994. Oxygen isotopic composition of fossil horse tooth phosphate as a record of continental paleoclimate. Palaeogeography, Palaeoclimatology, Palaeoecology, 107: 303-316.

[71] Buchardt, B., Bunch, V., Helin, P., 2007. Fingernails and diet: Stable isotope signatures of a marine hunting community from modern Uummannaq, North Greenland. Chemical Geology, 244: 316-329.

[72] Cerling, T. E., Harris, J. M., 1999. Carbon isotope fractionation between diet and bioapatite in ungulate mammals and implications for ecological and paleoecological studies. Oecologia, 120(3): 247-363.

[73] Cerling, T. E., Harris, J. M., Ambrose, S. H., Leakey, M. G., Solounias, N., 1997. Dietary and environmental reconstruction with stable isotope analyses of herbivore tooth enamel from the Miocene locality of Fort Ternan, Kenya. Journal of Human Evolution, 33: 635-650.

[74] Chen, X. L., Hu, S. M., Hu, Y. W., Wang, W. L., Ma, Y. Y., Lü, P., Wang, C. S., 2016. Raising practices of Neolithic livestock evidenced by stable isotope analysis in the Wei River valley, North China. International Journal of Osteoarchaeology, 26(1): 42-52.

[75] Chillón, B. S., Alberdi, M. T., Leone, G., Bonadonna, F. P., Stenni, B., Longinelli, A., 1994. Oxygen

isotopic composition of fossil equid tooth and bone phosphate: an archive of difficult interpretation. Palaeogeography, Palaeoclimatology, Palaeoecology, 107: 317-328.

[76] Choy, K., Smith, C. I., Fuller, B. T., Richards, M. P., 2010. Investigation of amino acid $\delta^{13}C$ signatures in bone collagen to reconstruct human palaeodiets using liquid chromatography-isotope ratio mass spectrometry. Geochimica Et Cosmochimica Acta, 74(21): 6093-6111.

[77] Clementz, M. T., Koch, P. L., Beck, C. A., 2007. Diet induced differences in carbon isotope fractionation between sirenians and terrestrial ungulates. Marine Biology, 151 (5): 1773-1784.

[78] Codron, D., Clauss, M., Codron, J., Tütken, T., 2018. Within trophic level shifts in collagen-carbonate stable carbon isotope spacing are propagated by diet and digestive physiology in large mammal herbivores. Ecology and Evolution, 8: 3983-3995.

[79] Codron, D., Sponheimer, M., Codron, J., Hammer, S., Tschuor, A., Braun, U., Clauss, M., 2012. Tracking the fate of digesta ^{13}C and ^{15}N compositions along the ruminant gastrointestinal tract: Does digestion influence the relationship between diet and feces? European Journal of Wildlife Research, 58: 303-313.

[80] Costas-Rodríguez, M., Van Heghe, L., Vanhaecke, F., 2014. Evidence for a possible dietary effect on the isotopic composition of Zn in blood via isotopic analysis of food products by multi-collector ICP-mass spectrometry. Metallomics, 6: 139-146.

[81] Damesin, C., 2003. Respiration and photosynthesis characteristics of current 2 year stems of Fagus sylvatica: from the seasonal pattern to an annual balance. New Phytologist, 158: 465-475.

[82] Dansgaard, W., 1964. Stable isotopes in precipitation. Tellus, 16: 436-468.

[83] De Berker, D. A. R., André, J., Baran, R., 2007. Nail biology and nail science. International Journal of Cosmetic Science, 29(4): 241-275.

[84] DeNiro, M. J., Epstein, S., 1978a. Influence of diet on the distribution of carbon isotopes in animals. Geochimica et Cosmochimica Acta, 42: 495-506.

[85] DeNiro, M. J., Epstein, S., 1978b. Mechanism of carbon isotope fractionation associated with lipid synthesis. Science, 197: 261-263.

[86] DeNiro, M. J., Epstein, S., 1981. Influence of diet on the distribution of nitrogen isotopes in animals. Geochim. Cosmochim. Acta, 45: 341-351.

[87] Dongmann, G., Nurnberg, H. W., Forstel, H., Wagener, K., 1974. On the enrichment of $H_2^{18}O$ in the leaves of transpiring plants. Radiation and Environmental Biophysics, 11: 41-52.

[88] Dupras, T. L., Schwarcz, H. P., 2001. Strangers in a strange land: stable isotope evidence for human migration in the Dakhleh Oasis, Egypt. Journal of Archaeological Science, 28: 1199-1208.

[89] Eerkens, J. W., de Voogt, A., Dupras, T. L., Rose, S. C., Bartelink, E. J., Francigny, V., 2014. Intra- and inter-individual variation in $\delta^{13}C$ and $\delta^{15}N$ in human dental calculus and comparison to bone

collagen and apatite isotopes. Journal of Archaeological Science, 52: 64-71.

[90] Ehleringer, J. R., Philipps, S. L., Comstock, J. P., 1992. Seasonal variation in the carbon isotopic composition of desert plants. Functional Ecology, 6: 396-404.

[91] Ehleringer, J. R., Field, C. B., Lin, Z., Kuo, C., 1986. Leaf carbon isotope and mineral composition in subtropical plants along an irradiance cline. Oecologia, 70: 520-526.

[92] Fairweather-Tait, S. J., Johnson, A., Eagles, J., Ganatra, S., Kennedy, H., Gurr, M. I., 1989. Studies on calcium absorption from milk using a double-label stable isotope technique. British Journal of Nutrition, 62: 379-388.

[93] Farquhar, G. D., O'Leary, M. H., Berry, J. A., 1982. On the relationship between carbon isotope discrimination and the intercellular carbon dioxide concentration in leaves. Australian Journal of Plant Physiology, 9: 121-137.

[94] Farquhar, G. D., Hubick, K. T., Condon, A. G., Richards, R. A., 1989. Carbon isotope fractionation and plant water-use efficiency. In: Rundel, P. W., Ehleringer, J. R., Nagy, K. A. (eds.), Stable Isotope in Ecological Research. New York: Springer-Verlag: 21-40.

[95] Fogel, M. L., Tuross, N., Owsley, D. W., 1989. Nitrogen isotope tracers of human lactation in modern and archeological populations. Annual report of the Director; Geophysical Laboratory. Washington: Carnegie Inst: 111-117.

[96] France, C. A. M., Owsley, D. W., 2015. Stable carbon and oxygen isotope spacing between bone and tooth collagen and hydroxyapatite in human archaeological remains. International Journal of Osteoarchaeology, 25(3): 299-312.

[97] Fry, G., 1985. Analysis of fecal material. In: Robert Jr., G. I., Mielke, J. H. (eds.), Analysis of prehistoric diets. Orlando: Academic Press: 127-154.

[98] Fuller, B. T., Fuller, J. L., Harris, D. A., Hedges, R. E. M., 2006. Detection of breastfeeding and weaning in modern human infants with carbon and nitrogen stable isotope ratios. American Journal of Physical Anthropology, 129(2): 279-293.

[99] Giacometti, M., Willing, R., Defila, C., 2002. Ambient temperature in spring affects horn growth in male alpine ibexes. Journal of Mammalogy, 83(1): 245-251.

[100] Giesemann, A., Jager, H. J., Norman, A. L., Krouse, H. R., Brand, W. A., 1994. On line sulphurisotope determination using an elemental analyzer coupled to a mass spectrometer. Anal Chem, 66: 2816-2819.

[101] Gobetz, K. E., Bozarth, S. R., 2001. Implications for Late Pleistocene mastodon diet from opal phytoliths in tooth calculus. Quaternary Research, 55(2): 115-122.

[102] Hare, P. E., Fogel, M. L., Jr, T. W. S., Mitchell, A. D., Hoering, T. C., 1991. The isotopic composition of carbon and nitrogen in individual amino acids isolated from modern and fossil

proteins. Journal of Archaeological Science, 18(3): 277-292.

[103] Harrison, R. G., Katzenberg, M. A., 2003. Paleodiet studies using stable carbon isotopes from bone apatite and collagen: examples from Southern Ontario and San Nicolas Island, California. Journal of Anthropological Archaeology, 22: 227-244.

[104] Hayashizaki, J., Ban, S., Nakagaki, H., Okumura, A., Yoshii, S., Robinson, C., 2008. Site specific mineral composition and microstructure of human supra-gingival dental calculus. Archives of Oral Biology, 53(2): 168-174.

[105] Hayes, J. M., 1983. Practice and principles of isotopic measurements in organic geochemistry. In: Meinschein, W. G. (eds.), Organic Geochemistry of Contemporaneous and Ancient Sediments. Bloomington, Indiana: Society of Economic Paleontologists and Mineralogists: 5-1-5-31.

[106] Heaton, T. H. E., Vogel, J. C., Chevallerie, G. V. L., Collett, G., 1986. Climatic influence on the isotopic composition of bone nitrogen. Nature, 322: 822, 823.

[107] Hedges, R. E. M., Reynard, L. M., 2007. Nitrogen isotopes and the trophic level of humans in archaeology. Journal of Archaeological Science, 34: 1240-1251.

[108] Hedges, R. E. M., Clement, J. G., Thomas, C. D. L., O'Connell, T. C., 2007. Collagen turnover in the adult femoral mid-shaft: modeled from anthropogenic radiocarbon tracer measurements. American Journal of Physical Anthropology, 133(2): 808-816.

[109] Heghe, L. V., Engström, E., Rodushkin, I., Cloquet, C., Vanhaecke, F., 2012. Isotopic analysis of the metabolically relevant transition metals Cu, Fe and Zn in human blood from vegetarians and omnivores using multi-collector ICP-mass spectrometry. Journal of Analytical Atomic Spectrometry, 27(8): 1159-1344.

[110] Henton, E., Martin, L., Garrard, A., Jourdan, A., Thirlwall, M., Boles, O., 2017. Gazelle seasonal mobility in the Jordanian steppe: The use of dental isotopes and microwear as environmental markers, applied to Epipalaeolithic Kharaneh IV. Journal of Archaeological Science Reports, 11: 147-158.

[111] Hillson, S., 1996. Dental Anthropology. Cambridge: Cambridge University Press: 1-392.

[112] Hillson, S., 2014. Tooth development in human evolution and bioarchaeology. Cambridge: Cambridge University Press: 70-110.

[113] Howland, M. R., Corr, L. T., Young, S. M., Jones, V., Jim, S., van der Merwe, N. J., Mitchell, A. D., Evershed, R., 2003. Expression of the dietary isotope signal in the compound specific $\delta^{13}C$ values of pig bone lipids and amino acids. International Journal of Osteoarchaeology, 13: 54-65.

[114] Hu, Y. W., Hu, S. M., Wang, W. L., Wu, X. H., Marshall, F. B., Chen, X. L., Hou, L. L., Wang, C. S., 2014. Earliest evidence for commensal processes of cat domestication. Proceedings of the National Academy of Sciences of the United States of America, 111(1): 116-120.

[115] Huelsemann, F., Flenker, U., Koehler, K., Schaenzer, W., 2009. Effect of a controlled dietary change

on carbon and nitrogen isotope ratios of human hair. Rapid Comm Mass Spectrom, 23: 2448-2454.

[116] Iacumin, P., Davanzo, S., Nikolaev, V., 2005. Short-term climatic changes recorded by mammoth hair in the Arctic environment. Palaeogeogr Palaeoclimatol Palaeoecol, 218(3/4): 317-324.

[117] Jaouen, K., Pons, M. L., Balter, V., 2013. Iron, copper and zinc isotopic fractionation up mammal trophic chains. Earth Planet Sci Lett, 374: 164-172.

[118] Jaouen, K., Szpak, P., Richards, M. P., 2016b. Zinc isotope ratios as indicators of diet and trophic level in Arctic marine mammals. PLoS ONE, 11(3): e0152299.

[119] Jaouen, K., Beasley, M., Schoeninger, M., Hublin, J. J., Richards, M., 2016a. Zinc isotope ratios of bones and teeth as new dietary indicators: results from a modern food web (Koobi Fora, Kenya). Scientific Reports, 6: 26281.

[120] Jaouen, K., Balter, V., Herrscher, E., Lamboux, A., Telouk, P., Albarède, F., 2012. Fe and Cu stable isotopes in archeological human bones and their relationship to sex. American Journal of Physical Anthropology, 148: 334-340.

[121] Jay, M., Richards, M. P., 2006. Diet in the Iron Age cemetery population at Wetwang Slack, East Yorkshire, UK: carbon and nitrogen stable isotope evidence. Journal of Archaeological Science, 33(5): 653-662.

[122] Jim, S., Ambrose, S. H., Evershed, R. P., 2004. Stable carbon isotopic evidence for differences in the dietary origin of bone cholesterol, collagen and apatite: implications for their use in palaeodietary reconstruction. Geochimica et Cosmochimica Acta, 68(1): 61-72.

[123] John, S. G., Adkins, J. F., 2010. Analysis of dissolved iron isotopes in seawater. Marine Chemistry, 119: 65-76.

[124] Johnson, C. M., Beard, B. L., 2006. Fe isotopes: An emerging technique for understanding modern and ancient biogeochemical cycles. GSA TODAY, 16(11): 4-10.

[125] Jones, R. J., Ludlow, M. M., Troughton, J. H., Blunt, C. G., 1981. Changes in natural carbon isotope ratio of the hair from steers fed diets of C_4, C_3, C_4 species in sequence. Search, 12(3/4): 85-87.

[126] Jørkov, M. L. S., Heinemeier, J., Lynnerup, N., 2007. Evaluating bone collagen extraction methods for stable isotope analysis in dietary studies. Journal of Archaeological Science, 34: 1824-1829.

[127] Jørkov, M. L. S., Heinemeier, J., Lynnerup, N., 2009. The petrous bone—a new sampling site for identifying early dietary patterns in stable isotopic studies. American Journal of Physical Anthropology, 138(2): 199-209.

[128] Katzenberg, M. A., Krouse, H. R., 1989. Application of stable isotope variation in human tissue to problems in identification. Canadian Society of Forensic Science Journal, 22(1): 7-20.

[129] Kellner, C. M., Schoeninger, M. J., 2007. A simple carbon isotope model for reconstructing prehistoric human diet. American Journal of Physical Anthropology, 133: 1112-1127.

[130] Koba, K., Hirobe, M., Koyama, L., Kohzu, A., Tokuchi, N., Nadelhoffer, K. J., Wada, E., Takeda, H., 2003. Natural ^{15}N abundance of plants and soil N in a temperate coniferous forest. Ecosystems, 6(5): 457-469.

[131] Kohn, M. J., 1996. Predicting animal δ^{18}O: Accounting for diet and physiological adaptation. Geochimica et Cosmochimica Acta, 60: 4811-4829.

[132] Kohn, M. J., 1999. You are what you eat. Science, 283(5400): 335, 336.

[133] Kohn, M. J., Cerling, T. E., 2002. Stable isotope compositions of biological apatite. Reviews in Mineralogy & Geochemistry, 48(1): 455-488.

[134] Kohn, M. J., Schoeninger, M. J., Valley, J. W., 1996. Herbivore tooth oxygen isotope compositions: effects of diet and physiology. Geochimica et Cosmochimica Acta, 60: 3889-3896.

[135] Krueger, H. W., Sullivan, C. H., 1984. Models for carbon isotope fractionation between diet and bone. In: Turnlund, J. R., Johnson, P. E. (eds.), Stable Isotopes in Nutrition. ACS Symposium Series, No. 258: 205-220.

[136] Kuhnle, G. G. C., Joosen, A. M. C. P., Kneale, C. J., O'Connell, T. C., 2013. Carbon and nitrogen isotopic ratios of urine and faeces as novel nutritional biomarkers of meat and fish intake. European Journal of Nutrition, 52(1): 389-395.

[137] Lamb, A. L., Evans, J. E., Buckley, R., Appleby, J., 2014. Multi-isotope analysis demonstrates significant lifestyle changes in King Richard III. Journal of Archaeological Science, 50: 559-565.

[138] Lee-Thorp, J. A., Sealy, J. C., Van der Merwe, N. J., 1989. Stable carbon isotope ratio differences between bone collagen and bone apatite, and their relationship to diet. Journal of Archaeological Science, 16: 585-599.

[139] Levin, N. E., Quade, J., Simpson, S. W., Semaw, S., Rogers, M., 2004. Isotopic evidence for Plio-Pleistocene environmental change at Gona, Ethiopia. Earth and Planetary Science Letters, 219: 93-110.

[140] Leyden, J. J., Wassenaar, L. I., Hobson, K. A., Walker, E. G., 2006. Stable hydrogen isotopes of bison bone collagen as a proxy for Holocene climate on the Northern Great Plains. Palaeogeography, Palaeoclimatology, Palaeoecology, 239: 87-99.

[141] Lieverse, A. R., 1999. Diet and the aetiology of dental calculus. International Journal of Osteoarchaeology, 9: 219-232.

[142] Loftus, E., Sealy, J., 2012. Technical note: Interpreting stable carbon isotopes in human tooth enamel: An examination of tissue spacings from South Africa. American Journal of Physical Anthropology, 147(3): 499-507.

[143] Lowdon, J. A., Dyck, W., 1974. Seasonal variations in the isotope ratios of carbon in maple leaves and other plants. Canadian Journal of Earth Science, 11: 79-88.

[144] Luz, B., Kolodny, Y., 1985. Oxygen isotope variations in phosphate of biogenic apatites, IV.

Mammal teeth and bones. Earth and Planetary Science Letters, 75: 29-36.

[145] Luz, B., Kolodny, Y., Horowitz, M., 1984. Fractionation of oxygen isotopes between mammalian bone-phosphate and environmental drinking water. Geochimica et Cosmochimica Acta, 48: 1689-1693.

[146] Luz, B., Cormie, A. B., Schwarcz, H. P., 1990. Oxygen isotope variations in phosphate of deer bones. Geochimica et Cosmochimica Acta, 54: 1723-1728.

[147] Lönnerdal, B. O., 2000. Dietary factors influencing zinc absorption. Journal of Nutrition, 130: 1378S-1383S.

[148] Mackenzie, F. T., Lerman, A., 2006. Isotopic fractionation of carbon: inorganic and biological processes. In: Mackenzie, F. T., Lerman, A. (eds.). Carbon in the Geobiosphere. Berlin: Springer: 165-191.

[149] Macko, S. A., Lubec, G., Teschler-Nicola, M., Andrusevich, V., Engel, M. H., 1999. The Ice Man's diet as reflected by the stable nitrogen and carbon isotopic composition of his hair. FASEB Journal, 13(3): 559-562.

[150] Manolagas, S. C., 2000. Birth and death of bone cells: Basic regulatory mechanisms and implications for the pathogenesis and treatment of osteoporosis. Endocrine Reviews, 21(2): 115-137.

[151] Marino, B. D., McElroy, M. B., 1991. Isotopic composition of atmospheric CO_2 inferred from carbon in C_4 plant cellulose. Nature, 349: 127-131.

[152] Mariotti, A., 1983. Atmospheric nitrogen is a reliable standard for natural ^{15}N abundance measurements. Nature, 303: 685-687.

[153] Marshall, R. C., Orwin, D. F. G., Gillespie, J. M., 1991. Structure and biochemistry of mammalian hard keratin. Electron Microscopy Reviews, 4(1): 47-83.

[154] Martin, R. B., Burr, D. B., Sharkey, N. A., 1998. Skeletal Tissue Mechanics. New York: Springer: 1-392.

[155] Mazumder, D., Saintilan, N., Williams, R. J., Szymczak, R., 2011. Trophic importance of a temperate intertidal wetland to resident and itinerant taxa: evidence from multiple stable isotope analyses. Marine & Freshwater Research, 62(1): 11-19.

[156] McCullagh, J. S. O., Tripp, J. A., Hedges, R. E. M., 2005. Carbon isotope analysis of bulk keratin and single amino acids from British and North American hair. Rapid Communications in Mass Spectrometry, 19(22): 3227-3231.

[157] Mekhtiyeva, V. L., Pankina, R. G., Gavrilov, Y. Y., 1976. Distributions and isotopic compositions of forms of sulfur in water animals and plants. Geochemistry International, 13: 82-87.

[158] Nakagawa, A., Kitagawa, A., Asami, M., Nakamura, K., Schoeller, D. A., Slater, R., Minagawa, M., Kaplan, I. R., 1985. Evaluation of isotope ratio (IR) mass spectrometry for the study of drug metabolism. Biomedical Mass Spectrometry, 12: 502-506.

［159］Nardoto, G. B., de Godoy, P. B., de Barros Ferraz, E. S., Ometto, J. P. H. B., Martinelli, L. A., 2006. Stable carbon and nitrogen isotopic fractionation between diet and swine tissues. Scientia Agricola (Piracicaba, Braz.), 63(6): 579-582.

［160］Nehlich, O., Richards, M. P., 2009. Establishing collagen quality criteria for sulphur isotope analysis of archaeological bone collagen. Archaeological and Anthropological Sciences, 1: 59-75.

［161］O'Connell, T. C., 1996. The Isotopic Relationship between Diet and Body Proteins: Implications for the Study of Diet in Archaeology. University of Oxford (Ph. D. thesis): 1-253.

［162］O'Connell, T. C., Hedges, R. E. M., 1999a. Investigations into the effect of diet on modern human hair isotopic values. American Journal of Physical Anthropology, 108(4): 409-425.

［163］O'Connell, T. C., Hedges, R. E. M., 1999b. Isotopic comparison of hair and bone: archaeological analyses. Journal of Archaeological Science, 26: 661-665.

［164］O'Connell, T. C., Hedges, R. E. M., 2001. Isolation and isotopic analysis of individual amino acids from archaeological bone collagen: A new method using RP-HPLC. Archaeometry, 43(3): 421-438.

［165］O'Connell, T. C., Hedges, R. E. M., 2017. Chicken and egg: Testing the carbon isotopic effects of carnivory and herbivory. Archaeometry, 59(2): 302-315.

［166］O'Connell, T. C., Hedges, R. E. M., Healey, M. A., Simpson, A. H. R. W., 2001. Isotopic comparison of hair, nail and bone: modern analyses. Journal of Archaeological Science, 28: 1247-1255.

［167］O'Leary, M. H., 1981. Carbon isotope fractionation in plants. Photochemistry, 20: 553-567.

［168］Ortner, D. J., 2003. Identification of Pathological Conditions in Human Skeletal Remains, 2 nd edition. San Diego: Academic Press INC: 1-645.

［169］Orr, A. J., Newsome, S. D., Laake, J. L., VanBlaricom, G. R., DeLong, R. L., 2012. Ontogenetic dietary information of the California sea lion (*Zalophus californianus*) assessed using stable isotope analysis. Marine Mammal Science, 28(4): 714-732.

［170］Painter, M. L., Chambers, C. L., Siders, M., Doucett, R. R., Whitaker, J. O. Jr., Phillips, D. L., 2009. Diet of spotted bats (*Euderma maculatum*) in Arizona as indicated by fecal analysis and stable isotopes. Canadian Journal of Zoology, 87(10): 865-875.

［171］Parks, C. L., 2009. Oxygen isotope analysis of human bone and tooth enamel: Implications for forensic investigations. Annales Chirurgiae Et Gynaecologiae Fenniae Supplementum, 46(2): 1-79.

［172］Passey, B. H., Robinson, T. F., Ayliffe, L. K., Cerling, T. E., Sponheimer, M., Dearing, M. D., Roeder, B. L., Ehleringer, J. R., 2005. Carbon isotope fractionation between diet, breath CO_2, and bioapatite in different mammals. Journal of Archaeological Science, 32(10): 1459-1470.

［173］Pasteris, J. D., Wopenka, B., Freeman, J. J., Rogers, K., Valsami-Jones, E., Van Der Houwen, J. A. M., Silva, M. J., 2004. Lack of OH in nanocrystalline apatite as a function of degree of atomic order: Implications for bone and biomaterials. Biomaterials, 25(2): 229-238.

[174] Pate, F. D., 1994. Bone chemistry and paleodiet. Journal of Archaeological Method and Theory, 1(2): 161-209.

[175] Pechenkina, E. A., Ambrose, S. H., Ma, X. L., Benfer Jr., R. A., 2005. Reconstructing northern Chinese Neolithic subsistence practices by isotopic analysis. Journal of Archaeological Science, 32(8): 1176-1189.

[176] Peterson, B. J., Fry, B., 1987. Stable isotopes in ecosystem studies. Annual Review of Ecological Systems, 18: 293-320.

[177] Petzke, K. J., Lemke, S., 2009. Hair protein and amino acid ^{13}C and ^{15}N abundances take more than 4 weeks to clearly prove influences of animal protein intake in young women with a habitual daily protein consumption of more than 1 g per kg body weight. Rapid Communications in Mass Spectrometry, 23: 2411-2420.

[178] Peuke, A. D., Gessler, A., Rennenberg, H., 2006. The effect of drought on C and N stable isotopes in different fractions of leaves, stems and roots of sensitive and tolerant beech ecotypes. Plant, Cell and Environment, 29: 823-835.

[179] Phillips, C. A., O'Connell, T. C., 2016. Fecal carbon and nitrogen isotopic analysis as an indicator of diet in Kanyawara chimpanzees, Kibale National Park, Uganda. American Journal of Physical Anthropology, 161(4): 685-697.

[180] Pollard, A. M., Ditchfield, P., Piva, E., Wallis, S., Falys, C., Ford, S., 2012. "sprouting like cockle amongst the wheat": the St Brice's Day Massacre and the isotopic analysis of human bones from St John's College, Oxford. Oxford Journal of Archaeology, 31(1): 83-102.

[181] Poulson, S. R., Kuzminsky, S. C., Scott, G. R., Standen, V. G., Arriaza, B., Muñoz, I., Dorio, L., 2013. Paleodiet in northern Chile through the Holocene: extremely heavy δ^{15}N values in dental calculus suggest a guano-derived signature? Journal of Archaeological Science, 40(12): 4576-4585.

[182] Price, T. D., 1989. The Chemistry of Prehistoric Human Bone. Cambridge: Cambridge University Press: 155-210.

[183] Price, S. D. R., Keenleyside, A., Schwarcz, H. P., 2018. Testing the validity of stable isotope analyses of dental calculus as a proxy in paleodietary studies. Journal of Archaeological Science, 91: 92-103.

[184] Prowse, T. L., Schwarcz, H. P., Garnsey, P., Knyf, M., Macchiarelli, R., Bondioli, L., 2007. Isotopic evidence for age-related immigration to imperial Rome. American Journal of Physical Anthropology, 132(4): 510-519.

[185] Qiu, Z., Yang, Y., Shang, X., Li, W., Abuduresule, Y., Hu, X., Pan, Y., Ferguson, D. K., Hu, Y., Wang, C., Jiang, H., 2014. Paleo-environment and paleo-diet inferred from early bronze age cow dung at Xiaohe cemetery, Xinjiang, NW China. Quaternary International, 349: 167-177.

[186] Qu, Y. T., Hu, Y. W., Rao, H. Y., Abuduresule, I., Li, W. Y., Hu, X. J., Jiang, H. E., Wang, C. S., Yang, Y. M., 2018. Diverse lifestyles and populations in the Xiaohe Culture of the Lop Nur region, Xinjiang, China. Archaeological and Anthropological Sciences, 10(8): 2005-2014.

[187] Quade, J., Cerling, T. E., Andrews, P., Alpagut, B., 1995. Paleodietary reconstruction of Miocene faunas from Paşalar, Turkey using stable carbon and oxygen isotopes of fossil tooth enamel. Journal of Human Evolution, 28: 373-384.

[188] Reitsema, L. J., 2012. Introducing fecal stable isotope analysis in primate weaning studies. American Journal of Primatology, 74(10): 926-939.

[189] Reynard, L. M., Hedges, R. E. M., 2008. Stable hydrogen isotopes of bone collagen in palaeodietary and palaeoenvironmental reconstruction. Journal of Archaeological Science, 35: 1934-1942.

[190] Reynard, L. M., Tuross, N., 2015. The known, the unknown and the unknowable: weaning times from archaeological bones using nitrogen isotope ratios. Journal of Archaeological Science, 53: 618-625.

[191] Reynard, L. M., Pearson, J. A., Henderson, G. M., Hedges, R. E. M., 2013. Calcium isotopes in juvenile milk-consumers. Archaeometry, 55: 946-957.

[192] Richards, M. P., Fuller, B. T., Sponheimer, M., Robinson, T., Ayliffe, L., 2003. Sulphur Isotopes in Palaeodietary Studies: a Review and Results from a Controlled Feeding Experiment. International Journal of Osteoarchaeology, 13: 37-45.

[193] Robbins, C. R., 2012. Chemical and Physical Behavior of Human Hair. New York: Springer-Verlag: 116-119.

[194] Saitoh, M., Uzuka, M., Sakamoto, M., Kobori, T., 1969. Rate of hair growth. In: Montagna, W., Dobson, R. L. (eds.), Advances in Biology of Skin, Volume IX, Hair Growth. Oxford: Pergamon Press: 183-201.

[195] Salazar-García, D. C., Richards, M. P., Nehlich, O., Henry, A. G., 2014. Dental calculus is not equivalent to bone collagen for isotope analysis: a comparison between carbon and nitrogen stable isotope analysis of bulk dental calculus, bone and dentine collagen from same individuals from the Medieval site of El Raval (Alicante, Spain). Journal of Archaeological Science, 47: 70-77.

[196] Salvarina, I., Yohannes, E., Siemers, B. M., Koselj, K., 2013. Advantages of using fecal samples for stable isotope analysis in bats: evidence from a triple isotopic experiment. Rapid Communications in Mass Spectrometry, 27(17): 1945-1953.

[197] Santana-Sagredo, F., Lee-Thorp, J. A., Schulting, R., Uribe, M., 2015. Isotopic evidence for divergent diets and mobility patterns in the Atacama Desert, northern Chile, during the late intermediate period (AD 900-1450). American Journal of Physical Anthropology, 156(3): 374-387.

[198] Sambrotto, R. N., Medellín, R. A., Gompper, M. E., 2006. Feeding Habits of Endangered Pygmy Raccoons (*Procyon pygmaeus*) Based on Stable Isotope and Fecal Analyses. Journal of Mammalogy, 87(3): 501-509.

[199] Saurer, M., Borella, S., Leuenberger, M., 1997. $\delta^{18}O$ of tree rings of beech (*Fagus silvatica*) as a record of $\delta^{18}O$ of the growing season precipitation. Tellus. Series B, Chemical and physical meteorology, 49: 80-92.

[200] Sealy, J. C., van der Merwe, N. J., Lee-Thorp, J. A., Lanham, J. L., 1987. Nitrogen isotopic ecology in Southern Africa: implications for environmental and dietary tracing. Geochimica et Cosmochimica Acta, 51: 2707-2717.

[201] Schmidt, S., Stewart, G. R., 2003. $\delta^{15}N$ values of tropical savanna and monsoon forest species reflect root specialisations and soil nitrogen status. Oecologia, 134(4): 569-577.

[202] Schoeninger, M. J., 1985. Trophic level effects on $^{15}N/^{14}N$ and $^{13}C/^{12}C$ ratios in bone collagen and strontium levels in bone mineral. Journal of Human Evolution, 14: 515-525.

[203] Schwarcz, H. P., Schoeninger, M. J., 1991. Stable isotope analyses in human nutritional ecology. Yearbook of Physical Anthropology, 34: 283-321.

[204] Schwarcz, H. P., White, C. D., 2004. The grasshopper or the ant? —cultigen-use strategies in ancient Nubia from C-13 analyses of human hair. Journal of Archaeological Science, 31: 753-762.

[205] Scott, G. R., Poulson, S. R., 2012. Stable carbon and nitrogen isotopes of human dental calculus: a potentially new non-destructive proxy for paleodietary analysis. Journal of Archaeological Science, 39: 1388-1393.

[206] Shearer, G., Kohl, D. H., 1988. Estimates of N_2 Fixation in Ecosystems: The Need for and Basis of the ^{15}N Natural Abundance Method. Ecological Studies, 68: 342-374.

[207] Simmer, J. P., Fincham, A. G., 1995. Molecular mechanisms of dental enamel formation. Critical Reviews in Oral Biology Medicine, 6(2): 84-108.

[208] Skulan, J., Depaolo, D. J., Owens, T. L., 1997. Biological control of calcium isotopic abundances in the global calcium cycle. Geochimica et Cosmochimica Acta, 61(12): 2505-2510.

[209] Smedley, M. P., Dawson, T. E., Comstock, J. P., Donovan, L. A., Sherill, D. E., Cook, C. S., Ehleringer, J. R., 1991. Seasonal carbon isotope discrimination in a grassland community. Oecologia, 85: 314-320.

[210] Smith, C. E., Chong, D. L., Bartlett, J. D., Margolis, H. C., 2005. Mineral acquisition rates in developing enamel on maxillary and mandibular incisors of rats and mice: implications to extracellular acid loading as apatite crystals mature. Journal of Bone and Mineral Research, 20(2): 240-249.

[211] Sponheimer, M., Lee-Thorp, J. A., 1999a. Oxygen isotopes in enamel carbonate and their ecological significance. Journal of Archaeological Science, 26: 723-728.

[212] Sponheimer, M., Lee-Thorp, J. A., 1999b. Isotopic evidence for the diet of an early hominid, *Australopithecus africanus*. Science, 283: 368-370.

[213] Sponheimer, M., Robinson, T., Ayliffe, L., Passey, B., Roeder, B., Shipley, L., Lopez, E., Cerling,

T., Dearing, D., Ehleringer, J., 2003. An experimental study of carbon-isotope fractionation between diet, hair, and feces of mammalian herbivores. Canadian Journal of Zoology, 81(5): 871-876.

[214] Stuiver, M., 1982. The history of the recorded atmosphere as recorded by carbon isotopes. In: Goldberg, E. D. (eds.), Atmospheric Chemistry. New York: Springer-Verlag: 159-179.

[215] Sweeting, C. J., Barry, J., Barnes, C., Polunin, N. V. C., Jennings, S., 2007. Effects of body size and environment on diet-tissue $\delta^{15}N$ fractionation in fishes. Journal of Experimental Marine Biology and Ecology, 340(1): 1-10.

[216] Tacail, T., Thivichon-Prince, B., Martin, J. E., Charles, C., Viriot, L., Balter, V., 2017. Assessing human weaning practices with calcium isotopes in tooth enamel. Proceedings of the National Academy of Sciences, 114(24): 6268-6273.

[217] Tieszen, L. L., 1991. Natural variations in the carbon isotope values of plants: implications for archaeology, ecology and paleocology. Journal of Archaeological Science, 18: 227-248.

[218] Tieszen, L. L., Fagre, T., 1993. Effect of diet quality and composition on the isotopic composition of respiratory CO_2, bone collagen, bioapatite, and soft tissues. In: Lambert, J. B., Grupe, G. (eds.), Prehistoric Human Bone: Archaeology at the Molecular Level. Berlin: Springer-Verlag: 121-155.

[219] Tieszen, L. L., Boutton, T. W., Tesdahl, K. G., Slade, N. A., 1983. Fractionation and turnover of stable carbon isotopes in animal tissues: Implications for $\delta^{13}C$ analysis of diet. Oecologia, 57(1/2): 32-37.

[220] Tieszen, L. L., Reed, B. C., Bliss, N. B., Wylie, B. K., DeJong, D. D., 1997. NDVI, C_3 and C_4 production, and distributions in Great Plains grassland land cover classes. Ecological Applications, 7: 59-78.

[221] Tiunov, A. V., Kirillova, I. V., 2010. Stable isotope ($^{13}C/^{12}C$ and $^{15}N/^{14}N$) composition of the woolly rhinoceros *Coelodonta antiquitatis* horn suggests seasonal changes in the diet. Rapid Communications in Mass Spectrometry, 24: 3146-3150.

[222] Tombolato, L., Novitskaya, E. E., Chen, P. Y., Sheppard, F. A., McKittrick, J., 2010. Microstructure, elastic properties and deformation mechanisms of horn keratin. Acta Biomaterialia, 6: 319-330.

[223] Troughton, J. H., Card, K. A., 1975. Temperature effects on the carbon-isotope ratio of C_3, C_4 and Crassulacean-acid-metabolism (CAM) plants. Planta (Berl.), 123: 185-190.

[224] Valamoti, S. M., Charles, M., 2005. Distinguishing food from fodder through the study of charred plant remains: an experimental approach to dung-derived chaff. Vegetation History and Archaeobotany, 14: 528-533.

[225] Valentin, J., 2002. Basic anatomical and physiological data for use in radiological protection: reference values. ICRP publication 89: International Commission on Radiological Protection, 32 (3-4): 1-277.

[226] van der Merwe, N. J., 1982. Carbon isotopes, photosysthesis and archaeology. American Scientist, 70: 596-606.

［227］van der Merwe, N. J., 1986. Carbon isotope ecology of herbivores and carnivores. In: van Zinderen Bakker, E. M., Coetzee, J. A., Scott, L. (eds.), Palaeoecology of Africa and the Surrounding Islands. Rotterdam: A. A. Balkema: 123-131.

［228］van der Merwe, N. J., Vogel, J. C., 1978. ^{13}C content of human collagen as a measure of prehistoric diet in Woodland North America. Nature, 276: 815, 816.

［229］van der Merwe, N. J., Roosevelt, A. C., Vogel, A. C., 1981. Isotopic evidence for prehistoric subsistence change at Parmana, Veneznela. Nature, 292: 536-538.

［230］Vander Zanden, M. J., Rasmussen, J. B., 2001. Variation in δ^{15}N and δ^{13}C trophic fractionation: Implications for aquatic food web studies. Limnology and Oceanography, 48: 2061-2066.

［231］Venkat Rao, P., 2009. Studies on Solid State Physics of Keratinised Hard Tissue: Human Nail. Jawaharlal Nehru Technological University (Ph. D. thesis): 1-185.

［232］Walczyk, T., von Blanckenburg, F., 2002. Natural iron isotope variations in human blood. Science, 295: 2065, 2066.

［233］Wang, Y., Kromhout, E., Zhang, C. F., Xu, Y. F., Parker, W., Deng, T., 2008. Stable isotopic variations in modern herbivore tooth enamel, plants and water on the Tibetan Plateau: Implications for paleoclimate and paleoelevation reconstructions. Palaeogeography, Palaeoclimatology, Palaeoecology, 260: 359-374.

［234］Warinner, C., Tuross, N., 2009. Alkaline cooking and stable isotope tissue-diet spacing in swine: Archaeological implications. Journal of Archaeological Science, 36(8): 1690-1697.

［235］Webb, E., White, C., Longstaffe, F., 2013. Dietary shifting in the Nasca Region as inferred from the carbon-and nitrogen-isotope compositions of archaeological hair and bone. Journal of Archaeological Science, 40: 129-139.

［236］Webb, E. C., White, C. D., Longstaffe, F. J., 2014. Investigating inherent differences in isotopic composition between human bone and enamel bioapatite: Implications for reconstructing residential histories. Journal of Archaeological Science, 50: 97-107.

［237］Weiss, A., Schiaffino, S., Leinwand, L. A., 1999. Comparative sequence analysis of the complete human sarcomeric myosin heavy chain family: implications for functional diversity. Journal of Molecular Biology, 290: 61-75.

［238］White, C. D., 1993. Isotopic determination of seasonality in diet and death from Nubian mummy hair. Journal of Archaeological Science, 20(6): 657-666.

［239］Williams, J. S., Katzenberg, M. A., 2012. Seasonal fluctuations in diet and death during the late horizon: a stable isotopic analysis of hair and nail from the central coast of Peru. Journal of Archaeological Science, 39: 41-57.

［240］Williams, L. J., White, C. D., Longstaffe, F. J., 2011. Improving stable isotopic interpretations made from human hair through reduction of growth cycle error. American Journal of Physical Anthropology, 145: 125-136.

[241] Willmes, M., McMorrow, L., Kinsley, L., Armstrong, R., Aubert, M., Eggins, S., Falguères, C., Maureille, B., Moffat, I., Grün, R., 2013. The IRHUM (Isotopic Reconstruction of Human Migration) database—bioavailable strontium isotope ratios for geochemical fingerprinting in France. Earth System Science Data Discussions, 6: 761-777.

[242] Wilson, A. S., Gilbert, M. T. P., 2007. Hair and nail. In: Thompson, T., Black, S. (eds.), Forensic human identification: an introduction. Boca Raton: CRC Press: 147-174.

[243] Wittmer, M. H. O. M., Auerswald, K., Schonbach, P., Schaufele, R., Muller, K., Yang, H., Schnyder, H., 2010. Do grazer hair and feces reflect the carbon isotope composition of semi-arid C_3/C_4 grassland? Basic Applied Ecology, 11: 83-92.

[244] Xia, Y., Zhang, J., Yu, F., Zhang, H., Wang, T., Hu, Y., Fuller, B. T., 2018. Breastfeeding, weaning, and dietary practices during the Western Zhou Dynasty (1122-771 BC) at Boyangcheng, Anhui Province, China. American Journal of Physical Anthropology, 165: 343-352.

[245] Yakir, D., 1992. Variations in the natural abundances of oxygen-18 and deuterium in plant carbohydrates. Plant, Cell, and Environment, 15: 1005-1020.

[246] Yakir, D., DeNiro, M. J., 1990. Oxygen and Hydrogen Isotope Fractionation during Cellulose Metabolism in *Lemna gibba* L. . Plant Physiology, 93: 325-332.

[247] Zaias, N., 1990. The Nail in Health and Disease. Norwalk, Connecticut: Springer, Dordrecht: 1-260.

[248] Zeebe, R. E., Wolf-Gladrow, D., 2001. Chapter 3: Stable isotope fractionation. In: Zeebe, R. E., Wolf-Gladrow, D. (eds.), CO_2 in Seawater: Equilibrium, Kinetics, Isotopes. Netherlands: Elsevier Science B. V.: 141-250.

[249] Zhang, G. L., Wang, S. Z., Ferguson, D. K., Yang, Y. M., Liu, X. Y., Jiang, H. E., 2015. Ancient plant use and palaeoenvironmental analysis at the Gumugou Cemetery, Xinjiang, China: implication from desiccated plant remains. Archaeological and Anthropological Sciences, 9(2): 145-152.

[250] Zhao, C. Y., Yang, J., Yuan, J., Li, Z. P., Xu, H., Zhao, H. T., Cheng, G. L., 2012. Strontium isotope analysis of archaeological fauna at the Erlitou site. Science China Earth Sciences, 55: 1255-1259.

[251] Zhu, M., Sealy, J., 2019. Multi-tissue stable carbon and nitrogen isotope models for dietary reconstruction: Evaluation using a southern African farming population. American Journal of Physical Anthropology, 168(1): 145-153.

[252] Zviak, C., Dawber, R. P. R., 1986. Hair structure, function, and physicochemical properties. In: Bouillon, C., Wilkinson, J. (eds.), The Science of Hair Care. New York and Basel: Marcel Dekker INC: 74-82.

第四章 稳定同位素食谱分析的影响因素

稳定同位素食谱分析建立在多种假设之上，如长时间尺度上与广阔的区域内植物光合作用所需大气中CO_2的C稳定同位素组成恒定，忽略气候变化对自然环境中不同生物组织稳定同位素组成的影响，不同类型植物在被消费者消化吸收时产生的同位素分馏的差异常不予考虑，忽视不同种属动物之间因新陈代谢差异导致的稳定同位素变化，不重视同种生物因不同个体间新陈代谢的异常所致的同位素变化，等等。但随着稳定同位素食谱分析的广泛应用，越来越多数据的呈现，暴露出更多无法解释的异常值，此时这些被忽略的影响因素可能成为我们寻求答案的重要突破口。因此，以我国古代人类独具特色的饮食文化为背景，来详细探讨我国古代食谱分析潜在的影响因素。

4.1 自然环境因素的影响

4.1.1 植物C稳定同位素组成与气候因子之间的关系

植物作为食物链的底层，光合作用途径的不同导致不同类型植物的$\delta^{13}C$值差异明显，而这种差异将永久贯穿于整个食物链，成为同位素食谱分析的重要依据。而自然条件下，植物的C稳定同位素组成，除与受遗传因素控制的光合C代谢途径有关外，气候因素通过影响光合C代谢过程也将间接影响植物的C稳定同位素组成，这些气候因素主要包括大气压、CO_2浓度、温度、降水、光照、湿度等（Quade et al., 1995; Levin et al., 2004; Beyschlag et al., 1987）。以中国北方古代常见农作物小米（C_4植物）和小麦（C_3植物）为例，详细探讨不同农作物在不同生存环境中，其C稳定同位素组成与不同气候因素之间的关系与影响机理。

中国北方黄土区，现代C_3植物的$\delta^{13}C$值分布范围为−30.0‰ ~ −21.7‰（平均值为−26.7‰，$n=367$），且不同气候背景下，C_3植物的$\delta^{13}C$值存在明显的差异，如C_3植物的$\delta^{13}C$值，在黄土高原西部干旱-半干旱气候区（平均值为−26.2‰）比中部的半湿润气候区（平均值为−27.5‰）明显高出1.3‰，主要缘于年降水量的不同。年降水量与C_3植物的$\delta^{13}C$值存在明显的负相关关系，即随着年平均降水量每增加100mm，

C_3植物的平均$\delta^{13}C$值将降低0.49‰（西北地区C_3植物$\delta^{13}C$值降低0.8‰）（王国安等，2003；殷树鹏，2008）。中国北方黄土区，现代C_4植物的$\delta^{13}C$值介于-14.6‰~-10.5‰之间（平均值为-12.6‰±0.82‰，$n=89$）；C_4植物的$\delta^{13}C$值从半湿润气候区（-12.4‰±0.80‰，$n=45$）、半干旱气候区（-12.6‰±0.69‰，$n=10$）至干旱气候区（-12.9‰±0.78‰，$n=34$），呈现逐渐减小的趋势，但总体变化较小（$\Delta^{13}C$范围为0.2‰~0.5‰）；与C_3植物相反，C_4植物的$\delta^{13}C$值与降水量之间呈现正相关关系，如相对于旱季，雨季C_4植物的$\delta^{13}C$值偏高（王国安等，2005）。

一般而言，植物的$\delta^{13}C$值与降水存在明显的负相关关系。随着降水量的减少，大气湿度和土壤含水量将降低，当引起植物所需水分不足时，植物叶片将通过关闭气孔以减少蒸腾作用引起的水分散失；与此同时，叶片气孔的关闭将导致植物叶内细胞间CO_2浓度的降低。植物光合作用过程中的同位素动力学分馏，使得植物光合作用优先选择利用较轻的^{12}C，只有当叶内细胞间CO_2浓度较低时，迫使植物光合作用过程中利用^{13}C，才能使光合作用产物的$\delta^{13}C$值增加，最终导致植物的$\delta^{13}C$值增加（Francey and Farquhar, 1982）。

相对于C_3植物，C_4植物的水分利用效率较高，具有较强的环境适应能力，因此在不同气候区，C_4植物相对于C_3植物的$\delta^{13}C$值变化较小（王国安等，2003，2005）。另外，随着可利用水分的增加，C_4植物的$\delta^{13}C$值增加，而C_3植物的$\delta^{13}C$值则降低，两者表现出相反的变化趋势，这主要与两者之间光合作用途径的不同所引起的C同位素分馏模式的差异有关。C_3植物的C同位素组成与叶片细胞间CO_2浓度和大气CO_2浓度的比率（c_i/c_a）呈现负相关关系，因此，由水分缺失引起叶片气孔关闭导致的叶片细胞间CO_2浓度的降低，将引起C_3植物的$\delta^{13}C$值增加，即C_3植物的$\delta^{13}C$值与降水量呈现负相关关系。而对于C_4植物而言，其C同位素组成与叶片细胞间CO_2浓度和大气CO_2浓度比率（c_i/c_a）的正负相关，取决于C_4光合过程中，鞘细胞中C_4二羧酸释放的且未被Rubsico羧化的CO_2的比例（即泄漏系数φ）；如泄漏系数φ大于0.34时（30℃），C_4植物的C同位素组成与c_i/c_a呈现负相关关系，反之为正相关（王国安等，2005；Farquhar et al., 1982；Henderson et al., 1992）。

An等（2015a）对中国北方不同区域（102°E~114°E）现代粟、黍的C稳定同位素组成进行了分析（图4-1-1），不同区域粟（$n=66$）、黍（$n=19$）种子的C稳定同位素组成存在明显差异；为进一步确定自然环境因素对农作物C稳定同位素组成的影响，分析了不同气候因子与粟种子$\delta^{13}C$值之间的相关性（表4-1-1）（选取的样品生长条件基本一致，即无施肥、土壤有机质含量相近、基本无灌溉，以避免人为因素的干扰）。从表4-1-1可以清楚地看出，粟的$\delta^{13}C$值与不同区域年降水量（低于450mm）之间存在明显的相关性。但黍与不同区域年降水量（低于450mm）却不存在明显的相关性，可能与黍的耐旱性有关（An et al., 2015a）。对于黄土高原西部

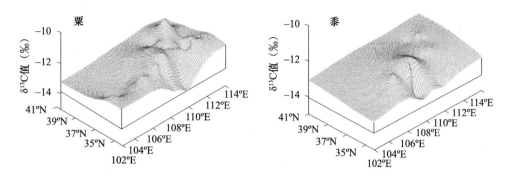

图4-1-1 中国北方黄土高原不同区域粟、黍农作物种子的$\delta^{13}C$值分布示意图

(引自An et al., 2015a)

表4-1-1 中国北方黄土高原不同区域粟种子$\delta^{13}C$值与不同气候因子之间的相关性

$\delta^{13}C$值	温度(℃)		年降水量						数据来源
			总年降水量		年降水量<450mm		年降水量>450mm		
	R^2	P	R^2	P	R^2	P	R^2	P	
中国北方	0.10	<0.01	0.10	<0.01	0.37	<0.05	−0.01	>0.5	An et al., 2015a
中国西北	/	/	0.43	<0.01	/	/	/	/	An et al., 2015b

(34.95ºN~36.5ºN, 102.94ºE~108.36ºE), 粟的$\delta^{13}C$值 ($n=14$) 与不同区域年降水量之间存在明显的相关性 (An et al., 2015b)。

杨青与李小强 (2015) 对黄土高原干旱与半干旱地区 (35.09ºN~40.63ºN, 99.47ºE~110.24ºE) 粟 ($n=22$)、黍 ($n=15$) 农作物的C稳定同位素组成与气候因子 (包括纬度、海拔、全年和生长期的温度、降水量、湿度与水分有效性) 之间的关系进行了分析,结果显示随着纬度的增高,粟的C稳定同位素组成趋于偏负 (两者相关系数$R^2=0.21$),粟$\delta^{13}C$值与年降水量和生长季降水量不存在明显的相关性 (图4-1-2);黍的C稳定同位素组成与海拔 (相关系数$R^2=0.37$)、年降水量 (相关系数$R^2=0.33$)、生长季降水量 (相关系数$R^2=0.56$)、生长季可利用水分 (相关系数$R^2=0.37$) 均存在显著关系 (图4-1-3)。偏相关分析与多元逐步回归方法对所有要素的相关性分析和通径分析进一步显示,因纬度不同引起的光照变化对粟$\delta^{13}C$值的影响仅占21%,生长季降水量对黍的$\delta^{13}C$值影响程度达56%。

对比两者研究结果,发现中国西北地区粟的$\delta^{13}C$值分别与年降水量和纬度之间存在相关关系 (表4-1-1;图4-1-2a),两者研究结果的不同,可能与取样点微环境的差异有关。虽然黍的$\delta^{13}C$值与年降水量之间无明显的相关性或相关性较低,但与生长季的降水量却存在明显的相关关系 (图4-1-3b),表明降水量的变化是影响我国干旱-半干

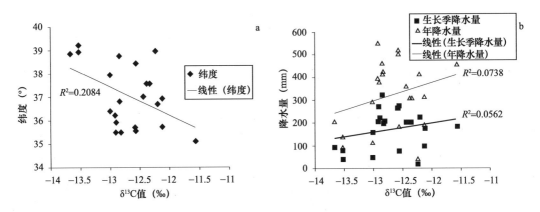

图4-1-2 中国北方黄土高原干旱-半干旱区粟$\delta^{13}C$值与气候因子之间的关系
（数据来源于杨青和李小强，2015）

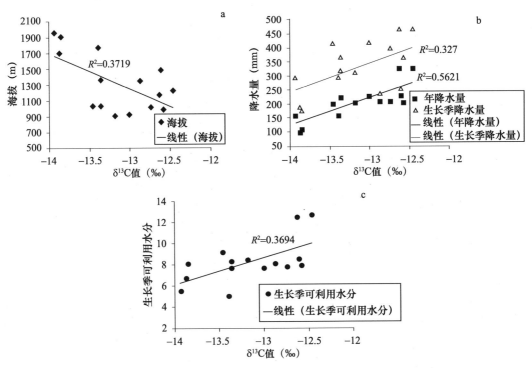

图4-1-3 中国北方黄土高原干旱-半干旱区黍的$\delta^{13}C$值与气候因子之间的关系
（数据来源于杨青和李小强，2015）

旱地区C_4类农作物$\delta^{13}C$值的重要气候因子之一。另外，粟、黍的$\delta^{13}C$值对气候因子变化的不同响应，主要取决于两种作物自身的生理特性。其中，粟（C_4植物NADP-ME型）叶片维管束鞘细胞壁栓化薄层的形成，导致其叶绿体中线粒体数量减少，从而影响其光系统II的活动性和O_2的演化，最终导致其叶片气孔对气候因子的变化敏感性较低；而黍（C_4植物NAD-ME型）在水分胁迫下，其水分利用效率明显提高，并通过调节叶片气孔与酶的活性影响黍的δ¹³C值，因此降水量对黍的稳定C同位素组成具有显著的影响（杨青和李小强，2015；Hatch，1987）。

中国北方地区主要为温带季风气候，不同区域存在差异，如西部属于干旱-半干旱气候，中、东部属于湿润-半湿润气候。中国北方地区粟的δ¹³C值与降水量之间不存在明显的相关性，可能与西部和东部之间降水量与相对湿度的差异有关（图4-1-4）[数据来源于中国地面气候标准值月值（1981~2010），地点随机选取]。中国北方西部地区，植物生长茂盛的季节，降水量与相对湿度呈现明显的一一对应关系，例如甘肃宁县的降水量最高，其相对湿度也最高；青海民和的降水量最低，其相对湿度也最低（图4-1-4a、图4-1-4c）。而东部地区，降水量与相对湿度之间却不存在明显的对应关系，例如山东蒙阴的年降水量最高，但其相对湿度却较低（图4-1-4b、图4-1-4d）。可见，西部地区降水量的变化通过影响大气相对湿度对植物的光合作用过程产生影响，因此植物的δ¹³C值与降水量之间存在明显的相关性。而东部地区，影响植物C同位素分馏的大气湿度，除主要受降水量的影响外，还受到其他因素的影响，例如来自海洋的水汽，因此降水量与植物的δ¹³C值之间不存在明显的相关性。

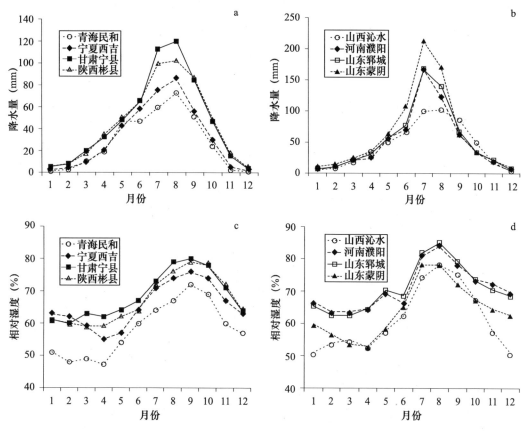

图4-1-4　中国北方部分地区月降水量与相对湿度的对比

注：数据来源于中国地面气候标准值月值（1981~2010）

此外，在中国西北地区，小麦（冬小麦）的C稳定同位素组成与气候因子相关关系的分析，进一步显示自然条件下，植物$\delta^{13}C$值与降水量之间存在明显的相关性（陈玉凤，2015）。小麦为C_3植物，其$\delta^{13}C$值与降水量之间存在明显的负相关（陈玉凤，2015）。而作为C_4植物，不同区域粟（或黍）的$\delta^{13}C$值与降水量之间则呈现出正相关关系（An et al.，2015a，2015b）。粟和小麦的$\delta^{13}C$值与降水量之间的相关性不同，可能与其光合作用途径和生长期的不同有关。小麦（冬小麦）主要生长期（拔节和灌浆）在春季，而西北地区属于季风气候，春季降水量普遍较少（赵志军，2015）。小麦生长期，在水分胁迫的条件下，其叶片蒸腾效率与叶片内气体交换效率提高，导致其$\delta^{13}C$值与降水量之间呈现明显的负相关（陈世苹等，2002）。粟的叶面蒸发量小，生长期所需水分少，具有极强的耐旱性，且其生长期正值雨量充沛的夏季，因此受水分胁迫相对较小，粟的$\delta^{13}C$值受降水量的影响较小（$-12.3‰±0.5‰$，$n=66$）（An et al.，2015a）；同时，受C_4光合过程同位素分馏的影响，粟的$\delta^{13}C$值与降水量成正相关。

水分通过间接影响植物叶内CO_2浓度最终导致植物$\delta^{13}C$值的变化；同样，作为植物光合作用所需的C源，大气CO_2的浓度与$\delta^{13}C$值则是影响植物C稳定同位素组成的根源。自然界中的大气CO_2浓度与$\delta^{13}C$值存在时空差异；一般而言，大气的$\delta^{13}C$值与大气CO_2浓度呈现明显的负相关，即随着大气CO_2浓度的升高，大气$\delta^{13}C$值减小（Feng and Epstein，1995；Pasquier-Cardin et al.，1999；Medlyn et al.，2001）。尤其是工业革命以来，大量以C_3植物为主的化石燃料的燃烧，使$\delta^{13}C$值偏负的有机质分解后产生的大量CO_2释放到空气中，导致全球大气CO_2浓度不断升高的同时，大气$\delta^{13}C$值则逐渐降低（图4-1-5）（Marino and McElroy，1991）。已有的数据显示，工业革命之前至现在，大气CO_2浓度已从$270\mu mol·mol^{-1}$上升至$380\mu mol·mol^{-1}$，并且以每年约$1.5\mu mol·mol^{-1}$的速度上升（蒋跃林等，2005；Lee et al.，2011）。同时，引起植物的$\delta^{13}C$值明显偏负$1‰\sim2‰$（Marino and McElroy，1991）；动物与人骨的$\delta^{13}C$值也明显偏负约$1.5‰$（van der Merwe，1989；Tieszen and Fagre，1993）。在中国北方地区，与古代粟、黍相比，现代粟、黍的$\delta^{13}C$值偏负$1.3‰\sim3.3‰$（表4-1-2）。

大气压通过影响植物叶片内CO_2分压比而影响植物的C稳定同位素分馏，一般而言，大气压降低，植物叶片内外的CO_2分压降低，植物C稳定同位素分馏减小，其$\delta^{13}C$值增加（Downton et al.，2010）。光照则通过影响叶片水分与气体交换而影响植物的C稳定同位素组成，光照较弱时，植物叶片的水分利用效率降低，叶片细胞间CO_2浓度增加，植物的$\delta^{13}C$值减小，因此两者之间存在正相关关系（Farquhar and Sharkey，1982；林植芳等，1995）。

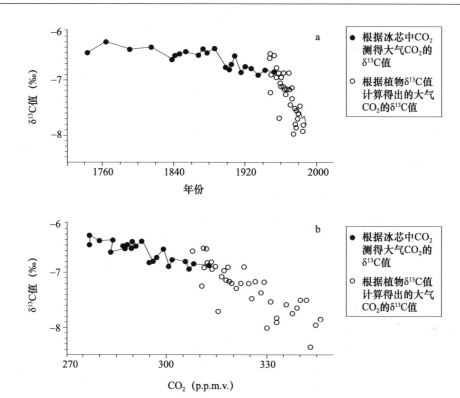

图4-1-5 工业革命前后大气δ^{13}C值与CO_2浓度的变化

（数据来源于Marino and McElroy, 1991）

表4-1-2 中国北方地区史前与现代粟、黍δ^{13}C值对比

种属	样品数量	现代δ^{13}C值±SD（‰）	样品数量	古代δ^{13}C值±SD（‰）	Δ^{13}C值（‰）	数据来源
粟	66	−12.3±0.5	27	−10.5±0.6	/	An et al., 2015a
	14	−12.3±0.5	6	−10.4±0.6	/	An et al., 2015b
	/	/	3	−10.1±0.7	/	
	/	/	6	−9.4±0.4	/	
	4	−11.8±0.2	/	/	/	Pechenkina et al., 2005
	22	−12.7±0.5	/	/	/	杨青和李小强, 2015
					1.3~3.3	
黍	19	−12.8±0.6	26	−11.1±0.5	/	An et al., 2015a
	15	−13.2±0.5	/	/	/	杨青和李小强, 2015
	/	/	66	−10.2±0.4	/	Yang et al., 2016
	/	/	1	−9.9	/	Liu et al., 2016
	15	−12.4±0.5	/	/	/	Liu, 2009
					1.3~3.3	

注：Δ^{13}C值表示粟/黍现代δ^{13}C值与古代δ^{13}C值的差异范围

温度对植物C稳定同位素组成的影响较为复杂，一般通过影响植物光合过程中固定CO_2的羧化酶的活性及植物叶片气孔的传导率而间接影响植物的$\delta^{13}C$值。温度过高或过低，均会降低羧化酶的活性，减缓光合过程的固碳速率，造成^{13}C的分馏较小，从而使植物的$\delta^{13}C$值增加；因此，植物具有光合最适温度，且物种不同，光合最适温度也存在差异。在低于光合最适温度的条件下，随着温度的逐步上升，植物的气孔传导率会逐渐增加，植物的$\delta^{13}C$值则逐渐减小，两者呈现负相关关系；当温度达到光合最适温度后，随着温度的继续增高，植物的蒸腾作用增加，如果水分供应不足，植物将关闭部分气孔以防止因蒸腾作用导致的水分流失，此时，叶片气孔的传导率下降造成叶片细胞间CO_2浓度的降低，C稳定同位素的分馏也减小，植物的$\delta^{13}C$值增加，因此，温度与植物的$\delta^{13}C$值呈现正相关关系（Francey and Farquhar，1982；Schleser et al.，1999；Weigt et al.，2018）。

此外，海拔（或纬度）的变化通过改变光照、温度、降水量、湿度、可利用水分等单个或多个气候因子，间接影响植物的C稳定同位素分馏，造成植物的$\delta^{13}C$值随海拔或纬度的变化而变化。一般而言，植物的$\delta^{13}C$值将随着海拔的升高而逐渐偏正（Hobson et al.，2003）。例如，生长在贡嘎山东坡海拔2000m以上湿润地区的C_3植物，其C稳定同位素组成随海拔的升高逐渐增大，其中，海拔不同引起的温度变化可能是影响C_3植物$\delta^{13}C$值变化的主要气候因子（李嘉竹等，2009）。

生长在不同海拔的现代小麦，其$\delta^{13}C$值呈现随海拔升高而逐渐增大的变化趋势（表4-1-3）。主要原因在于不同地区海拔的变化，通过影响不同地区降水量、温度、光照、大气压等小气候参数，改变小麦的叶片形态，影响小麦的生理特性和光合气体交换，最终导致在不同海拔地区的小麦$\delta^{13}C$值发生变化（刘宏艳等，2017）。我国南方四川阿坝州高原峡谷地区，海拔为2540m，该地区生长的小麦平均$\delta^{13}C$值为-25.4‰ ± 0.2‰（$n=3$）（吴翌硕，2012）；而生长在我国北方平原地区河北赵县（海拔39m）的小麦，其平均$\delta^{13}C$值为-28.6‰ ± 0.3‰（$n=9$）（刘宏艳等，2017），两者之间的$\delta^{13}C$值相差3.2‰。由于两处自然环境差异较大，因此影响小麦C稳定同位素组成的气候因素应为多种因素共同作用的结果。

对于中国北方平原地区杨凌、辉县与赵县，三处光照、降水量、湿度等气候因子较为相似，因此，引起小麦$\delta^{13}C$值变化的主要原因在于海拔升高引起的大气压和大气CO_2浓度的变化；相反，对于中国北方黄土高原干旱-半干旱地区，黍的$\delta^{13}C$值随着海拔升高而逐渐降低（图4-1-3a），则主要是因海拔变化引起降水量变化影响的结果（杨青和李小强，2015）。从图4-1-6可以看出，中国北方黄土高原干旱-半干旱地区，海拔与年降水量和生长季降水量均存在明显的负相关关系，因此，随着海拔的升高，生长季降水量减少，黍的$\delta^{13}C$值偏负。另外，粟的$\delta^{13}C$值随纬度的升高而逐渐降低，可能是纬度变化引起的光照时间与强度的变化所致（图4-1-2a）。

表4-1-3 不同海拔生长小麦的$\delta^{13}C$值

地区	海拔（m）	样品数量	平均$\delta^{13}C$值（‰）	SD（‰）
四川阿坝州	2540	3	−25.4	0.2
陕西杨凌	513	9	−28.0	0.3
河南辉县	82	9	−28.2	0.2
河北赵县	39	9	−28.6	0.3

注：数据来源于刘宏艳等，2017；吴翟硕，2012

综合以上分析，植物的C稳定同位素组成受气候因子的影响复杂。有时是多因素之间相互制约，综合影响植物的$\delta^{13}C$值，有时是由不同的单因素决定植物的$\delta^{13}C$值。加之不同种类植物光合作用途径的差异，最终形成不同地区同种植物的$\delta^{13}C$值可能受约于不同的单一或多个气候因子；同一地区，不同植物的$\delta^{13}C$值也可能受约于单一或多个气候因子。我国史前时期，农作物作为先民与家畜主要的食物来源之一，其因气候因子变化导致的C稳定同位素组成的变化，将在食

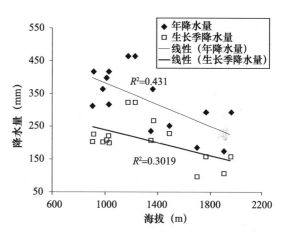

图4-1-6 中国北方黄土高原干旱-半干旱地区海拔与降水量的关系
（数据来源于杨青和李小强，2015）

物链中永远存在。因此，在分析我国史前人类与动物组织的C稳定同位素组成时，应充分考虑不同气候因子对其时空差异形成所做的贡献。

4.1.2 植物N稳定同位素组成与气候因子之间的关系

众所周知，生物体的N稳定同位素组成与其在食物链中的营养级存在密切关系。作为食物链底层的植物，其N稳定同位素组成受自身N生理代谢、N源及自然环境和气候因素的影响。例如，不同功能型植物叶片$\delta^{15}N$值存在显著差异，$\delta^{15}N$值从高至低依次为乔木、灌木和草本植物（图4-1-7），主要缘于不同功能型植物对气候因子变化的适应能力不同，引起的N代谢过程和N循环的差异（刘贤赵等，2009）。一般情况下，乔木与灌木优先吸收铵态N，草本植物优先吸收硝态N（Ometto et al.，2006；Stewart and Schmidt，1999）。土壤矿化与硝化过程，均产生明显的N同位素分馏，导致土壤的$\delta^{15}N$值降低；但两者相比，硝化作用过程中，N同位素的分馏效应大，因此产生的硝态N的$\delta^{15}N$值要明显低于矿化产生的铵态N的$\delta^{15}N$值，造成草本植物具有较低的$\delta^{15}N$值

(Aranibar et al., 2008)。

豆科植物利用大气中的N_2进行生物固N，非豆科植物利用土壤中硝酸盐、铵盐等N素；一般而言，生物固N植物的$δ^{15}N$值偏小（Mariotti, 1983; Shearer and Kohl, 1988; Schmidt and Stewart, 2003）。由于大部分植物通过土壤中由NH_3转化而来的NO_3^-和NH_4^+盐来获取维持正常生理功能所需的N，因此植物中的N同位素组成与土壤中的N同位素组成存在密切的关系。例如，我国西北黄土高原干旱-半干旱地区，土壤的$δ^{15}N$值介于-1.2‰~5.8‰之间，平均值为1.9‰，植物的$δ^{15}N$值介于-5.1‰~1.9‰之间，平均值为-2.2‰，两者之间存在显著正相关关系（图4-1-8）（Liu and Wang, 2009）。另外，不同自然环境中，土壤稳定N同位素组成也存在差异，全球不同地区土壤$δ^{15}N$值及$Δ^{15}N_{植物-土壤}$值（植物与土壤$δ^{15}N$值之差）不同（Amundson et al., 2003）（图4-1-9；彩版二，1）。尤其在一些特殊环境中，植物$δ^{15}N$值出现明显异常。例如，南非沿海与内陆盐碱地生长植物的$δ^{15}N$值范围为4‰~10‰，明显高于内陆非盐碱地生长的植物（一般认为，植物的$δ^{15}N$值为0~3‰）（Heaton, 1987）。因此，盐碱地生长的植物异常高的$δ^{15}N$值可能与盐碱地土壤中硝态N和铵态N富集^{15}N有关，而源自食物链底层的$δ^{15}N$值差异也将沿着食物链永远存在（Pate, 1994）。另外，因自然环境的变化，土壤中的$δ^{15}N$值也呈现出明显时间上的变化（图4-1-10、图4-1-11），且不同时期土壤上生长的植物，其$δ^{15}N$值也受到土壤$δ^{15}N$值的影响。由于年代较早的土壤中，N的浓度、转化和微量气体的损失都高于年代较晚的土壤，因此，年代较早的土壤，其$δ^{15}N$值及生长植物的$δ^{15}N$值一般较高（Martinelli et al., 1999; Brenner et al., 2001）。

影响植物$δ^{15}N$值的气候因子主要包括降水量、温度、大气CO_2浓度等。植物的稳定N同位素组成与气候因子之间的关系较为复杂。不同地区植物的$δ^{15}N$值与气候因子的相

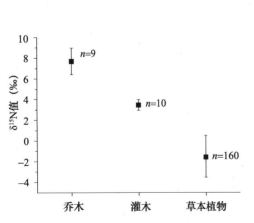

图4-1-7 不同功能型植物叶片的$δ^{15}N$值误差图
（数据来源于刘贤赵等，2009）

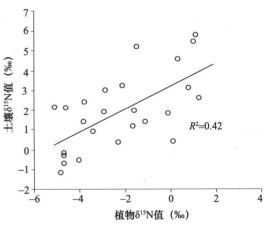

图4-1-8 我国西北黄土高原干旱-半干旱地区土壤与植物$δ^{15}N$值之间的相关性
（改自Liu and Wang, 2009）

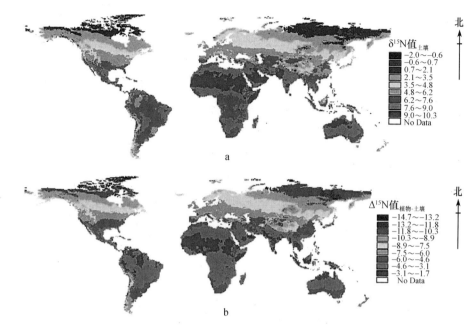

图4-1-9 全球不同地区土壤δ¹⁵N值与Δ¹⁵N$_{植物-土壤}$值的分布示意图
（数据来源于Amundson et al., 2003）

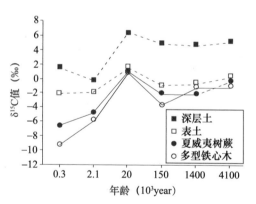

图4-1-10 土壤与生长植物的δ¹⁵N值随时间的变化
（改自Martinelli et al., 1999）

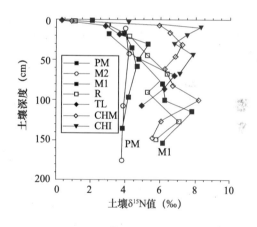

图4-1-11 土壤δ¹⁵N值随土壤深度的变化
（改自Brenner et al., 2001）

关性也往往存在差异，甚至相反。因此，主要以粟、黍、小麦广泛种植的中国北方地区为例，分别探讨不同气候因子对植物稳定N同位素组成的影响。我国西北黄土高原干旱-半干旱地区，植物δ¹⁵N值与土壤δ¹⁵N值之间存在明显的正相关关系，且两者分别与该地区的年降水量之间存在显著负相关关系（图4-1-12），随着年降水量每增加100mm，植物根与叶的δ¹⁵N值分别减少1.1‰和1.4‰，土壤的δ¹⁵N值减少1.3‰（Liu and Wang, 2009）。该地区植物δ¹⁵N值与降水量的显著负相关关系，主要缘于降水量的变化会影响土壤中有机N向无机N的转化，以及通过硝酸盐淋溶、氨挥发和反硝化作用导致土壤无

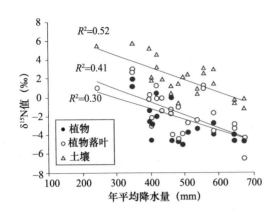

图4-1-12 植物、土壤δ¹⁵N值与年平均降水量之间的相关性

（改自Liu and Wang，2009）

机N的流失。土壤硝化与矿化过程中，N同位素的分馏较为显著，一般会造成产物（硝酸盐与铵盐）的δ¹⁵N值降低，但随着降水量的增加，δ¹⁵N值较低的硝酸盐被淋溶流失，导致土壤相对富集¹⁵N（Aranibar et al.，2008）。与之相反，氨挥发和反硝化作用过程中，贫¹⁵N气体的挥发，将造成土壤中剩余硝酸盐与铵盐相对富集¹⁵N（Handley and Raven，1992），但随着降水量的增加，土壤氨挥发和反硝化作用减弱，最终导致土壤相对贫¹⁵N（Lloyd，1993）。综合而言，由于硝酸盐淋溶对土壤δ¹⁵N值的影响相对较小，因此，最终土壤δ¹⁵N值常随降水量的增加而减小，植物的δ¹⁵N值与降水量之间也常表现出负相关关系（Houlton et al.，2006）。

一般认为，植物的稳定N同位素组成与年均温存在正相关关系。温度的升高有利于土壤硝化细菌与氨化细菌对土壤矿化与硝化速率的提高及土壤N循环开放性的增加，从而形成富含¹⁵N的无机N库，造成植物的δ¹⁵N值增加（刘晓宏等，2007；Amundson et al.，2003；Martinelli et al.，1999）。但是，我国西北黄土高原干旱-半干旱地区，植物（以草本、灌木为主）的δ¹⁵N值与年均温（或生长季平均温度）之间存在显著负相关关系（图4-1-13）（Liu and Wang，2009）。另外，我国北方北京东灵山地区不同植物δ¹⁵N值与年均温相关性分析显示，乔木和灌木的δ¹⁵N值分别与温度呈显著正相关与弱正相关关系，而草本植物的δ¹⁵N值与年均温存在二次曲线关系，当温度高于3.5℃时，两者之间呈正相关；当温度低于3.5℃时，两者之间呈负相关（刘贤赵等，2009；Yi and Yang，2006；周咏春，2012）。推测可能与植物C稳定同位素组成和温度之间的相关性类似，黄土高原干旱-半干旱地区草本植物的δ¹⁵N值随温度高低的变化可能也与植物生长的最适温度有关。

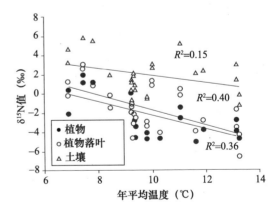

图4-1-13 植物、土壤δ¹⁵N值与年平均温度之间的相关性

（改自Liu and Wang，2009）

大气CO_2浓度的变化主要通过影响土壤生态系统N循环与微生物活性，进而影响植物对N素的吸收，从而改变植物的N稳定同位素组成（Billings et al.，2002；Horz et al.，

2004；林先贵等，2005）。部分研究显示，植物的$\delta^{15}N$值与大气CO_2浓度之间存在负相关关系，认为大气CO_2浓度长期增加，将导致硝化与氨化细菌活性降低，影响土壤硝化与矿化能力，进而降低土壤中N的有效性与N的浓度，最终造成植物的$\delta^{15}N$值减小，因此，两者之间呈现负相关（图4-1-14）（Bassirirad et al., 2010; Horz et al., 2004; Mcmurtrie and Jeffreys,

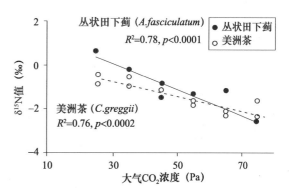

图4-1-14　植物叶片$\delta^{15}N$值与大气CO_2浓度之间的关系
（引自Bassirirad et al., 2010）

2000）。也有研究表明，植物的$\delta^{15}N$值与大气CO_2浓度之间存在正相关关系，主要存在三方面的原因（刘贤赵等，2014）：第一，大气CO_2浓度的增加提高了土壤中N的有效性，促进土壤中N循环，导致土壤中$\delta^{15}N$值较低的气体与硝酸盐的流失，造成土壤相对富集^{15}N，使植物的$\delta^{15}N$值增加（Mikan et al., 2000）；第二，大气CO_2浓度的增加通过促进植物的净光合作用和生长代谢水平，使植物的生物量增加，为土壤微生物提供充足的C基质，增强微生物的活性，促进^{15}N的分馏作用，导致有效无机N库的$\delta^{15}N$值增加，植物的$\delta^{15}N$值随即增加（Zak et al., 2000）；第三，大气CO_2浓度的增加，导致植物吸收利用的N源发生变化，而不同N源的N稳定同位素组成存在差异，因此会促使植物的$\delta^{15}N$值随CO_2浓度发生变化（Bassirirad et al., 1996）。

工业革命以来，不仅全球大气CO_2浓度迅速上升，同时原有的N循环系统的平衡被破坏。与工业革命之前相比（1750年前），现在（2005年）大气中氮氧化物浓度增加了49ppb，尤其是20世纪80年代以来，大气氮氧化物的年增长速度达0.26%（Solomon，2007）。由于人类活动导致的过量N排放或释放在大气中，未被碱性物质中和，就以干沉降或降水洗脱的形式输入地表，参与土壤的N循环（Galloway and Cowling, 2002）。1980年至2005年，我国大气中铵态N沉降量的年平均增长率为5.51%（王书伟等，2009）。工业革命带来的大气CO_2浓度的增高与大气N沉降的增加等，均对植物的$\delta^{15}N$值产生很大影响（Bassirirad et al., 2010; Solga et al., 2006）。一般而言，随着大气N沉降的增加，植物的$\delta^{15}N$值显著降低（陈崇娟和王国安，2015），主要因为叶片通过气孔或表皮直接吸收大气中气态NH_3或湿沉降中的NH_4^+（Bowden et al., 1989），且大气沉降N中铵态N的$\delta^{15}N$值低于硝态N的$\delta^{15}N$值（Heaton, 1986）。

此外，海拔的变化，将引起降水量、温度、光照、土壤及植物本身形态与生理的变化等，因此海拔的变化将通过影响这些因素的变化间接影响植物的N稳定同位素组成。目前，有关海拔与植物$\delta^{15}N$值相关性的研究，存在多种结论。一般认为，

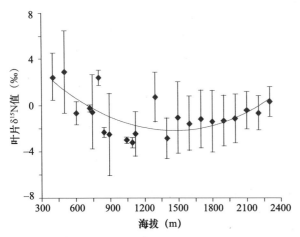

图4-1-15 植物叶片δ¹⁵N值与海拔的变化关系
(引自刘贤赵等,2009)

随着海拔的升高,植物的δ¹⁵N值逐渐降低(Sah and Brumme,2003;刘晓宏等,2007),主要原因在于海拔的升高将导致温度降低和降水量增加(Mariotti et al.,1982),降低土壤净硝化作用的能力及微生物的活性,进而影响土壤的矿化与硝化作用(Garten,1993;Amundson et al.,2003;Aranibar et al.,2004)。植物的δ¹⁵N值与海拔也会呈现二次曲线关系(以北京东灵山地区为例,植物叶片δ¹⁵N值分布范围为-8.0‰~14.0‰)(图4-1-15),当海拔低于1350m时,植物叶片的δ¹⁵N值与海拔呈负相关,影响植物δ¹⁵N值的主要控制因子是水分;当海拔高于1350m时,植物的δ¹⁵N值与海拔呈正相关,随着海拔升高,温度逐渐降低,并成为主要的控制因子(刘贤赵等,2009)。植物δ¹⁵N值与海拔也会存在不明显的相关性(Yi and Yang,2006;Vitousek et al.,1989)。另外,受植物的遗传特性、环境适应能力等引起的N稳定同位素分馏差异的影响,同一地区不同种属植物的δ¹⁵N值与海拔之间的相关性不同(刘贤赵等,2009)。例如,亚热带稀树大草原非固N常绿灌木植物叶片的δ¹⁵N值与海拔呈负相关关系,固N木本植物的δ¹⁵N值与海拔又不存在明显的相关性(Bai et al.,2009)。因此,在探讨植物的δ¹⁵N值与海拔之间的相关关系,需要充分考虑植物生理特性、气候因子、土壤微环境等多方面的因素。

我国西北黄土高原干旱-半干旱地区,土壤δ¹⁵N值的变化范围为-1.2‰~5.8‰(均值为1.9‰),其生长植物根的δ¹⁵N值变化范围为-5.1‰~1.9‰(均值为-2.2‰),叶片的δ¹⁵N值变化范围为-6.6‰~2.9‰(均值为-1.6‰)(Liu and Wang,2009)。其中,生长的农作物粟,其种子的平均δ¹⁵N值为2.1‰±3.7‰(n=14),其叶片的平均δ¹⁵N值为

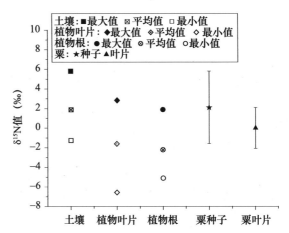

图4-1-16 我国西北黄土高原干旱-半干旱地区土壤、植物与农作物粟的δ¹⁵N值散点图
(数据来源于An et al.,2015b;Liu and Wang,2009)

0±2.1‰（$n=7$）（An et al., 2015b）。如图4-1-16所示，相对于土壤中的$\delta^{15}N$值，植物（包括粟）的叶片或根的$\delta^{15}N$值明显偏负，主要缘于植物在从土壤中获取维持其新陈代谢所需N源时，会优先吸收利用^{14}N，导致其$\delta^{15}N$值偏低；另外，粟的$\delta^{15}N$值介于该地区自然生长植物$\delta^{15}N$值的变化范围之内，表明其$\delta^{15}N$值未受到人类农业活动的过多干扰。

粟、黍作为我国北方先民主要种植的农作物之一，其$\delta^{15}N$值与气候因子之间的相关性研究较少，已有的研究显示，现代粟的$\delta^{15}N$值变化与降水量之间不存在明显的相关性（An et al., 2015b）；其野生祖本狗尾草（现代）的$\delta^{15}N$值与海拔之间不存在明显的相关性（刘贤赵等，2009）。相对于史前时期，现代粟的$\delta^{13}C$和$\delta^{15}N$值均降低（表4-1-4），主要由于工业革命后，大气CO_2浓度的升高及大气N沉降的增加等对粟的$\delta^{13}C$和$\delta^{15}N$值产生影响。

表4-1-4 不同时期粟种子的$\delta^{13}C$和$\delta^{15}N$值

不同文化时期	遗址	样品数量	$\delta^{13}C$值±SD（‰）	样品数量	$\delta^{15}N$值±SD（‰）	数据来源
仰韶晚期	秦安	6	−10.4±0.6	3	3.8±5.1	An et al., 2015b
马家窑	山那树扎	3	−10.1±0.7	3	6.0±0.8	
齐家	文家、堡子坪等	6	−9.4±0.4	6	4.7±2.9	
现代	黄土高原西部地区	14	−12.3±0.5	14	2.1±3.7	

另外，史前不同时期，粟的$\delta^{13}C$和$\delta^{15}N$值也不断发生变化。黄土高原地区，全新世中期（7.6ka～5.9ka BP）气候温暖湿润，至3.0ka BP气候变干冷，植被由浓密的森林演变成开阔的草原（Zhao et al., 2010），在这期间气候曾出现多次波动，最明显的两次短暂的干旱事件发生在5.0ka BP（5.2ka～4.1ka BP）和3.5ka BP（唐领余和安成邦，2007）。一般而言，C_3植物的$\delta^{13}C$值与降水量存在明显的负相关关系（Francey and Farquhar, 1982）；因光合作用途径的不同，C_4植物的$\delta^{13}C$值与降水量之间的关系较为复杂，当泄漏系数φ大于0.34时（30℃），C_4植物的C同位素组成与c_i/c_a呈现负相关关系，反之为正相关（Farquhar et al., 1982；Henderson et al., 1992）。已有的研究显示，我国北方黄土高原地区，现代C_4植物的C稳定同位素组成主要与降水量有关，两者之间呈现出正相关关系（王国安等，2005），但其N稳定同位素组成则分别与降水量和年均温呈现显著负相关关系（Aranibar et al., 2008；Liu and Wang, 2009）。

如图4-1-17所示，仰韶文化晚期（5.5ka～5.0ka BP）气候比较温暖湿润，粟的平均$\delta^{13}C$和$\delta^{15}N$值相对较低；马家窑文化（5.0ka～4.5ka BP）处于显著干冷期，其平均$\delta^{13}C$和$\delta^{15}N$值均趋于增加；齐家文化（4.3ka～3.8ka BP）处于明显干冷期之前，气候相对偏暖偏湿，其

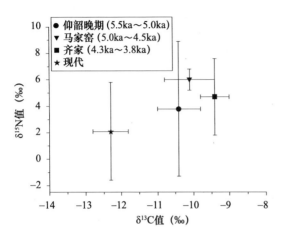

图4-1-17　不同时期粟种子的$\delta^{13}C$和$\delta^{15}N$值误差图
（数据来源于An et al., 2015b）

$\delta^{15}N$值降低，$\delta^{13}C$值增加。总体看来，史前粟的$\delta^{15}N$值与水分和温度呈现负相关关系，其$\delta^{13}C$值与水分也呈现负相关关系，不同于现代粟与降水无明显相关关系（杨青和李小强，2015）或正相关关系（An et al.，2015b）。究其原因，可能是现代粟经过几千年的培育与选种，其生理特征发生变化，更适应干旱-半干旱的气候。而史前时期，因为农业技术的相对落后，粟的栽培更趋于自然生长，因此更依赖于自然环境因素。

4.1.3　环境引起的人与动物N稳定同位素组成的"异常"

自然环境与气候通过影响食物链底层植物的N稳定同位素组成，间接影响人与动物的N稳定同位素组成，这是造成人与动物N稳定同位素组成时空差异的主要原因之一；但自然环境与气候也可通过影响人与动物的新陈代谢，直接对其组织的N稳定同位素组成产生影响。例如，干旱环境中植食动物骨胶原的$\delta^{15}N$值异常偏高，在非洲南部高达19.3‰，且植食动物骨胶原的$\delta^{15}N$值与年降水量存在明显的负相关，当年降水量少于400mm，植食动物骨胶原的$\delta^{15}N$值高于10‰（Heaton et al.，1986；Sealy et al.，1987）。

干旱环境中植食动物较高的$\delta^{15}N$值除与干旱环境中植物的$\delta^{15}N$值较高有关外，还与植食动物在水分胁迫的条件下，为了适应缺水环境与低蛋白食物所引起的异常代谢有关；其在消化、同化和排泄过程中，均存在^{15}N的富集，尤其是蛋白质和氨基酸的降解和同化及尿素的排泄（Vander et al.，1975；Eckert et al.，1988；Cormie and Schwarcz，1996；Shearer and Kohl，1988）。例如，我国青藏高原地区，随着海拔的升高，降水减少，但植物的$\delta^{15}N$值未发生较大的变化，而植食动物高原鼠兔骨胶原的$\delta^{15}N$值却明显增加了3.17‰，表明海拔升高引起降水量减少，使高原鼠兔的新陈代谢受到水分胁迫的影响，进而导致其骨胶原的$\delta^{15}N$值明显增加（图4-1-18）（Yi and Yang，2006）。

距今4000年前后，我国多处地区，家养或野生植食动物主要以C_3植物为食（表4-1-5）；但因自然环境与气候的差异，导致植食动物的$\delta^{15}N$值存在明显的地域差异。新疆小河墓地泥棺孢粉组合与炭化种子的综合分析显示，其自然环境为典型的沙漠绿洲，气候干旱（Li et al.，2013；Qiu et al.，2014），植食动物（牛和羊）的$\delta^{15}N$值最高（图4-1-19）。陕北地区地处中国北方农牧交错带中段南缘，位于半湿润与半干旱区过渡地带，神圪垯墚遗址的植硅体分析显示其植被类型以草原为主，气候较为干凉（夏秀敏，2015），其植食动物（羊和黄牛）的平均δ¹⁵N值明显低于新疆干旱地区。山西陶寺遗址孢粉组合显示其植被类型为落叶阔叶和温性针叶树组成的混交林，气候相对温暖湿润（陈相龙等，2012；施雅风等，1992），植食动物（牛和羊）的δ¹⁵N值与陕北地区较为接近，表明两者的气候因子温度和湿度相近。湖北郧县青龙泉遗址石家河文化早期气候温暖湿润，中期偏

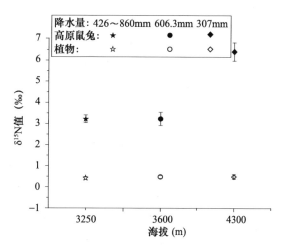

图4-1-18 植物与植食动物骨胶原δ¹⁵N值随海拔变化的对比

（数据来源于Yi and Yang, 2006）

晚气温与降水量均有所下降（施雅风等，1992；郭怡等，2011b），其植食动物（水牛和鹿）的δ¹⁵N值低于北方半干旱与半湿润地区植食动物的δ¹⁵N值。另外，中坝遗址Ⅰ期出土哺乳动物组合显示其气候类型为亚热带气候，温暖湿润（尹茜，2007），其植食动物（鹿和牛）的δ¹⁵N值与青龙泉遗址较为接近。干旱地区（新疆）植食动物较高的δ¹⁵N值表明，植食动物的δ¹⁵N值除与个体的食物结构有关外，还与因新陈代谢受气候的影响呈现明显的空间差异有关。

表4-1-5 不同遗址植食动物的平均δ¹³C和δ¹⁵N值

遗址/墓地	年代（BP）	种属	样品数量	δ¹³C值±SD（‰）	δ¹⁵N值±SD（‰）	数据来源
新疆小河墓地	3980~3540	羊	8	−19.0±0.3	8.2±1.2	Qu et al., 2018
		牛	4	−19.1±0.3	8.6±0.9	
陕北神圪垯墚	3825~3615	羊	11	−16.0±0.9	6.3±1.2	陈相龙等，2017
		黄牛	6	−14.7±1.4	6.5±0.5	
湖北青龙泉	石家河文化 4600~4200	水牛	1	−17.4	4.6	陈相龙等，2015
		鹿	4	−22.0±0.7	5.4±0.5	
长江三峡中坝	Ⅰ期 4200~3500	鹿	7	−23.2±1.0	4.8±0.8	田晓四等，2010
		牛	4	−19.6±3.3	5.3±1.0	
山西陶寺	4500~3900	牛	6	−11.3±2.2	6.6±1.2	陈相龙等，2012
		羊	5	−17.2±0.4	6.8±1.0	

另外，任何环境中，相对于其他通过直接大量饮水获取身体新陈代谢所需水分的动物（Obligate drinkers），耐旱动物（Drought-tolerant animals）具有较高的δ¹⁵N值

（Pate，1994；Ambrose，1986）。例如，新疆巴里坤东黑沟遗址（西汉前期游牧文化大型聚落遗址）（西北大学文化遗产与考古学研究中心等，2006；新疆文物考古研究所和西北大学文化遗产与考古学研究中心，2009）出土动物骨骼的C、N稳定同位素分析显示（凌雪等，2016；尤悦等，2014），生活在我国干旱荒漠或半荒漠地带的耐旱双峰驼（$n=2$），相对于牛（$n=3$）、羊（$n=15$）、马（$n=5$）、鹿（$n=4$）等其他植食动物，具有较高的$\delta^{15}N$值（图4-1-20）。

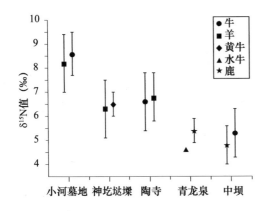

图4-1-19　不同遗址（4000BP）植食动物的$\delta^{15}N$值对比

（数据来源于Qu et al.，2018；陈相龙等，2012，2015，2017；田晓四等，2010；屈亚婷等，2019）

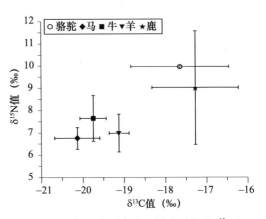

图4-1-20　新疆东黑沟遗址植食动物的$\delta^{13}C$和$\delta^{15}N$值误差图

（数据来源于凌雪等，2016；尤悦等，2014）

4.2　农作物不同品种或不同组织间稳定同位素组成的差异

4.2.1　不同品种稳定同位素组成的差异

距今约11000年，黍最早在我国北方地区被驯化，并成为我国北方新石器时代早期主要的农作物；粟的栽培比黍至少要晚1000～2000年，且在仰韶文化中晚期至龙山时期，逐渐取代了黍，成为我国北方主要的农作物（Yang et al.，2012；Lu et al.，2009）。随着自然与人工的选择，以及农业技术的发展，粟被培育出多个不同的品种（何红中，2010）。同样，早在距今约11000年，麦类作物在西亚的新月沃地被驯化（赵志军，2015）。已有的考古证据表明，距今4500～4000年，小麦（大麦）传入中国（Li et al.，2007；赵志军，2015）。汉代小麦种植的推广及选种，使小麦也出现不同的品种（赵淑玲和昌森，1999）。那么，旱作农业与麦作农业，不同种属及不同品种之间，C、N稳定同位素组成是否存在差异呢？

我国黄土高原地区，现代与古代粟、黍种子的C稳定同位素测试分析显示，无论是史前时期或现代，粟、黍两种农作物的C稳定同位素组成皆存在明显差异（表4-2-1）。粟和黍δ^{13}C值的差异主要与两者之间生理特性的差异有关。一般而言，C_4植物中NADP-ME型植物的δ^{13}C值要明显高于NAD-ME型植物的δ^{13}C值（Hattersley，1982；Saliendra et al.，1996），因此，同一环境中粟（NADP-ME型）的δ^{13}C值比黍（NAD-ME型）的δ^{13}C值要明显偏正（图4-2-1）。

表4-2-1 粟、黍两种农作物种子的δ^{13}C值对比

种属	时期	样品数量	δ^{13}C值±SD（‰）	数据来源
粟	ca. 5000BP	27	−10.5 ± 0.6	An et al.，2015a
黍		26	−11.1 ± 0.5	
粟	现代	66	−12.3 ± 0.5	
黍		19	−12.8 ± 0.6	
粟	现代	22	−12.7 ± 0.5	杨青和李小强，2015
黍		15	−13.2 ± 0.5	

另外，从我国山西东南部同一地区采集的现代粟的13个不同品种，其籽粒的δ^{13}C值变化范围为−12.6‰～−11.6‰，叶片的δ^{13}C值变化范围为−13.5‰～−12.4‰，虽然这些品种生长的自然环境几乎一致，但不同品种的C稳定同位素组成仍存在细微的差异（图4-2-2）（An et al.，2015a）。

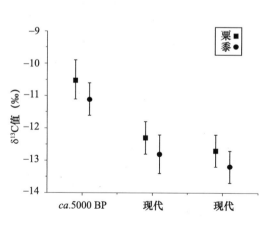

图4-2-1 古代与现代粟、黍种子δ^{13}C值对比
（数据来源于An et al.，2015a；杨青和李小强，2015）

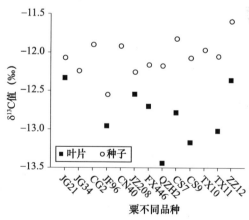

图4-2-2 生长在同一地区不同品种粟的δ^{13}C值散点图
（改自An et al.，2015a）

从甘肃会宁小麦种植区采集现代春小麦2个品种（西旱1号和3号）（陈玉凤，2015），从河北赵县、河南辉县和陕西杨凌区3处实验田分别采集3个小麦品种（邯

6172、衡5229、周麦16）（刘宏艳等，2017），对其种子的C、N稳定同位素进行分析（表4-2-2），结果显示赵县、辉县和杨凌3处实验田，3种小麦在生长环境几乎一致的条件下（降雨量、光照、温度、大气CO_2浓度等），其稳定同位素的组成仍存在细微的差异（Δ^{13}C值介于0.1‰~0.3‰之间，Δ^{15}N值介于0.2‰~0.4‰之间）。对于会宁2个品种，Δ^{13}C和Δ^{15}N值分别约1.5‰和6.3‰，两者差异较大，不排除灌溉、施肥等人为因素的影响。但总体而言，同种农作物不同品种之间的C、N稳定同位素组成存在差异。

表4-2-2 现代不同品种小麦的δ^{13}C和δ^{15}N值

品种	采样点	样品数量	δ^{13}C值±SD（‰）	样品数量	δ^{15}N值±SD（‰）	数据来源
西旱1号	甘肃会宁	1	−25.5	1	6.3	陈玉凤，2015
西旱3号		1	−24.0	1	−0.02	
邯6172	河北赵县、河南辉县和陕西杨凌	9	−28.1±0.1	9	0.6±3.3	刘宏艳等，2017
衡5229		9	−28.4±0.3	9	0.4±3.6	
周麦16		9	−28.2±0.6	9	0.2±5.5	

从野生至驯化、栽培，再到后来的大规模种植，古代人类对农作物生理特征与生长习性的了解不断深入。另外，随着文化交流与人群迁徙的频繁发生，农作物的分布范围不断扩大，并不断适应新的生长环境。无论是人为和（或）自然的选择，同种农作物将在遗传信息与生理特征上出现分化，导致不同亚种的出现。考古学上，小麦的品种主要包括六倍体小麦（普通小麦、斯贝尔托小麦）和四倍体小麦（硬粒小麦、波兰小麦、圆锥小麦等）（李春香，2010）。目前，对于我国古代粟、黍，尚未进行详细系统的品种鉴定。例如，新疆小河墓地出土黍和小麦炭化种子（Yang et al.，2014），其形态鉴定显示，小麦为裸小麦，古DNA分析进一步显示，小河墓地发现的小麦为普通的六倍体小麦，其祖先起源于西亚；黍携带的基因与中国本土黍最为相似，可见小河墓地出土的黍起源于中国黄河流域（李春香，2010；Li et al.，2011）。现代农作物品种间稳定同位素组成的差异暗示着古代农作物不同品种间也必然存在着稳定同位素组成的差异。目前，对于古代农作物样品的稳定同位素分析，往往忽略品种间的差异，由此引发的古代人类与动物组织稳定同位素组成的波动则同样被忽略不计。

4.2.2 农作物不同器官稳定同位素组成的差异

植物通过光合作用固定CO_2，并最终转化为不同形式的碳水化合物。其中，木质素、纤维素等结构性碳水化合物构建植物的形态；葡萄糖、蔗糖、淀粉、果糖等非结构性碳水化合物用于植物的生命代谢（潘庆民等，2002）。不同种类碳水化合物的合成、转化与代谢过程中均存在同位素的分馏，且分馏系数也存在差异；一般而言，纤维素和半纤维素的$\delta^{13}C$值较木质素和脂质的$\delta^{13}C$值偏正（Gebauer and Schulze，1991；Ghashghaie et al.，2003；Hobbie and Werner，2004；Benner et al.，1987；Schweizer et al.，1999）。植物不同器官的生物化学成分不同，如根系、种子等非光合作用器官的主要成分是纤维素和半纤维素，叶片的主要成分由木质素和脂质组成，因此植物根和种子的$\delta^{13}C$值高于植物叶片的$\delta^{13}C$值（图4-2-3）（Winkler et al.，1978；Gebauer and Schulze，1991；Codron et al.，2005；Dungait et al.，2008）。一般情况下，C_3植物根和种子的$\delta^{13}C$值比叶

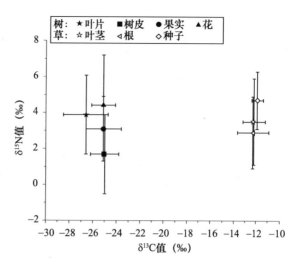

图4-2-3 非洲大草原树木与草不同器官的
$\delta^{13}C$和$\delta^{15}N$值误差图
（数据来源于Codron et al.，2005）

片的$\delta^{13}C$值分别富集1‰~3‰和1‰~4‰；C_4植物根的$\delta^{13}C$值与叶片的$\delta^{13}C$值相似或稍偏低，而其种子的$\delta^{13}C$值比叶片的$\delta^{13}C$值约富集1.5‰（Hobbie and Werner，2004）。另外，植物呼吸代谢过程中，细胞、组织与植物类型的不同，导致呼吸释放的CO_2的同位素组成在不同种类植物、植物的不同器官之间存在差异（柴华等，2018）。植物叶片、树干/茎、根系暗呼吸释放CO_2的$\delta^{13}C$值变化范围分别为（-31.9 ± 0.3）‰~（-13.8 ± 1.0）‰、（-32.1 ± 0.8）‰~（-21.2 ± 0.3）‰和（-33.3 ± 0.5）‰~（-16.3 ± 1.9）‰（Werner and Gessler，2011）。总体而言，植物叶片呼吸释放CO_2的$\delta^{13}C$值比根呼吸释放CO_2的$\delta^{13}C$值偏正（刘春鸽，2014），导致植物叶片的$\delta^{13}C$值比根系的$\delta^{13}C$值偏负。

植物不同器官的$\delta^{15}N$值也存在差异（图4-2-3）（Codron et al.，2005），主要由植物生长过程中N再分配与不同器官之间N的同化和损失存在差异所致（Bergersen et al.，1988；Evans et al.，1996；Hobbie et al.，2000；Yoneyama et al.，1998）。N同位素组成在不同器官之间差异的程度又与植物所利用N源的不同及不同N源同化模式的差异有关（Koba，2003；Codron et al.，2005；Evans，2001；Evans et al.，1996）。例如，两种草本植物油菜（*Brassica campestris*）和番茄（*Lycopersicon esculentum*）的N源、植物不同器官及不同器官中NO_3^-的$\delta^{15}N$值均存在差异，且不同器官之间$\delta^{15}N$值的差异不同（表4-2-3）（Evans，2001）。植物幼苗和根中均可发生NO_3^-的同化，造成植物器官中NO_3^-的$\delta^{15}N$值相对于有机N明显富集；其中，番茄叶片和根中NO_3^-的$\delta^{15}N$值相对于有机氮分别约富集11.1‰和12.9‰，因此，叶片（或根）中NO_3^-的$\delta^{15}N$值远高于叶片（或根）组织的$\delta^{15}N$值；由于叶片中可用于同化的NO_3^-来源于受根中硝酸盐同化影响的NO_3^-库，因此，番茄叶片的$\delta^{15}N$值高于根的$\delta^{15}N$值（Evans et al.，1996）。另外，不同生态

系统中植物叶片与根δ¹⁵N值的差异也不同。一般情况下，落叶林和草原生态系统中，植物叶片与根系之间的δ¹⁵N值差异小于3‰，而在温暖和寒冷的荒漠生态系统中，植物叶片与根系之间的δ¹⁵N值差异高达7‰（Evans，2001）。

表4-2-3　两种草本植物N源、不同器官与不同器官中NO_3^-的δ¹⁵N值

种属	来源（‰）	植物（‰）	根（‰）	根NO_3^-（‰）	叶片（‰）	叶片NO_3^-（‰）
油菜	10.3	10.1	4.9	12.4	10.6	25.0
番茄	1.8±0.1	2.5±0.4	−0.1±0.4	11.1±1.7	3.3±0.6	14.0±4.6

注：数据来源Evans，2001

农作物不同器官的C、N稳定同位素组成也存在明显的差异（Bogaard et al.，2007）。小麦种子的δ¹³C值比叶片的δ¹³C值富集1.2‰~4.6‰（Yoneyama et al.，1997；Winkler et al.，1978；李树华等，2010），小麦根的δ¹³C值比叶片的δ¹³C值富集1.2‰~1.8‰（Cheng and Johnson，1998；Lichtfouse et al.，1995）。玉米种子的δ¹³C值比叶片的δ¹³C值富集1.4‰~1.5‰（Lowdon，1969；Gleixner et al.，1993）。豆科植物种子的δ¹³C值一般比叶片的δ¹³C值约富集0.9‰±0.2‰，根的δ¹³C值一般比叶片的δ¹³C值约富集1.0‰±0.1‰（Yoneyama and Ohtani，1983）；其中，大豆不同器官的δ¹³C值依次为根>茎>种子>叶片（冯虎元等，2001）。粟种子的平均δ¹³C值为−12.3‰±0.5‰（$n=66$），平均δ¹⁵N值为2.1‰±3.7‰（$n=14$）；其叶片的平均δ¹³C值为−12.6‰±0.5‰（$n=7$），平均δ¹⁵N值为0.0‰±2.1‰（$n=7$），可见，两者之间δ¹³C值相差较小（0.3‰），δ¹⁵N值却存在明显差异，相对于叶片，粟种子的δ¹⁵N值约富集2.1‰（An et al.，2015a，2015b）。旱稻的根系和种子比其叶片和茎秆更易富集¹³C（Zhao et al.，2004）。现代水稻颖果的δ¹³C和δ¹⁵N值（−27.1‰和0.8‰）比颖壳的δ¹³C和δ¹⁵N值（−27.9‰和−3.8‰）分别富集约0.8‰和4.6‰，而古代水稻颖果的δ¹³C和δ¹⁵N值（−25.4‰和4.1‰）比颖壳的δ¹³C和δ¹⁵N值（−28.4‰和7.4‰）则分别富集约3.0‰和−3.3‰（Gupta et al.，2013），可见，水稻颖果的δ¹³C和δ¹⁵N值与颖壳的δ¹³C和δ¹⁵N值差异较大。现代水稻与古代水稻的颖壳和颖果C、N稳定同位素组成的差异程度不同，其原因还有待进一步的研究。

中国北方地区作为粟的起源地与主要种植地区，新石器时代中晚期人或家养动物主要依赖于粟，但两者对粟的取食部位存在差异，人类主要以粟的种子为食，动物则喂养粟的秸秆等（Chen et al.，2016b），因此粟不同部位C、N稳定同位素组成的差异也将体现在人与动物之间。根据粟种子与叶片δ¹³C、δ¹⁵N值的差异推测，人体组织的δ¹³C与δ¹⁵N值，相对于同一营养级的家养动物，将分别富集0.3‰和2‰（An et al.，2015b）。如表4-2-4所示，以粟作农业为主的新石器时代中晚期各遗址中，人骨胶原的δ¹⁵N值明显高于家养动物猪，但两者之间的差异（1.1‰~2.1‰）位于粟种子与叶片δ¹⁵N值差异的范围之内。因此，在对比分析粟作农业区域古代人类与家养动物的食物

结构时，人类较高的$\delta^{15}N$值（相对于家养动物）（图4-2-4）所反映的动物蛋白的摄取量，应充分考虑食物来源的不同（如农作物取食部位的不同）造成的影响。

表4-2-4 仰韶中期至龙山晚期北方部分遗址先民与家养动物骨胶原的$\delta^{13}C$和$\delta^{15}N$值

时代	遗址	种属	样品数量	$\delta^{13}C$值±SD（‰）	$\delta^{15}N$值±SD（‰）	数据来源
仰韶中期	河南西坡	人	31	−9.7±1.1	9.4±1.0	张雪莲等，2010 Pechenkina et al.，2005
		猪	2	−7.5±0.2	7.7±0.3	
龙山时期	山东东营	人	5	−8.0±1.3	9.4±0.3	Chen et al.，2016b
		猪	7	−10.5±3.2	7.3±1.0	
龙山晚期至夏初	陕西神圪垯墚	人	28	−8.5±1.8	8.8±1.4	陈相龙等，2017
		猪	6	−8.5±0.9	7.7±0.8	

此外，种子的不同组织稳定同位素组成也存在差异。例如，小麦的麸皮与面粉之间的C、N稳定同位素组成存在明显差异（表4-2-5）。自两汉时期小麦在我国北方被广泛种植后（赵淑玲和昌森，1999），便成为先民主要的食物来源之一（侯亮亮等，2012）。同时，以陕西、山西、河南等地为主的黄河中下游地区，大量小麦加工工具石转磨实物与明器的出土，表明先民对小麦的食用主要取其面粉部分（赵梦薇，2016；李发林，1986；曾慧芳，2012），而对于麸皮则主要用于家畜饲养。可见，小麦面粉与麸皮之间稳定同位素组成的差异，也将对人与动物之间营养级别的判断产生一定的影响。

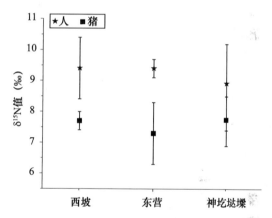

图4-2-4 西坡、东营和神圪垯墚遗址先民与家养猪骨胶原的$\delta^{15}N$值误差图

（数据来源于张雪莲等，2010；Pechenkina et al.，2005；Chen et al.，2016b；陈相龙等，2017）

表4-2-5 小麦籽粒不同部位的$\delta^{13}C$和$\delta^{15}N$值

地区	种类	样品数量	$\delta^{13}C$值±SD（‰）	$\Delta^{13}C$值（‰）	$\delta^{15}N$值±SD（‰）	$\Delta^{15}N$值（‰）	数据来源
河南辉县	面粉	9	−28.00±0.15	0.87	4.45±0.42	0.42	刘宏艳等，2017
	麸皮	9	−28.87±0.11		4.03±0.52		
陕西杨凌	面粉	9	−27.87±0.22	0.91	−3.15±0.54	0.31	
	麸皮	9	−28.78±0.19		−3.46±0.63		
河北赵县	面粉	9	−28.35±0.39	1.06	1.63±1.06	0.64	
	麸皮	9	−29.41±0.40		0.99±0.98		

4.3 农业技术发展对农作物稳定同位素组成的影响

人类对植物的利用,从采集至驯化栽培再到耕作,不断地干预植物的生长演化,一定程度上改变了植物的生理特征,某种程度上也将影响着植物的稳定同位素组成。这种变化我们可以从现代同种作物不同品种的稳定同位素组成的差异中找到证据。从宏观上来讲,随着古代农业技术的发展,如施肥、田间管理、灌溉等,使得土壤的稳定同位素组成发生明显变化,进而影响农作物的稳定同位素组成,而这种变化也将随着人与动物对植物的摄入而永久保留。因此,在详细探讨农业技术发展对农作物稳定同位素组成的影响机理上,可根据农作物、人与动物组织稳定同位素组成的变化规律,反推我国古代农业技术的发展。

4.3.1 灌溉对农作物稳定同位素组成的影响

农田土壤水分的分布受多种因素的影响,如土壤类型、降水量等自然条件及灌溉等人类行为。合理的灌溉有利于提高农作物的水分利用效率,起到增产的目的(蒋静等,2010)。

一般而言,C_3植物的$\delta^{13}C$值与降水量存在明显的负相关关系。当水分不足时,为减少蒸腾作用所引起的水分散失,植物叶片将关闭气孔,从而引起植物叶内细胞间CO_2浓度的降低,同时提高植物的水分利用效率,最终导致植物叶片$\delta^{13}C$值增加(Francey and Farquhar,1982)。自然条件下,C_3植物的$\delta^{13}C$值与土壤含水量之间也呈显著负相关关系(陈世苹等,2004)。C_4植物的$\delta^{13}C$值与降水量之间的关系较为复杂,我国北方黄土区C_4植物(包括农作物黍)$\delta^{13}C$值与降水量之间呈显著正相关关系;另外,由于C_4植物水分利用效率较高,环境适应能力较强,因此其$\delta^{13}C$值变化较小(王国安等,2005;杨青和李小强,2015)。因此,灌溉初期,水分的补充可以使C_3植物的$\delta^{13}C$值降低;长期稳定的灌溉,使植物可利用的水分充足,植物光合作用过程中的气孔导度(g_s)将达到最大,此时,植物的$\delta^{13}C$值将不会随着水分供应的增加而减小,而是趋于稳定(Williams and Ehleringer,1996;Anderson et al.,2002;杜太生等,2011)。另外,灌溉作为农作物可利用水分的重要来源之一,将影响农作物$\delta^{13}C$值与降水量之间的相关性。例如,黄河以东地区,现代小麦(C_3植物)生长所需水分主要来源于当地降水,其$\delta^{13}C$值与年降水量之间存在明显的负相关性;但黄河以西地区,干旱与半干旱气候条件下,受灌溉的影响,现代小麦的$\delta^{13}C$值与年降水量之间不存在明显的相关关系(陈玉凤,2015)。另外,灌溉通过影响土壤硝化、矿化、氨挥发、反硝化、淋溶流失等过程,也间接影响植物的N稳定同位素组成(Aranibar et al.,2008;Handley and Raven,

1992；Lloyd，1993；Houlton et al.，2006；袁新民等，2000）；且灌溉用水的硝酸盐含量及$\delta^{15}N$值也会影响生长植物的$\delta^{15}N$值（Bateman et al.，2005）。

我国史前两大农业体系（旱作农业与稻作农业）均起源于新石器时代初期，全新世大暖期为农业的发展创造了良好的水热环境；而全新世晚期（$ca.$ 3Ka BP）气候则逐渐趋于干旱（徐海，2001；施雅风等，1992）。面对人口的增长与气候的变化（王灿，2016），发展农业技术成为先民解决生计问题的重要手段。至夏商周时期，先民开创了灌溉农业（顾浩和陈茂山，2008）；春秋战国时期灌溉农业得到发展，出现灌溉机械（李崇州，1983）；先秦时期建设大型水利工程等（王双怀，2012）；汉代，农业灌溉形成规模（顾浩和陈茂山，2008）。新石器时代晚期，黄河流域粟的种植主要依赖于自然环境，粟$\delta^{13}C$值的变化也取决于自然环境的变迁。该时期粟的$\delta^{13}C$值变化范围为0.3‰～0.7‰（仰韶文化晚期：−10.4‰±0.6‰，$n=6$；马家窑文化时期：−10.1‰±0.7‰，$n=3$；齐家文化时期：−9.4‰±0.4‰，$n=6$）（An et al.，2015b），其$\delta^{13}C$值随着气候的干冷趋于偏正。至汉代粟的$\delta^{13}C$值明显降低4‰左右[①]，汉代粟的$\delta^{13}C$值变化明显超出气候变化引起的粟$\delta^{13}C$值变化的范围（0.3‰～0.7‰）。因此，汉代粟稳定同位素组成的较大变化，可能主要受灌溉等人类活动的影响。

土壤水分是植物最重要和直接的水分来源，土壤水分被植物根系吸收后，沿木质部向上运输过程中，水分的H、O同位素基本不发生分馏，但叶片的蒸腾作用导致轻的水分流失，使植物叶片的H、O同位素相对富集（Dongmann et al.，1974；杜太生等，2011）。土壤中水的H、O稳定同位素组成与变化，除与自然因素如土壤中水分的运动、地表蒸发、植被类型、大气降水等有关外，还受到人类活动的影响，如灌溉（蒋静等，2010；郑淑蕙等，1983）。由于雨水降落渗入至土壤中，H、O同位素基本不发生分馏，因此降水与土壤水分的$\delta^{18}O$值和δD相近；河水等水分的蒸腾作用导致轻的水分流失，一般河水的$\delta^{18}O$值和δD相对于降水偏高；另外，不同地区气候环境的差异，将导致同一河流的H、O同位素组成出现地域差异（高建飞等，2011）。据此推测，中国古代北方地区农田以河水灌溉为主（王双怀，2012），导致植物的$\delta^{18}O$值和δD偏正，这一差异也将随着食物链被保存下来。我们以中原地区夏商灌溉发展之初，植食动物组织O同位素组成的变化为例，探讨河水灌溉对古代农作物O同位素组成的影响。

二里头遗址与小双桥遗址分别位于河南省中部偃师市和郑州市，地处黄河流域的伊洛盆地，是中国早期国家诞生的中心。两处遗址分别属于二里头文化超大型中心聚落与商代中期都邑级遗址，^{14}C测年显示，两者的年代范围分别为1880～1521BC和1435～1412BC（夏商周断代工程专家组，2000；刘莉和陈星灿，2000；河南省文物考古研究所等，1996；河南省文物考古研究所，2012）。两处遗址动物骨胶原的O同位素分析

---

① 陕北老角梁遗址出土粟的C稳定同位素测试（数据未发表）。

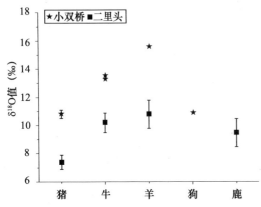

图4-3-1　小双桥遗址与二里头遗址不同种属动物
骨胶原的平均$\delta^{18}O$值误差图

（数据来源于王宁等，2015；司艺等，2014；
屈亚婷，2019）

注：小双桥遗址动物个体数：猪$n=3$、狗$n=1$、牛$n=2$、
羊$n=1$；二里头遗址动物个体数：猪$n=13$、鹿$n=6$、
牛$n=6$、羊$n=6$

显示，商代中期郑州小双桥遗址出土同种动物骨胶原的$\delta^{18}O$值明显高于二里头遗址（图4-3-1）。另外，通过对不同种属动物$\delta^{13}C$与$\delta^{18}O$值的对比分析，发现该地区动物骨胶原的$\delta^{18}O$值与其食物结构中C_3和C_4类食物所占比例的多少无关，主要取决于动物饮用水的来源与新陈代谢方式的不同（反刍和非反刍）（王宁等，2015；司艺等，2014）。

在黄河两岸半湿润地区，如烟台、郑州、西安、太原大气降水的$\delta^{18}O$值分别为-7.2‰、-8.9‰、-8.7‰、-6.4‰，表明该地区大气降水的$\delta^{18}O$值与海岸距离没有明显的关系，其中，郑州至西安大气降水的$\delta^{18}O$值变化范围很小（0.2‰）；河南东部至西部，郑州市、济源市和三门峡市黄河水系的$\delta^{18}O$值分别为-7.9‰、-8.3‰、-8.2‰，表明河南中部不同地区黄河水系的$\delta^{18}O$值变化也较小（差异范围0.1‰~0.4‰）（高建飞等，2011）。郑州小双桥遗址与偃师二里头遗址同种动物骨胶原$\delta^{18}O$值的差异范围为3.2‰~4.8‰，明显超出大气降水与黄河水系$\delta^{18}O$值的区域差异，且两处遗址刚好处于中原地区暖湿气候期（4.3ka~2.8ka BP）（王灿，2016），两处遗址气候差异较小，由此推测，两处遗址动物骨胶原$\delta^{18}O$值的差异并非主要缘于环境气候的不同。另外，河南平原中部地下深层水的平均$\delta^{18}O$值为-9.0‰（李满洲等，2010），由此可见，河南中部地区不同水系的$\delta^{18}O$值依次为：黄河水系＞大气降水＞地下深层水。以郑州市为例，相对于大气降水（-8.9‰），黄河水系的$\delta^{18}O$值（-7.9‰）明显富集1.0‰，地下深层水的$\delta^{18}O$值（-9.0‰）降低0.1‰，地下深层水与大气降水$\delta^{18}O$值差异较小。伊洛河流域作为早期中国形成的中心，在夏商周时期，先民已开创了灌溉农业（顾浩和陈茂山，2008）。古文献记载（如"汤旱，伊尹教民田头凿井以灌田"）与大量商代水井、输水和蓄水遗迹的发现，表明商代已开始引井水和河水用于浇灌和生活用水（付海龙，2015；徐岩，2003）。因此，小双桥遗址动物较高的$\delta^{18}O$值可能与先民较多的引河水浇灌农业和饲养家畜等有关。

虽然动物骨胶原的多稳定同位素组成在一定程度上可以反映自然环境的变化与人类活动的干预对农业发展的影响，但往往受到动物食物结构变化、个体新陈代谢差异等因素的影响。古代农作物稳定同位素的分析可为农业技术发展的研究提供直接的证据。因此，应全面开展浮选炭化种子的稳定同位素分析工作。

4.3.2 施肥对农作物稳定同位素组成的影响

农作物生长所需N源主要来源于土壤中的N库，因此两者N稳定同位素组成存在显著关系（Liu and Wang，2009）。土壤中的N稳定同位素组成除与地理环境和气候因素密切相关外，还受到人类活动的影响，如施肥（苏波等，1999；Hedges and Reynard，2007；刘宏艳等，2017）。

一般而言，自然环境中，土壤的$\delta^{15}N$值与植物的$\delta^{15}N$值存在显著正相关关系（Liu and Wang，2009）。对于农田而言，土壤中N浓度在一定范围内（即植物对N的需求超过N的供给时），有机N肥输入越多，植物$\delta^{15}N$值越高；相反，化肥输入越多，植物$\delta^{15}N$值越低，因为有机N肥明显富集^{15}N，而化肥则明显贫^{15}N（Evans，2001；Bateman et al.，2005）。例如，胡萝卜生长施有机粪肥（鸡粪，$\delta^{15}N$值为5.4‰）比施化肥（NH_4NO_3，$\delta^{15}N$值为-1.3‰）$\delta^{15}N$值明显富集3.4‰~4.0‰（Bateman et al.，2005）。白菜生长施有机粪肥（猪粪，$\delta^{15}N$值为15.6‰~18.2‰），其$\delta^{15}N$值富集2.6‰~7.2‰；施化肥（尿素，$\delta^{15}N$值为-2.7‰），其$\delta^{15}N$值降低3.6‰~4.4‰（Lim et al.，2007）。山东地区现代水稻$\delta^{15}N$值为5.2‰（Lanehart et al.，2011），浙江省德清县现代水稻颖果和颖壳的$\delta^{15}N$值分别为0.8‰和-3.8‰（Gupta et al.，2013），可见德清县现代水稻较低的$\delta^{15}N$值应该与施化肥有关。另外，不同种类的有机肥，其$\delta^{15}N$值也存在明显的差异，如猪粪的$\delta^{15}N$值明显高于鸡粪。但对于水稻田而言，浸水环境能抑制土壤的硝化作用，使有机N的矿化作用减弱；同时大量具有较低$\delta^{15}N$值的水稻根茎和秸秆的残留，使得水稻田的$\delta^{15}N$值明显降低（慈恩等，2009；Choi et al.，2003）。因此，同一自然环境下，水稻的$\delta^{15}N$值要明显低于旱作农业粟和黍的$\delta^{15}N$值。

土壤中，微生物对有机C进行分解时，将优先分解含^{12}C的有机C，造成分解产物的$\delta^{13}C$值富集，最终导致土壤$\delta^{13}C$值增加；同时，随着有机C降解程度的加剧，土壤$\delta^{13}C$值不断提高，表现为土壤$\delta^{13}C$值随土壤深度的增加逐渐升高。自然环境中，植物与动物的活动，将大量产生的有机代谢物输入土壤中，造成土壤中$\delta^{13}C$值不断发生变化（刘晓瞳等，2017）。对于古代农田而言，大量作物根茎的不断混入，使得土壤的$\delta^{13}C$值相对稳定，但当人类有意添加有机肥时，因新加入有机肥的$\delta^{13}C$值不同，将对原土壤的$\delta^{13}C$值产生影响，土壤的$\delta^{13}C$值出现较大的波动，且农田施肥也将引起土壤碳氮比值（C/N）发生变化，从而成为我们判断古代农业施肥的重要依据（慈恩等，2009；朱洁等，2011；贾树海等，2017；徐启刚和黄润华，1990）。另外，土壤中过多N素的输入，将导致土壤盐分明显升高，当植物受盐分胁迫影响时，植物叶片气孔导度降低，其生长将受到抑制，引起植物组织的$\delta^{13}C$值偏正（Lim et al.，2007）。

古文献记载，商周时期先民开始将粪肥、绿肥施于农田（谭黎明和谭佳远，

2014），如《诗经·周颂·良耜》记载"荼蓼朽止，黍稷茂止"①；春秋战国时期先民对农田施肥改变土壤肥力有了深入的认识，农业施肥逐渐普遍化，如《荀子·富国》记载"掩地表亩，刺草殖谷，多粪肥田，是农夫众庶之事也"②，《吕氏春秋·任地篇》记载"地可使肥，又可使棘"③；至汉代农田施肥技术得到发展（谭黎明和谭佳远，2014；邓群和曾晓丽，2005），如《氾胜之书》记载"凡耕之本，在于趣时、和土、务粪泽""取美粪一升，合坎中土搅和，以内坎中"④，《论衡·率性篇》记载"深耕细锄，厚加粪壤，勉致人工，以助地力"⑤。河南郑州西山遗址土壤C屑浓度和粒级的分析显示，距今约4800年，土壤C屑浓度和粒级开始发生变化。春秋战国时期达到一定水平并趋于稳定，可能与农业施肥有关（王晓岚等，2004）。

古代农田施肥主要以农家肥为主（人或动物的代谢产物）（邓群和曾晓丽，2005），一般农家肥的$\delta^{15}N$值偏高，施农家肥将导致生长植物的$\delta^{15}N$值明显增加，因此，可根据农作物$\delta^{15}N$值的变化判断人类施肥等农业活动（Bogaard et al.，2013）。我国北方地区白水流域新石器时代晚期（5500~3500BP）多个遗址出土粟、黍炭化种子和动物骨骼的C、N稳定同位素分析，以及与现代粟、黍$\delta^{15}N$值的对比分析显示，新石器时代晚期炭化粟、黍种子较高的$\delta^{15}N$值与农业施猪粪肥相关（Wang et al.，2018）。

利用考古遗址出土农作物种子与动物组织的稳定同位素组成判断人类农业施肥活动，需要注意以下因素的影响。首先，不同种属动物，或同一种属具有不同食性的动物，其粪肥的N稳定同位素分馏存在差异。例如，猪喂养实验显示，分别以纯C_3类食物和纯C_4类食物喂养的猪，其粪便的N稳定同位素分馏存在较大差异；相对于食物，前者粪便的$\delta^{15}N$值偏正3.3‰，后者则偏负约0.9‰（Hare et al.，1991）。中国北方地区，新石器时代家猪的食谱不断发生变化，晚期主要以小米为主，其粪便的N稳定同位素分馏尚不确定，因此无法确定其粪肥对我国北方地区农作物$\delta^{15}N$值的影响程度。其次，考古遗址出土农作物种子受炭化作用影响，其$\delta^{15}N$值偏正约1‰（Bogaard et al.，2013）。第三，地理环境与气候的变化均会影响植物的$\delta^{15}N$值（Liu and Wang，2009；Houlton et al.，2006；Koba et al.，2003）。第四，现代农耕技术，如灌溉、田间管理、轮作等均会对农作物的稳定同位素组成产生影响（Bogaard et al.，2013）。第五，家养动物食谱与生活习性的改变，将引起其新陈代谢发生变化，导致其组织的$\delta^{15}N$值发生变化

---

① （汉）郑氏笺，（唐）孔颖达疏．毛诗正义：十三经注疏本 [M]．北京：中华书局，1957：109.
② （清）王先谦．荀子集解 [M]．北京：中华书局，1988：183.
③ （战国）吕不韦著，陈奇猷校释．吕氏春秋 [M]．上海：上海古籍出版社，1989：1740.
④ （西汉）氾胜之著．万国鼎辑释．氾胜之书 [M]．北京：农业出版社，1980：21、132.
⑤ （汉）王充．论衡 [M]．上海：上海人民出版社，1974：17.

（易现峰等，2004a）。

此外，施肥导致农作物$\delta^{15}N$值的明显增加，将对整个食物链不同营养级生物的$\delta^{15}N$值产生影响。我们以中原及周边地区龙山至两汉时期部分遗址野生和家养植食动物C、N稳定同位素组成的变化规律为依据，进一步验证我国古代农业施肥的稳定同位素证据。

中原地区作为中华文明起源与发展的中心，其农业技术不断发展，如灌溉与施肥的出现，必然对农作物的稳定同位素组成产生影响，并通过食物链影响家养动物与先民组织的稳定同位素组成。从表4-3-1可以看出，野生植食动物鹿主要以C_3植物为食，其$\delta^{13}C$和$\delta^{15}N$值主要反映的是自然环境中野生植物的稳定同位素组成，不同时期野生植食动物鹿$\delta^{13}C$和$\delta^{15}N$值的变化主要受气候因子变化的控制。家养植食动物牛和羊以C_3和C_4植物为食，其食物结构中C_3植物和C_4植物比例的变化是影响动物$\delta^{13}C$和$\delta^{15}N$值变化的主要因素。因此，在探讨农业技术发展（施肥）通过对植物$\delta^{15}N$值的影响间接影响植食动物的$\delta^{15}N$值时，需充分考虑植食动物食物结构的变化所造成的影响。如表4-3-1所示，同一时期，同一遗址，不同种属家养植食动物的$\delta^{13}C$值差异较大，但$\delta^{15}N$值却差异较小，表明该地区C_3植物与C_4植物的$\delta^{15}N$值差异较小。因此，该地区龙山至两汉时期家养植食动物食谱中C_3植物与C_4植物比例的变化对植食动物的$\delta^{15}N$值影响较小。家养植食动物的$\delta^{15}N$值主要取决于该地区生长植物本身的$\delta^{15}N$值，而植物的$\delta^{15}N$值又受到自然环境因素与人为因素的影响。

表4-3-1 中原及周边地区龙山至两汉时期部分遗址家养与野生植食动物的平均$\delta^{13}C$和$\delta^{15}N$值

时期	遗址	种属	样品数量	$\delta^{13}C$值±SD（‰）	$\delta^{15}N$值±SD（‰）	数据来源
龙山时代	山西陶寺	羊	5	−17.2±0.4	6.8±1.0	陈相龙等，2012
		牛	6	−11.3±2.2	6.6±1.2	
	河南瓦店	鹿	10	−20.8±0.9	5.0±1.2	Chen et al., 2016a
		羊	2	−16.7±0.9	7.6±0.1	
		牛	9	−12.8±2.1	7.6±0.7	
	陕西东营	鹿	2	−20.0±1.6	5.2±1.6	Chen et al., 2016b
		羊	2	−17.8±1.6	7.1±1.7	
		牛	7	−14.1±1.2	7.0±1.0	
	陕西康家	鹿	1	−15.1	7.4	Pechenkina et al., 2005
		羊	1	−17.3	8.0	
		牛	2	−16.5±3.2	6.6±0.04	
	陕西神圪垯墚	羊	11	−16.0±0.9	6.3±1.2	陈相龙等，2017
		牛	6	−14.7±1.4	6.5±0.5	

续表

时期	遗址	种属	样品数量	δ¹³C值±SD（‰）	δ¹⁵N值±SD（‰）	数据来源
龙山晚期至二里头I期	河南新砦	鹿	10	−13.7±4.6	5.8±0.6	张雪莲和赵春青, 2015
		羊	1	−10.3	6.8	
		牛	2	−8.1±1.4	6.1±0.3	
	河南新砦	鹿	4	−16.2±3.3	5.3±0.8	Dai et al., 2016
		羊	8	−14.4±1.6	5.6±0.5	
		牛	11	−9.8±1.7	6.3±0.9	
	河南二里头	羊	1	−13.8	6.8	司艺, 2013
二里头II期	河南二里头	鹿	8	−19.3±1.7	4.7±1.1	司艺, 2013
		羊	7	−13.9±1.6	6.2±1.3	
		牛	5	−9.8±3.6	6.3±1.3	
二里头III期	河南二里头	鹿	3	−18.6±1.4	4.0±0.3	司艺, 2013
		羊	6	−15.6±1.4	6.6±1.0	
		牛	3	−9.9±1.1	6.9±0.5	
二里头IV期	河南二里头	鹿	5	−18.8±1.0	4.0±0.8	司艺, 2013
		羊	7	−15.8±1.6	6.2±1.5	
		牛	6	−8.6±1.2	6.6±0.6	
先商	河南鄣邓	羊	13	−15.4±2.7	7.7±1.2	侯亮亮等, 2013
		牛	13	−9.7±3.4	6.6±1.4	
	河北南马	羊	1	−15.7	7.3	侯亮亮和徐海峰, 2015
		牛	10	−10.2±1.2	6.7±1.4	
	河北白村	鹿	6	−20.0±1.9	3.7±0.8	Ma et al., 2016a
		羊	13	−12.1±2.6	6.2±1.1	
		牛	5	−8.3±1.8	7.3±1.0	
二里岗时期	河南二里头	鹿	4	−19.2±1.3	3.8±0.4	司艺, 2013
		羊	9	−16.0±1.4	7.1±1.6	
晚商-殷墟III期	河南铁三路	鹿	3	−19.4±1.8	4.2±0.6	司艺, 2013
		羊	4	−16.0±1.3	7.1±0.8	
		牛	6	−9.5±1.0	5.9±1.5	
晚商-殷墟IV期		牛	5	−9.9±0.9	6.4±0.8	司艺, 2013
战国	河南申明铺	羊	1	−18.2	6.8	侯亮亮等, 2012
		牛	3	−15.7±2.3	7.9±1.1	
战国晚期至秦	陕西丽邑	羊	2	−14.2±4.2	7.1±2.3	Ma et al., 2016b
		牛	1	−10.7	7.4	
西汉	河南申明铺	马	1	−14.2	4.0	侯亮亮等, 2012
	陕西光明墓地	马	2	−13.6±1.8	7.4±1.2	张国文等, 2013
两汉之间	陕西官道墓地	羊	1	−19.0	7.5	

如图4-3-2和彩版二，2所示，与龙山时代相比，龙山晚期至二里头Ⅰ期，植食动物（牛、羊、鹿）的δ^{13}C值均明显增加，表明植食动物的食物结构中C_4植物的比例增加。相应的野生（或家养）植食动物鹿的δ^{15}N值稍有增加，主要缘于鹿食性的变化；相反，家养植食动物牛和羊的δ^{15}N值却稍有降低，可能与自然环境变化或人为因素有关。与龙山晚期至二里头Ⅰ期相比，二里头Ⅱ期至晚商野生植食动物鹿的δ^{13}C值明显降低，其食物结构以C_3植物为主，但在该时期内鹿的δ^{13}C值总体波动较小，表明该时间段内其食性与自然环境未发生明显的变化；家养植食动物牛和羊的δ^{13}C值未发生明显的变化，且在该时间段内δ^{13}C值总体波动也较小，表明龙山晚期至晚商时期，家养动物牛和羊的食物结构未发生明显的变化。另外，二里头Ⅱ期至晚商这一时间段内，野生植食动物鹿的δ^{15}N值先逐渐降低，至二里岗时期又逐渐增高，反映了气候变化对野生植食动物鹿δ^{15}N值的影响；但家养植食动物牛和羊的δ^{15}N值变化规律并不与野生

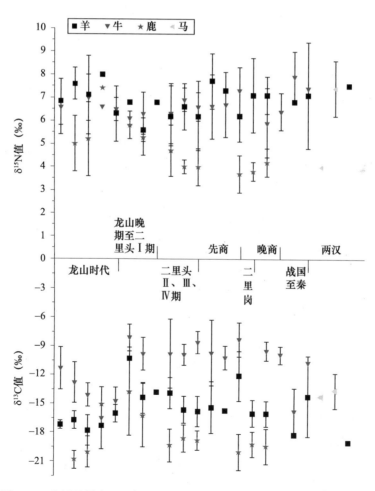

图4-3-2 中原及周边地区龙山至两汉时期部分遗址家养与野生植食动物的
δ^{13}C和δ^{15}N值误差图

植食动物鹿δ¹⁵N值的变化规律同步,而是呈现逐渐增加的局势,且其δ¹⁵N值明显高于野生植食动物鹿的δ¹⁵N值。家养植食动物δ¹⁵N值的逐渐增加反映了农作物δ¹⁵N值的逐渐增加,可能主要受人为干预的影响,如施肥。结合古文献记载可知,夏商时期我国中原地区农田已普遍施肥。

4.4 个体新陈代谢差异对其组织稳定同位素组成的影响

人体通过对食物的消化、吸收与转换形成自身不同组织(Kohn,1999),因此,人体组织的稳定同位素组成不仅与食物的稳定同位素组成相关,还受个体新陈代谢的影响(Eggers and Jones,2000)。人或动物体内,食物的消化、吸收与代谢受多种因素影响,如遗传因素、个体因素、食物因素、社会因素和环境因素等;其中个体因素包括年龄、性别、健康状况、饮食习惯、消化吸收能力等(崔松进等,2004)。在此,我们主要分析性别、年龄、健康状况及饮食习惯通过影响个体的新陈代谢造成个体不同组织稳定同位素组成发生的变化。

4.4.1 性别的影响

男性与女性食性的差异,往往作为判断劳动分工、地位等级差异及社会组织变化等的重要依据(郭怡等,2017;Dong et al.,2017;Naumann et al.,2014;Stantis et al.,2015)。那么,男性与女性生理结构上的差异,是否会影响其食物与骨胶原之间的稳定同位素分馏呢?DeNiro和Schoeniger(1983)通过喂养实验,发现雄性与雌性的水貂在摄取同样食物的前提下,两者之间骨胶原的C、N稳定同位素组成不存在明显的差异(表4-4-1)。Jim等(2004)通过鼠喂养实验进一步证明,在食谱相同的条件下,雄性与雌性之间骨胶原($\Delta^{13}C_{男性-女性}=-0.03‰±0.3‰$)或磷灰石($\Delta^{13}C_{男性-女性}=0.4‰±0.4‰$)的$\delta^{13}C$值差异很小。

表4-4-1 雄性与雌性水貂骨胶原的$\delta^{13}C$和$\delta^{15}N$值

种属	性别	样品数量	δ¹³C值±SD(‰)	δ¹⁵N值±SD(‰)	数据来源
水貂	雄性	14	−12.9±0.1	9.0±0.4	DeNiro and Schoeniger,1983
	雌性	16	−12.8±0.3	8.9±0.4	

以中国北方为例,选取个体数量较大的遗址,对男性与女性骨胶原的$\delta^{13}C$和$\delta^{15}N$值进行对比分析(表4-4-2)。选取的史前遗址包括河南晓坞遗址(仰韶文化早期的东庄类型)(舒涛等,2016)、河南西山遗址(仰韶文化的早、中、晚三期)、河南西坡遗址(仰韶文化中期)(张雪莲等,2010)、陕西姜寨遗址(仰韶文化早

期)(郭怡等,2011a;Pechenkina et al.,2005)及山东即墨北阡遗址(大汶口文化,6100~5500BP)(王芬等,2012),选取的青铜时代早期遗址包括山西聂店遗址(夏代)(王洋等,2014)和河北邯郸南城遗址(先商文化,1750~1600BC)(Ma et al.,2016a)。如图4-4-1和彩版三,1所示,从仰韶文化至青铜时代早期,先民的食谱发生明显的变化,$\delta^{13}C$值明显增加;但总体而言,除个别个体外,男性与女性骨胶原的$\delta^{13}C$和$\delta^{15}N$值相互交织在一起,两者之间的C、N稳定同位素组成相似。不同遗址先民生业模式存在差异,因此不同遗址个体骨骼的$\delta^{13}C$和$\delta^{15}N$值也存在差异。

表4-4-2　中国北方部分遗址男性与女性骨胶原的平均$\delta^{13}C$和$\delta^{15}N$值及差异性分析

遗址	性别	样品数量	$\delta^{13}C$值±SD(‰)	T-test	$\delta^{15}N$值±SD(‰)	T-test	同位素数据来源
河南晓坞	女	37	-10.4±1.3	$P=0.52$	7.7±0.6	$P=0.21$	舒涛等,2016
	男	27	-10.2±1.0		7.9±0.7		
河南西山	女	8	-8.3±1.4	$P=0.95$	8.8±0.6	$P=0.47$	张雪莲等,2010
	男	18	-8.3±1.6		9.0±0.5		
河南西坡	女	9	-9.8±1.3	$P=0.90$	9.4±0.8	$P=0.93$	张雪莲等,2010
	男	21	-9.7±1.1		9.4±1.1		
陕西姜寨	女	11	-9.8±1.0	$P=0.50$	8.4±0.3	$P<0.05$	郭怡等,2011a;Pechenkina et al.,2005
	男	8	-10.1±1.5		9.0±0.6		
山东北阡	女	7	-8.9±0.8	$P=0.24$	8.2±1.2	$P=0.70$	王芬等,2012
	男	9	-9.3±0.5		8.0±1.0		
山西聂店	女	17	-7.2±0.4	$P=0.26$	10.3±0.6	$P=0.37$	王洋等,2014
	男	22	-7.1±0.3		10.5±0.8		
河北南城	女	17	-6.9±0.5	$P=0.93$	9.4±0.6	$P=0.74$	Ma et al.,2016a
	男	31	-6.9±0.3		9.4±0.6		

为了进一步了解生业模式相似的男性与女性骨胶原$\delta^{13}C$和$\delta^{15}N$值的差异,对同一遗址间男性与女性骨胶原的稳定同位素组成进行T-test分析,结果如表4-4-2所示,除去姜寨遗址,其他遗址中男性与女性骨胶原的$\delta^{13}C$和$\delta^{15}N$值均不存在明显的差异。姜寨遗址男性骨胶原的$\delta^{15}N$值略高于女性,主要是父系氏族社会制度开始萌芽,促使私有制的发展,从而导致食物资源的分配不均,男性摄取较多的肉食,最终促使男性与女性骨胶原的$\delta^{15}N$值产生差异(郭怡等,2017)。而山西聂店遗址,共发现151座墓,根据墓葬形制与陪葬品的数量和特征,该墓地被认为是一处典型的平民墓地,即墓地发现的所有个体之间不存在明显的社会等级差异(王洋等,2014);C、N稳定同位素的分析进一步显示在不受社会地位高低、生业模式差异

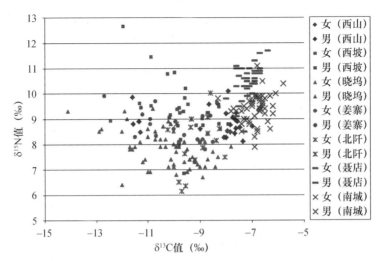

图4-4-1　中国北方部分遗址男性与女性的$\delta^{13}C$和$\delta^{15}N$值散点图

（数据来源于张雪莲等，2010；舒涛等，2016；郭怡等，2011a；Pechenkina et al.，2005；王芬等，2012；王洋等，2014；Ma et al.，2016a）

等因素的影响下，男性与女性骨骼的$\delta^{13}C$和$\delta^{15}N$值相似，表明生理差异（性别）对人体骨骼的稳定同位素组成影响较小。

4.4.2　年龄的影响

人体在儿童期生长发育迅速，新陈代谢旺盛，骨骼更新速度较快，尤其是婴儿期。但随着个体年龄增长，各种因素引发多个器官的功能不断下降，当人体衰老时，新陈代谢减慢，人体免疫功能逐渐衰退，疾病多发（徐英萍，2013）。同时，年龄增长可能通过打破胶原合成与降解的平衡而影响机体胶原的代谢（Ashcroft et al.，1997）。另外，骨骼的成分会随年龄的不同而有所差异（Pate，1994）。例如，青壮年时期，骨骼代谢活跃，致密；进入老年期，骨矿物质含量及骨密度降低。一般而言，无论男性还是女性，一般在30~35岁骨量达到峰值，40~50岁之后，随着年龄的增长，骨量逐渐流失（贾育松和张若鹏，2010；何永清等，2003，2008）。牛津圣约翰学院发现的古墓葬，不同年龄个体骨骼的C、N稳定同位素组成对比分析显示，个体骨骼的稳定同位素组成与年龄之间不存在明显的相关性，主要原因在于该墓葬出土的个体年龄范围较小，主要集中在16~25岁（Pollard et al.，2012）。据此判断，年龄相仿的个体之间新陈代谢较为相似，因此新陈代谢对同一年龄段健康个体组织的稳定同位素组成影响较小。而不同年龄阶段，骨骼成分与新陈代谢的差异，可能会对骨骼的稳定同位素组成产生影响。

目前，我国古代人类食谱分析中，对个别遗址不同年龄段个体骨骼的稳定同位素组成进行对比分析，但主要目的在于探索不同年龄段食谱的差异、劳动分工及社会等级的不同。不同年龄段个体新陈代谢速率的差异对个体组织稳定同位素组成的影响则考虑较少，且不同遗址年龄段的划分标准也各不相同。

例如，福建昙石山遗址（昙石山文化，5000~4300BP）将个体分为成年与未成年两组（18岁为分界线），两组人骨的C、N稳定同位素组成不存在明显的差异，但未成年组的平均$\delta^{15}N$值偏高，可能受母乳喂养阶段较高$\delta^{15}N$值的影响（吴梦洋等，2016）。河南晓坞遗址合葬墓（仰韶文化早期的东庄类型）出土人骨的年龄划分标准为：10~14岁为少年，15~34岁为青壮年，35岁以上为中老年，线性回归分析显示，不同年龄段人骨的$\delta^{13}C$和$\delta^{15}N$值不存在显著性差异（舒涛等，2016）。山西聂店遗址（夏代）根据年龄鉴定结果将个体分为两组，分别为：成年组≥20岁、未成年组<20岁；两组不同年龄段个体骨骼的$\delta^{13}C$和$\delta^{15}N$值对比分析显示，两组之间$\delta^{13}C$平均值一致，$\delta^{15}N$平均值相差0.4‰，且独立样本T检验分析（Independent T-test）表明，两组之间的$\delta^{13}C$（$P=0.8$）和$\delta^{15}N$（$P=0.08$）值均不存在明显的差异（王洋等，2014）。河北邯郸南城遗址（先商文化，1750~1600BC）年龄分为五组，分别为：小于20岁，20~30岁，30~40岁，40~50岁，50岁以上；不同年龄段人骨的$\delta^{15}N$值不存在明显的差异，但相对于年轻组，40~50岁年龄组个体的$\delta^{13}C$值稍偏负，这种差异与社会地位高低无关，可能与劳动分工有关，如年长者可能食用较多狩猎采集所获得的C_3类食物（Ma et al., 2016a）。河南殷墟新安庄遗址商代皇家墓地出土人骨，按年龄分为五组：青春期晚期（15~17岁）、青年（18~25岁）、中青年（26~35岁）、中老年（36~45岁）、老年（46岁及以上），并将18岁作为成年与未成年的分界（Cheung et al., 2017）；虽然对该遗址人骨的稳定同位素进行了分析，但并未对比分析不同年龄段之间骨骼稳定同位素组成的差异。内蒙古和林格尔县新店子墓地（东周），以30岁为界将个体划分为两组：大于30岁和小于30岁，并对两组个体的食谱进行了对比分析，结果显示不同年龄段个体的食谱不存在明显的差异（张全超等，2006）。新疆多岗墓地（早期铁器时代）出土人骨，根据年龄鉴定结果将其分为22组，其中年龄段在4~5岁、20岁左右、25岁左右、40~50岁及成年组，人骨$\delta^{15}N$值相对较高；年龄段在20岁左右、25岁左右及成年组，C_4植物百分比相对较高（张雪莲等，2014）。

黄河流域史前人口年龄构成研究中，其年龄的划分主要依据考古墓地出土骨骼年龄的鉴定结果、史前人口结构特征及现代人口学划分年龄组的标准，将0~14岁个体归为儿童组，15~25岁个体定为青年组，26~35岁个体分为壮年组，36~50岁个体为中年组，50岁以上为老年组，且将15岁以上个体定为成年（王建华，2014）。如图4-4-2所示，史前黄河流域人口平均年龄在30岁左右，儿童与老年个体所占比例较小，平均比例分别约12%和8%（王建华，2012）。

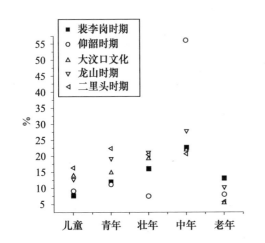

图4-4-2 黄河流域史前人口年龄构成与平均年龄散点图

（数据来源于王建华，2012）

注：裴里岗时期人口平均年龄33.1岁，仰韶时期人口平均年龄33.63岁，大汶口文化人口平均年龄27.45岁，龙山时期人口平均年龄32.39岁，二里头时期人口平均年龄29.11岁

结合人体代谢和骨骼成分与年龄之间的关系及史前黄河流域人口年龄结构特征，在分析年龄增长引起新陈代谢变化导致个体骨骼的稳定同位素组成发生变化时，将上线年龄定为40岁，即该年龄之后，人体因新陈代谢逐渐减慢，将对其骨骼的稳定同位素组成产生影响，同时该年龄段也能代表史前与历史时期的老年人群。另外，由于受母乳喂养的影响，哺乳期婴儿的$\delta^{15}N$值一般较高（Heaton et al., 1986；Sealy et al., 1987；Fogel et al., 1989；Bocherens et al., 1994），结合我国古代幼儿的断奶年龄（约4岁完成断奶）（Xia et al., 2018；Yi et al., 2018）、骨骼的更新速度（成人需要10年及以上，5岁幼儿骨骼年周转率为56%~66%）（Manolagas, 2000；Price, 1989；Valentin, 2002）及我国考古遗址儿童年龄的鉴定特征，将下线年龄定为10岁以下，即最大可能保留母乳喂养阶段的稳定同位素信息。选取年龄分布范围较广、数据量较大的遗址，按照上述分类标准进行分组，第一组（儿童）<10岁，第二组（中青年）10~40岁，第三组（老年）>40岁，并对比分析同一遗址中年龄对人体骨骼C、N稳定同位素组成的影响。

如图4-4-3和彩版三，2所示，同一遗址中，第一组（<10岁）个体的$\delta^{15}N$值相对较高，主要受母乳喂养阶段较高$\delta^{15}N$值的影响；第二组（10~40岁）个体代表了每个遗址的主体人群，年龄分布较广，其骨骼的$\delta^{13}C$和$\delta^{15}N$值分布范围也较广，主要缘于不同个体饮食结构的差异；与第二组相比，第三组个体（>40岁）$\delta^{13}C$值介于第二组个体$\delta^{13}C$值的分布范围内，表明两组的食物结构（C_3和C_4类食物混合）相似，也说明两组$\delta^{15}N$值的差异受食谱差异的影响较小。生业模式以农业为主的群体（西山遗址、晓坞遗址、聂店遗址、南城遗址和北魏墓群），第三组与第二组个体的$\delta^{15}N$值不存在明显的差异，但第三组中个别个体的$\delta^{15}N$值较高。由此可见，个体衰老过程中，个体的稳定同位素组成变化较小，且不同个体对食物消化吸收能力的不同，致使不同个体在年老时，骨骼的稳定同位素组成受新陈代谢变化的影响程度不同，因此呈现出部分个体的$\delta^{15}N$值较高，部分个体的$\delta^{15}N$值介于第二组的$\delta^{15}N$值范围内。另外，以畜牧业为主的群体，相对于第二组，第三组的$\delta^{15}N$值偏高，可能缘于年老时对肉食的消化吸收发生变化，导致其骨骼的$\delta^{15}N$值具有增高趋势。

第四章 稳定同位素食谱分析的影响因素 · 161 ·

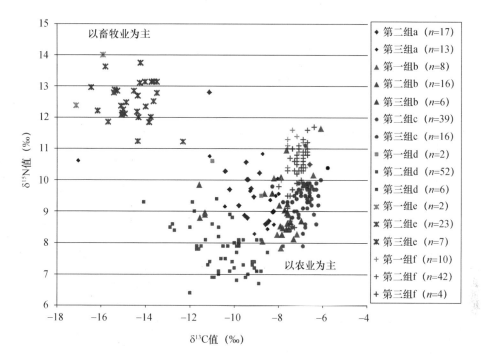

图4-4-3 不同遗址不同年龄组个体的$\delta^{13}C$和$\delta^{15}N$值散点图

（数据来源于张国文等，2010；张雪莲等，2010；Ma et al.，2016a；舒涛等，2016；张雪莲等，2014；王洋等，2014；屈亚婷等，2019）

注：a.大同南郊北魏墓群（$n=30$） b.郑州西山遗址（仰韶文化时期）（$n=30$） c.河北邯郸南城遗址（先商文化）（$n=55$） d.河南晓坞遗址（仰韶文化早期）（$n=60$） e.新疆多岗墓地（早期铁器时代）（$n=32$） f.山西聂店遗址（夏代）（$n=56$）。如果个体年龄鉴定结果为一个范围，则取中间值；因"成年"个体年龄无法分组，因此统计时排除；将"未成年"归入第二组

此外，进入40岁之后，一般个体新陈代谢将随着年龄的增长而逐渐减慢，并逐渐影响个体骨骼的稳定同位素组成，但骨骼的更新需要较长时间，进入老年阶段很长一段时间骨骼的稳定同位素组成仍保留中青年时期的信息，因此，第三组个体的$\delta^{13}C$和$\delta^{15}N$值可能受年轻时期饮食的影响。为此，我们选取河北邯郸南城遗址个体的肋骨，分析不同年龄段个体死亡前3～5年骨骼$\delta^{13}C$和$\delta^{15}N$值的变化。从图4-4-4可见，不同年龄段个体的$\delta^{13}C$和$\delta^{15}N$值无明显的差异，表

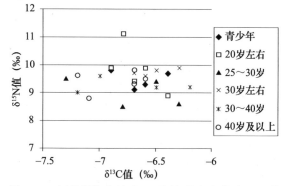

图4-4-4 河北邯郸南城遗址不同年龄段个体肋骨的$\delta^{13}C$和$\delta^{15}N$值散点图

（数据来源于Ma et al.，2016a）

明生业模式以农业为主的群体,因年龄增长导致的新陈代谢减慢对人体骨骼的稳定同位素组成影响较小。但也可能因为不同年龄段数据量的不均匀与不足,以及个体之间食谱的差异,掩盖了因年迈导致的新陈代谢减慢而造成的个体组织稳定同位素组成的变化。为此,在今后的研究中,我们将选取多个现代家庭(至少包括三代),通过头发C、N稳定同位素的分析,探讨饮食结构相似的家庭中,不同年龄段人发$\delta^{13}C$和$\delta^{15}N$值的差异与变化规律,进而了解年龄对个体组织稳定同位素组成的影响机制。

4.4.3 疾病的影响

人体组织通过新陈代谢不断更新,并处于长期循环与动态平衡中,疾病、营养(或生理)压力、妊娠期等可在短期内引起人体新陈代谢异常,从而影响个体组织的稳定同位素组成,尤其是$\delta^{15}N$值的变化(Krishnamurthy et al., 2017;Fuller et al., 2004, 2005;Mekota et al., 2006;Hayasaka et al., 2017;Neuberger et al., 2013;White and Armelagos, 1997)。另外,活动频繁、生存压力大也可能通过影响新陈代谢,最终导致人体组织的稳定同位素组成发生变化(Pollard et al., 2012)。

已有的研究表明,癌细胞可通过增加葡萄糖和谷氨酰胺的摄取以满足活跃的代谢需求(Lunt and Vander Heiden, 2011;Cheng et al., 2011)。然而,癌细胞在代谢途径的缺陷方面表现出很大程度的代谢异质性(Tennant et al., 2010;Vander Heiden, 2011)。正是癌细胞与正常细胞代谢状态的不同,导致两者蛋白质合成过程中,不同氨基酸的N稳定同位素分馏存在差异(Tea et al., 2016)。例如,相同条件下培养的人的大肠癌细胞与正常细胞中不同氨基酸的N稳定同位素组成的对比分析显示,癌细胞与正常细胞之间谷氨酸(Glx)、丙氨酸、天冬氨酸和脯氨酸的平均$\delta^{15}N$值存在显著性的差异。除谷氨酸和异亮氨酸(Ile),癌细胞中其他氨基酸的$\delta^{15}N$值均高于正常细胞中同种氨基酸的$\delta^{15}N$值,但总体而言,癌细胞的$\delta^{15}N$值却明显低于正常细胞的$\delta^{15}N$值(Krishnamurthy et al., 2017),这主要与两者蛋白质中不同氨基酸含量的差异有关(Hare et al., 1991;Weiss et al., 1999)。众所周知,酶介导的生化反应伴随着动力学同位素效应,促使机体优先利用较轻的同位素,使底物富集较重的同位素;因此,癌细胞的快速增殖消耗大量供给正常细胞的营养物质,并优先利用^{14}N,从而导致其$\delta^{15}N$值降低(Krishnamurthy et al., 2017)。

个体组织的$\delta^{15}N$值,不仅与食物的摄入相关,还与机体中N的动态平衡被打破相关,一般而言,分解状态导致机体蛋白质库的$\delta^{15}N$值增加,合成状态则导致机体蛋白质库的$\delta^{15}N$值降低(Fuller et al., 2005)。个体在承受营养胁迫的情况下,无法通过饮食获取新陈代谢所需的营养物质时,机体将通过分解自身体内的脂肪、蛋白质以获取新陈代谢所需物质与能量。机体蛋白质的分解与再合成,导致N稳定同位素再次发生分馏，较轻的^{14}N易流失，机体内δ^{15}N值增加（Mekota et al.，2006；Neuberger et al.，2013；Hayasaka et al.，2017；Poupin et al.，2014）。对于脂肪而言，其δ^{13}C值相对较低，脂肪分解产生的大量^{12}C在被机体重新利用合成不同组织成分时，将导致不同组织的δ^{13}C值降低（Neuberger et al.，2013；Tieszen and Fagre，1993）。另外，生存环境变化导致机体微量元素不足引起的代谢异常，也将影响人体组织的稳定同位素组成（王治伦，2005；吴翌硕，2012）。

例如，直肠癌患者在发病初期，头发的δ^{15}N值增高，这与自身蛋白质的分解和再利用有关；其δ^{13}C值也增高，但对于其分馏机理尚不清楚，推测可能与癌细胞旺盛的代谢过程中利用较多的^{12}C或其特殊的C代谢途径有关（尹粟等，2017）。患有厌食症、营养不良疾病的个体，其组织的δ^{13}C值降低，δ^{15}N值增高（Mekota et al.，2006；Neuberger et al.，2013；Hayasaka et al.，2017）。妊娠期因晨吐承受营养胁迫的孕妇，其头发的C、N稳定同位素测试分析显示，与怀孕前相比，孕妇晨吐期间（或妊娠期），其头发的δ^{13}C值不发生明显的变化；相反，当晨吐引起孕妇体重减轻和（或）限制体重增加时，一般头发的δ^{15}N值会增加（图4-4-5）；之后，当孕妇体重增加并不再承受营养胁迫时，其头发的δ^{15}N值呈现降低趋势直至生产（Fuller et al.，2005）。另外，Se（硒）作为人体必需微量元素，具有抗过氧化、维持软骨正常成分和代谢、调节肌肉的能量代谢等作用，而低硒条件下，人体因微小病毒B19感染，将引起大骨节病（王治伦，2005）。患有大骨节病的患者头发的δ^{13}C值较正常个体偏低（吴翌硕，2012）。

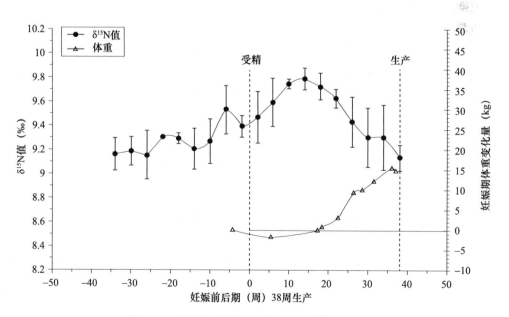

图4-4-5 妊娠期不同阶段孕妇头发的δ^{15}N值与体重

（改自Fuller et al.，2005）

因新陈代谢变化引起的人体组织稳定同位素组成的变化，为探索古代人群的生理健康、疾病卫生、营养水平等提供了新的视角。例如，对基尔肯尼联合济贫院饥荒公墓（Kilkenny Union workhouse famine cemetery）埋葬的20个个体的肋骨与牙本质进行C、N稳定同位素分析，并结合19世纪爱尔兰发生的多次饥荒（如1801年、1827年、1845年），结果显示当地居民的食物资源以土豆（C_3植物）为主，饥荒发生时，儿童牙本质骨胶原的$δ^{15}N$值相对增加，$δ^{13}C$值相对降低，主要缘于营养胁迫引起的个体新陈代谢发生变化。随着救济食物玉米（C_4植物）的引入，个体的$δ^{13}C$值明显增加，$δ^{15}N$值随着个体营养的恢复逐渐降低（图4-4-6；彩版四，1）（Beaumont et al.，2013；Beaumont and Montgomery，2016）。

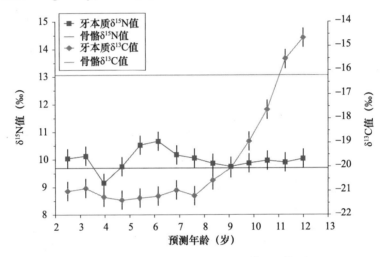

图4-4-6 不同年龄个体牙本质与骨骼的$δ^{13}C$和$δ^{15}N$值误差图

（改自Beaumon and Montgomery，2016）

注：4.5~7岁个体经历饥荒营养胁迫，8.5~13岁个体摄取救济食物玉米

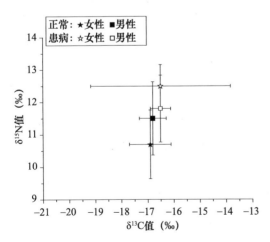

图4-4-7 苏丹努比亚人不同性别正常与患病个体的$δ^{13}C$和$δ^{15}N$值误差图

（数据来源于White and Armelagos，1997）

苏丹努比亚人（AD 350~550）43个个体骨胶原的C、N稳定同位素分析显示，骨质疏松症频发的该人群中，正常或患病个体的食谱均由C_3和C_4类食物组成，分别来源于小麦/大麦和高粱/谷子；而相对于男性，患骨质疏松症的女性$δ^{15}N$值显著升高（图4-4-7），尤其对于30多岁和50多岁的个体，富集效应最大，表明人体不同代谢过程中（如尿素排泄、肾过滤和钙磷代谢）均存在N稳定同位素的分馏，也进一步表明影响个体骨胶原的稳定同位素组成并非仅有食

物差异，也存在不同个体间的新陈代谢差异（White and Armelagos，1997）。

纵观我国目前各遗址对古代人骨的C、N稳定同位素分析，发现多处遗址中，年龄在20~40岁的个别女性，其δ^{15}N值明显偏高，推测可能与刚经历过妊娠期有关。为进一步验证这一推论，我们选取多处遗址，对年龄在15岁以上（成年）、40岁以下个体的δ^{13}C和δ^{15}N值进行对比分析。例如，大同南郊北魏墓群中（张国文等，2010），该年龄段内，男性的δ^{15}N值明显高于女性，但其中一个女性个体（年龄20~25岁）的δ^{15}N值明显高于其他女性与所有男性个体，其δ^{13}C值明显低于其他女性与所有男性个体（图4-4-8），可见该个体特殊的δ^{13}C和δ^{15}N值与年龄和性别无关。另外，随葬品显示该女性个体与其他个体之间无明显社会等级差异（张国文等，2010）。此外，该个体骨胶原C、N稳定同位素组成的特征与妊娠期女性较为相似，且其年龄正处于生育年龄范围，据此推测其特殊的δ^{13}C和δ^{15}N值可能与妊娠期经历的营养胁迫有关。

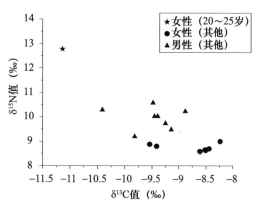

图4-4-8　大同南郊北魏墓群中15~40岁个体的δ^{13}C和δ^{15}N值散点图
（数据来源于张国文等，2010）

同样，在新疆早期铁器时代多岗遗址（张雪莲等，2014）与河南郑州仰韶文化西山遗址中（张雪莲等，2010）均存在一个20岁左右的女性个体，其具有较高的δ^{15}N值（图4-4-9）。另外，在多岗遗址（张雪莲等，2014）、晓坞遗址（舒涛等，2016）个别年龄在35岁左右的女性个体，也具有较高的δ^{15}N值和较低的δ^{13}C值（图4-4-9）。这些女性个体骨胶原特殊的稳定同位素组成，均可能与妊娠期经历的营养胁迫有关。此外，在三燕文化墓葬为主的辽宁北票喇嘛洞遗址（董豫等，2007）、大汶口文化早期即墨北阡遗址（王芬等，2012）等也发现个别女性具有较高的δ^{15}N值。

妊娠期女性组织特殊的稳定同位素组成，为判断我国古代不

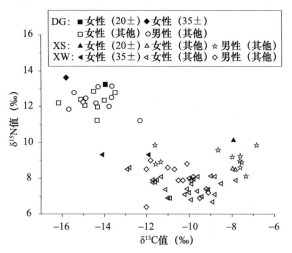

图4-4-9　不同遗址15~40岁个体的δ^{13}C和δ^{15}N值散点图
注：DG代表多岗遗址（数据来源于张雪莲等，2014），XS代表西山遗址（数据来源于张雪莲等，2010），XW代表晓坞遗址（数据来源于舒涛等，2016），±代表左右

同时期女性的生育年龄、营养水平、医疗健康等提供依据；再结合古代人类的平均死亡年龄，进一步了解古代人口的增长速度，为人类社会的发展研究提供重要的佐证。此外，自然灾害或大规模疾病突发导致我国古代人类遭受营养压力或新陈代谢异常时，其先民组织的稳定同位素组成的变化规律，又为我国古代灾害史的研究提供了一个新的视角。

4.4.4 饮食习惯的影响

植物因光合作用途径的不同，常被分为C_3植物、C_4植物和CAM植物；自然界中，以C_3植物最为常见，如乔木、大多数灌木、高海拔或高纬度草本植物，其次为C_4植物，主要为热带与亚热带草本植物（Berry，1989；Farquhar et al.，1989；Damesin，2003）。由于野生动物生存的自然环境中可供给的食物资源主要为C_3类食物（包括C_3植物和以其为食的动物），因此野生动物组织的C稳定同位素组成常表现为C_3类食谱的特征。

例如，青藏高原现代食草动物牙齿珐琅质C、O稳定同位素的分析显示，食草动物（牦牛、藏野驴、藏羚羊）牙釉质C稳定同位素组成特征与青藏高原植被景观以C_3植物为主相符（许强等，2009）。东北地区晚更新世野生动物群骨骼C、N稳定同位素的分析显示，该动物群主要摄取C_3类食物（马姣等，2017）。新石器时代浙江塔山遗址野生动物骨胶原的C、N稳定同位素分析显示，该遗址野生动物属于陆生系统C_3草食性食物结构（张国文等，2015）。新石器时代陕西白家遗址和泉护村遗址野生动物也均以C_3类食物为主（Wang，2004；Hu et al.，2014）。

当人类对野生动物的饮食习惯进行干预时（即驯化过程），因食物种类变化引起的食物稳定同位素组成发生变化，毋庸置疑，动物组织的稳定同位素组成也将发生变化。但古代人类对野生动物驯化之初，野生动物生活习性的变化是否会引起其新陈代谢发生变化，从而由新陈代谢异常引起动物组织与食物之间的稳定同位素分馏发生变化呢？且这种变化是否会被动物组织的稳定同位素组成记录下来呢？

青藏高原地区植被类型以C_3植物为主（刘光琇等，2004；贠汉伯，2010），自然环境下生存的植食动物几乎完全以C_3植物为食（许强等，2009），如该地区特有的高原鼠兔（Yi et al.，2003）。但人工对其喂养C_3（绿豆）和C_4类（玉米和小米）混合食物后发现，其肌肉的$\delta^{13}C$和$\delta^{15}N$值，相对于野生状态下以C_3植物为食的高原鼠兔肌肉的$\delta^{13}C$和$\delta^{15}N$值，分别富集5.61‰和0.33‰；相对于混合食物的$\delta^{13}C$和$\delta^{15}N$值，则分别富集了-4.73‰和2.79‰（图4-4-10）（易现峰等，2004a）。一般而言，相对于食物，小型哺乳动物肌肉的$\delta^{13}C$和$\delta^{15}N$值分别富集1‰~2‰和2‰~3‰，且其C、N稳定同位素的代谢周转率约为1个月（DeNiro and Epstein，1981；易现峰等，2004b）。人工饲喂高原鼠兔肌肉的$\delta^{13}C$值明显低于其理论值[$\delta^{13}C_{理论值}=\delta^{13}C_{混合食物}+$（1‰~2‰）]，表明人工喂养期间（40天），鼠兔肌肉的C、N稳定同位素组成尚未完全更新；且其混合食物中占80%的C_4类食物（玉米和小米）对其肌肉$\delta^{13}C$值的贡献率仅为48.95%，表明高原鼠兔不能完全消化吸收C_4类食物（易现峰等，2004a）。另外，人工饲喂高原鼠兔粪便的$\delta^{15}N$值明显高于其肌肉与食物的$\delta^{15}N$值，而对于其肌肉$\delta^{15}N$值的富集，认为与高原鼠兔食性转

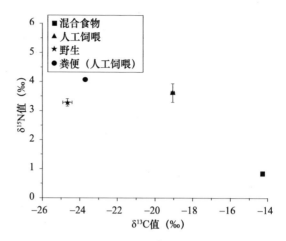

图4-4-10　自然生长与人工饲喂高原鼠兔肌肉、食物、粪便的$\delta^{13}C$和$\delta^{15}N$值散点图
（数据来源于易现峰等，2004a）

变过程中对C_4类食物消化吸收不适应及对N素同化与利用效率的改变有关（易现峰等，2004a；Adams and Sterner，2000；Poupin et al.，2014；Katja and Stefan，2002）。

　　饮食习惯的变化是古人类演化与动物驯化过程中最为突出的特征之一。目前，常以稳定同位素示踪古人类与动物食性的变化，以判断古人类生业模式的转变及动物的饲养。在此过程中，食物本身稳定同位素组成的变化导致生物体组织稳定同位素组成的变化是判断的主要依据，而往往忽略古人类饮食习惯改变与野生动物驯化过程中，因生物体自身对新食物的消化和吸收不适应导致的新陈代谢异常，进而引发其组织的稳定同位素组成发生变化。因此，食物结构变化引起新陈代谢异常而导致生物体组织的稳定同位素组成发生变化常常被隐藏至食物本身稳定同位素组成的变化中，从而过高地估算古人类演化与动物驯化初期其食物结构的变化。以猪的驯化为例，初步揭露我国家猪驯化过程中，人类干预引起猪新陈代谢异常对其组织稳定同位素组成的影响。

　　已有的研究表明，无论是现代还是古代，生活在不同地区的野猪均主要以C_3植物为食（Lösch et al.，2005；Duerwaechter et al.，2006；Minagawa et al.，2005；管理等，2007；胡耀武等，2008；Boesl et al.，2006）。如图4-4-11所示，陕西白家遗址（老官台文化，8000~7000BP）（Atahan et al.，2011）、山东月庄遗址（后李文化，8500~7500BP）（胡耀武等，2008）、山东北阡遗址（大汶口文化，5500~6100BP，周代）（王芬等，2013）、吉林万发拨子遗址（春秋战国至魏晋）（管理等，2007）、湖北青龙泉遗址（石家河文化，4600~4200BP）（陈相龙等，2015）及安徽双墩遗址（双墩文化，7330~6465BP）（管理等，2011），猪形态与食性的分析显示，我国古代不同时期、不同遗址野猪骨胶原的$\delta^{13}C$和$\delta^{15}N$值与野生植食动物更为相似。而在野猪驯化过程中，人类不仅对其食物资源进行了改变；同时限制其活动范围（如拘禁、圈养），改变其生存环

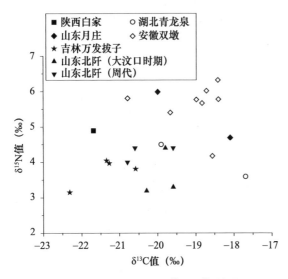

图4-4-11 我国古代野猪的δ^{13}C和δ^{15}N值散点图
（数据来源于Atahan et al.，2011；胡耀武等，2008；王芬等，2013；管理等，2007；陈相龙等，2015；管理等，2011）

境；甚至对其繁殖、性情等生理方面强加干预等（Diamond，1999；陈文华，2002），由此引发的新陈代谢异常将进一步影响猪组织的稳定同位素组成。

新石器时代中、晚期，中国北方地区随着粟、黍农业的发展与扩散，先民与家养动物食谱中，C_4类食物比例明显增加（胡耀武等，2005，2008；王芬等，2012，2013；Atahan et al.，2011；张雪莲等，2003，2010；Liu et al.，2012；Hu et al.，2006，2008，2014；Barton et al.，2009；Bettinger et al.，2010；崔亚平等，2006；张全超等，2010；凌雪等，2010；舒涛等，2016；郭怡等，2011a，2016；Wang，2004；Pechenkina et al.，2005；蔡莲珍和仇士华，1984；Chen et al.，2016b）。中国最早的家猪，出现于距今8000多年前的河北武安磁山遗址（磁山文化）、山东月庄遗址（后李文化）、河南舞阳贾湖遗址（裴李岗文化）、内蒙古赤峰兴隆洼遗址（兴隆洼文化）及浙江萧山跨湖桥遗址等诸多遗址中（胡耀武等，2008；袁靖，2015）。该时期，家猪正处于驯化初期，其形态特征与食性在人类干预下逐渐发生变化，因此，处于不同驯化阶段的猪有可能共生于同一遗址中。食物资源的变化或新陈代谢的异常均有可能被猪骨的稳定同位素组成记录下来。

以月庄遗址和白家遗址为例。该时期遗址中发现的鹿，一般认为属于野生植食类动物，其骨胶原具有较低的δ^{13}C和δ^{15}N值（图4-4-12）。白家遗址中发现的猪，其δ^{13}C和δ^{15}N值介于同一遗址鹿的范围之内，据此判断，该猪应为野生（Atahan et

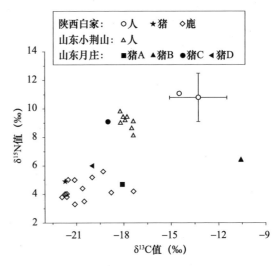

图4-4-12 月庄、小荆山和白家遗址先民、家养和野生猪与鹿骨胶原的δ^{13}C和δ^{15}N值散点图
（数据来源于Wang，2004；Atahan et al.，2011；胡耀武等，2008）

al.，2011）。月庄遗址中发现的4例猪中，其中个体A的δ^{13}C和δ^{15}N值同样落在鹿的范围之内，该个体应为野生。后李文化（小荆山遗址）与老官台文化（白家遗址）的先民已开始种植粟类作物，并成为先民重要的食物来源之一（Wang，2004；Atahan et al.，2011；胡耀武等，2008）。个体B具有明显偏高的δ^{13}C值，表明其食物结构中C_4类食物所占比例较大，该个体应为家养；个体C和D的δ^{13}C值与野生状态下的猪相近，但δ^{15}N值却明显高于野生猪，表明其食性并未发生明显的变化（无明显C_4类食物的干预），其δ^{15}N值的增高应过多的归因于人类对猪活动的干预所导致的新陈代谢变化，换言之，个体C和D可能处于人类驯养的初期阶段。

另外，吉林白城双塔遗址一期（距今6000多年），出土猪的牙齿形态与野猪较为相似；2例猪肱骨的δ^{13}C和δ^{15}N值分别为（-20.1‰，6.8‰）和（-20.9‰，6.9‰），表明猪主要食用C_3植物（张全超等，2012）。虽然，猪牙齿形态与食性均表现出野猪的特征，但与我国古代野猪的δ^{15}N值相比（图4-4-11），其δ^{15}N值明显偏高。另外，双塔遗址一期狗无论从形态特征还是食性上（δ^{13}C值为-17.6‰~-23.1‰；δ^{15}N值为7.3‰~9.3‰）均表现出家养的特征，即其食物结构中存在明显的与人类相关的C_4类食物（张全超等，2012），而该遗址猪的δ^{13}C值与北方地区史前野猪相比（图4-4-11）未发生明显的变化，表明其未摄入较多的与人类相关的C_4类食物；据此推断，双塔遗址一期猪骨胶原较高的δ^{15}N值可能主要缘于人类捕获后对其拘禁导致的新陈代谢异常，或人类对其食物资源稍加干预后，其对新的食物无法适应而遭受的营养胁迫。

中国南北方先民驯化与栽培作物种类的不同，导致南北方在家畜饲养策略上存在差异。北方以粟、黍和（或）其副产品喂养家畜，导致家养动物组织的δ^{13}C值发生明显的变化；南方则以水稻和（或）副产品（C_3植物）作为家养动物的重要食物资源，因此家养动物组织的δ^{13}C值未发生明显的变化，但因摄入人类提供的食物，如残羹冷炙等，导致家猪骨胶原的δ^{15}N值高于野猪，成为鉴定家猪的重要依据（管理等，2007；王芬等，2013）。选取安徽双墩遗址与吉林通化万发拨子遗址中，以C_3植物为食的猪，对比分析家猪与野猪骨胶原的C、N稳定同位素组成。

安徽双墩遗址（7330~6465BP）是淮河中游地区较早的新石器时代文化遗存，该遗址发现的猪类刻划符号与猪骨的形态鉴定和年龄组合，均表现出野生与家养共存的特征，暗示着该遗址家猪的驯化处于初期阶段（管理等，2011；王树明，2006）。根据猪骨的δ^{13}C和δ^{15}N值判断，家猪的平均δ^{13}C和δ^{15}N值（表4-4-3）相对于野猪分别富集-0.9‰和1.5‰；且独立样本T检验显示，两者之间的δ^{13}C和δ^{15}N值均存在显著性的差异（$P<0.05$）。随着农业的发展，吉林通化万发拨子遗址（春秋战国至魏晋）家畜饲养技术已相当成熟，家猪与野猪的形态特征已明显发生分化。在形态鉴定的基础上，稳定同位素分析显示，该遗址家猪的平均δ^{13}C与δ^{15}N值（表4-4-3）相对于野猪分别富集0.2‰和0.8‰，显著性差异分析进一步表明，两者之间δ^{13}C值差异不显著，但δ^{15}N值差

异显著（管理等，2007）。

综上可见，驯化初期，家猪与野猪之间的$\delta^{15}N$值差异较大（1.5‰）；但家猪被完全驯化后，其$\delta^{15}N$值与野猪的$\delta^{15}N$值相差则较小（0.8‰），暗示着家猪驯化过程中，随着家猪对新的生存方式的逐渐适应，因驯化初期人类干预引起的新陈代谢异常对其组织稳定同位素组成的影响将逐渐减小。另外，驯化初期，家猪表现出$\delta^{15}N$值明显升高，$\delta^{13}C$值则较低，与营养胁迫对生物体C、N稳定同位素组成造成的影响结果相符；驯化完成后，家猪的$\delta^{13}C$和$\delta^{15}N$值均高于野猪，则与食用人类$\delta^{13}C$和$\delta^{15}N$值较高的残羹冷炙等相符。

表4-4-3 万发拨子遗址、双墩遗址和北阡遗址家猪与野猪的$\delta^{13}C$和$\delta^{15}N$值

遗址	年代	种属	样品数量	$\delta^{13}C$值±SD（‰）	$\delta^{15}N$值±SD（‰）	数据来源
吉林万发拨子	春秋战国至魏晋	家猪	12	−21.2±0.7	4.5±0.4	管理等，2007
		野猪	4	−21.4±0.7	3.7±0.4	
安徽双墩	7330~6465BP	家猪	7	−19.9±0.5	7.1±0.4	管理等，2011
		野猪	8	−19.0±0.8	5.6±0.6	
山东北阡	5500~6100BP	家猪	4	−15.3±0.5	4.8±0.9	王芬等，2013
		野猪	3	−19.9±0.4	3.6±0.7	
	周代	家猪	8	−14.9±2.7	5.0±0.7	
		野猪	3	−20.3±0.6	4.3±0.2	

注：安徽双墩遗址仅选取以C_3植物为食的家猪

同样，当家猪食性发生明显变化时（即对C_4类食物的摄取），因对C_4类食物消化吸收不适应而遭受营养胁迫，其$\delta^{15}N$值将明显增高。以山东即墨北阡遗址为例（王芬等，2013），大汶口文化时期，该遗址家猪的平均$\delta^{13}C$和$\delta^{15}N$值（表4-4-3）相对于野猪分别富集4.6‰和1.2‰；至周代，该遗址家猪的平均$\delta^{13}C$和$\delta^{15}N$值相对于野猪分别富集5.4‰和0.7‰，随着家畜饲养的发展，家猪与野猪之间的$\delta^{15}N$值差异逐渐减小，与家猪对新的生存方式的适应有关。

可见，野生动物资源获取阶段，人类对野生动物生存方式的干预，就已被野生动物组织的稳定同位素组成记录下来，这可能就是我们经常在稳定同位素分析过程中，发现某些野生动物个体的稳定同位素组成出现明显异常的主要原因。此外，由于动物或人起初对新的食物（例如北方地区开始食用C_4类粟、黍作物）消化与吸收不充分，使得生物体组织的稳定同位素组成不能完全反映该食物在生物体食谱中所占的比重，且一般会低估新食物所占的比例。因此，在利用稳定同位素分析方法判断先民的生业模式转变与早期农业的发展时，应充分考虑该因素造成的影响程度。

烹饪与酿造过程，均会导致食物和酒水的$\delta^{18}O$值增高。酿造过程中，酒水的$\delta^{18}O$

值不断增加，最终产生的酒的$\delta^{18}O$值将增加1.3‰（图4-4-13）；水煮沸之后，$\delta^{18}O$值约增加0.4‰；如果经过3小时的慢煮烹饪，整体烹饪后食物的$\delta^{18}O$值将增加10.2‰（图4-4-14）（Brettell et al., 2012）。如果一个个体摄取的水分中，20%来源于酒、10%来源于茶水、20%来源于长时间烹煮后的饮食、其余50%来源于未经处理的饮用水，那么该个体整体摄入水分相对于单纯的饮用水$\delta^{18}O$值将富集2.3‰（Brettell et al., 2012）。

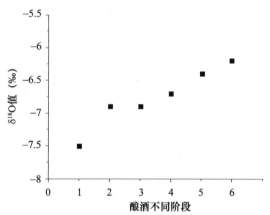

图4-4-13　酿酒过程中酒水$\delta^{18}O$值的变化规律
（改自Brettell et al., 2012）

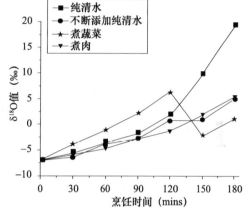

图4-4-14　四种烹饪方式不同时间段$\delta^{18}O$值的变化
（改自Brettell et al., 2012）

如果个体长时间大量饮用酒水，骨骼的$\delta^{18}O$值将明显增高。因此在根据骨骼$\delta^{18}O$值的变化判断个体迁徙时，应考虑饮食习惯造成的假象。例如，中世纪晚期英格兰国王理查德三世（King Richard Ⅲ），死亡前3年内，肋骨的$\delta^{18}O$值明显增高，但在此期间该个体的居住地并未发生改变，通过与当地地下水与葡萄酒的$\delta^{18}O$值对比（图4-4-15），推测可能与大量饮用葡萄酒有关（Lamb et al., 2014）。

此外，Grolmusová等（2014）通过对52个个体中吸烟者与非吸烟者指甲C、N稳定同位素的分析显示，吸烟者指甲的$\delta^{13}C$和$\delta^{15}N$值均高于非吸烟者（图4-4-16），且两者之间的$\delta^{13}C$（$p<0.05$）和$\delta^{15}N$值（$p<0.05$）均存在显著性的差异。另外，食性为杂食的吸烟者（或非吸烟者），其$\delta^{13}C$和$\delta^{15}N$值均较高于食性为植食的吸烟者（或非吸烟者）；但食性为植食的吸烟者，

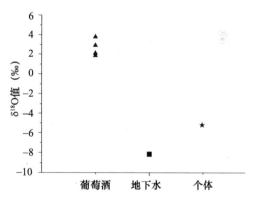

图4-4-15　个体骨骼、地下水、葡萄酒的
$\delta^{18}O$值的对比
（数据来源Lamb et al., 2014）

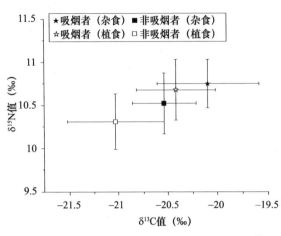

图4-4-16 杂食和植食吸烟者与非吸烟者指甲的$\delta^{13}C$和$\delta^{15}N$值误差图

（数据来源于Grolmusová et al., 2014）

其$\delta^{13}C$和$\delta^{15}N$值均较高于食性为杂食的非吸烟者，表明吸烟将导致人体指甲的$\delta^{13}C$和$\delta^{15}N$值明显增加。

我国酒文化历史悠久，早在9000多年前，河南舞阳贾湖遗址先民已利用大米、水果和蜂蜜发酵酿造饮料（McGovern et al., 2004）；至5000多年前，陕西关中米家崖遗址的先民已利用小米、大麦、薏苡和植物块茎进行啤酒的酿制（Wang et al., 2016）；尤其到了青铜时代，大量形制各异青铜酒器的发现（段双龙，2014），表明该时期饮酒的重要与普遍。另外，青铜时代新疆洋海墓地（2500BP）出土皮编小篓中大量大麻果实、枝条及叶片的发现，表明洋海先民可能吸食大麻（Jiang et al., 2006）。饮酒与吸烟可能对我国先民组织的稳定同位素组成也产生影响。但目前尚缺乏这方面的具体研究，因此也无法判断这些饮食习惯对先民的影响程度。另外，$\delta^{15}N$值的高低常被用于判断男性与女性地位、劳动分工的重要依据之一，但因男性个体长期饮酒引起的消化吸收异常而造成其组织的C、N稳定同位素组成的变化，是否会对男性食谱判断产生影响，仍有待进一步研究。此外，古人类对火的利用，彻底改变了古人类对食物的加工方式，造成加工后食物稳定同位素组成的变化；因此，稳定同位素分析也可用于探索古代人类食物加工技术的发展，从而为古代人类饮食健康的研究提供重要的依据。

4.5 其他外界因素的影响

考古遗址出土的人或动植物遗存，因长期埋藏于地下，受到各种埋藏环境因素的侵蚀，其物理结构、化学成分与生理性能等发生不同程度的变化，从而导致有机体不同组织的稳定同位素组成也发生变化。

考古遗址浮选获得的农作物种子，其稳定同位素组成隐藏着自然环境变化、农业技术发展、人类活动等多种信息。相对于现代农作物种子，考古遗址浮选出的种子发生炭化。农作物种子的主要成分为淀粉，以淀粉粒的形式存在（Torrence and Barton, 2006）。淀粉在细胞器淀粉体中积累时，先形成淀粉粒的脐点，然后支链淀粉从脐点呈辐射状向外生长，形成由结晶层与非结晶层交替排列的层纹，使淀粉粒具有结晶特性（半晶体，Semi-crystalline）（杨晓燕等，2006；Gallant et al., 1997）。实验室模拟粟和黍种子的炭化过程中，发现200℃以下种子胚乳淀粉粒的晶体结构保存完整，250℃时种子胚乳淀粉粒的晶体结构被破坏，300℃时种子部分灰化，且呈多孔结构。考古遗址出土炭化种子的微观结构与实验室模拟250℃时种子微观结构变化相似（杨青等，2011）。

为了进一步确定炭化过程中农作物种子$\delta^{13}C$值的变化规律，Yang等（2011）通过实验模拟炭化过程，分析现代粟和黍种子的$\delta^{13}C$值随炭化温度梯度的变化（50~300℃），结果显示相对于未处理的种子，300℃及以下各温度梯度，粟和黍$\Delta^{13}C$值的变化范围分别为-0.46‰~0.04‰和-0.02‰~0.49‰；其中，250℃时粟和黍的$\Delta^{13}C$绝对值均为0.2‰，表明实验模拟炭化过程中粟和黍的$\delta^{13}C$值未发生明显的变化（Yang et al., 2011）。另外，植物炭化过程中，其组织的$\delta^{15}N$值约富集1‰（炭化导致种子$\delta^{15}N$值增加1.0‰±0.4‰）（Bogaard et al., 2013）。但也有学者认为炭化过程中，种子的$\delta^{15}N$值未发生明显变化（An et al., 2015b；Pechenkina et al., 2005）。总体而言，农作物长期埋藏过程中，其稳定同位素组成的变化较小。

浙江田螺山遗址（4900~3800BC）出土炭化水稻颖壳与颖果的热解气相色谱质谱分析显示，长期埋藏炭化过程中，稻壳在分子水平上保存较好，其变化主要是多糖含量的明显降低和芳香族结构的部分变化；相比之下，颖果的变化较大，体现在多糖和蛋白质向芳香族聚合物的转变上；另外，在水稻遗存分子发生变化的过程中，稳定同位素也将发生进一步的分馏，其中，$\delta^{13}C$值明显富集1‰~2‰（Gupta et al., 2013）。我国北方与南方炭化植物保存状况的差异可能主要与气候环境有关。我国南方地区相对温暖湿润的气候与酸性的土壤，导致该地区水稻在长期埋藏过程中，较易发生分解与降解，稳定同位素产生较大的分馏，致使遗址出土水稻的$\delta^{13}C$值与现代水稻相比产生明显的偏差。

以上分析显示，我国北方与南方考古遗址中，炭化种子的保存存在明显差异。北方以物理结构变化为主，南方则以化学成分变化为主。一直以来，古代淀粉粒的保存机理尚未明确。现代实验模拟种子的炭化过程，分析淀粉结晶度的变化、成分变化及稳定同位素的分馏，再结合古代炭化种子的结晶度、成分与稳定同位素组成，可为探索淀粉粒的保存机理提供依据。

另外，考古遗址出土的羊角，其表面与内部角蛋白的C、N稳定同位素组成与C/N摩尔比分析显示，羊角内外表面的$\delta^{13}C$值和C/N摩尔比存在一定的差异，其表面的$\delta^{13}C$值相对于内部，偏负0.1‰~0.2‰；两者之间的差异主要是羊角表面被外界含碳化合物污染造成的（Barbosa et al., 2009）。

此外，酸处理与超声过程将导致炭化植物遗存$\delta^{15}N$值降低约1.0‰（Vaiglova et al., 2014）。样品采集与储藏方法的不当，也会引起样品稳定同位素组成发生一定变化（Fraser et al., 2008）。因此，用于稳定同位素测试样品的采集与保存方法仍需要进一步的规范。

参 考 书 目

[1] 蔡莲珍,仇士华,1984. 碳十三测定和古代食谱研究. 考古,(10):945-955.

[2] 柴华,钟尚志,崔海莹,李杰,孙伟,2018. 植物呼吸释放CO_2碳同位素变化研究进展. 生态学报,38(8):2616-2624.

[3] 陈崇娟,王国安,2015. 氮沉降显著降低植物氮同位素组成. 吉林大学学报(地球科学版),45(S1):1507.

[4] 陈世苹,白永飞,韩兴国,2002. 稳定性碳同位素技术在生态学研究中的应用. 植物生态学报,26(5):549-560.

[5] 陈世苹,白永飞,韩兴国,安吉林,郭富存,2004. 沿土壤水分梯度黄囊苔草碳同位素组成及其适应策略的变化. 植物生态学报,28(4):515-522.

[6] 陈文华,2002. 农业考古. 文物出版社:1-205.

[7] 陈相龙,郭小宁,王炜林,胡松梅,杨苗苗,吴妍,胡耀武,2017. 陕北神圪垯墚遗址4000a BP前后生业经济的稳定同位素记录. 中国科学:地球科学,47(1):95-103.

[8] 陈相龙,罗运兵,胡耀武,朱俊英,王昌燧,2015. 青龙泉遗址随葬猪牲的C、N稳定同位素分析. 江汉考古,(5):107-115.

[9] 陈相龙,袁靖,胡耀武,何驽,王昌燧,2012. 陶寺遗址家畜饲养策略初探:来自碳、氮稳定同位素的证据. 考古,(9):75-82.

[10] 陈玉凤,2015. 中国西北地区现代小麦、赖草的稳定碳氮同位素组成及其与气候的关系. 兰州大学硕士学位论文:1-33.

[11] 慈恩,杨林章,倪九派,高明,谢德体,2009. 不同区域水稻土的氮素分配及$\delta^{15}N$特征. 水土保持学报,23(2):103-108.

[12] 崔松进,吴士平,杨向阳,汤树明,2004. 试论饮食营养的个体差异性与人类的健康——人类生活永恒的主题. 中国营养学会第九次全国营养学术会议论文摘要汇编:213,214.

[13] 崔亚平,胡耀武,陈洪海,董豫,管理,翁屹,王昌燧,2006. 宗日遗址人骨的稳定同位素分析. 第四纪研究,26(4):604-611.

[14] 邓群,曾晓丽,2005. 从古农书中透视中国传统农业施肥. 安徽农业科学,33(1):184-186.

[15] 董豫,胡耀武,张全超,崔亚平,管理,王昌燧,万欣,2007. 辽宁北票喇嘛洞遗址出土人骨稳定同位素分析. 人类学学报,26(1):77-84.

[16] 杜太生,康绍忠,张建华,2011. 交替灌溉的节水调质机理及同位素技术在作物水分利用研究中的应用. 植物生理学报,47(9):823-830.

[17] 段双龙,2014. 中原地区西周时期随葬青铜酒器研究. 山西大学硕士学位论文:1-98.

[18] 冯虎元，陈拓，徐世健，安黎哲，强维亚，张满效，王勋陵，2001. UV-B辐射对大豆生长、产量和稳定碳同位素组成的影响. 植物学报，43（7）：709-713.

[19] 付海龙，2015. 试论中原地区商代的水井. 中央民族大学硕士学位论文：1-98.

[20] 高建飞，丁悌平，罗续荣，田世洪，王怀柏，李明，2011. 黄河水氢、氧同位素组成的空间变化特征及其环境意义. 地质学报，85（4）：596-602.

[21] 顾浩，陈茂山，2008. 古代中国的灌溉文明. 中国农村水利水电，（8）：1-8.

[22] 管理，胡耀武，汤卓炜，杨益民，董豫，崔亚平，王昌燧，2007. 通化万发拨子遗址猪骨的C，N稳定同位素分析. 科学通报，52（14）：1678-1680.

[23] 管理，胡耀武，王昌燧，汤卓炜，胡松梅，阚绪杭，2011. 食谱分析方法在家猪起源研究中的应用. 南方文物，（4）：116-124.

[24] 郭怡，胡耀武，高强，王昌燧，Richards, M. P.，2011a. 姜寨遗址先民食谱分析. 人类学学报，30（2）：149-157.

[25] 郭怡，胡耀武，朱俊英，周蜜，王昌燧，Richards, M. P. 2011b. 青龙泉遗址人和猪骨的C，N稳定同位素分析. 中国科学：地球科学，41（1）：52-60.

[26] 郭怡，夏阳，董艳芳，俞博雅，范怡露，闻方园，高强，2016. 北刘遗址人骨的稳定同位素分析. 考古与文物，（1）：115-120.

[27] 郭怡，俞博雅，夏阳，董艳芳，范怡露，闻方园，高强，Richards, M. P.，2017. 史前时期社会性质初探——以北刘遗址先民食物结构稳定同位素分析为例. 华夏考古，（1）：45-53.

[28] 何红中，2010. 中国古代粟作研究. 南京农业大学博士学位论文：1-191.

[29] 何永清，沈宝发，张金海，戴耀明，顾宣歆，陈顾江，徐伟明，徐松明，2003. 海宁市成人骨量分布及骨质疏松症研究. 中国骨质疏松杂志，9（1）：64-66.

[30] 何永清，张金海，顾宣欣，徐松明，陈顾江，2008. 浙江地区人群11926例跟骨骨密度研究. 中国骨质疏松杂志，14（2）：114-116.

[31] 河南省文物考古研究所，2012. 郑州小双桥：1990～2000年考古发掘报告. 科学出版社：1-87.

[32] 河南省文物考古研究所，郑州大学文博学院考古系，南开大学历史系博物馆学专业，1996. 1995年郑州小双桥遗址发掘报告. 华夏考古，（3）：1-23.

[33] 侯亮亮，李素婷，胡耀武，侯彦峰，吕鹏，曹凌子，胡保华，宋国定，王昌燧，2013. 先商文化时期家畜饲养方式初探. 华夏考古，（2）：130-139.

[34] 侯亮亮，王宁，吕鹏，胡耀武，宋国定，王昌燧，2012. 申明铺遗址战国至两汉先民食物结构和农业经济的转变. 中国科学：地球科学，42（7）：1018-1025.

[35] 侯亮亮，徐海峰，2015. 河北赞皇南马遗址先商文化时期动物骨骼的稳定同位素分析. 边疆考古研究，（1）：385-397.

[36] 胡耀武，何德亮，董豫，王昌燧，高明奎，兰玉富，2005. 山东滕州西公桥遗址人骨的稳定

同位素分析. 第四纪研究, 25 (5): 561-567.

[37] 胡耀武, 栾丰实, 王守功, 王昌燧, Richards, M. P., 2008. 利用 C, N 稳定同位素分析法鉴别家猪与野猪的初步尝试. 中国科学: 地球科学, 38 (6): 693-700.

[38] 贾树海, 张佳楠, 张玉玲, 党秀丽, 范庆锋, 王展, 虞娜, 邹洪涛, 张玉龙, 2017. 东北黑土区旱田改稻田后土壤有机碳、全氮的变化特征. 中国农业科学, 50 (7): 1252-1262.

[39] 贾育松, 张若鹏, 2010. 兰州市区汉族、回族正常人群骨密度研究. 临床荟萃, 25 (9): 747-749.

[40] 蒋静, 冯绍元, 王永胜, 霍再林, 2010. 灌溉水量和水质对土壤水盐分布及春玉米耗水的影响. 中国农业科学, 43 (11): 2270-2279.

[41] 蒋跃林, 张庆国, 张仕定, 王公明, 岳伟, 姚玉刚, 2005. 小麦光合特性、气孔导度和蒸腾速率对大气CO_2浓度升高的响应. 安徽农业大学学报, 32 (2): 169-173.

[42] 李崇州, 1983. 中国古代各类灌溉机械的发明和发展. 农业考古, (1): 141-151.

[43] 李春香, 2010. 小河墓地古代生物遗骸的分子遗传学研究. 吉林大学博士学位论文: 1-81.

[44] 李发林, 1986. 古代旋转磨试探. 农业考古, (2): 146-167.

[45] 李嘉竹, 王国安, 刘贤赵, 韩家懋, 刘敏, 柳晓娟, 2009. 贡嘎山东坡C_3植物碳同位素组成及C_4植物分布沿海拔高度的变化. 中国科学: 地球科学, 39 (10): 1387-1396.

[46] 李满洲, 高淑琴, 李觃家, 2010. 河南平原第四系地下水氢氧同位素特征与补给分析. 工程勘察, 38 (11): 42-47.

[47] 李树华, 许兴, 张艳铃, 景继海, 朱林, 雍立华, 王娜, 白海波, 吕学莲, 2010. 小麦不同器官碳同位素分辨率与产量的相关性研究. 中国农学通报, 26 (23): 121-125.

[48] 林先贵, 胡君利, 褚海燕, 尹睿, 苑学霞, 张华勇, 朱建国, 2005. 土壤氨氧化细菌对大气CO_2浓度增高的响应. 农村生态环境, 21 (1): 44-46.

[49] 林植芳, 林桂珠, 孔国辉, 张鸿彬, 1995. 生长光强对亚热带自然林两种木本植物稳定碳同位素比、细胞间CO_2浓度和水分利用效率的影响. 热带亚热带植物学报, (2): 77-82.

[50] 刘春鸽, 2014. 植物夜晚呼吸释放CO_2碳同位素变异的功能群差异和环境调控. 东北师范大学硕士学位论文: 1-38.

[51] 刘光琇, 陈拓, 安黎哲, 王勋陵, 冯虎元, 2004. 青藏高原北部植物叶片碳同位素组成特征的环境意义. 地球科学进展, 19 (5): 749-753.

[52] 刘宏艳, 郭波莉, 魏帅, 姜涛, 张森燊, 魏益民, 2017. 小麦制粉产品稳定碳、氮同位素组成特征. 中国农业科学, 50 (3): 556-563.

[53] 刘莉, 陈星灿, 2000. 城: 夏商时期对自然资源的控制问题. 东南文化, (3): 45-60.

[54] 刘贤赵, 王国安, 李嘉竹, 王庆, 2009. 北京东灵山地区现代植物氮同位素组成及其对海拔梯度的响应. 中国科学: 地球科学, 39 (10): 1347-1359.

[55] 刘贤赵, 张勇, 宿庆, 田艳林, 王庆, 全斌, 2014. 陆生植物氮同位素组成与气候环境变化

研究进展. 地球科学进展, 29（2）: 216-226.

[56] 刘晓宏, 赵良菊, Gasaw, M., 高登义, 秦大河, 任贾文, 2007. 东非大裂谷埃塞俄比亚段内C_3植物叶片$\delta^{13}C$和$\delta^{15}N$及其环境指示意义. 科学通报, 52（2）: 199-206.

[57] 刘晓瞳, 葛晨东, 邹欣庆, 黄梅, 唐盟, 李亚丽, 2017. 西沙群岛东岛潟湖沉积物碳、氮元素地球化学特征及其指示的环境变化. 海洋学报, 39（6）: 43-54.

[58] 凌雪, 陈靓, 薛新明, 赵丛苍, 2010. 山西芮城清凉寺墓地出土人骨的稳定同位素分析. 第四纪研究, 30（2）: 415-421.

[59] 凌雪, 兰栋, 陈曦, 马健, 王建新, 尤悦, 2016. 新疆巴里坤东黑沟遗址出土动物骨骼的碳氮同位素分析. 西部考古, （2）: 290-299.

[60] 马姣, 张凤礼, 王元, 胡耀武, 2017. 稳定同位素示踪东北地区晚更新世真猛犸象的摄食行为. 第四纪研究, 37（4）: 885-894.

[61] 潘庆民, 韩兴国, 白永飞, 杨景成, 2002. 植物非结构性贮藏碳水化合物的生理生态学研究进展. 植物学通报, 19（1）: 30-38.

[62] 屈亚婷, 易冰, 胡珂, 杨苗苗, 2019. 我国古食谱稳定同位素分析的影响因素及其蕴含的考古学信息. 第四纪研究, 39（6）: 1487-1502.

[63] 施雅风, 孔昭宸, 王苏民, 唐领余, 王富葆, 姚檀栋, 赵希涛, 张丕远, 施少华, 1992. 中国全新世大暖期的气候波动与重要事件. 中国科学（B辑 化学生命科学 地学）, 22（12）: 1300-1308.

[64] 舒涛, 魏兴涛, 吴小红, 2016. 晓坞遗址人骨的碳氮稳定同位素分析. 华夏考古, （1）: 48-55.

[65] 司艺, 2013. 2500BC—1000BC中原地区家畜饲养策略与先民肉食资源消费. 中国科学院大学博士学位论文: 1-125.

[66] 司艺, 李志鹏, 胡耀武, 袁靖, 王昌燧, 2014. 河南偃师二里头遗址动物骨胶原的H、O稳定同位素分析. 第四纪研究, 34（1）: 196-203.

[67] 苏波, 韩兴国, 黄建辉, 1999. ^{15}N自然丰度法在生态系统氮素循环研究中的应用. 生态学报, 19（3）: 120-128.

[68] 谭黎明, 谭佳远, 2014. 古代农田施肥理论的研究. 安徽农业科学, （21）: 7296, 7297.

[69] 唐领余, 安成邦, 2007. 陇中黄土高原全新世植被变化及干旱事件的孢粉记录. 自然科学进展, 17（10）: 1371-1382.

[70] 田晓四, 朱诚, 孙智彬, 水涛, 黄蕴平, FLAD Rowan K, 李玉梅, 2010. 长江三峡库区中坝遗址哺乳动物骨骼化石C和N稳定同位素分析. 科学通报, 55（34）: 3310-3319.

[71] 王灿, 2016. 中原地区早期农业——人类活动及其与气候变化关系研究. 中国科学院大学博士学位论文: 1.

[72] 王芬, 樊榕, 康海涛, 靳桂云, 栾丰实, 方辉, 林玉海, 苑世领, 2012. 即墨北阡遗址人骨

稳定同位素分析：沿海先民的食物结构. 科学通报, 57 (12)：1037-1044.

[73] 王芬, 宋艳波, 李宝硕, 樊榕, 靳桂云, 苑世领, 2013. 北阡遗址人和动物骨的 C, N 稳定同位素分析. 中国科学：地球科学, 43：2029-2036.

[74] 王国安, 韩家懋, 刘东生, 2003. 中国北方黄土区C-3草本植物碳同位素组成研究. 中国科学：地球科学, 33 (6)：550-556.

[75] 王国安, 韩家懋, 周力平, 熊小刚, 谭明, 吴振海, 彭隽, 2005. 中国北方黄土区C_4植物稳定碳同位素组成的研究. 中国科学：地球科学, 35 (12)：1174-1179.

[76] 王建华, 2012. 黄河流域史前人口年龄构成研究. 东方考古, (9)：68-101.

[77] 王建华, 2014. 甘青地区史前人口年龄构成研究. 华夏考古, (4)：58-63.

[78] 王宁, 李素婷, 李宏飞, 胡耀武, 宋国定, 2015. 古骨胶原的氧同位素分析及其在先民迁徙研究中的应用. 科学通报, 60：838-846.

[79] 王书伟, 廖千家骅, 胡玉婷, 颜晓元, 2009. 我国NH_3-N排放量及空间分布变化初步研究. 农业环境科学学报, 28 (3)：619-626.

[80] 王树明, 2006. 双墩碗底刻文与大汶口陶尊文字. 中原文物, (2)：33-39.

[81] 王双怀, 2012. 中国古代灌溉工程的营造法式. 陕西师范大学学报（哲学社会科学版），(4)：41-47.

[82] 王晓岚, 何雨, 贾铁飞, 李容全, 2004. 距今7000年来河南郑州西山遗址古代人类生存环境. 古地理学报, 6 (2)：234-240.

[83] 王洋, 南普恒, 王晓毅, 魏东, 胡耀武, 王昌燧, 2014. 相近社会等级先民的食物结构差异——以山西聂店遗址为例. 人类学学报, 33 (1)：82-89.

[84] 王治伦, 2005. 大骨节病4种病因学说的同步研究. 西安交通大学学报（医学版），26 (1)：1-7.

[85] 吴梦洋, 葛威, 陈兆善, 2016. 海洋性聚落先民的食物结构：昙石山遗址新石器时代晚期人骨的碳氮稳定同位素分析. 人类学学报, 35 (2)：246-256.

[86] 吴翌硕, 2012. 阿坝大骨节病区食物链碳同位素地球化学特征. 成都理工大学硕士学位论文：1-53.

[87] 西北大学文化遗产与考古学研究中心, 哈密地区文物局, 巴里坤县文管所, 2006. 新疆巴里坤东黑沟遗址调查. 考古与文物, (5)：16-26.

[88] 夏商周断代工程专家组, 2000. 夏商周断代工程1996~2000年阶段成果报告（简本）. 世界图书出版公司北京公司：76, 77.

[89] 夏秀敏, 2015. 榆林王阳畔、神圪垯墚遗址的植硅体分析. 中国科学院大学硕士学位论文：1-70.

[90] 新疆文物考古研究所, 西北大学文化遗产与考古学研究中心, 2009. 新疆巴里坤县东黑沟遗址2006~2007年发掘简报. 考古, (1)：3-27.

[91] 徐海, 2001. 中国全新世气候变化研究进展. 地质地球化学, 29 (2): 9-16.

[92] 徐启刚, 黄润华, 1990. 土壤地理学教程. 高等教育出版社: 71, 72.

[93] 徐岩, 2003. 试论郑州商城生态环境与商王朝的关系. 殷都学刊, (1): 23-25.

[94] 徐英萍, 2013. 在小鼠模型中研究衰老对表皮朗格汉斯细胞发育和功能的影响. 山东农业大学博士学位论文: 1-66.

[95] 许强, 丁林, 张利云, 杨迪, 蔡福龙, 来庆洲, 刘静, 史仁灯, 2009. 青藏高原现代食草动物牙齿珐琅质稳定同位素特征及古高度重建意义. 科学通报, 54 (15): 2160-2168.

[96] 杨青, 李小强, 2015. 黄土高原地区粟、黍碳同位素特征及其影响因素研究. 中国科学: 地球科学, 45 (11): 1683-1697.

[97] 杨青, 李小强, 周新郢, 赵克良, 纪明, 孙楠, 2011. 炭化过程中粟、黍种子亚显微结构特征及其在植物考古中的应用. 科学通报, 56 (9): 700-707.

[98] 杨晓燕, 吕厚远, 夏正楷, 2006. 植物淀粉粒分析在考古学中的应用. 考古与文物, (3): 87-91.

[99] 易现峰, 李来兴, 张晓爱, 赵亮, 李明财, 2004a. 人工食物对高原鼠兔稳定性碳和氮同位素组成的影响. 动物学研究, 25 (3): 232-235.

[100] 易现峰, 张晓爱, 李来兴, 李明财, 赵亮, 2004b. 高寒草甸生态系统食物链结构分析——来自稳定性碳同位素的证据. 动物学研究, 25 (1): 1-6.

[101] 殷树鹏, 2008. 中国西北地区植物$\delta^{13}C$值的影响因素及其生态意义. 兰州大学硕士学位论文: 1-58.

[102] 尹茜, 2007. 长江三峡库区中坝遗址哺乳动物化石的古环境记录及其意义. 南京大学硕士学位论文: 1-50.

[103] 尹粟, 李恩山, 王婷婷, 屈亚婷, Fuller, B. T., 胡耀武, 2017. 我即我食 vs. 我非我食——稳定同位素示踪人体代谢异常初探. 第四纪研究, 37 (6): 1464-1471.

[104] 尤悦, 王建新, 赵欣, 凌雪, 陈相龙, 马健, 任萌, 袁靖, 2014. 新疆石人子沟遗址出土双峰驼的动物考古学研究. 第四纪研究, 34 (1): 173-186.

[105] 袁靖, 2015. 中国动物考古学. 文物出版社: 88-175.

[106] 袁新民, 同延安, 杨学云, 李晓林, 张福锁, 2000. 灌溉与降水对土壤NO_3^--N累积的影响. 水土保持学报, 14 (3): 71-74.

[107] 负汉伯, 2010. 青藏高原内陆不同生态系统中主要植物$\delta^{13}C$、$\delta^{15}N$/‰及非结构性碳水化合物的季节性变化特征研究. 西北师范大学硕士学位论文: 1-75.

[108] 曾慧芳, 2012. 中国古代石磨盘研究. 西北农林科技大学硕士学位论文: 1-41.

[109] 张国文, 蒋乐平, 胡耀武, 司艺, 吕鹏, 宋国定, 王昌燧, Richards, M. P., 郭怡, 2015. 浙江塔山遗址人和动物骨的C、N稳定同位素分析. 华夏考古, (2): 138-146.

[110] 张国文, 胡耀武, Nehlich, O., 杨武站, 刘呆运, 宋国定, 王昌燧, Richards, M. P., 2013.

关中两汉先民生业模式及与北方游牧民族间差异的稳定同位素分析. 华夏考古, （3）: 131-141.

[111] 张国文, 胡耀武, 裴德明, 宋国定, 王昌燧, 2010. 大同南郊北魏墓群人骨的稳定同位素分析. 南方文物, （1）: 127-131.

[112] 张全超, Jacqueline, T. E. N. G., 魏坚, 朱泓, 2010. 内蒙古察右前旗庙子沟遗址新石器时代人骨的稳定同位素分析. 人类学学报, 29（3）: 270-275.

[113] 张全超, 汤卓炜, 王立新, 段天璟, 张萌, 2012. 吉林白城双塔遗址一期动物骨骼的稳定同位素分析. 边疆考古研究, （1）: 355-360.

[114] 张全超, 朱泓, 胡耀武, 李玉中, 曹建恩, 2006. 内蒙古和林格尔县新店子墓地古代居民的食谱分析. 文物, （1）: 87-91.

[115] 张雪莲, 仇士华, 张君, 郭物, 2014. 新疆多岗墓地出土人骨的碳氮稳定同位素分析. 南方文物, （3）: 79-91.

[116] 张雪莲, 仇士华, 钟建, 赵新平, 孙福喜, 程林泉, 郭永淇, 李新伟, 马萧林, 2010. 中原地区几处仰韶文化时期考古遗址的人类食物状况分析. 人类学学报, 29（2）: 197-207.

[117] 张雪莲, 王金霞, 冼自强, 仇士华, 2003. 古人类食物结构研究. 考古, （2）: 62-75.

[118] 张雪莲, 赵春青, 2015. 新砦遗址出土部分动物骨的碳氮稳定同位素分析. 南方文物, （4）: 232-240.

[119] 赵梦薇, 2016. 战国秦汉旋转石磨的考古学研究. 南京大学硕士学位论文: 1-71.

[120] 赵淑玲, 昌森, 1999. 论两汉时代冬小麦在我国北方的推广普及. 中国历史地理论丛, （2）: 37-46.

[121] 赵志军, 2015. 小麦传入中国的研究——植物考古资料. 南方文物, （3）: 44-52.

[122] 郑淑蕙, 侯发高, 倪葆龄, 1983. 我国大气降水的氢氧稳定同位素研究. 科学通报, 28（13）: 801.

[123] 周咏春, 2012. 中国草地样带植被碳氮同位素组成的空间格局及其对气候因子的响应. 中国科学院地理科学与资源研究所博士学位论文: 1-141.

[124] 朱洁, 慈恩, 杨林章, 马力, 谢德体, 2011. 不同区域稻田土壤复合体有机碳分配及 $\delta^{13}C$ 特征. 水土保持学报, 25（2）: 173-176.

[125] Adams, T. S., Sterner, R. W., 2000. The effect of dietary nitrogen content on trophic level $\delta^{15}N$ enrichment. Limnology and Oceanography, 45: 601-607.

[126] Ambrose, S. H., 1986. Stable carbon and nitrogen isotope analysis of human and animal diet in Africa. Journal of Human Evolution, 15(8): 707-731.

[127] Amundson, R., Austin, A. T., Schuur, E. A. G., Yoo, K., Matzek, V., Kendall, C., Uebersax, A., Brenner, D., Baisden, W. T., 2003. Global patterns of the isotopic composition of soil and plant nitrogen. Global Biogeochemical Cycles, 17(1): 1031.

[128] An, C. B., Dong, W. M., Li, H., Zhang, P. Y., Zhao, Y. T., Zhao, X. Y., Yu, S. Y., 2015a. Variability of the stable carbon isotope ratio in modern and archaeological millets: evidence from northern China. Journal of Archaeological Science, 53: 316-322.

[129] An, C. B., Dong, W. M., Chen, Y. F., Li, H., Shi, C., Wang, W., Zhang, P. Y., Zhao, X. Y., 2015b. Stable isotopic investigations of modern and charred foxtail millet and the implications for environmental archaeological reconstruction in the western Chinese Loess Plateau. Quaternary Research, 84(1): 144-149.

[130] Anderson, W. T., Bernasconi, S. M., McKenzie, J. A., Saurer, M., Schweingruber, F., 2002. Model evaluation for reconstructing the oxygen isotopic composition in precipitation from tree ring cellulose over the last century. Chemical Geology, 182 (2-4): 121-137.

[131] Aranibar, J. N., Otter, L., Macko, S. A., 2004. Nitrogen cycling in the soil-plant system along a precipitation gradient in the Kalahari sands. Glob Change Biology, 10: 359-373.

[132] Aranibar, J. N., Anderson, I. C., Epstein, H. E., Feral, C. J. W., Swap, R. J., Ramontsho, J., Macko, S. A., 2008. Nitrogen isotope composition of soils, C_3 and C_4 plants along land use gradients in southern Africa. Journal of Arid Environments, 72(4): 326-337.

[133] Ashcroft, G. S., Herrick, S. E., Tarnuzzer, R. W., Horan, M. A., Schultz, G. S., Ferguson, M. W. J., 1997. Human ageing impairs injury-induced in vivo expression of tissue inhibitor of matrix metalloproteinases (TIMP)-1 and -2 proteins and mRNA. Journal of Pathology, 183(2): 169-176.

[134] Atahan, P., Dodson, J., Li, X. Q., Zhou, X. Y., Hu, S. M., Chen, L., Bertuch, F., Grice, K., 2011. Early Neolithic diets at Baijia, Wei River Valley, China: stable carbon and nitrogen isotope analysis of human and faunal remains. Journal of Archaeology Science, 38(10): 2811-2817.

[135] Bai, E., Boutton, T. W., Liu, F., Wu, X. B., Archer, S. R., Hallmark, C. T., 2009. Spatial variation of the stable nitrogen isotope ratio of woody plants along a topoedaphic gradient in a subtropical savanna. Oecologia, 159(3): 493-503.

[136] Barbosa, I. C. R., Kley, M., Schäufele, R., Auerswald, K., Schröder, W., Filli, F., Hertwig, S., Schnyder, H., 2009. Analysing the isotopic life history of the alpine ungulates *Capra ibex* and *Rupicapra rupicapra rupicapra* through their horns. Rapid Communications in Mass Spectrometry, 23(15): 2347-2356.

[137] Barton, L., Newsome, S. D., Chen, F. H., Wang, H., Guilderson, T. P., Bettinger, R. L., 2009. Agricultural origins and the isotopic identity of domestication in northern China. Proceedings of the National Academy of Sciences of the United States of America, 106(14): 5523-5528.

[138] Bassirirad, H., Thomas, R. B., Reynolds, J. F., Strain, B. R., 1996. Differential responses of root uptake kinetics of NH_4^+, and NO_3^-, to enriched atmospheric CO_2, concentration in field-grown loblolly pine. Plant Cell & Environment, 19(3): 367-371.

[139] Bassirirad, H., Constable, J. V. H., Lussenhop, J., Kimball, B. A., Norby, R. J., Oechel, W. C., Reich, P. B., Schlesinger, W. H., Zitzer, S., Sehtiya, H. L., Silim, S., 2010. Widespread foliage $\delta^{15}N$ depletion under elevated CO_2: inferences for the nitrogen cycle. Global Change Biology, 9(11): 1582-1590.

[140] Bateman, A. S., Kelly, S. D., Jickells, T. D., 2005. Nitrogen isotope relationships between crops and fertilizer: implications for using nitrogen isotope analysis as an indicator of agricultural regime. Journal of Agricultural and Food Chemistry, 53(14): 5760-5765.

[141] Beaumont, J., Montgomery, J., 2016. The great Irish famine: Identifying starvation in the tissues of victims using stable isotope analysis of bone and incremental dentine collagen. PLOS ONE, 11(8): e0160065.

[142] Beaumont, J., Geber, J., Powers, N., Wilson, A., Lee-Thorp, J., Montqomery, J., 2013. Victims and survivors: stable isotopes used to identify migrants from the Great Irish Famine to 19th century London. American Journal of Physical Anthropology, 150(1): 87-98.

[143] Benner, R., Fogel, M. L., Sprague, E. K., Hodson, R. E., 1987. Depletion of ^{13}C in lignin and its implications for stable carbon isotope studies. Nature, 329: 708-710.

[144] Bergersen, F. J., Peoples, M. B., Turner, G. L., 1988. Isotopic discriminations during the accumulation of nitrogen by soybeans. Australian Journal of Plant Physiology, 15(3): 407-420.

[145] Berry, J. A., 1989. Studies of mechanisms affecting the fractionation of carbon isotopes in photosynthesis. In: Rundel, P. W., Ehleringer, J. R., Nagy, K. A. (eds.), Stable Isotope in Ecological Research. New York: Springer-Verlag: 82-94.

[146] Bettinger, R. L., Barton, L., Morgan, C., 2010. The origins of food production in North China: a different kind of agricultural revolution. Evolutionary Anthropology, 19(1): 9-21.

[147] Beyschlag, W., Lange, O. L., Tenhunen, J. D., 1987. Diurnal patterns of leaf internal CO_2 partial pressure of the sclerophyll shrub Arbutus unedo growing in Portugal. Plant Response to Stress: 355-368.

[148] Billings, S. A., Schaeffer, S. M., Zitzer, S., Charlet, T., Smith, S. D., Evans, R. D., 2002. Alterations of nitrogen dynamics under elevated carbon dioxide in an intact Mojave Desert ecosystem: evidence from nitrogen-15 natural abundance. Oecologia, 131(3): 463-467.

[149] Bocherens, H., Fizet, M., Mariotti, A., 1994. Diet, physiology and ecology of fossil mammals as inferred from stable carbon and nitrogen isotope biogeochemistry: implications for Pleistocene bears. Palaeogeography, Palaeoclimatology, Palaeoecology, 107(107): 213-225.

[150] Boesl, C., Grupe, G., Peters, J., 2006. A late Neolithic vertebrate food web based on stable isotope analyses. International Journal of Osteoarchaeology, 16: 296-315.

[151] Bogaard, A., Heaton, T. H. E., Poulton, P., Merbach, I., 2007. The impact of manuring on nitrogen

isotope ratios in cereals: archaeological implications for reconstruction of diet and crop management practices. Journal of Archaeological Science, 34(3): 335-343.

[152] Bogaard, A., Fraser, R., Heaton, T. H. E., Wallace, M., Vaiglova, P., Charles, M., Jones, G., Evershed, R. P., Styring, A. K., Andersen, N. H., Arbogast, R-M., Bartosiewicz, L., Gardeisen, A., Kanstrup, M., Maier, U., Marinova, E., Ninov, L., Schäfer, M., Stephan, E., 2013. Crop manuring and intensive land management by Europe's first farmers. Proceedings of the National Academy of Sciences of the United States of America, 110(31): 12589-12594.

[153] Bowden, R. D., Beballe, G. T., Bowden, W. B., 1989. Foliar uptake of ^{15}N from simulated cloud water by red spruce (Picea rubens) seedlings. Canadian Journal of Forest Research, 19(3): 382-386.

[154] Brenner, D. L., Amundson, R., Baisden, W. T., Kendall, C., Harden, J., 2001. Soil N and ^{15}N variation with time in a California annual grassland ecosystem. Geochimica et Cosmochimica Acta, 65(22): 4171-4186.

[155] Brettell, R., Montgomery, J., Evans, J., 2012. Brewing and stewing: the effect of culturally mediated behaviour on the oxygen isotope composition of ingested fluids and the implications for human provenance studies. Journal of Analytical Atomic Spectrometry, 27: 778-785.

[156] Chen, X. L., Hu, S. M., Hu, Y. W., Wang, W. L., Ma, Y. Y., Lü, P., Wang, C. S., 2016b. Raising practices of Neolithic livestock evidenced by stable isotope analysis in the Wei River valley, North China. International Journal of Osteoarchaeology, 26(1): 42-52.

[157] Chen, X. L., Fang, Y. M., Hu, Y. W., Hou, Y. F., Lü, P., Yuan, J., Song, G. D., Fuller, B. T., Richards, M. P., 2016a. Isotopic reconstruction of the Late Longshan period (*ca.* 4200-3900BP) dietary complexity before the onset of state-level societies at the Wadian Site in the Ying River Valley, Central Plains, China. International Journal of Osteoarchaeology, 26(5): 808-817.

[158] Cheng, C., Johnson, D. W., 1998. Elevated CO_2, rhizosphere processes, and soil organic matter decomposition. Plant and Soil, 202: 167-174.

[159] Cheng, T., Sudderth, J., Yang, C., Mullen, A. R., Jin, E. S., Matés, J. M., DeBerardinis, R. J., 2011. Pyruvate carboxylase is required for glutamine-independent growth of tumor cells. Proceedings of the National Academy of Sciences of the United States of America, 108(21): 8674-8679.

[160] Cheung, C., Jing, Z., Tang, J., Weston, D. A., Richards, M. P., 2017. Diets, social roles, and geographical origins of sacrificial victims at the royal cemetery at Yinxu, Shang China: New evidence from stable carbon, nitrogen, and sulfur isotope analysis. Journal of Anthropological Archaeology, 48: 28-45.

[161] Choi, W. J., Ro, H. M., Lee, S. M., 2003. Natural ^{15}N abundances of inorganic nitrogen in soil treated with fertilizer and compost under changing soil moisture regimes. Soil Biology and Biochemistry, 35(10): 1289-1298.

[162] Codron, J., Codron, D., Lee-Thorp, J. A., Sponheimer, M., Bond, W. J., Ruiter, D. D., Grant, R., 2005. Taxonomic, anatomical, and spatio-temporal variations in the stable carbon and nitrogen isotopic compositions of plants from an african savanna. Journal of Archaeological Science, 32(12): 1757-1772.

[163] Cormie, A. P., Schwarcz, H. P., 1996. Effects of climate on deer bone $\delta^{15}N$ and $\delta^{13}C$: lack of precipitation effects on $\delta^{15}N$ for animals consuming low amounts of C_4 plants. Geochimica et Cosmochimica Acta, 60: 4161-4166.

[164] Dai, L. L., Li, Z. P., Zhao, C. Q, Yuan, J., Hou, L. L., Wang, C. S., Fuller, B. T., Hu, Y. W., 2016. An isotopic perspective on animal husbandry at the Xinzhai site during the initial stage of the legendary Xia Dynasty (2070-1600BC). International Journal of Osteoarchaeology, 26(5): 885-896.

[165] Damesin, C., 2003. Respiration and photosynthesis characteristics of current 2 year stems of Fagus sylvatica: from the seasonal pattern to an annual balance. New Phytologist, 158: 465-475.

[166] DeNiro, M. J., Epstein, S., 1981. Influence of diet on the distribution of nitrogen isotopes in animals. Geochimica et Cosmochimica Acta, 45: 341-351.

[167] DeNiro, M. J., Schoeniger, M. J., 1983. Stable carbon and nitrogen isotope ratios of bone collagen: Variations within individuals, between sexes, and within populations raised on monotonous diets. Journal of Archaeological Science, 10(3): 199-203.

[168] Diamond, J. M., 1999. Guns, Germs, and Steel: The Fates of Human Societies. New York: WW Norton & Company: 1-480.

[169] Dong, Y., Morgan, C., Chinenov, Y., Zhou, L., Fan, W., Ma, X., Pechenkina, K., 2017. Shifting diets and the rise of male-biased inequality on the central plains of china during eastern Zhou. Proceedings of the National Academy of Sciences of the United States of America, 114(5): 932-937.

[170] Dongmann, G., Nurnberg, H. W., Forstel, H., Wagener, K., 1974. On the enrichment of $H_2^{18}O$ in the leaves of transpiring plants. Radiation and Environmental Biophysics, 11: 41-52.

[171] Downton, W. J. S., Loveys, B. R., Grant, W. J. R., 2010. Stomatal closure fully accounts for the inhibition of photosynthesis by abscisic acid. New Phytologist, 108(3): 263-266.

[172] Duerwaechter, C., Craig, O. E., Collins, M. J., Burger, J., Alt, K. W., 2006. Beyond the grave: variability in Neolithic diets in Southern Germany? Journal of Archaeological Science, 33: 39-48.

[173] Dungait, J. A. J., Docherty, G., Straker, V., Evershed, R. P., 2008. Interspecific variation in bulk tissue, fatty acid and monosaccharide $\delta^{13}C$ values of leaves from a mesotrophic grassland plant community. Phytochemistry, 69(10): 2041-2051.

[174] Eckert, R., Randall, D., Augustine, G., 1988. Animal Physiology: Mechanisms and Adaptations. San Francisco: W. H. Freeman & Co.: 1-683.

[175] Eggers, T., Jones, T. H., 2000. You are what you eat…or are you? Trends in Ecology and Evolution,

15(7): 265, 266.

[176] Evans, R. D., 2001. Physiological mechanisms influencing plant nitrogen isotope composition. Trends in plant science, 6(3): 121-126.

[177] Evans, R. D., Bloom, A. J., Sukrapanna, S. S., Ehleringer, J. R., 1996. Nitrogen isotope composition of tomato (lycopersicon esculentum Mill. cv. T-5) grown under ammonium or nitrate nutrition. Plant, Cell and Environment, 19(11): 1317-1323.

[178] Farquhar, G. D., Sharkey, T. D., 1982. Stomatal conductance and photosynthesis. Annual Reviews of Plant Physiology, 33(33): 317-345.

[179] Farquhar, G. D., O'Leary, M. H., Berry, J. A., 1982. On the relationship between carbon isotope discrimination and the intercellular carbon dioxide concentration in leaves. Australian Journal of Plant Physiology, 9(2): 281-292.

[180] Farquhar, G. D., Hubick, K. T., Condon, A. G., Richards, R. A., 1989. Carbon isotope fractionation and plant water-use efficiency. In: Rundel, P. W., Ehleringer, J. R., Nagy, K. A. (eds.), Stable Isotope in Ecological Research. New York: Springer-Verlag: 21-40.

[181] Feng, X., Epstein, S., 1995. Carbon isotopes of trees from arid environments and implications for reconstructing atmospheric CO_2 concentration. Geochimica et Cosmochimica Acta, 59(12): 2599-2608.

[182] Fogel, M. L., Tuross, N., Owsley, D. W., 1989. Nitrogen isotope tracers of human lactation in modern and archeological populations. Washington: Annu. Rep. Dir. Geophys. Lab. Carnegie Inst.: 111-117.

[183] Francey, R. J., Farquhar, G. D., 1982. An explanation of $^{13}C/^{12}C$ variations in tree rings. Nature, 297(5861): 28-31.

[184] Fraser, I., Meieraugenstein, W., Kalin, R. M., 2008. Stable isotope analysis of human hair and nail samples: the effects of storage on samples. Journal of Forensic Sciences, 53(1): 95-99.

[185] Fuller, B. T., Fuller, J. L., Sage, N. E., Harris, D. A., O'Connell, T. C., Hedges, R. E. M., 2004. Nitrogen balance and $\delta^{15}N$: why you're not what you eat during pregnancy. Rapid Communications in Mass Spectrometry, 18(23): 2889-2896.

[186] Fuller, B. T., Fuller, J. L., Sage, N. E., Harris, D. A., O'Connell, T. C., Hedges, R. E. M., 2005. Nitrogen balance and $\delta^{15}N$: why you're not what you eat during nutritional stress. Rapid Communications in Mass Spectrometry, 19: 2497-2506.

[187] Gallant, D. J., Bouehet, B., Baldwin, P. M., 1997. Microscopy of starch: evidence of a new level of granule organization. Carbohydrate Polylmers, 32: 177-191.

[188] Galloway, J. N., Cowling, E. B., 2002. Reactive nitrogen and the world: 200 years of change. Ambio, 31(2): 64-71.

[189] Garten, C. T. J., 1993. Variation in foliar ^{15}N abundance and the availability of soil nitrogen on Walker Branch Watershed. Ecology, 74: 2098-2113.

[190] Gebauer, G., Schulze, E., 1991. Carbon and nitrogen isotope ratios in different compartments of a healthy and a declining *Picea abies* forest in the Fichtelgebirge, NE Bavaria. Oecologia, 87(2): 198-207.

[191] Ghashghaie, J., Badek, F-W., Lanigan, G., Nogués, S., Tcherkez, G., Deléens, E., Cornic, G., Griffiths, H., 2003. Carbon isotope fractionation during dark respiration and photorespiration in C_3 plants. Phytochemistry Reviews, 2: 145-161.

[192] Gleixner, G., Danier, H. J., Werner, R. A., Schmidt, H. L., 1993. Correlations between the ^{13}C content of primary and secondary plant products in different cell compartments and that in decomposing basidiomycetes. Plant Physiology, 102: 1287-1290.

[193] Grolmusová, Z., Rapčanová, A., Michalko, J., Čech, P., Veis, P., 2014. Stable isotope composition of human fingernails from Slovakia. Science of the Total Environment, 496: 226-232.

[194] Gupta, N. S., Leng, Q., Yang, H., Cody, G. D., Fogel, M. L., Liu, W., Sun, G., 2013. Molecular preservation and bulk isotopic signals of ancient rice from the Neolithic Tianluoshan site, lower Yangtze River valley, China. Organic Geochemistry, 63: 85-93.

[195] Handley, L. L., Raven, J. A., 1992. The use of natural abundance of nitrogen isotopes in plant physiology and ecology. Plant Cell and Environment, 15(9): 965-985.

[196] Hare, P. E., Fogel, M. L., Stafford Jr., T. W., Mitchell, A. D., Hoering, T. C., 1991. The isotopic composition of carbon and nitrogen in individual amino acids isolated from modern and fossil proteins. Journal of Archaeological Science, 18(3): 277-292.

[197] Hatch, M. D., 1987. C_4 photosynthesis: A unique blend of modified biochemistry, anatomy and ultrastructure. Biochimica et Biophysica Acta (BBA)—Reviews on Bioenergetics, 895(2): 81-106.

[198] Hattersley, P. W., 1982. δ^{13}C values of C_4 types in grasses. Australian Journal of Plant Physiology, 9(2): 139-154.

[199] Hayasaka, M., Ogasawara, H., Hotta, Y., Tsukagoshi, K., Kimura, O., Kura, T., Tarumi, T., Muramatsu, H., Endo, T., 2017. Nutritional assessment using stable isotope ratios of carbon and nitrogen in the scalp hair of geriatric patients who received enteral and parenteral nutrition formulas. Clinical Nutrition, 36(6): 1661-1668.

[200] Heaton, T. H. E., 1986. Isotopic studies of nitrogen pollution in the hydrosphere and atmosphere: a review. Chemical Geology, 59: 87-102.

[201] Heaton, T. H. E., 1987. The ^{15}N/^{14}N ratios of plants in South Africa and Namibia: Relationship to climate and coastal/saline environments. Oecologia, 74: 236-246.

[202] Heaton, T. H. E., Vogel, J. C., von la Chevallerie, G., Collett, G., 1986. Climatic influence on the

isotopic composition of bone nitrogen. Nature, 322: 822, 823.

[203] Hedges, R. E. M., Reynard, L. M., 2007. Nitrogen isotopes and the trophic level of humans in archaeology. Journal of Archaeological Science, 34: 1240-1251.

[204] Henderson, S. A., von Caemmerer, S., Farquhar, G. D., 1992. Short-Term Measurements of Carbon Isotope Discrimination in Several C_4 Species. Australian Journal of Plant Physiology, 19(3): 263-285.

[205] Hobbie, E. A., Werner, R. A., 2004. Intramolecular, compound-specific, and bulk carbon isotope patterns in C_3 and C_4 plants: a review and synthesis. New Phytologist, 161(2): 371-385.

[206] Hobbie, E. A., Macko, S. A., Williams, M., 2000. Correlations between foliar $\delta^{15}N$ and nitrogen concentrations may indicate plant-mycorrhizal interactions. Oecologia, 122(2): 273-283.

[207] Hobson, K. A., Wassenaar, L. I., Milá, B., Lovette, I., Dingle, C., Smith, T. B., 2003. Stable isotopes as indicators of altitudinal distributions and movement in an Ecuadorean hummingbird community. Oecologia, 136(2): 302-308.

[208] Horz, H. P., Barbrook, A., Field, C. B., Bohannan, B. J., 2004. Ammonia-oxidizing bacteria respond to multifactorial global change. Proceedings of the National Academy of Sciences of the United States of America, 101(42): 15136-15141.

[209] Houlton, B. Z., Sigman, D. M., Hedin, L. O., 2006. Isotopic evidence for large gaseous nitrogen losses from tropical rainforests. Proceedings of the National Academy of Sciences of the United States of America, 103(23): 8745-8750.

[210] Hu, Y. W., Ambrose, S. H., Wang, C. S., 2006. Stable isotopic analysis of human bones from Jiahu site, Henan, China: implications for the transition to agriculture. Journal of Archaeological Science, 33(9): 1319-1330.

[211] Hu, Y. W., Wang, S. G., Luan, F. S., Wang, C. S., Richards, M. P., 2008. Stable isotope analysis of humans from Xiaojingshan site: implications for understanding the origin of millet agriculture in China. Journal of Archaeological Science, 35(11): 2960-2965.

[212] Hu, Y. W., Hu, S. M., Wang, W. L., Wu, X. H., Marshall, F. B., Chen, X. L., Hou, L. L., Wang, C. S., 2014. Earliest evidence for commensal processes of cat domestication. Proceedings of the National Academy of Sciences of the United States of America, 111(1): 116-120.

[213] Jiang, H. E., Li, X., Zhao, Y. X., Ferguson, D. K., Hueber, F., Bera, S., Wang, Y. F., Zhao, L. C., Liu, C. J., Li, C. S., 2006. A new insight into *Cannabis sativa* (Cannabaceae) utilization from 2500-year-old Yanghai Tombs, Xinjiang, China. Journal of Ethnopharmacology, 108(3): 414-422.

[214] Jim, S., Ambrose, S. H., Evershed, R. P., 2004. Stable carbon isotopic evidence for differences in the dietary origin of bone cholesterol, collagen and apatite: implications for their use in palaeodietary reconstruction. Geochimica et Cosmochimica Acta, 68(1): 61-72.

[215] Katja, O., Stefan, S., 2002. Stable isotope enrichment (^{15}N and ^{13}C) in a generalist predator (Pardosa lugubris, Araneae : Lycosidae): Effects of prey quality. Oecologia, 130: 337-344.

[216] Koba, K., Hirobe, M., Koyama, L., Kohzu, A., Tokuchi, N., Nadelhoffer, K. J., Wada, E., Takeda, H., 2003. Natural ^{15}N abundance of plants and soil N in a temperate coniferous forest. Ecosystems, 6(5): 457-469.

[217] Kohn, M. J., 1999. You are what you eat. Science, 283(5400): 335, 336.

[218] Krishnamurthy, R. V., Suryawanshi, Y. R., Essani, K., 2017. Nitrogen isotopes provide clues to amino acid metabolism in human colorectal cancer cells. Scientific Reports, 7(1): 2562.

[219] Lamb, A. L., Evans, J. E., Buckley, R., Appleby, J., 2014. Multi-isotope analysis demonstrates significant lifestyle changes in King Richard III. American Journal of Physical Anthropology, 50: 559-565.

[220] Lanehart, R. E., Tykot, R. H., Underhill, A. P., Luan, F., Yu, H., Fang, H., Cai, F., Feinman, G., Nicholas, L., 2011. Dietary adaptation during the longshan period in china: stable isotope analyses at liangchengzhen (southeastern shandong). Journal of Archaeological Science, 38(9): 2171-2181.

[221] Lee, P. A., Riseman, S. F., Hare, C. E., Hutchins, D. A., Leblanc, K., DiTullio, G. R., 2011. Potential impact of increased temperature and CO_2 on particulate dimethylsulfoniopropionate in the Southeastern Bering Sea. Advances in Oceanography & Limnology, 2(1): 33-47.

[222] Levin, N. E., Quade, J., Simpson, S. W., Semaw, S., Rogers, M., 2004. Isotopic evidence for Plio-Pleistocene environmental change at Gona, Ethiopia. Earth and Planetary Science Letters, 219: 93-110.

[223] Li, J. F., Abuduresule, I., Hueber, F. M., Li, W. Y., Hu, X. J., Li, Y. Z., Li, C. S., 2013. Buried in sands: environmental analysis at the archaeological site of Xiaohe cemetery, Xinjiang, China. Plos One, 8(7): e68957.

[224] Li, X., Dodson, J., Zhou, X., Zhang, H., Masutomoto, R., 2007. Early cultivated wheat and broadening of agriculture in neolithic china. Holocene, 17(5): 555-560.

[225] Li, C. X., Lister, D. L., Li, H. J., Xu, Y., Cui, Y. Q., Bower, M. A., Jones, M. K., Zhou, H., 2011. Ancient DNA analysis of desiccated wheat grains excavated from a Bronze Age cemetery in Xinjiang. Journal of Archaeological Science, 38: 115-119.

[226] Lichtfouse, É., Dou, S., Girardin, C., Grably, M., Balesdent, J., Behar, F., Vandenbroucke, M., 1995. Unexpected ^{13}C-enrichment of organic components from wheat crop soils: evidence for the in situ origin of soil organic matter. Organic Geochemistry, 23: 865-868.

[227] Lim, S. S., Choi, W. J., Kwak, J. H., Jung, J. W., Chang, S. X., Kim, H. Y., Yoon, K. S., Choi, S. M., 2007. Nitrogen and carbon isotope responses of chinese cabbage and chrysanthemum to the application of liquid pig manure. Plant Soil, 295(2): 67-77.

[228] Liu, W. G., Wang, Z., 2009. Nitrogen isotopic composition of plant-soil in the loess plateau and its responding to environmental change. Chinese Science Bulletin, 54(2): 272-279.

[229] Liu, X. Y., 2009. Food Webs, Subsistence and Changing Culture: the Development of Early Farming Communities in the Chifeng Region, North China. University of Cambridge (Ph. D. thesis).

[230] Liu, X. Y., Reid, R. E. B., Lightfoot, E., Matuzeviciute, G. M., Jones, M. K., 2016. Radical change and dietary conservatism: Mixing model estimates of human diets along the Inner Asia and Chinas mountain corridors. The Holocene, 26: 1556-1565.

[231] Liu, X., Jones, M. K., Zhao, Z., Liu, G., O'Connell, T. C., 2012. The earliest evidence of millet as a staple crop: New light on Neolithic foodways in North China. American Journal of Physical Anthropology, 149(2): 283-290.

[232] Lloyd, D., 1993. Aerobic denitrification in soils and sediments: From fallacies to factx. Trends in Ecology & Evolution, 8(10): 352-356.

[233] Lowdon, J. A., 1969. Isotopic fractionation in corn. Radiocarbon, 11: 391-393.

[234] Lu, H. Y., Zhang, J. P., Liu, K., Wu, N. Q., Li, Y. M., Zhou, K. S., Ye, M. L., Zhang, T. Y., Zhang, H. J., Yang, X. Y., Shen, L. C., Xu, D. K., Li, Q., 2009. Earliest domestication of common millet (*Panicum miliaceum*) in East Asia extended to 10, 000 years ago. Proceedings of the National Academy of Sciences of the United States of America, 106(18): 7367-7372.

[235] Lunt, S. Y., Vander Heiden, M. G., 2011. Aerobic glycolysis: meeting the metabolic requirements of cell proliferation. Annual Review of Cell and Developmental Biology, 27: 441-464.

[236] Lösch, S., Grupe, G., Peters, J., 2005. Stable isotopes and dietary adaptations in humans and animals at Pre-Pottery Neolithic Nevali Cori, Southeast Anatolia. American Journal of Physical Anthropology, 131: 181-193.

[237] Ma, Y., Fuller, B. T., Wei, D., Shi, L., Zhang, X. Z., Hu, Y. W., Richards, M. P., 2016a. Isotopic perspectives (δ^{13}C, δ^{15}N, δ^{34}S) of diet, social complexity, and animal husbandry during the proto-shang period (*ca.* 2000-1600BC) of china. American Journal of Physical Anthropology, 160(3): 433-445.

[238] Ma, Y., Fuller, B. T., Sun, W. G., Hu, S. M., Chen, L., Hu, Y. W., Richards, M. P., 2016b. Tracing the locality of prisoners and workers at the Mausoleum of Qin Shi Huang: First Emperor of China (259-210BC). Scientific Reports, 6: 26731.

[239] Manolagas, S. C., 2000. Birth and death of bone cells: Basic regulatory mechanisms and implications for the pathogenesis and treatment of osteoporosis. Endocrine Reviews, 21(2): 115-137.

[240] Marino, B. D., McElroy, M. B., 1991. Isotopic composition of atmospheric CO_2 inferred from carbon in C_4 plant cellulose. Nature, 349: 127-131.

[241] Mariotti, A., 1983. Atmospheric nitrogen is a reliable standard for natural ^{15}N abundance measurements. Nature, 303: 685-687.

[242] Mariotti, A., Mariotti, F., Champigny, M. L., Amarger, N., Moyse, A., 1982. Nitrogen isotope fractionation associated with nitrate reductase activity and uptake of NO_3^- by pearl millet. Plant Physiology, 69(4): 880-884.

[243] Martinelli, L. A., Piccolo, M. C., Townsend, A. R., Vitousek, P. M., Cuevas, E., Mcdowell, W., Robertson, G. P., Santos, O. C., Treseder, K., 1999. Nitrogen stable isotopic composition of leaves and soil: Tropical versus temperate forests. Biogeochemistry, 46: 45-65.

[244] McGovern, P. E., Zhang, J., Tang, J., Zhang, Z., Hall, G. R., Moreau, R. A., Nuñez, A., Butrym, E. D., Richards, M. P., Wang, C. S., Cheng, G., Zhao, Z., Wang, C., Bar-Yosef, O., 2004. Fermented beverages of pre- and proto-historic China. Proceedings of the National Academy of Sciences of the United States of America, 101(51): 17593-17598.

[245] Mcmurtrie, R. E., Jeffreys, M. P., 2000. Effects of elevated CO_2 on forest growth and carbon storage: a modeling analysis of the consequences of changes in litter quality/quantity and root exudation. Plant & Soil, 224(1): 135-152.

[246] Medlyn, B. E., Cvm, B., Msj, B., Ceulemans, R., De, A. P., Forstreuter, M., Freeman, M., Jackson, S. B., Kellomaki, S., Laitat, E., 2001. Stomatal conductance of forest species after long-term exposure to elevated CO_2 concentration: a synthesis. The New Phytologist, 149(2): 247-264.

[247] Mekota, A. M., Grupe, G., Ufer, S., Cuntz, U., 2006. Serial analysis of stable nitrogen and carbon isotopes in hair: monitoring starvation and recovery phases of patients suffering from anorexia nervosa. Rapid Communications in Mass Spectrometry, 20(10): 1604-1610.

[248] Mikan, C. J., Zak, D. R., Kubiske, M. E., Pregitzer, K. S., 2000. Combined effects of atmospheric CO_2 and N availability on the below ground carbon and nitrogen dynamics of aspen mesocosms. Oecologia, 124(3): 432-445.

[249] Minagawa, M., Matsui, A., Ishiguro, N., 2005. Patterns of prehistoric boar *Sus scrofa* domestication, and inter-islands pig trading across the East China Sea, as determined by carbon and nitrogen isotope analysis. Chemical Geology, 218: 91-102.

[250] Naumann, E., Price, T. D., Richards, M. P., 2014. Changes in dietary practices and social organization during the pivotal late iron age period in Norway (AD 550-1030): isotope analyses of Merovingian and Viking Age human remains. American Journal of Physical Anthropology, 155(3): 322-331.

[251] Neuberger, F. M., Jopp, E., Graw, M., Püschel, K., Grupe, G., 2013. Signs of malnutrition and starvation—Reconstruction of nutritional life histories by serial isotopic analyses of hair. Forensic Science International, 226(1-3): 22-32.

[252] Ometto, J. P. H. B., Ehleringer, J. R., Domingues, T. F., Berry, J. A., Ishida, F. Y., Mazzi, E., Higuchi, N., Flanagan, L. B., Nardoto, G. B., Martinelli, L. A., 2006. The stable carbon and nitrogen isotopic composition of vegetation in tropical forests of the Amazon Basin, Brazil. Biogeochemistry, 79: 251-274.

[253] Pasquier-Cardin, A., Allard, P., Ferreira, T., Hatte, C., Coutinho, R., Fontugne, M., Jaudon, M., 1999. Magma-derived CO_2 emissions recorded in ^{14}C and ^{13}C content of plants growing in furnas caldera, azores. Journal of Volcanology and Geothermal Research, 92(1-2): 195-207.

[254] Pate, F. D., 1994. Bone chemistry and paleodiet. Journal of Archaeological Method and Theory, 1(2): 161-209.

[255] Pechenkina, E. A., Ambrose, S. H., Ma, X. L., Benfer Jr., R. A., 2005. Reconstructing northern Chinese Neolithic subsistence practices by isotopic analysis. Journal of Archaeology Science, 32(8): 1176-1189.

[256] Pollard, A. M., Ditchfield, P., Piva, E., Wallis, S., Falys, C., Ford, S., 2012. "sprouting like cockle amongst the wheat": the St Brice's Day Massacre and the isotopic analysis of human bones from St John's College, Oxford. Oxford Journal of Archaeology, 31(1): 83-102.

[257] Poupin, N., Mariotti, F., Huneau, J. F., Hermier, D., 2014. Natural isotopic signatures of variations in body nitrogen fluxes: A compartmental model analysis. Plos Computational Biology, 10(10): e1003865.

[258] Price, T. D., 1989. The Chemistry of Prehistoric Human Bone. Cambridge: Cambridge University Press: 155-210.

[259] Qiu, Z., Yang, Y., Shang, X., Li, W., Abuduresule, Y., Hu, X., Pan, Y., Ferguson, D. K., Hu, Y., Wang, C., Jiang, H., 2014. Paleo-environment and paleo-diet inferred from early bronze age cow dung at Xiaohe cemetery, Xinjiang, NW China. Quaternary International, 349: 167-177.

[260] Qu, Y. T., Hu, Y. W., Rao, H. Y., Abuduresule, I., Li, W. Y., Hu, X. J., Jiang, H. E., Wang, C. S., Yang, Y. M., 2018. Diverse lifestyles and populations in the Xiaohe Culture of the Lop Nur region, Xinjiang, China. Archaeological and Anthropological Sciences, 10(8): 2005-2014.

[261] Quade, J., Cerling, T. E., Andrews, P., Alpagut, B., 1995. Paleodietary reconstruction of Miocene faunas from Paşalar, Turkey using stable carbon and oxygen isotopes of fossil tooth enamel. Journal of Human Evolution, 28: 373-384.

[262] Sah, S. P., Brumme, R. B., 2003. Altitudinal gradients of natural abundance of stable isotopes of nitrogen and carbon in the needles and soil of a pine forest in Nepal. Journal of Forest Science, 49(1): 19-26.

[263] Saliendra, N. Z., Meinzer, F. C., Perry, M., Thom, M., 1996. Association between partitioning of carboxylase activity and bundle sheath leakiness to CO_2, carbon isotope discrimination,

photosynthesis, and growth in sugarcane. Journal of Experimental Botany, 47: 907-914.

[264] Schleser, G. H., Helle, G., Lücke, A., Vos, H., 1999. Isotope signals as climate proxies: the role of transfer functions in the study of terrestrial archives. Quaternary Science Reviews, 18(7): 927-943.

[265] Schmidt, S., Stewart, G. R., 2003. $\delta^{15}N$ values of tropical savanna and monsoon forest species reflect root specialisations and soil nitrogen status. Oecologia, 134(4): 569-577.

[266] Schweizer, M., Fear, J., Cadisch, G., 1999. Isotopic (C-13) fractionation during plant residue decomposition and its implications for soil organic matter studies. Rapid Communications in Mass Spectrometry, 13: 1284-1290.

[267] Sealy, J. C., van der Merwe, N. J., Lee-Thorp, J. A., Lanham, J. L., 1987. Nitrogen isotopic ecology in southern Africa: Implications for environmental and dietary tracing. Geochimica et Cosmochimica Acta, 51: 2707-2717.

[268] Shearer, G., Kohl, D. H., 1988. Estimates of N_2 fixation in ecosystems: The need for and basis of the ^{15}N natural abundance method. Ecological Studies, 68: 342-374.

[269] Solga, A., Burkhardt, J., Frahm, J. P., 2006. A new approach to Assess Atmospheric Nitrogen Deposition by Way of Standardized Exposition of mosses. Environmental Monitoring & Assessment, 116(1-3): 399-417.

[270] Solomon, S., 2007. Climate change 2007-the physical science basis: Working group I contribution to the fourth assessment report of the IPCC. In: Contribution of Working Group I to the Fourth Assesment Report of the Intergovernmental Panel on Climate Change, Climate Change 2007: The Physical Science Basis: 159-254.

[271] Stantis, C., Kinaston, R. L., Richards, M. P., Davidson, J. M., Buckley, H. R., 2015. Assessing human diet and movement in the tongan maritime chiefdom using isotopic analyses. Plos One, 10(3): e0123156.

[272] Stewart, G. R., Schmidt, S., 1999. Evolution and ecology of plant mineral nutrition. In: Press, M. C., Scholes, J. D., Barker, M. G. (eds.), Physiological Plant Ecology. Oxford: Blackwell Science: 91-114.

[273] Tea, I., Martineau, E., Antheaume, I., Lalande, J., Mauve, C., Gilard, F., Barillé-Nion, S., Blackburn, A. C., Tcherkez, G., 2016. ^{13}C and ^{15}N natural isotope abundance reflects breast cancer cell metabolism. Scientific Reports, 6: 34251.

[274] Tennant, D. A., Durán, R. V., Gottlieb, E., 2010. Targeting metabolic transformation for cancer therapy. Nature Reviews Cancer, 10(4): 267-277.

[275] Tieszen, L. L., Fagre, T., 1993. Effect of diet quality and composition on the isotopic composition of respiratory CO_2, bone collagen, bioapatite, and soft tissues. In: Lambert, J. B., Grupe, G. (eds.), Prehistoric Human Bone: Archaeology at the Molecular Level. Berlin: Springer-Verlag: 121-155.

[276] Torrence, R., Barton, H., 2006. Ancient starch research. Walnut Creek, California: Left coast press Inc.: 180-185.

[277] Vaiglova, P., Snoeck, C., Nitsch, E., Bogaard, A., Lee-Thorp, J., 2014. Impact of contamination and pre-treatment on stable carbon and nitrogen isotopic composition of charred plant remains. Rapid Commun. Mass Spectrom., 28: 2497-2510.

[278] Valentin, J., 2002. Basic anatomical and physiological data for use in radiological protection: reference values. ICRP publication 89: International Commission on Radiological Protection, 32(3-4): 1-277.

[279] Vander, A. J., Sherman, J. N., Luciano, D. S., 1975. Human Physiology: the Mechanisms of Body Function. New York: McGraw-Hill Book Company Press: 1-696.

[280] Vander Heiden, M. G., 2011. Targeting cancer metabolism: a therapeutic window opens. Nature Reviews Drug Discovery, 10(9): 671-684.

[281] van der Merwe, N. J., 1989. Natural variation in ^{13}C concentration and its effect on environmental reconstruction using $^{13}C/^{12}C$ ratios in animal bones. In: Price, D. (eds.), Bone Chemistry and Past Behavior. School of American Research Advanced Seminar Series. Cambridge: Cambridge University Press: 105-125.

[282] Vitousek, P. M., Shearer, G., Daniel, H. K., 1989. Foliar ^{15}N natural abundance in Hawaiian rainforest: patterns and possible mechanisms. Oceologia, 78: 383-388.

[283] Wang, R., 2004. Fishing, Farming, and Animal Husbandry in the Early and Middle Neolithic of the Middle Yellow River Valley, China. Urbana: University of Illinois at Urbana-Champaign (Ph. D. thesis): 1-196.

[284] Wang, J. J., Liu, L., Ball, T., Yu, L. J., Li, Y. Q., Xing, F. L., 2016. Revealing a 5,000-y-old beer recipe in China. Proceedings of the National Academy of Sciences of the United States of America, 113(23): 6444-6448.

[285] Wang, X., Fuller, B. T., Zhang, P. C., Hu, S. M., Hu, Y. W., Shang, X., 2018. Millet manuring as a driving force for the Late Neolithic agricultural expansion of north China. Scientific reports, 8: 5552.

[286] Weigt, R. B., Streit, K., Saurer, M., Siegwolf, R. T. W., 2018. The influence of increasing temperature and CO_2 concentration on recent growth of old-growth larch: contrasting responses at leaf and stem processes derived from tree-ring width and stable isotopes. Tree Physiology, 38(5): 706-720.

[287] Weiss, A., Schiaffino, S., Leinwand, L. A., 1999. Comparative sequence analysis of the complete human sarcomeric myosin heavy chain family: implications for functional diversity. Journal of Molecular Biology, 290: 61-75.

[288] Werner, C., Gessler, A., 2011. Diel variations in the carbon isotope composition of respired CO_2 and associated carbon sources: a review of dynamics and mechanisms. Biogeosciences, 8: 2437-2459.

[289] White, C. D., Armelagos, G. J., 1997. Osteopenia and stable isotope ratios in bone collagen of Nubian female mummies. American Journal of Physical Anthropology, 103(2): 185-199.

[290] Williams, D. G., Ehleringer, J. R., 1996. Carbon isotope discrimination in three semi-arid woodland species along a monsoon gradient. Oecologia, 106(4): 455-460.

[291] Winkler, F. J., Wirth, E., Latzko, E., Schmidt, H. L., Hoppe, W., Wimmer, P., 1978. Influence of growth conditions and development on $\delta^{13}C$ values in different organs and constituents of wheat, oat and maize. Journal of Plant Physiology, 87: 255-263.

[292] Xia, Y., Zhang, J., Yu, F., Zhang, H., Wang, T., Hu, Y., Fuller, B. T., 2018. Breastfeeding, weaning, and dietary practices during the Western Zhou Dynasty (1122-771BC) at Boyangcheng, Anhui Province, China. American Journal of Physical Anthropology, 165: 343-352.

[293] Yang, Q., Li, X. Q., Zhou, X. Y., Zhao, K. L., Sun, N., 2016. Quantitative reconstruction of summer precipitation using a mid-Holocene $\delta^{13}C$ common millet record from Guanzhong Basin, northern China. Climate of the Past, 12: 2229-2240.

[294] Yang, Q., Li, X., Liu, W., Zhou, X., Zhao, K., Sun, N., 2011. Carbon isotope fractionation during low temperature carbonization of foxtail and common millets. Organic Geochemistry, 42(7): 713-719.

[295] Yang, R. P., Yang, Y. M., Li, W. Y., Abuduresule, Y., Hu, X. J., Wang, C. S., Jiang, H. E., 2014. Investigation of cereal remains at the Xiaohe Cemetery in Xinjiang, China. Journal of Archaeological Science, 49: 42-47.

[296] Yang, X., Wan, Z., Perry, L., Lu, H., Wang, Q., Zhao, C., Li, J., Xie, F., Yu, J., Cui, T., Wang, T., Li, M., Ge, Q., 2012. Early millet use in northern china. Proceedings of the National Academy of Sciences of the United States of America, 109(10): 3726-3730.

[297] Yi, B., Liu, X., Yuan, H., Zhou, Z., Chen, J., Wang, T., Wang, Y., Hu, Y., Fuller, B. T., 2018. Dentin isotopic reconstruction of individual life histories reveals millet consumption during weaning and childhood at the Late Neolithic (4500BP) Gaoshan site in southwestern China. International Journal of Osteoarchaeology, 28(6): 636-644.

[298] Yi, X. F., Yang, Y. Q., 2006. Enrichment of stable carbon and nitrogen isotopes of plant populations and plateau pikas along altitudes. Journal of animal and feed sciences, 15(4): 661-667.

[299] Yi, X. F., Yang, Y. Q., Zhang, X. A., Li, L. X., Zhao, L., 2003. No C_4 plants found at the Haibei Alpine Meadow Ecosystem Research Station in Qinghai, China: Evidence from stable carbon isotope studies. Acta Botanica Sinica, 43: 1291-1296.

[300] Yoneyama, T., Ohtani, T., 1983. Variations of natural ^{13}C abundances in leguminous plants. Plant

and Cell Physiology, 13: 971-977.

[301] Yoneyama, T., Fujihara, S., Yagi, K., 1998. Natural abundance of ^{15}N in amino acids and polyamines from leguminous nodules: unique ^{15}N enrichment in homospermidine. Journal of Experimental Botany, 49(320): 521-526.

[302] Yoneyama, T., Handley, L. L., Scrimgeour, C. M., Fisher, D. B., Raven, J. A., 1997. Variations of the natural abundances of nitrogen and carbon isotopes in *Triticum aestivum*, with special reference to phloem and xylem exudates. New Phytologist, 137: 205-213.

[303] Zak, D. R., Pregitzer, K. S., Curtis, P. S., Holmes, W. E., 2000. Atmospheric CO_2 and the composition and function of soil microbial communition. Ecological Applications, 10(1): 47-59.

[304] Zhao, B., Kondo, M., Maeda, M., Ozaki, Y., Zhang, J., 2004. Water-use efficiency and carbon isotope discrimination in two cultivars of upland rice during different developmental stages under three water regimes. Plant & Soil, 261(1-2): 61-75.

[305] Zhao, Y., Chen, F. H., Zhou, A. F., Yu, Z. C., 2010. Vegetation history, climate change and human activities over the last 6200 years on the Liupan Mountains in the southwestern Loess Plateau in central China. Palaeogeography, Palaeoclimatology, Palaeoecology, 293: 197-205.

第五章 稳定同位素测试方法

5.1 质谱的基本原理

早在20世纪20年代早中期，质谱已被用于稳定同位素的测试。目前，质谱法是测试同位素丰度最有效的手段。质谱仪能够将带电原子和分子根据它们的质量和在磁场和（或）电场中的运动进行分离。一般质谱仪由四部分组成（图5-1-1）（Aston，1927；陈骏和王鹤年，2004）。

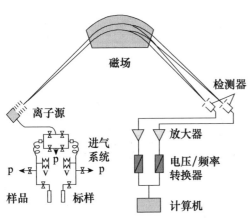

图5-1-1 质谱仪分析原理示意图
（改自Aston, 1927）

（1）进气系统

进气系统安装有活页阀，可以在几秒内快速连续地分析两种气体样品（样品与标样），两种气体通过直径约0.1mm，长约1m的毛细管。当一种气体进入离子源，其他则进入废水泵使毛细管内气流不间断。为了避免质量歧视，可利用黏性气流进行气态物质的同位素丰度测量。黏性气体的流动过程中，分子的自由程很短，分子碰撞频繁（使气体充分混匀），且不会发生大量的分离。在黏性流动入口系统的末端，有一个裂缝，即流线的收缩。采用双进气系统高精度地分析样品，其最小样品量可以通过黏性流动条件的保持来限制。一般在15~20mbar。当试图减少样本量时，需要在进入毛细管前将气体浓缩到一个小体积。

（2）离子源

离子的形成、加速及聚焦成离子束，均发生在离子源中。离子源中的气流由分子形成，气体样品的离子是由电子轰击产生。电子一般由加热的钨或铼丝产生，并在进入电离室之前通过静电电位加速到50~150eV能量，从而最大限度地提高单电离效率。电离之后，任何带电的分子都可以根据离子获得的能量进一步分裂成若干块，产生特定化合物的质谱。

为了提高电离几率，可以采用均匀弱磁场使电子保持在螺旋轨道上。在电离室的末端，电子被收集在带正电的陷阱中，同时测量电子流并通过发射调节电路保持电子流恒定。

电离的分子通过电场的作用从电子束中抽出，随后被加速到几千伏，其路径形成一束光束，通过一个出口狭缝进入分析器。因此，进入磁场的正离子是基本的条件，它们具有相同的动能。电离过程的效率决定了质谱仪的灵敏度。

（3）质量分析器

质量分析器根据离子束的质量与电荷比（m/e）分离从离子源产生离子束。当离子束通过磁场时，离子被偏转成圆形的路径，半径与m/e的平方根成正比。因此，离子被分离成束，每一束都以m/e的特殊值为特征。

（4）离子检测器

经过磁场后，分离的离子被收集在离子检测器中，输入被转换成电脉冲，然后送入放大器。两个单独的放大器同时进行测量，其优势在于对于所有的m/e电子束，其相对波动的离子电流与时间的函数关系是一致的。每个检测通道装有适合离子平均自然丰度的高欧姆电阻。现在的同位素质谱仪至少安装有三个法拉第探测器，其具有长期的稳定性与耐高温性能。这是因为相邻峰之间的间距随质量发生变化且刻度不是线性的，所以每一组同位素都需要自己的法拉第杯。

虽然，稳定同位素质谱分析方法已较为成熟，并在古食谱研究中得到广泛应用，但随着稳定同位素食谱分析对象的多样化（如骨骼、毛发、指甲、角、植物、肌肉、牙结石、粪化石、母乳等等），质谱测试过程中，标样的制备与选择，以及不同含C（或N）量测试对象样品量的选择，成为古代样品稳定同位素质谱分析的难点。

5.2 稳定同位素测试样品的前处理

人体不同组织或同一组织的不同成分，所指示的食谱信息存在差异。为了获取相应的稳定同位素分析样品，针对不同的研究对象，需要采用不同的样品前期处理方法。

5.2.1 骨骼的处理方法

5.2.1.1 不可溶性胶原蛋白的提取

目前，国际上用于稳定同位素食谱分析的骨胶原，主要采用明胶化法提取骨骼中不可溶性的胶原蛋白（Insoluble collagen），即利用浓度较低的盐酸溶液高温溶解不可溶性的胶原蛋白，将其转化为明胶，在冷冻干燥的环境下获取棉絮状的胶原蛋白。

目前，骨骼或牙齿中胶原蛋白的提取流程主要包括两种，一种是由Ambrose（1990）提出，主要步骤为：机械去除骨样外表面的污染部分，研磨过筛，收集粒度为40~60目的骨粉，称取一定质量的骨粉，浸泡在HCl溶液（0.1mol/L）中进行脱钙，1~2d更换一次酸液，直至未见明显骨粉颗粒为止；蒸馏水洗至中性，加入NaOH溶液（0.125mol/L），室温浸泡20h以去除腐殖酸等，再洗至中性；加入HCl溶液（0.001mol/L），95℃下明胶化，次日趁热过滤后冷冻干燥，得明胶化的胶原蛋白。称取胶原蛋白的质量，计算胶原蛋白的产率（胶原蛋白的质量/骨骼总质量）。

另一种由Jay和Richards（2006）提出，机械去除骨骼样品内外表面的污染物，并于蒸馏水中超声清洗10min，以去除骨骼孔隙中残留的沉积物。根据骨骼保存状况选取2~10g骨样，称量。4℃下置于HCl溶液（0.5mol/L）中浸泡，2~3d更换新鲜酸液，直至无气泡产生且骨变得柔软透明。离心，保留沉积物部分，并用蒸馏水洗至中性。4℃下浸于NaOH溶液（0.125mol/L）中约20h，再次洗至中性。加入HCl溶液（0.001mol/L），70℃下加热48h，使其完全溶解，趁热过滤后，冷冻干燥得明胶化的胶原蛋白。称取胶原蛋白的质量，计算胶原蛋白的产率（胶原蛋白的质量/骨骼总质量）。

对比两种方法，胶原蛋白提取过程中脱钙均采用稀盐酸，但两者的浓度存在差异（HCl溶液：0.1mol/L和0.5mol/L）。Pestle（2010）指出，骨骼脱钙过程中，盐酸浓度在0.05mol/L至0.2mol/L，反应时间控制在24h至120h，胶原蛋白的C、N稳定同位素组成不发生明显的变化。因此，鉴于不同遗址骨骼的保存状况，尤其是无机质成分的变化，脱钙时盐酸浓度的选择，应该建立在前期实验的基础之上。另外，骨骼脱钙的另一种常见方法，就是利用EDTA（$C_{10}H_{16}N_2O_8$）与骨骼中的钙离子作用生成络合物，从而达到脱钙的目的。Tuross（2012）对比了两种脱钙方法［分别是HCl溶液与EDTA（乙二胺四乙酸，Ethylene Diamine Tetraacetic Acid）溶液处理方法］对骨胶原C、N稳定同位素组成的影响，发现两种方法所得骨胶原的$\delta^{13}C$值相近，但盐酸溶液脱钙处理所得骨胶原N的含量和$\delta^{15}N$值稍偏低。另外，利用EDTA提取骨胶原，更适用于样本量有限、低pH溶解度的残存骨胶原碎片或者年龄较小个体易溶解的骨胶原，且该方法提取的骨胶原更有利于下一步DNA的分析（Tuross，2012）。

另外，两种提取步骤最大的区别在于骨样的状态不同。一般而言，粉末状的骨样，加大了与稀酸溶液的反应面积，极大地缩短了脱钙所需时间。而块状的骨骼处理更为方便，也便于骨胶原保存状况的判断。Sealy等（2014）对比了两种状态下（块状与粉末状）提取的骨胶原的C、N稳定同位素组成，发现两者之间无明显差异，因此，进一步确定利用整块骨骼进行脱钙处理提取骨胶原的方法是可行的，尤其是对于保存较好的骨骼。处理过程中温度的控制也存在差异，第二种方法低温下进行脱钙与去除腐殖酸，可降低骨骼与酸和碱的反应速度，减少骨胶原的降解，增加骨胶原的提取率。对于污染物腐殖酸的去除，两者均采用NaOH溶液。Jørkov等（2007）发现，NaOH溶液与超过滤处理会轻微影响骨胶原的$\delta^{13}C$值，但$\delta^{15}N$值未受到影响；同时提出，为了避免提取过程中造成骨胶原同位素的再"分馏"，同位素食谱分析应该遵循常规的骨骼处理与测试方法。Van der Haas等（2018）通过对比分析现代与古代牙齿样品腐殖酸去除实验，发现NaOH溶液（标准浓度0.125mol/L）对古代样品的处理时间约6h时即可完全去除腐殖酸，且不对原骨胶原造成破坏。

5.2.1.2 可溶性胶原蛋白的提取

考古遗址中，人与动物骨骼保存较差时（如我国南方酸性土壤中保存的骨骼），骨胶原的提取率非常低，有时甚至分解殆尽。鉴于此，有学者提出，可提取骨骼中残留的可溶性胶原蛋白，用于稳定同位素的分析。

古骨中可溶性胶原蛋白的提取采用凝胶层析法。首先，机械去除骨样内外表面的污染物，研磨后称取1g。其次，浸泡于10mL的20%甲酸溶液中，在4℃下反应20h，离心（3000rpm，10min）后取上清液。然后，进行凝胶层析分离，利用20%的甲酸溶液平衡层析柱，取5mL提取液进样，利用流速为2mL/min的超纯水洗脱，在280nm处检测蛋白峰（3个峰，保留时间在13～17min），每隔2.5min收集。最后，冷冻干燥。需注意，根据古骨样品的保存状况，调整酸液浓度、提取时间等。可溶性胶原蛋白为第二个峰的提取物（Ajle et al.，1991；王宁等，2014）。

提取的胶原蛋白主要用于C、N、O、H、S等元素的稳定同位素分析。

5.2.1.3 磷灰石的制备

考古遗址出土的人与动物骨骼，其无机质部分的主要成分为磷灰石。骨胶原主要记录的是有机体食物中的蛋白质部分，与之相异，骨骼中的磷灰石则保留该有机体摄入的所有食物信息，包括蛋白质、脂质和碳水化合物，两者相辅相成，更能全面地反映有机体的食谱（Ambrose and Norr，1993；Tieszen and Fagre，1993）。另外，对于埋藏万年以上的骨骼，其有机质部分已经分解殆尽，或者在潮湿酸性的土壤中，骨骼的有机质残存微量且污染严重，我们分析的焦点往往转移至骨骼中的无机质部分。磷灰石的制备主要是去除骨骼中的有机质部分及次生的碳酸盐类物质。

目前，我们采用的样品前处理方法，主要基于Lee-Thorp提出的牙釉质处理方法（Lee-Thorp et al.，1989；Lee-Thorp and van der Merwe，1991）。首先超声波清洗10min以去除表面黏附的沉积物。室温晾干后，用牙钻机械去除污染表面。在釉质部分钻取10～15mg粉末，并用玛瑙研钵研磨至200目以下，保存在1.5ml离心管内；加入50%的NaOCl溶液［或2%（v/v）$NaHClO_3$］，在4℃下处理1～2d，以去除有机物质。然后，3000rpm离心5min，倒掉上清液，蒸馏水洗至中性。再加入1mol/L的冰醋酸溶液，在4℃下处理1~2d，直至没有气泡产生，以去除成岩作用产生的碳酸盐。再用蒸馏水洗至中性后，冷冻干燥。另外，骨骼中无机质部分的提取，也可采用5%浓度的醋酸清洗，去除表面污染物，然后于马弗炉中高温（725℃）灰化8h（胡耀武等，2005a）。

获得的生物磷灰石主要用于C、O、Sr等元素的同位素分析，以及污染判别中红外、衍射与成分的分析等。

5.2.2　牙齿的处理方法

牙齿主要包括釉质与本质两部分。样品制备之前，先将两部分分离，分别进行前处理。由于釉质的主要成分为羟基磷灰石，有机质含量少，因此，牙釉质主要用于羟基磷灰石的稳定同位素测试。牙本质成分与骨骼成分较为相似，因此，其骨胶原的提取或磷灰石的制备均与骨骼相同。

另外，由于牙釉质的生长是由牙尖向牙颈呈层状堆积形成。在形成过程中，因泌釉细胞分泌活动的节律性变化，使釉质中形成规律性生长线，成为反映个体生长发育的重要标记（FitzGerald，1998；Reid and Ferrell，2006）。目前，主要利用植食动物的高冠齿，根据牙釉质的周期性沉积，沿生长轴进行序列取样。首先，物理去除每个标本近齿柱颊面的表面污染物；根据研究内容，从牙尖至牙冠底部进行分段取样（1~2mm或平均分段）；利用牙钻钻取每段牙釉质，直至牙釉质与牙本质结合处；分开收集钻取的每段牙釉质粉末20mg以上（图5-2-1）。然后，进行羟磷灰石的制备，其方法同上。最后，进行C、O等稳定同位素的测试分析，以重建牙釉质形成过程中动物生存环境的变化与食性的季节性变化等（Henton et al.，2017；Henton，2012；Balasse and Ambrose，2005）。

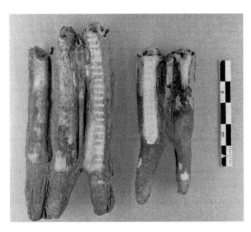

图5-2-1　高冠齿的序列取样
（引自Dai et al.，2016）

5.2.3　毛发的处理方法

毛发表面及内部结构中含有部分脂质。其角蛋白与脂质的稳定同位素组成存在差异，因此毛发的前处理主要是去除脂质。考古遗址出土的毛发，在长期埋藏过程中，脂质不断分解，残存较少。目前，主要采用甲醇或甲醇/氯仿溶液对古毛发进行处理，具体操作如下。

选取数根毛发（约1mg），利用无菌手术刀切除毛发根部毛囊。室温下去离子水超声清洗30min，去离子水冲洗三次。甲醇或甲醇/氯仿（2∶1v/v）溶液超声清洗30min，再用甲醇清洗三次（White，1993；Schwarcz and White，2004；Manolagas，2000；O'Regan et al.，2008；O'Connell et al.，2001；Iacumin et al.，2005）。鉴于甲醇/氯仿溶液的毒性，也有学者利用无水乙醇清洗毛发表面的脂质（Macko et al.，1997，1999）。

考虑到毛发内部脂质的残存及毛发表面沉积物的污染，我们将处理方法略作修改。准备两份样品，去离子水清洗之后，1号样品无水乙醇超声清洗30min；2号样品HCl溶液（0.125mol/L）超声清洗30min，去离子水洗至中性。两份样品无水乙醇再超声清洗30min，最后更换无水乙醇，并于4℃下浸泡1d，以去除毛发内外残留脂质，室温下自然干燥。

C、N稳定同位素测试之后，通过比较两种方法，发现1号样品的C（42.6%）和N（24.0%）含量，皆显著高于2号样品（C、N含量分别为13.3%和7.5%），表明酸处理会使人发角蛋白中的C、N含量降低。稳定角蛋白二级结构的化学键中存在大量的二硫键，在酸性环境下很容易断裂，使得角蛋白发生降解，产生水溶性的多肽或游离氨基酸（Robbins，2012；韩国防等，2000），在处理过程中很容易流失，这应当是造成角蛋白C、N含量下降的主要原因。因此，以上实验分析显示毛发不适于酸处理。

5.2.4 角质的处理方法

由于角质（指甲、动物角）与毛发的主要成分均为角蛋白，因此两者的处理方法较为相似。参照O'Connell等提出的方法，具体操作为：首先机械打磨去除角质表面层及表面黏附的污染物；其次利用甲醇/氯仿（2∶1v/v）溶液浸泡两次，第一次浸泡时间为1h，换取新液，继续浸泡30min；然后将其浸泡于去离子水中20min，更换去离子水，并超声水浴1h；最后在60℃下烘干（O'Connell et al.，2001）。

5.2.5 牙结石与粪化石的处理方法

选择牙结石沉积较多的上颌或下颌的门牙或磨牙进行取样。首先，利用消毒过后的一次性牙刷轻轻去除牙结石表面污染物。然后刮取牙结石并研磨成粉，称取5~10mg，最少需要0.5mg（Salazar-García et al.，2014），直接用于稳定同位素的分析

（Scott and Poulson，2012）。另外，牙结石中有机质部分与无机质部分分别进行稳定同位素分析，其提取方法与骨骼处理方法相似。对于有机质部分的提取，首先将牙结石捣碎成2～3mm的碎片；称取7mg置于银制小囊中，利用20μl移液管将60μl浓度为1mol/L的HCl慢慢注入银囊中，从而使磷灰石中的碳酸盐组分分解，释放出CO_2；并于室温下晾干或低温烘干（<100℃）；然后再次加入约60μl盐酸溶液，直至无气泡产生。最后，80～100℃下烘干，加入粉碎后的锡囊，以提高样品的燃烧强度。对于无机质部分的提取，首先称取5mg牙结石，置于2ml离心管中，加入0.2ml浓度为2.5%的NaOCl溶液，反应一天；然后，去离子水清洗三次，加入0.2ml浓度为1mol/L的醋酸-醋酸盐缓冲液（pH=4.5），反应40min；最后，去离子水清洗四次，并于37℃下干燥（Price et al.，2018）。

粪化石的处理，首先机械去除外表面污染部分，从干燥粪便内部取样品2g，在100ml浓度10%的盐酸溶液中浸泡24h。然后利用玻璃棒轻轻捣碎，放置在超声清洗器（38kHz、250W）中振荡2h，使样品充分分散，随后将样品转移至50ml聚丙烯离心管中离心（3000rpm）5min，再利用去离子水清洗三次。最后过筛（0.3mm），采集粗碎屑和细粒碎屑，分别用于宏观化石和微化石（大植物遗存和植物微体化石）的分析（Qiu et al.，2014）。如用于稳定同位素分析，因稀盐酸可能分解粪便中部分有机质，因此不适于酸处理，只需从内部选取一定量的样品，干燥后研成粉末即可。

5.2.6　现代与古代植物样品的处理方法

现代植物样品的处理，首先利用去离子水反复超声清洗干净，室温下自然干燥。然后在38℃烘箱内放置约24h，直至恒重。研钵研磨成粉，过筛（100目），利用锡纸包裹密封，待稳定同位素测量分析（An et al.，2015；刘宏艳等，2017）。

对于古代样品，目前主要采用纯酸（A，acid-only）或酸碱酸（ABA，acid-base-acid）的处理方法（Aguilera et al.，2008；Fraser, et al.，2013；Vaiglova, et al.，2014；Kanstrup et al.，2014）。根据稳定同位素测试所需样品量（3～4mg），选取一定量的样品置于试管中。对于酸处理方法，加入10ml浓度为0.5mol/L的HCl溶液，在80℃水浴中反应30～60min（或直至反应完全）；倒掉废液后，蒸馏水清洗三次（为避免样品损失，可利用离心的方法去除液体）；最后，干燥（低温烘干或冷冻干燥）并研磨成粉末，保存于干燥器中待测（Vaiglova, et al.，2014）。对于酸碱酸处理方法，先加入10ml浓度为0.5mol/L的HCl溶液，在70℃水浴中反应30min（或直至无气泡产生）后，倒掉废液，蒸馏水清洗三次；第二次加入10ml浓度为0.1mol/L的NaOH溶液，在70℃水浴中反应60min后，倒掉废液，蒸馏水清洗三次至中性；第三次加入10ml浓度为0.5mol/L的HCl溶液，在70℃水浴中反应25min后，倒掉废液，蒸馏水清洗三次；然后干燥并研磨成粉末，保存待测（Fraser, et al., 2013）。

以上不同材质样品的前处理方法均建立在前人的研究基础上。但实际上，不同遗址同种材质样品的保存往往存在差异，甚至同一遗址不同时期的同种材料的保存也存在差异，以致不同样品的物理、化学和生物性能存在差异。因此，应针对特定遗址样品的保存状况适当调整前处理方法。但无论采用何种方法，必须遵循的首要原则是避免样品前处理过程中再次发生稳定同位素的分馏。

5.3 样品的测试分析

5.3.1 稳定同位素的测试

以常见稳定同位素测试方法为例，稍作简单介绍。骨胶原C、N稳定同位素的测试，首先取少量骨胶原或处理后的角蛋白样品称重，于稳定同位素质谱分析仪上测试其C、N元素含量及同位素比值。测试C和N含量所用的标准物质为磺胺（Sulfanilamide）（包括IAEA-600、IEAE-N-1、IAEA-N-2、IAEA-CH-6、USGS-24、USGS-40和USGS-41）或乙酰苯胺（Acetanilide）。如C和N稳定同位素比值分别以USGS-24标定碳钢瓶气（以PDB为基准）和IEAE-N-1标定氮钢瓶气（以AIR为基准）为标准，每测试10个样品中插入一个实验室自制胶原蛋白标样（$\delta^{13}C$值为 $-14.7‰±0.15‰$、$\delta^{15}N$值为$6.88‰±0.2‰$），分析精度均为$±0.2‰$，C、N同位素比值分别以$\delta^{13}C$值（相对V-PDB）、$\delta^{15}N$值（相对AIR）表示。骨胶原S稳定同位素测试与C、N稳定同位素测试方法类似，但以Vienna Canyon Diablo Troilite（VCDT）为标准，分析精度为$±0.5‰$，以$\delta^{34}S$值表示（Hu et al., 2009）。

骨胶原H、O稳定同位素的测定采用高温裂解法，将elementar PyroCube元素分析仪连接到ISOPRIME-100同位素质谱仪上进行测试。精确称取少量提取物，常温放置，使其与空气中水蒸气充分平衡，并分别以国际标样IAEA-601和IAEA-CH-7为标准。分析精度分别为$1.5‰$和$0.3‰$，测试结果分别以δD和$\delta^{18}O$值（相对于SMOW）表示（司艺等，2014；王宁等，2015）。

磷灰石的C、O稳定同位素在连接有multi-flow系统的同位素质谱仪上进行测试。首先，将磷灰石粉末装入密封玻璃管中，并用高纯氦气冲洗4~5min；然后，利用一次性针管在70℃下注入1ml超纯磷酸（H_3PO_4），并于80℃下反应1h；玻璃管中产生的CO_2气体最终被载体气体氦气输送到同位素质谱仪进行测试。同位素测试标样为NBS 19和IAEA CO-8。C、O同位素的分析精度均为$±0.2‰$。C、O同位素的分析结果均以相对V-PDB的$\delta^{13}C$值和$\delta^{18}O$值来表示（Ma et al., 2017）。

骨骼无机质部分Sr同位素的测试。精确称取0.1~0.2g处理后的粉末样品，放入低压密闭溶样罐中，用混合酸（HF+HNO₃+HClO₄）进行溶解。然后利用不同浓度的盐酸进行多次处理后，在多接收器表面热电离质谱仪上进行测试。每测试10个样品，插入一个国际标准样品NBS987（0.710250±0.000007），质量分馏用$^{86}Sr/^{88}Sr=0.1194$校正（赵春燕和何驽，2014；尹若春，2008）。

5.3.2 X射线衍射分析

采用X射线衍射仪进行分析（硅片法），Cu Kα射线，$\lambda=0.15406nm$（$U=30kV$，$I=15mA$，DivSlit=1.25degrees，RecSlit=0.3mm）。扫描角度（2θ）范围为10°~75°，扫描速度为3°/min，步长为0.02°。X射线衍射（XRD）数据分析采用MDI Jade 5.0软件分析，并采用Origin Pro 6.1软件绘图。生物磷灰石的衍射特征峰主要包括002、210、211、112、300、202、310、222和213（图5-3-1）（Person et al., 1995；Colaço et al., 2012）。

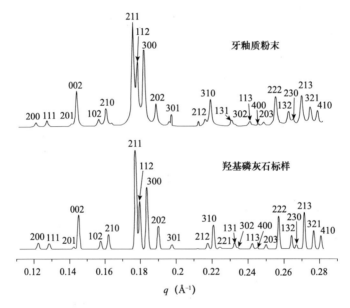

图5-3-1 牙釉质粉末与羟基磷灰石标样的XRD谱图
（引自Colaço et al., 2012）

5.3.3 红外光谱分析

将牙釉质粉末与溴化钾（KBr）以1∶100的比例混合并充分研磨，制成KBr片。利用傅里叶变换红外光谱仪（FTIR）进行红外光谱分析。以纯的KBr片作为背景，分辨率4cm⁻¹，扫描信号累加次数32次，光谱范围4000~400cm⁻¹。利用OMNIC 8.0软件进行基线校正和谱图分析，并利用Origin Pro 6.1软件绘图。牙釉质红外特征峰的震动模式及

表5-3-1　牙釉质红外特征峰的震动模式及主要峰的强度

红外吸收峰	峰值（cm^{-1}）	峰的强度
OH	~3567	弱
H$_2$O	3300~3421	强
CO$_3^{2-}$ v_3	~1544	弱
	~1465	很弱，常与1457cm^{-1}峰重合
	~1457	强
	~1415	强
F	~1090	弱
PO$_4^{3-}$ v_3	~1035	很强
PO$_4^{3-}$ v_1	~960	一般
CO$_3^{2-}$ v_2	~879	一般
	~872	一般
PO$_4^{3-}$ v_4	~604	很强
	~564	很强
PO$_4^{3-}$ v_2	~472	弱

注：数据来源于Michel et al., 1995；Qu et al., 2014

主要峰的强度如表5-3-1所示（Michel et al., 1995；Qu et al., 2014）。

随着自然科学分析方法在科技考古研究中的广泛应用，古代样品的稳定同位素分析无论在测试方法、样品量选择及标样的制备上均已取得突破性的进展。尤其是样品同位素测试前，其结构与成分的分析（如X射线衍射、红外光谱分析）为正确判断同位素测试结果的准确性提供了重要的参考。

5.4　考古样品污染的判别

生物体死亡之后，在长期的埋藏过程中，受各种埋藏环境因素的影响（如温度、湿度、微生物、沉积物的酸碱度、地下水等）（Price et al., 1992），可能导致生物体不同组织化学成分发生变化，造成样品的污染（Nelson, 1986；Nielsen-Marsh and Hedges, 2000），使古食谱的重建无从谈起。因此，污染的判别是开展稳定同位素分析的前提。

5.4.1　骨胶原污染的判别

骨骼结构中的孔隙与较大的吸附表面积，使其极易受到外界污染物的侵入与吸附。骨骼组织成分与外来物质的生物或化学反应,又会改变骨骼原有的化学组成与生物学特性,这一过程称为骨骼的成岩作用(Bone Diagenesis)(Price,1989)。另外,不同类型的骨骼孔隙率不同,因此不同类型的骨骼抵御外界埋藏环境侵蚀的能力也存在差异。用于稳定同位素分析的骨骼,我们一般选择结构较为致密的长骨中间部分。考古遗址出土的骨骼,虽保存其较完整的结构与韧性,但对于骨骼成分,仍需要进一步的污染判别。

生物有机体的骨骼包括有机质与无机质两部分。有机质主要为胶原蛋白,随着有机体的死亡,骨骼中胶原蛋白的长肽链在外界因素(温度、湿度、微生物等)的催化下逐渐水解为氨基酸,进而分解为小分子量的脂肪酸、烃类化合物、胺类等,或与单宁、木质素、腐殖质等成分发生缩合反应;同时,外界腐殖质或微生物的蛋白质也会不断地侵入,最终导致骨骼胶原蛋白的流失与污染(胡耀武,2002)。

骨骼中胶原蛋白的提取率是判断骨骼降解程度的首要条件。一般而言,现代骨胶原的提取率约20%(胡耀武等,2005b)。虽然考古遗址出土的骨骼或多或少存在一定程度的降解,但保存下来的骨胶原成分是否被污染,则是稳定同位素分析的关键。

提取骨胶原污染的判别主要依据是判断提取骨胶原的氨基酸组成是否发生变化,如果提取骨胶原的氨基酸组成与现代骨胶原的氨基酸组成相似,说明提取骨胶原的C、N稳定同位素的丰度未受到成岩作用的影响(DeNiro and Weiner,1988;Bocherens et al.,1994)。提取骨胶原的氨基酸组成可根据C、N含量,尤其是C/N摩尔比进行判断(DeNiro,1985),现代骨胶原的C、N含量分别约41%和15%,C/N摩尔比为3.2(Ambrose,1990;Ambrose et al.,1997)。一般认为,提取骨胶原的C、N含量分别介于15.3%~47.0%和5.5%~17.3%之间(Ambrose,1990),且C/N摩尔比介于2.9~3.6之间,则认为提取骨胶原基本未受污染(DeNiro,1985)。

一般而言,骨胶原中谷氨酸,脯氨酸和羟脯氨酸的$\delta^{13}C$值相似,如果三者之间的$\delta^{13}C$值存在较大差异,则说明存在外来有机质的污染。另外,丝氨酸是一种极不稳定的氨基酸,常因外来蛋白的污染,使其含量明显增加。因此,骨胶原污染的判断也可以根据其氨基酸含量与C稳定同位素组成的变化来判断(Hare et al.,1991)。

5.4.2 生物磷灰石污染的判别

骨骼与牙齿无机质部分主要成分均为磷灰石,但不同组织磷灰石晶体粒径大小与结晶度存在差异。骨骼中磷灰石以非晶态和晶态形式存在,其晶体尺寸较小,结晶度低,且孔隙率和有机质含量均高,因此极易发生再结晶与埋藏环境的侵蚀污染,从而引起其稳定同位素组成的变化。牙本质磷灰石晶体大小和结晶度与骨骼相似,但孔隙率相对较低，较易保存；相比之下，牙釉质结构非常致密，晶粒尺寸较大，结晶度较高，有机质含量低，具有较强抵御外界环境因素侵蚀的能力（Lee-Thorp and van der Merwe, 1991; Sponheimer and Lee-Thorp, 1999a; Kohn and Cerling, 2002）。

骨骼和牙齿在长期的埋藏过程中，因非晶态的磷灰石逐步转变为晶体磷灰石，或因离子取代、置换等，骨骼和牙釉质磷灰石结晶度将发生一定程度的改变（Person et al., 1995），进而影响骨骼和牙齿的稳定同位素组成。另外，沉积物中的碳酸钙、长石、石英等进入到骨骼或牙齿孔隙中，造成骨骼的物理污染（胡耀武等，2001）。因此，判断生物磷灰石受成岩作用的影响，是重建古食谱的前提条件。目前，用于骨骼和牙齿磷灰石污染判别的指标主要包括磷灰石中C含量，Ca/P比值，Ca和P的含量，Fe和Al（或Mn）的相关性，Ba和Mn的相关性，以及拉曼、红外和衍射谱图与结晶指数等。

磷灰石中Ca/P比值是反映其晶体结构完整性的重要指标之一。Ca/P比值的理论值约2.15，一般其变化范围介于2.00 ~ 2.29之间，认为测试样品磷灰石的晶体保存较为完整（Price et al., 1992; Schutkowski et al., 1999）。另外，Ca和P的含量同样可以指示骨骼或牙齿的保存状况，一般而言，Ca和P的含量分别介于35% ~ 38%和16% ~ 18%之间（Price, 1989）。

长期埋藏过程中，骨骼结构中有机质的降解，致使骨骼结构中的孔隙度明显增高，从而为土壤颗粒、微生物等污染源的入侵提供"绿色"通道。由于土壤中富含Fe、Al、Mn、Cu、Zn等元素，骨骼或牙齿中Fe、Al、Mn和Cu含量因受到埋藏沉积物的污染而有所富集，且呈现明显的相关性，因此可根据Fe和Al（或Mn）的相关性，判断骨骼和牙齿是否受到埋藏沉积物的影响（Nielsen-Marsh and Hedges, 2000; Carvalho et al., 2004, 2007; Schutkowski et al., 1999）。如图5-4-1和彩版四，2所示，利用同步辐射X射线荧光分析我国广西崇左更新世步氏巨猿牙釉质中微量元素的分布特征，发现巨猿牙釉质中Fe与Mn元素的分布不存在明显相关性，表明巨猿牙齿化石经历几十万年的埋藏，其牙釉质并未受到沉积物较大的污染（Qu et al., 2013）。另外，骨骼埋藏过程中，土壤微生物新陈代谢将引起某些元素富集于骨骼中，从而改变骨骼的化学成分，造成骨骼的污染。例如微生物可将埋藏土壤中的Ba元素以钡锰氧化物的形式转移并沉积至骨骼中，因此，可根据骨骼中Ba与Mn的相关性判断骨骼是否受到沉积物中微生物的侵蚀污染（Parker and Toots, 1972; 胡耀武，2002）。

X射线衍射、红外光谱与拉曼光谱，可对骨骼和牙齿的物质结构进行分析与鉴别。首先，可根据生物磷灰石的特征峰，判断骨骼和牙齿样品中是否存在外来矿物的污染。例如，浙江庄桥坟遗址（5000 ~ 3700BP）污染骨骼的XRD谱图中，明显存在石英、钠长石和钾长石的特征峰101（图5-4-2）（Person et al., 1995; 郭怡等，2017）。同时，可利用特征峰的高度和形状变化，定性判断骨骼或牙齿磷灰石结晶度的变化。例如，现生大象骨骼和牙釉质的X射线衍射谱图显示，相对于牙釉质，骨骼特征峰202、211、112和300

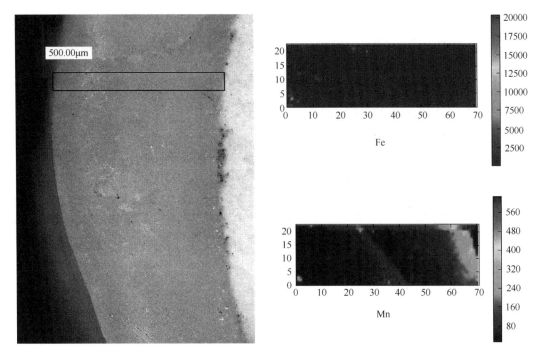

图5-4-1　我国广西崇左步氏巨猿牙釉质中Fe和Mn元素分布

（引自Qu et al., 2013）

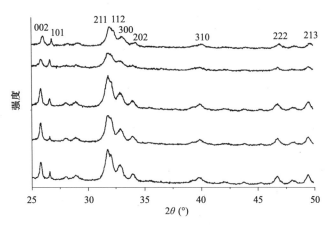

图5-4-2　浙江庄桥坟遗址污染骨骼的XRD谱图

（引自郭怡等，2017）

晶面的衍射峰强度相对较低，且相对宽化，表明骨骼的结晶度明显低于牙釉质（图5-4-3）。而红外［PCI（Phosphate Crystallinity Index）、BPI和C/P］、衍射（CI_{xrd}）等结晶指数的分析，可进一步半定量判断磷灰石结晶度的变化程度。

红外和衍射结晶指数通过计算分析骨骼或牙齿磷灰石的结晶度与碳酸盐含量的变化，判断生物磷灰石受成岩作用的影响程度。其中，红外结晶指数PCI的计算"公式

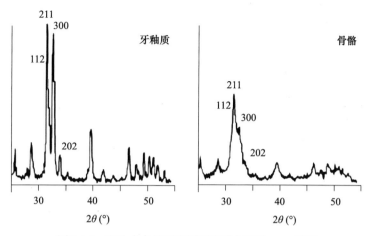

图5-4-3 现生大象骨骼和牙釉质磷灰石的XRD谱图
（改自Kohn and Cerling，2002）

为PCI=($a+c$)/b"，即PO_4^{3-}在565cm^{-1}和604cm^{-1}吸收峰强之和与两峰之间590cm^{-1}谷峰强之比，是由Greene等（2004）提出的（Weiner and Bar-Yosef，1990；Sillen and Morris，1996；Greene et al.，2004）（图5-4-4）。PCI指数主要用于测试磷酸盐结晶度的变化。现代牙釉质羟基磷灰石的PCI指数范围为3.5～3.8（Sponheimer and Lee-Thorp，1999b），但在埋藏过程中PCI值可能增大（Stuart-Williams et al.，1996）。一般而言，具有低PCI值（≤3.8）的牙釉质磷灰石被认为是牙釉质原生的磷灰石（Shemesh，1990）。现代

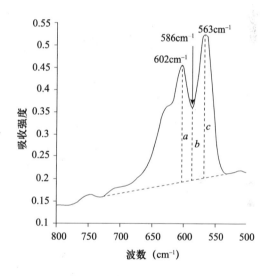

图5-4-4 生物磷灰石FTIR谱图中PCI测量示意图
（引自Greene et al.，2004）

骨骼磷灰石的PCI指数范围为2.8～3.0，古代样品相对较高，为3.5～4.8。一般而言，考古遗址出土骨骼的PCI指数高于4.3，表明该样品在长时间的埋藏过程中，发生较大程度的重结晶，已失去原有的成分结构（Shemesh，1990；郭怡等，2017）。

骨骼和牙齿磷灰石在长期的埋藏过程中不断发生离子取代。羟基磷灰石中CO_3^{2-}离子对羟基（OH^-）的取代称为A型取代，对PO_4^{3-}离子的取代称为B型取代（Vignoles et al.，1988）。在红外光谱图中，CO_3^{2-}（v_3震动带）存在4个震动峰，分别为：1545cm^{-1}、1417cm^{-1}、1457cm^{-1}和1465cm^{-1}。因1457cm^{-1}和1465cm^{-1}峰部分重叠，一般利用弱峰1545cm^{-1}和1417cm^{-1}判断A型取代与B型取代造成的碳酸盐含量的变化（Rink and Schwarz，1995；Sponheimer and Lee-Thorp，1999b）。羟磷灰石中离子

取代以B型取代为主，红外结晶指数BPI（type B Carbonate to phosphate index）反映的是B型取代的CO_3^{2-}与PO_4^{3-}的比例，以1415cm^{-1}（B型取代$v_3CO_3^{2-}$）的峰强与605cm^{-1}（$v_4PO_4^{3-}$）峰强之比计算所得（图5-4-5）（Sponheimer and Lee-Thorp，1999b）。同时，可根据公式[CO_3(%)=10×BPI+0.7]计算得出总碳酸盐的含量（LeGeros，1991），以检测埋藏过程中外源碳酸盐的侵入或内源碳酸盐的流失，成为判断碳酸盐污染的重要指标。现代牙釉质羟基磷灰石的BPI数值范围为0.16~0.35，代表碳酸盐含量的范围为2.3%~4.2%（Sponheimer and Lee-Thorp，1999b）；现代骨骼碳酸盐含量约7.4wt%（Wright and Schwarcz，1996）。Dal Sasso等（2018）通过对以上红外分裂因子（IRSF）的综合评估指出，虽然IRSF在描述峰宽变化和比较不同结晶度样品时存在局限性，但605cm^{-1}处的红外峰宽可以有效地评估生物磷灰石的平均晶粒尺寸和结构碳酸盐的含量。另外，1415cm^{-1}（$v_3CO_3^{2-}$）峰强与1035cm^{-1}（$v_3PO_4^{3-}$）峰强之比反映的是C/P比值。如果C/P比值较低，表明生物磷灰石中CO_3^{2-}离子部分流失；反之，则表明生物磷灰石受到次生碳酸盐的污染（Wright and Schwarcz，1996）。

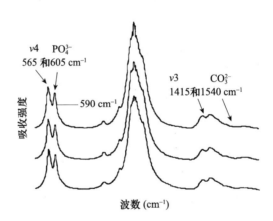

图5-4-5　生物磷灰石FTIR谱图中BPI测量示意图
（引自Sponheimer and Lee-Thorp，1999b）

X射线衍射谱图中CI_{xrd}结晶指数的计算公式由Person等（1995）提出，即晶面112、300和202峰高之和与晶面211峰高之比[$CI_{xrd}=(a+b+c)/h$]（图5-4-6）。CI_{xrd}指数与磷灰石中CO_3^{2-}的含量呈负相关；如果CI_{xrd}指数增加的同时，CO_3^{2-}的含量减少，则表明样品的结晶度增加（Person et al.，1995）。

考古遗址出土骨骼和牙齿磷灰石污染的判断，可根据样品保存状况选择相应的判别指标，尤其是多重指标相结合，相互印证。其污染的准确判断极大地扩展了磷灰石骨化学分析在我国史前考古学研究中的应用。

我们结合XRD和FTIR谱图峰值特征与结晶指数，对我国广西崇左出土的更新世早期（1.2Ma~1.6Ma）步氏巨猿动物群牙釉质羟基磷灰石的保存状况进行了分析，为牙釉质稳定同位素分析在探索我国古生物摄食行为与演化方面的研究奠定基础。分析结果显示，XRD和FTIR谱图中基本为羟基磷灰石的特征峰，未发现其他沉积矿物，如石英、钾长石、钠长石等（图5-4-7）。XRD和FTIR谱图中，PO_4^{3-}特征峰均较尖锐，说明牙釉质中羟基磷灰石的结晶度较高。另外，红外谱图中，~1090处出现氟离子（F^-）吸收峰，说明存在一定量的F^-取代羟基（OH^-），其可通过减小晶粒尺寸提高磷灰石的结晶度，进而使牙釉质能更好地抵御外界污染（Trautz，1967；LeGeros et al.，1988）。

步氏巨猿牙釉质PCI值的变化范围为3.87~5.54，平均值为4.76±0.47（$n=25$），均高于现代牙釉质的PCI值。牙釉质中羟基磷灰石较高的结晶度可能与较多的F^-离子取代OH^-离子有关，

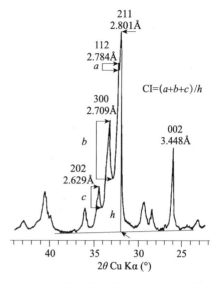

图5-4-6 标准羟基磷灰石样品XRD谱图中CI指数测量图

（改自Person et al.，1995）

也可能与酸处理过程中结晶度较低的羟基磷灰石流失有关（Wright and Schwarcz，1996）。BPI值的变化范围为0.17~0.35，平均值为0.25±0.05（$n=25$），代表碳酸盐含量的变化范围为2.4%~4.2%，平均含量为3.23%±0.53%（$n=25$），意味着虽经历百万年的沉积埋藏，步氏巨猿动物群牙釉质羟基磷灰石中碳酸盐的含量未发生明显变化（Qu et al.，2014）。究其原因，可能因为随着F^-离子取代OH^-离子，牙釉质羟基磷灰石的结晶度不断增加，同时加强了牙釉质抵御成岩作用的能力。

5.4.3 角蛋白污染的判别

角蛋白富含二硫键，使其结构上具有较强的韧性，且不易溶解（Tombolato et al.，2010）。但考古遗址出土的角蛋白残留物，其高硫蛋白因长期受到埋藏环境中各种物理、化学及生物因素的侵蚀，逐渐被破坏，最终导致角蛋白发生降解，产生水溶性的多肽或游离氨基酸（Braida et al.，1994；Robbins，2012）。

角蛋白的C/N摩尔比也是鉴定考古遗址出土毛发、指甲、动物角等组织中残留角蛋白污染的重要指标。毛发和指甲角蛋白的C/N摩尔比理论值均为3.4（O'Connell et al.，2001）。现代头发样品测试分析显示，其C/N摩尔比与理论值相差±0.5（O'connell，1996）。同一个体同一根发的不同部位，其C/N摩尔比也存在差异，一般为0.25，最大可达到0.60。虽然，C/N摩尔比存在个体内差异，但对个体头发的稳定同位素组成影响较小。据此认为，现代头发中C/N摩尔比可能的变化范围为2.90~3.80；如果测试

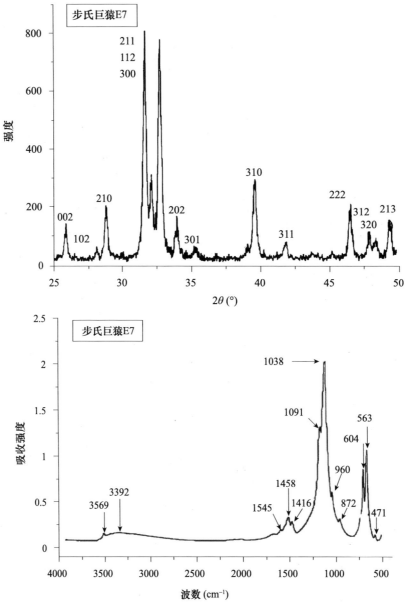

图5-4-7 我国广西崇左步氏巨猿牙釉质XRD和FTIR谱图
（改自Qu et al., 2014）

样品的C/N摩尔比超出此范围则认为受到污染，应予以排除（O'Connell and Hedges, 1999）。另外，具有相同饮食结构的同一家庭成员之间，不同颜色头发的C/N摩尔比和稳定同位素组成没有明显的差异，表明头发色素对头发的稳定同位素组成没有明显的影响（Minagawa, 1992；O'Connell and Hedges, 1999；Williams and Katzenberg, 2012）。此外，现代指甲角蛋白的C/N摩尔比介于3.00～3.80之间（平均值为3.49±0.03或3.5±0.25）（O'Connell et al., 2001）。现代牛角角蛋白的C/N摩尔比为2.91

(Barbosa et al., 2009)。Panteleikha河谷（地理坐标为68.45'N，161.18'E）发现更新世晚期灭绝的披毛犀角（*Coelodonta antiquitatis*），其不同部位C/N摩尔比平均值为3.01±0.01（Tiunov and Kirillova, 2010）。以上不同组织角蛋白的C/N摩尔比值，成为判断考古遗址出土角蛋白残留物保存状况的重要依据。

我国新疆地区气候干燥，人类的头发、指甲、皮肤等，以及动物的毛、角等易于保存。以新疆地区小河文化（小河墓地和古墓沟墓地）（1980~1450BC）发现的人发、伶鼬毛及牛、羊角的保存为例，了解其不同组织角蛋白的保存现状。显微观察发现小河文化人发表面的鳞片结构被完全破坏，但发的骨架结构较好，仍具有一定韧性（图5-4-8）。人发角蛋白的C/N摩尔比进一步分析显示，9个个体中，除了一个个体的C/N摩尔比为4.0，超出未受污染的范围，其他个体的C/N摩尔比均介于3.7~3.8之间，平均值为3.7±0.05（$n=8$）（屈亚婷等，2013；Qu et al., 2018）；一个伶鼬个体毛的C、N含量分别为41.37%和14.98%，C/N摩尔比为3.6；牛角和羊角C/N摩尔比介于3.6~3.7之间，平均值为3.6±0.05（$n=11$）（图5-4-9）（饶慧芸，2016）。通过与现代不同组织角蛋白的C/N摩尔比对比发现，我国新疆地区考古遗址中角蛋白总体保存较好，从而为角蛋白的C、N、S等稳定同位素分析提供了前提条件，同时也为该地区先民生业模式、人群结构、环境变迁、文化交流等方面的研究打开一个新的视角。

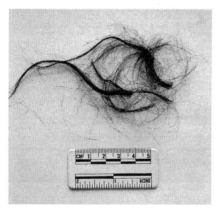
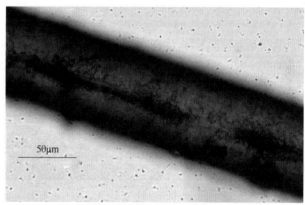

图5-4-8　小河墓地M53人发及其显微结构

（引自Qu et al., 2018）

5.4.4 我国南北方骨骼保存现状

我国南方与北方气候与地理环境差异较大，南方温暖湿润，土壤呈酸性；北方相对寒冷干旱，尤其是西北地区，年降雨量少，气候干燥。因此，我国南、北方考古遗址中骨骼的保存状况差异明显。选取几处南方与北方代表性遗址（表5-4-1），通过可提取骨胶原样品比例（以a/b表示，a代表可提取出骨胶原的样品数量，b表示样品总数

图5-4-9　小河墓地伶鼬毛与羊角

量）、骨胶原产率（以Col wt%表示）、C和N含量（分别以C wt%和N wt% 表示）、C/N摩尔比（以C：N表示）及未污染样品百分比（以c/b表示，c代表未污染样品数量），综合评判我国不同地域、不同时期骨骼的保存状况。

表5-4-1　我国南方与北方多处遗址骨胶原提取状况详细信息

考古遗址	a/b	Col wt% 平均值±SD	C wt% 平均值±SD	N wt% 平均值±SD	C：N 平均值±SD	c/b	数据来源
浙江塔山	47/47	/	7.4±10.5	2.5±3.9	4.9±1.8	14/47	张国文等，2015
广东鲤鱼墩	6/7	0.8±0.4	13.2±6.8*	4.6±2.7*	3.7±0.7	2/7	胡耀武等，2010
湖北青龙泉	28/29	1.1±1.2	41.0±3.7	14.6±2.0	3.3±0.4	26/29	郭怡等，2011
安徽薄阳城	113/114	5.1±2.2	37.2±9.8	14.2±3.2	3.0±0.4	101/114	Xia et al.，2018
江苏三星村	19/19	/	32.3±10.4	11.9±4.0	3.2±0.1	19/19	胡耀武等，2007
浙江庄桥坟	30/50	0.2±0.2	3.0**	0.3±0.1**	6.0	0/50	郭怡等，2017
陕西白家	22/32	1.3±0.9	43.9±0.8	15.1±0.5	3.3±0.05	22/32	Atahan et al.，2011
山东小荆山/月庄	16/34	0.9±0.6	39.6±3.8	14.1±1.5	3.3±0.1	16/34	胡耀武等，2008
山东北阡	20/20	5.2±3.1	40.2±2.2	14.9±0.5	3.2±0.1	20/20	王芬等，2012
山西陶寺	28/28	5.7±2.4	41.8±4.7	16.1±0.6	3.0±0.3	27/28	陈相龙等，2012
陕西东营	33/33	3.6±2.2	42.5±2.1	15.7±0.7	3.2±0.05	33/33	Chen et al.，2016
陕西神圪垯墚	53/53	5.8±3.1	44.8±2.1	16.3±0.7	3.2±0.1	53/53	陈相龙等，2017
新疆洋海	32/32	6.3±2.0	45.6±0.9	16.0±0.6	3.3±0.1	31/32	司艺等，2013
新疆天山北路	110/110	8.9±4.1	42.1±2.2	15.7±0.8	3.1±0.04	110/110	Atahan et al.，2011

注：斜体表示该遗址位于我国南方地区，*表示提取出的骨胶原样品中仅3个样品同时测出C、N含量，**表示提取出的骨胶原样品中仅1个样品同时测出C、N含量，其余7个样品仅测出N含量

由于我国南方气候温暖湿润且土壤呈酸性，考古遗址中骨骼很难保存，即使部分得以保存，骨胶原的提取往往徒劳。从表5-4-1中可见，同时期，南方遗址中未提取出骨胶原的样品数量（$b-a$值）相对较多；即使提取出骨胶原，其部分样品的C、N含

量也无法测出,如广东鲤鱼墩遗址和浙江庄桥坟遗址。另外,与现代骨胶原的提取率20%(胡耀武等,2005b)相比,我国南方与北方考古遗址出土骨骼的骨胶原提取率均明显降低,表明生物体死亡之后,在长期的埋藏过程中骨胶原不断发生分解,仅有少部分保存下来。但总体而言,北方地区骨胶原的提取率明显高于南方,尤其是气候干燥的新疆地区,但南方个别遗址骨胶原保存较好,其骨胶原提取率较高(例如安徽薄阳城遗址)。另外,骨骼埋藏时间越长,骨胶原提取率越低,如距今8500～7000年前的陕西白家遗址与山东小荆山和月庄遗址,骨胶原的提取率明显低于距今6000～4000年的北阡、陶寺、东营和神圪垯墚遗址,且部分样品骨胶原已分解殆尽。据此判断,安徽薄阳城遗址(西周)骨胶原保存较好,可能与其年代较晚有关。

与现代骨胶原的 C(41%)和 N(15%)(Ambrose,1990)含量相比,南方地区考古遗址出土骨骼中,提取骨胶原的C 和 N 含量明显偏低,表明骨胶原在长期的埋藏过程中已发生不同程度降解,其氨基酸组成发生明显变化。另外,南方遗址中已提取出骨胶原的样品,经C、N含量和C/N摩尔比进一步验证后,发现提取出骨胶原的样品中仍存在较多样品已被污染,如浙江塔山遗址47个样品均提取出骨胶原,其中33个样品(a-c值)的骨胶原已被污染,安徽薄阳城遗址114个样品中有113个样品提取出骨胶原,其中12个样品的骨胶原已被污染。而北方地区已提取出骨胶原的样品中,仅个别样品的骨胶原被污染,如山西陶寺遗址和新疆洋海墓地分别有1个样品骨胶原被污染;骨胶原提取率较低的陕西白家遗址与山东小荆山和月庄遗址,虽非所有样品均提取出骨胶原,但已提取出骨胶原的样品皆未受污染。

以上分析显示,我国南、北方考古遗址中骨骼的保存及污染方式存在较大差异。北方地区骨骼中骨胶原的保存主要受自然降解的影响,虽然骨胶原的提取率明显降低,但提取出的骨胶原受外源污染物的侵蚀相对较小。而南方地区,考古遗址中骨骼的保存较差,绝大部分遗址发掘出的骨骼无法提取出骨胶原,即使提取出数量较少的骨胶原,受到外源污染物的影响也很严重。这也是我国南方和北方考古遗址中开展稳定同位素食谱分析工作量悬殊的主要原因。

正因为不同地区骨骼的保存状况与污染模式不同,对于骨胶原的提取方法应该针对不同地区骨骼保存状况做出调整,但目前国内对不同地区遗址出土骨骼骨胶原的提取,仍主要采用统一的方法。对于北方地区,方法上的改进主要在于提高骨胶原的提取率,尤其是对于骨胶原降解严重的样品,如何收集未被污染的降解产物则至关重要。为此,有学者提出,骨骼埋藏过程中,骨胶原中的大分子量、长肽链及不可溶性组分将不断发生降解或分解,促使可溶性胶原蛋白含量相对增加,因此提取降解严重骨骼中的可溶性胶原蛋白用于稳定同位素分析(胡耀武,2002;王宁等,2014)。南方地区,不仅骨胶原降解严重,即使残留胶原蛋白或胶原蛋白降解产物,也常被外源蛋白质等污染,因此,去污染是南方骨骼稳定同位素分析的焦点。同时,如何从被污染的胶原蛋白或胶原蛋白降解产物中提取出未污染的组分，如结构稳定的氨基酸组分，也许可为我国南方地区骨骼中骨胶原的稳定同位素分析开辟新途径。

另外，鉴于我国南方地区骨骼有机质降解、污染严重，学者们将稳定同位素分析的焦点逐渐转移至骨骼中的无机质部分（磷灰石）。由于个体骨骼中，骨胶原的C稳定同位素组成主要反映的是个体食物中的蛋白质部分，而磷灰石的C稳定同位素组成则反映的是个体整个食物（包括碳水化合物、蛋白质和脂类）（Ambrose and Norr，1993；Tieszen and Fagre，1993），两者反应的个体食谱信息不同。而全面重建古人类与动物食谱和生存环境，需要两方面研究相辅相成，因此，骨胶原与磷灰石稳定同位素分析方法仍有待于更深入的研究。

对于污染的判别，我国北方地区因考古遗址中骨骼保存较好，多以骨胶原的稳定同位素测试为主，因此，其污染的判别方法较为系统成熟，多种指标相互补充，相互印证。虽然，目前已有学者开始关注并利用多指标相结合的方法判断我国南方地区人或动物骨骼磷灰石的污染，但缺乏深入探索南方地区骨骼的污染机制，如骨骼结构和成分的变化与埋藏环境各因素之间的关系，我国南方地区指示未污染古代样品的各项指标的变化范围，以及如何校正磷灰石重结晶过程所导致的同位素分馏，等等。此外，对于特殊情况下保存下来的生物体其他组织，如毛发、肌肉、皮肤等，其污染机制的探索与判别方法的提出仍需要更多基础性研究。

总体而言，随着稳定同位素食谱分析方法在考古学研究中的广泛应用及研究对象的不断多样化，不同类型样品污染的有效判断已成为稳定同位素食谱分析的必要前提。考古样品污染的判别，尤其是判别指标的提出均建立在对考古样品污染机制的研究基础之上。但目前，针对我国不同埋藏环境下考古遗址出土生物体不同组织的判别标准尚未系统建立。

参 考 书 目

[1] 陈骏，王鹤年，2004. 地球化学. 科学出版社：106-136.

[2] 陈相龙，袁靖，胡耀武，何驽，王昌燧，2012. 陶寺遗址家畜饲养策略初探：来自碳、氮稳定同位素的证据. 考古，（9）：75-82.

[3] 陈相龙，郭小宁，王炜林，胡松梅，杨苗苗，吴妍，胡耀武，2017. 陕北神圪垯㙩遗址4000a BP前后生业经济的稳定同位素记录. 中国科学：地球科学，47（1）：95-103.

[4] 郭怡，项晨，夏阳，徐新民，张国文，2017. 中国南方古人骨中羟磷灰石稳定同位素分析的可行性初探——以浙江省庄桥坟遗址为例. 第四纪研究，37（1）：143-154.

[5] 郭怡，胡耀武，朱俊英，周蜜，王昌燧，Richards, M. P.，2011. 青龙泉遗址人和猪骨的C, N稳定同位素分析. 中国科学：地球科学，41（1）：52-60.

[6] 韩国防，安原初，韩虹，皮运清，尚雪岭，2000. 毛发水解氨基酸的分离与综合应用. 化学世界，（9）：496-498.

[7] 胡耀武，2002. 古代人类食谱及其相关研究. 中国科学技术大学博士学位论文：1-88.

[8] 胡耀武，Burton, J. H., 王昌燧，2005a. 贾湖遗址人骨的元素分析. 人类学学报，24（2）：158-165.

[9] 胡耀武，王昌燧，左健，张玉忠，2001. 古人类骨中羟磷灰石的 XRD 和喇曼光谱分析. 生物物理学报，17（4）：621-627.

[10] 胡耀武，李法军，王昌燧，Richards, M. P., 2010. 广东湛江鲤鱼墩遗址人骨的C、N稳定同位素分析：华南新石器时代先民生活方式初探. 人类学学报，29（3）：264-269.

[11] 胡耀武，栾丰实，王守功，王昌燧，Richards, M. P., 2008. 利用C, N稳定同位素分析法鉴别家猪与野猪的初步尝试. 中国科学：地球科学，38（6）：693-700.

[12] 胡耀武，何德亮，董豫，王昌燧，高明奎，兰玉富，2005b. 山东滕州西公桥遗址人骨的稳定同位素分析. 第四纪研究，25（5）：561-567.

[13] 胡耀武，王根富，崔亚平，董豫，管理，王昌燧，2007. 江苏金坛三星村遗址先民的食谱研究. 科学通报，52（1）：85-88.

[14] 刘宏艳，郭波莉，魏帅，姜涛，张森燊，魏益民，2017. 小麦制粉产品稳定碳、氮同位素组成特征. 中国农业科学，50（3）：556-563.

[15] 屈亚婷，杨益民，胡耀武，王昌燧，2013. 新疆古墓沟墓地人发角蛋白的提取与碳、氮稳定同位素分析. 地球化学，42（5）：447-453.

[16] 饶慧芸，2016. 小河文化的有机残留物分析. 中国科学院大学博士学位论文：1-137.

[17] 司艺，李志鹏，胡耀武，袁靖，王昌燧，2014. 河南偃师二里头遗址动物骨胶原的H、O稳定同位素分析. 第四纪研究，34（1）：196-203.

[18] 司艺，吕恩国，李肖，蒋洪恩，胡耀武，王昌燧，2013. 新疆洋海墓地先民的食物结构及人群组成探索. 科学通报，58（15）：1422-1429.

[19] 王芬，樊榕，康海涛，靳桂云，栾丰实，方辉，林玉海，苑世领，2012. 即墨北阡遗址人骨稳定同位素分析：沿海先民的食物结构. 科学通报，57（12）：1037-1044.

[20] 王宁，李素婷，李宏飞，胡耀武，宋国定，2015. 古骨胶原的氧同位素分析及其在先民迁徙研究中的应用. 科学通报，60：838-846.

[21] 王宁，胡耀武，侯亮亮，杨瑞平，宋国定，王昌燧，2014. 古骨可溶性胶原蛋白的提取及其重建古食谱的可行性分析. 中国科学：地球科学，44：1854-1862.

[22] 尹若春，2008. 锶同位素分析技术在贾湖遗址人类迁移行为研究中的应用. 中国科学技术大学博士学位论文：1-92.

[23] 张国文，蒋乐平，胡耀武，司艺，吕鹏，宋国定，王昌燧，Richards, M. P., 郭怡，2015. 浙江塔山遗址人和动物骨的C、N稳定同位素分析. 华夏考古，（2）：138-146.

[24] 赵春燕，何驽，2014. 陶寺遗址中晚期出土部分人类牙釉质的锶同位素比值分析. 第四纪研究，34（1）：66-72.

[25] Aguilera, M., Araus, J. L., Voltas, J., Rodriguez-Ariza, M. O., Molina, F., Rovira, N., Buxò, R., Ferrio, J. P., 2008. Stable carbon and nitrogen isotopes and quality traits of fossil cereal grains provide clues on sustainability at the beginnings of Mediterranean agriculture. Rapid Communications in Mass Spectrometry, 22: 1653-1663.

[26] Ajie, H. O., Hauschka, P. V., Kaplan, I. R., Sobel, H., 1991. Comparison of bone collagen and osteocalcin for determination of radiocarbon ages and paleodietary reconstruction. Earth Planetary Science Letters, 107 (2): 380-388.

[27] Ambrose, S. H., 1990. Preparation and characterization of bone and tooth collagen for isotopic analysis. Journal of Archaeological Science, 17 (4): 431-451.

[28] Ambrose, S. H., Norr, L., 1993. Experimental evidence for the relationship of the carbon isotope ratios of whole diet and dietary protein to those of bone collagen and carbonate. In: Lambert, J. B., Grupe, G. (eds.), Prehistoric Human Bone: Archaeology at the Molecular Level. Berlin: Springer-Verlag: 1-38.

[29] Ambrose, S. H., Butler, B. M., Hanson, D. B., Hunter-Anderson, R. L., Krueger, H. W., 1997. Stable isotopic analysis of human diet in the Marianas Archipelago, Western Pacific. American Journal of Physical Anthropology, 104: 343-361.

[30] An, C. B., Dong, W. M., Li, H., Zhang, P. Y., Zhao, Y. T., Zhao, X. Y., Yu, S. Y., 2015. Variability of the stable carbon isotope ratio in modern and archaeological millets: evidence from northern China. Journal of Archaeological Science, 53: 316-322.

[31] Aston, F. W., 1927. A new mass-spectrograph and the whole number rule. Proceedings of the Royal Society of London A, 115: 487-514.

[32] Atahan, P., Dodson, J., Li, X. Q., Zhou, X. Y., Hu, S. M., Chen, L., Bertuch, F., Grice, K., 2011. Early Neolithic diets at Baijia, Wei River Valley, China: stable carbon and nitrogen isotope analysis of human and faunal remains. Journal of Archaeology Science, 38 (10): 2811-2817.

[33] Balasse, M., Ambrose, S. H., 2005. Distinguishing sheep and goats using dental morphology and stable carbon isotopes in C_4 grassland environments. Journal of Archaeological Science, 32 (5): 691-702.

[34] Barbosa, I. C. R., Kley, M., Schäufele, R., Auerswald, K., Schröder, W., Filli, F., Hertwig, S., Schnyder, H., 2009. Analysing the isotopic life history of the alpine ungulates *Capra ibex* and *Rupicapra rupicapra rupicapra* through their horns. Rapid Communications in Mass Spectrometry, 23 (15): 2347-2356.

[35] Bocherens, H., Fizet, M., Mariotti, A., Gangloff, R. A., Burns, J. A., 1994. Contribution of isotopic

biogeochemistry (^{13}C, ^{15}N, ^{18}O) to the paleoecology of mammoths (*Mammuthus primigenius*). Historical Biology, 7: 187-202.

[36] Braida, D., Dubief, C., Lang, G., Hallegot, P., 1994. Ceramide: A new approach to hair protection and conditioning. Cosmetics & Toiletries, 109 (12): 49-57.

[37] Carvalho, M. L., Marques, J. P., Marques, A. F., Casaca, C., 2004. Synchrotron microprobe determination of the elemental distribution in human teeth of the Neolithic period. X-Ray Spectrom, 33 (1): 55-60.

[38] Carvalho, M. L., Marques, A. F., Marques, J. P., Casaca, C., 2007. Evaluation of the diffusion of Mn, Fe, Ba and Pb in Middle Ages human teeth by synchrotron microprobe X-ray fluorescence. Spectrochimica Acta Part B: Atomic Spectroscopy, 62 (6-7): 702-706.

[39] Chen, X. L., Hu, S. M., Hu, Y. W., Wang, W. L., Ma, Y. Y., Lü, P., Wang, C. S., 2016. Raising practices of Neolithic livestock evidenced by stable isotope analysis in the Wei River valley, North China. International Journal of Osteoarchaeology, 26 (1): 42-52.

[40] Colaço, M. V., Barroso, R. C., Porto, I. M., Gerlach, R. F., Costa, F. N., Braz, D., Droppa, Jr. R., de Sousa, F. B., 2012. Synchrotron X-ray diffraction characterization of healthy and fluorotic human dental enamel. Radiation Physics and Chemistry, 81 (10): 1578-1585.

[41] Dai, L. L., Balasse, M., Yuan, J., Zhao, C. Q., Hu, Y. W., Vigne, J. D., 2016. Cattle and sheep raising and millet growing in the Longshan age in central China: stable isotope investigation at the xinzhai site. Quaternary International, 426: 145-157.

[42] Dal Sasso, G., Asscher, Y., Angelini, I., Nodari, L., Artioli, G., 2018. A universal curve of apatite crystallinity for the assessment of bone integrity and preservation. Scientific Reports, 8 (1): 12025.

[43] DeNiro, M. J., 1985. Postmortem preservation and alteration of in vivo bone collagen isotope ratios in relation to palaeodietary reconstruction. Nature, 317: 806-809.

[44] DeNiro, M. J., Weiner, S., 1988. Chemical, enzymatic and spectroscopic characterization of "collagen" and other organic fractions from prehistoric bones. Geochimica et Cosmochimica Acta, 52 (9): 2197-2206.

[45] FitzGerald, C. M., 1998. Do enamel microstructures have regular time dependency? Conclusions from the literature and a large-scale study. Journal of Human Evolution, 35 (4): 371-386.

[46] Fraser, R. A., Bogaard, A., Charles, M., Styring, A. K., Wallace, M., Jones, G., Ditchfield, P., Heaton, T. H. E., 2013. Assessing natural variation and the effects of charring, burial and pre-treatment on the stable carbon and nitrogen isotope values of archaeobotanical cereals and pulses. Journal of Archaeological Science, 40 (12): 4754-4766.

[47] Greene, E. F., Tauch, S., Webb, E., Amarasiriwardena, D., 2004. Application of diffuse reflectance infrared Fourier transform spectroscopy (DRIFTS) for the identification of potential diagenesis and

crystallinity changes in teeth. Microchemical Journal, 76: 141-149.

[48] Hare, P. E., Fogel, M. L., Stafford Jr., T. W., Mitchell, A. D., Hoering, T. C., 1991. The isotopic composition of carbon and nitrogen in individual amino acids isolated from modern and fossil proteins. Journal of Archaeological Science, 18 (3): 277-292.

[49] Henton, E., 2012. The combined use of oxygen isotopes and microwear in sheep teeth to elucidate seasonal management of domestic herds: the case study of Çatalhöyük, central Anatolia. Journal of Archaeological Science, 30: 3264-3276.

[50] Henton, E., Martin, L., Garrard, A., Jourdan, A., Thirlwall, M., Boles, O., 2017. Gazelle seasonal mobility in the Jordanian steppe: The use of dental isotopes and microwear as environmental markers, applied to Epipalaeolithic Kharaneh IV. Journal of Archaeological Science Reports, 11: 147-158.

[51] Hu, Y., Shang, H., Tong, H., Nehlich, O., Liu, W., Zhao, C., Yu, J., Wang, C., Trinkaus, E., Richards, M. P., 2009. Stable isotope dietary analysis of the Tianyuan 1 early modern human. Proceedings of the National Academy of Sciences of the United States of America, 106 (27): 10971-10974.

[52] Iacumin, P., Davanzo, S., Nikolaev, V., 2005. Short-term climatic changes recorded by mammoth hair in the Arctic environment. Palaeogeography, Palaeoclimatology, Palaeoecology, 218: 317-324.

[53] Jay, M., Richards, M. P., 2006. Diet in the Iron Age cemetery population at Wetwang Slack, East Yorkshire, UK: Carbon and nitrogen stable isotope evidence. Journal of Archaeological Science, 33: 653-662.

[54] Jørkov, M. L. S., Heinemeier, J., Lynnerup, N., 2007. Evaluating bone collagen extraction methods for stable isotope analysis in dietary studies. Journal of Archaeological Science, 34: 1824-1829.

[55] Kanstrup, M., Holst, M. K., Jensen, P. M., Thomsen, I. K., Christensen, B. T., 2014. Searching for long-term trends in prehistoric manuring practice. $\delta^{15}N$ analyses of charred cereal grains from the 4th to the 1st millennium BC. Journal of Archaeological Science, 51: 115-125.

[56] Kohn, M. J., Cerling, T. E., 2002. Stable isotope compositions of biological apatite. Reviews in Mineralogy & Geochemistry, 48 (1): 455-488.

[57] Lee-Thorp, J. A., van der Merwe, N. J., 1991. Aspects of the chemistry of modern and fossil biological apatites. Journal of Archaeological Science, 18: 343-354.

[58] Lee-Thorp, J. A., Sealy, J. C., van der Merwe, N. J., 1989. Stable carbon isotope ratio differences between bone collagen and bone apatite, and their relationship to diet. Journal of Archaeological Science, 16: 585-599.

[59] LeGeros, R. Z., 1991. Calcium phosphates in oral biology and medicine. In: Myers, H. M. (eds.), Monographs in Oral Sciences. Basel: Karger: 1-201.

[60] LeGeros, R. Z., Kijowska, R., Jia, W., LeGeros, J. P., 1988. Fluoride-cation interactions in the

formation and stability of apatite. Journal of Fluorine Chemistry, 41: 53-64.

[61] Ma, J., Wang, Y., Jin, C. Z., Yan, Y. L., Qu, Y. T., Hu, Y. W., 2017. Isotopic evidence of foraging ecology of Asian elephant (*Elephas maximus*) in South China during the Late Pleistocene. Quaternary International, 443: 160-167.

[62] Macko, S. A., Uhle, M. E., Engel, M. H., Andrusevich, V., 1997. Stable nitrogen isotope analysis of amino acid enantiomers by gas chromatography/combustion/isotope ratio mass spectrometry. Analytical Chemistry, 69: 926-929.

[63] Macko, S. A., Lubec, G., Teschler-Nicola, M., Andrusevich, V., Engel, M. H., 1999. The Ice Man's diet as reflected by the stable nitrogen and carbon isotopic composition of his hair. The FASEB Journal, 13: 559-662.

[64] Manolagas, S., 2000. Birth and death of bone cells: Basic regulatory mechanisms and implications for the pathogenesis and treatment of osteoporosis. Endocrine Reviews, 21: 115-137.

[65] Michel, V., lldefonse, P., Morin, G., 1995. Chemical and structural changes in *Cervus elaphus* tooth enamels during fossilization (Lazaret cave): a combined IR and XRD Rietveld analysis. Applied Geochemistry, 10: 145-159.

[66] Minagawa, M., 1992. Reconstruction of human diet from δ^{13}C and δ^{15}N in contemporary Japanese hair: a stochastic method for estimating multi-source contribution by double isotopictracers. Applied Geochemistry, 7: 145-158.

[67] Nelson, B. K., DeNiro, M. J., Schoeninger, M. J., De Paolo, D. J., 1986. Effects of diagenesis on strontium, carbon, nitrogen and oxygen concentration and isotopic composition of bone. Geochim Cosmochim Acta, 50 (9): 1941-1949.

[68] Nielsen-Marsh, C. M., Hedges, R. E. M., 2000. Patterns of diagenesis in bone I: The effects of site environments. Journal of Archaeological Science, 27 (12): 1139-1150.

[69] O'Connell, T. C., 1996. The Isotopic Relationship between Diet and Body Proteins: Implications for the Study of Diet in Archaeology. Oxford: University of Oxford (Ph. D. thesis): 1-253.

[70] O'Connell, T. C., Hedges, R. E. M., 1999. Investigations into the effect of diet on modern human hair isotopic values. American Journal of Physical Anthropology, 108 (4): 409-425.

[71] O'Connell, T. C., Hedges, R. E. M., Healey, M. A., Simpson, A. H. R. W., 2001. Isotopic comparison of hair, nail and bone: Modern analyses. Journal of Archaeological Science, 28 (11): 1247-1255.

[72] O'Regan, H. J., Chenery, C., Lamb, A. L., Stevens, R. E., Rook, L., Elton, S., 2008. Modern macaque dietary heterogeneity assessed using stable isotope analysis of hair and bone. Journal of Human Evolution, 55: 617-626.

[73] Parker, R. B., Toots, H., 1972. Hollandite-coronadite in fossil bone. American Mineralogist, 57:

1527-1530.

[74] Person, A., Bocherens, H., Saliège, J. F., Paris, F., Zeitoun, V., Gérard, M., 1995. Early diagenetic evolution of bone phosphate: an x-ray diffractometry analysis. Journal of Archaeological Science, 22 (2): 211-221.

[75] Pestle, W. J., 2010. Chemical, elemental, and isotopic effects of acid concentration and treatment duration on ancient bone collagen: an exploratory study. Journal of Archaeological Science, 37 (12): 3124-3128.

[76] Price, S. D. R., Keenleyside, A., Schwarcz, H. P., 2018. Testing the validity of stable isotope analyses of dental calculus as a proxy in paleodietary studies. Journal of Archaeological Science, 91: 92-103.

[77] Price, T. D., 1989. The Chemistry of Prehistoric Human Bone. Cambridge: Cambridge University Press: 211-229.

[78] Price, T. D., Blitz, J., Burton, J., Ezzo, J. A., 1992. Diagenesis in prehistoric bone: Problems and solutions. Journal of Archaeological Science, 19 (5): 513-529.

[79] Qiu, Z., Yang, Y., Shang, X., Li, W., Abuduresule, Y., Hu, X., Pan, Y., Ferguson, D. K., Hu, Y., Wang, C., Jiang, H., 2014. Paleo-environment and paleo-diet inferred from Early Bronze Age cow dung at Xiaohe Cemetery, Xinjiang, NW China. Quaternary International, 349: 167-177.

[80] Qu, Y. T., Jin, C. Z., Zhang, Y. Q., Hu, Y. W., Shang, X., Wang, C. S., 2013. Distribution patterns of elements in dental enamel of *G. blacki*: a preliminary dietary investigation using SRXRF. Applied Physics A, 111 (1): 75-82.

[81] Qu, Y. T., Jin, C. Z., Zhang, Y. Q., Hu, Y. W., Shang, X., Wang, C. S., 2014. Preservation assessments and carbon and oxygen isotopes analysis of tooth enamel of *Gigantopithecus blacki* and contemporary animals from Sanhe Cave, Chongzuo, China. Quaternary International, 354: 52-58.

[82] Qu, Y. T., Hu, Y. W., Rao, H. Y., Abuduresule, I., Li, W. Y., Hu, X. J., Jiang, H. E., Wang, C. S., Yang, Y. M., 2018. Diverse lifestyles and populations in the Xiaohe Culture of the Lop Nur region, Xinjiang, China. Archaeological and Anthropological Sciences, 10 (8): 2005-2014.

[83] Reid, D. J., Ferrell, R. J., 2006. The relationship between number of striae of Retzius and their periodicity in imbricational enamel formation. Journal of Human Evolution, 50 (2): 195-202.

[84] Rink, W. J., Schwarz, H. P., 1995. Tests for diagenesis in tooth enamel: ESR dating signals and carbonate contents. Journal of Archaeological Science, 22: 251-255.

[85] Robbins, C. R., 2012. Chemical and Physical Behavior of Human Hair. New York: Springer-Verlag: 116-119.

[86] Salazar-García, D. C., Richards, M. P., Nehlich, O., Henry, A. G., 2014. Dental calculus is not

equivalent to bone collagen for isotope analysis: a comparison between carbon and nitrogen stable isotope analysis of bulk dental calculus, bone and dentine collagen from same individuals from the Medieval site of El Raval (Alicante, Spain). Journal of Archaeological Science, 47: 70-77.

[87] Schwarcz, H. P., White, C. D., 2004. The grasshopper or the ant?: cultigen-use strategies in ancient Nubia from C-13 analyses of human hair. Journal of Archaeological Science, 31: 753-762.

[88] Scott, G. R., Poulson, S. R., 2012. Stable carbon and nitrogen isotopes of human dental calculus: a potentially new non-destructive proxy for paleodietary analysis. Journal of Archaeological Science, 39: 1388-1393.

[89] Schutkowski, H., Herrmann, B., Wiedemann, F., Bocherens, H., Grupe, G., 1999. Diet, status and decomposition at Weingarten: trace element and isotope analyses on early mediaeval skeletal material. Journal of Archaeological Science, 26 (6): 675-685.

[90] Sealy, J., Johnson, M., Richards, M., Nehlich, O., 2014. Comparison of two methods of extracting bone collagen for stable carbon and nitrogen isotope analysis: comparing whole bone demineralization with gelatinization and ultrafiltration. Journal of Archaeological Science, 47 (7): 64-69.

[91] Shemesh, A., 1990. Crystallinity and diagenesis of sedimentary apatites. Geochimica et Cosmochimica Acta, 54: 2433-2438.

[92] Sillen, A., Morris, A., 1996. Diagenesis of bone from Border Cave: implications for the age of the Border Cave hominids. Journal of Human Evolution, 31: 499-506.

[93] Sponheimer, M., Lee-Thorp, J. A., 1999a. Isotopic evidence for the diet of an early hominid, *Australopithecus africanus*. Science, 283: 368-370.

[94] Sponheimer, M., Lee-Thorp, J. A., 1999b. Alteration of Enamel Carbonate Environments during Fossilization. Journal of Archaeological Science, 26: 143-150.

[95] Stuart-Williams, H. L. Q., Schwarcz, H. P., White, C. D., Spence, M. W., 1996. The isotopic composition and diagenesis of human bone from Teotihuacan and Oaxaca, Mexico. Palaeogeography, Palaeoclimatology, Palaeoecology, 126: 1-14.

[96] Tieszen, L. L., Fagre, T., 1993. Effect of diet quality and composition on the isotopic composition of respiratory CO_2, bone collagen, bioapatite, and soft tissues. In: Lambert, J. B., Grupe, G. (eds.), Prehistoric Human Bone: Archaeology at the Molecular Level. Berlin: Springer-Verlag: 121-155.

[97] Tiunov, A. V., Kirillova, I. V., 2010. Stable isotope ($^{13}C/^{12}C$ and $^{15}N/^{14}N$) composition of the woolly rhinoceros *Coelodonta antiquitatis* horn suggests seasonal changes in the diet. Rapid Communications in Mass Spectrometry, 24: 3146-3150.

[98] Tombolato, L., Novitskaya, E. E., Chen, P. Y., Sheppard, F. A., McKittrick, J., 2010. Microstructure, elastic properties and deformation mechanisms of horn keratin. Acta Biomaterialia, 6: 319-330.

[99] Trautz, O. R., 1967. Crystalline organization of dental mineral. In: Structural and Chemical Organization of Teeth, II. Miles, A. E. W. (eds.). New York: Academic Press: 165-199.

[100] Tuross, N., 2012. Comparative decalcification methods, radiocarbon dates and stable isotopes of the VIRI bones. Radiocarbon, 54 (3-4): 837-844.

[101] Vaiglova, P., Snoeck, C., Nitsch, E., Bogaard, A., Lee-Thorp, J., 2014. Impact of contamination and pre-treatment on stable carbon and nitrogen isotopic composition of charred plant remains. Rapid Communications in Mass Spectrometry, 28 (23): 2497-2510.

[102] van der Haas, V. M., Garvie-Lok, S., Bazaliiskii, V. I., Weber, A. W., 2018. Evaluating sodium hydroxide usage for stable isotope analysis of prehistoric human tooth dentine. Journal of Archaeological Science: Reports, 20: 80-86.

[103] Vignoles, M., Bonel, G., Holcomb, D., 1988. Influence of preparation conditions on the composition of type B carbonate hydroxyapatites and on the localization of carbonate ions. Calcified Tissue International, 43: 33-40.

[104] Weiner, S., Bar-Yosef, O., 1990. State of preservation of bones from prehistoric sites in the Near East: A survey. Journal of Archaeological Science, 17: 187-196.

[105] White, C. D., 1993. Isotopic determination of seasonality in diet and death from Nubian mummy hair. Journal of Archaeological Science, 20: 657-666.

[106] Williams, J. S., Katzenberg, M. A., 2012. Seasonal fluctuations in diet and death during the late horizon: a stable isotopic analysis of hair and nail from the central coast of Peru. Journal of Archaeological Science, 39: 41-57.

[107] Wright, L. E., Schwarcz, H. P., 1996. Infrared and isotopic evidence for diagenesis of bone apatite at Dos Pilas, Guatemala: Palaeodietary implications. Journal of Archaeological Science, 23: 933-944.

[108] Xia, Y., Zhang, J., Yu, F., Zhang, H., Wang, T., Hu, Y., Fuller, B. T., 2018. Breastfeeding, weaning, and dietary practices during the Western Zhou Dynasty (1122-771BC) at Boyangcheng, Anhui Province, China. American Journal of Physical Anthropology, 165: 343-352.

第六章 稳定同位素食谱分析：考古前沿研究

6.1 古人类摄食行为的演化与意义

人类的起源与进化经历了漫长而曲折的道路。自古猿从树上一跃，双足落地之时，便意味着人猿超科中走出了人科的早期代表——南方古猿（*Australopithecus*）。其后，又经历了能人（*Homo habilis*）、直立人（*Homo erectus*）及智人（*Homo sapiens*）等阶段，最终演化为现代人（晚期智人*Modern sapiens*）（钱迈平，2003）。目前，学界有关现代人的起源，争论的焦点集中在"多地区进化说"和"出自非洲说"（高星等，2010）。中国发现的古人类化石（或遗存）显示，其生存年代最早可追溯至210万年前（陕西省蓝田县上陈村一带），并一直延续至约1万年前，分别归属于直立人、古老型智人、早期现代人和晚期智人（刘武等，2014；Zhu et al., 2018）。我国现代人的起源新假说，是在"多地区进化说"理论基础上进一步演化出的"连续进化附带杂交"，体现了人类演化的区域多样化（吴新智，1998；高星等，2010）。

食物是人类生存的根本，不仅为维持人类基本的新陈代谢提供营养物质，也对人类的行为产生影响（Strang et al., 2017）。因此，对古人类摄食行为变化的研究将为探索古人类行为、生物演化等提供重要的依据。目前，有关古人类食性的研究，已取得丰硕的成果。例如，人类演化之初，对南猿食性的探索，揭示出C_4类食物在非洲早期人类演化中的重要作用。甚有学者认为C_4类食物的摄取与直立行走一样，成为早期人类的典型特征之一，促使早期人类在演化过程中能更好地适应开阔、季节性明显的生存环境（Sponheimer et al., 2005）。以始祖地猿、非洲南猿、源泉南猿、粗壮傍人、鲍氏傍人等为例，探讨稳定同位素食谱分析所揭示的早期人科成员摄食行为变化和自然环境变迁对其演化的影响。

距今约440万年前，生活在东非埃塞俄比亚的地猿始祖种（*Ardipithecus ramidus*），其牙釉质的$\delta^{13}C$值（-10.20‰±1.02‰，$n=5$）分析表明，地猿始祖种以C_3类食物为主，并摄入极少量的C_4类食物。通过与肉食类动物、杂食类动物、植食类动物（食草动物和食叶动物）$\delta^{18}O$值的对比，地猿始祖种的$\delta^{18}O$值（0.50‰±1.45‰，$n=7$）显示出杂食类或食叶动物的取食策略；与其他灵长类动物（*Parapapio*和*Kuseracolobus*）相比，地猿始祖种身体所需的水分较多取自果实、块茎植物、块茎、动物和（或）地表水源。结合牙齿磨损与磨痕、动物群组成判断，地猿始祖种生存的区域环境以林地为主，植被类型介于森林与树木繁茂的草原之间（White et al., 2009）。

与地猿始祖种相比，距今约300万年前，生活在南非马卡潘斯盖地区（Makapansgat）的南方古猿非洲种（*Australopithecus africanus*），其牙釉质$\delta^{13}C$值（-8.2‰±2.4‰，$n=4$）的分析显示，其食物结构中存在一定比例的C_4植物，如草和莎草，或（和）以C_4植物为食的动物（Sponheimer and Lee-Thorp, 1999）。生活在距今250～200万年前南非斯瓦特克朗兹（Sterkfontein）地区的南方古猿非洲种，其牙釉质$\delta^{13}C$值（-7.0‰±1.6‰，$n=17$）揭示出C_4类食物在其食物结构中已占有重要地位，反映出南方古猿非洲种具有典型的稀树大草原的食物结构，同时反映出其取食行为的随机性与较强的适应能力（Lee-Thorp et al., 2010; Sponheimer et al., 2005; van der Merwe et al., 2003a）。

在南非马拉帕（Malapa），距今约200万年前，南方古猿源泉种（*Australopithecus sediba*）将这里视为乐土，繁衍生息。其牙釉质C稳定同位素（$\delta^{13}C=-11.7‰±0.1‰$，$n=2$）分析显示，南方古猿源泉种的食性与生活在非洲热带稀树草原（Savanna）现生黑猩猩（Chimpanzee）极为相似，均完全以C_3植物为食。结合南方古猿源泉种牙结石植硅体与牙齿微痕分析，其生存环境的植被类型为C_3类双子叶和单子叶植物形成的区域性环境，伴生有大量的C_4植物，即类似于长廊林（Gallery forest）。另外，南方古猿源泉种的食物结构与生存环境暗示其生活习性兼具树栖（Henry et al., 2012; Schoeninger et al., 1999）。其食性与南方古猿非洲种存在明显差异。

距今约180万年，南非斯瓦特克朗兹和科罗姆德拉伊（Kromdraai）地区活动的傍人粗壮种（*Paranthropus robustus*），其牙釉质$\delta^{13}C$值为-7.5‰±1.2‰（$n=22$），其食物结构中包括一定量的C_4类食物（Sponheimer et al., 2006; Sponheimer et al., 2005; Lee-Thorp et al., 2000; Lee-Thorp et al., 1994）；傍人鲍氏种（*Paranthropus boisei*）发现于东非坦桑尼亚奥杜瓦伊（Olduvai）（距今约180万年）和佩宁伊（Peninj）（距今约150万年），以及距今190～140万年肯尼亚北部的巴林戈（Baringo）和托卡那（Turkana），其牙釉质$\delta^{13}C$值为-1.3‰±0.9‰（$n=24$），以C_4类食物为主，如草或莎草，其C_4类食物的含量要远远高于其他古人类。傍人鲍氏种的O同位素比值远低于同时代的猪、马和鹿，表明其身体所需水分主要来源于饮用水（Water dependent）。其生存环境干燥，植被类型类似于具有河边林地的半干旱稀树大草原或林地间存在湖泊，草或莎草为该环境常见植物（van der Merwe et al., 2008; Cerling et al., 2011）。

我国发现的古人类化石，最早归属于直立人，如云南元谋县发现的元谋直立人（距今约170万年）（Pu et al., 1977），陕西蓝田县公王岭发现的蓝田直立人（距今约163万年）（Zhu et al., 2015），北京周口店龙骨洞发现的北京猿人（距今78万~68万年）等（Shen et al., 2009; Jia, 1985），陕西蓝田县上陈村一带发现最早的古人类石器遗存（距今约210万年），但未发现古人类化石。目前，我国有关直立人食性的研究主要集中在牙齿形态学、牙齿微痕分析及病理学分析等方面。例如，元谋人牙齿大小、形态与微痕特征反映了其主要摄取坚硬的或果实类食物（Liu et al., 2002; Liu and Zheng, 2005）。由于直立人化石的珍贵与稀有，因此有损或微损的稳定同位素分析尚未在我国早期古人类食性研究中得到应用。但与之共生的动物，尤其是其他人科成员食性的重建，可为探索我国直立人食性与生存环境提供重要的佐证。

例如，归属于人科（Hominidae）中猩猩亚科（Ponginae）的步氏巨猿（*Gigantopithecus blacki*）（Olejniczak et al., 2008; Jin et al., 2009; Harrison, T., 2010; Jin et al., 2014），其摄食行为与生存环境的研究，将为共生古人类的演化研究提供重要依据。步氏巨猿主要分布在我国南方地区，时代从更新世早期一直延续至更新世晚期（Wang et al., 2017a; Hou et al., 2014; 张立召和赵凌霞, 2013）。巫山龙骨坡、布兵么会洞、越南北部的Tham Khuyen洞穴等，均发现了步氏巨猿与古人类化石，表明步氏巨猿和古人类在更新世时期曾共存过一段时间（王頠等, 2007; 吴新智, 2000; Ciochon et al., 1995）。与此同时，还发现人类近亲，如猩猩属（*Pongo*）、长臂猿属（*Hylobates*）、猕猴属（*Macaca*）和仰鼻猴属（*Rhinopithecus*）等灵长类化石。

已有的研究表明，步氏巨猿粗壮的下颌骨、硕大的牙齿、较厚的牙釉质及牙齿咬合面釉质的均匀分布和相对较短的牙质角等形态特征，表明步氏巨猿具有强大的咀嚼能力，适于持久性咀嚼、研磨坚硬或坚韧的食物，据此推测其主要食用坚硬或纤维性的食物（吴汝康, 1962; Pilbeam, 1972; Olejniczak et al., 2008; Dean and Schrenk, 2003）。步氏巨猿第三白齿的严重磨蚀，进一步验证其坚硬纤维性植物的食性特征（Wang, 2009）；且牙釉质表面的磨痕与残留物的分析进一步反映其食物选择的多样性（如果实、草等）（Daegling and Grine, 1994, 1999; Zhao and Zhang, 2013; Ciochon et al., 1990）。另外，步氏巨猿较高的龋齿发病率（吴汝康, 1962; Wang, 2009; 赵凌霞, 2006; 韩康信和赵凌霞, 2002），反映了其对富含碳水化合物的植物性食物的大量摄取（韩康信和赵凌霞, 2002; Larsen, 2002）。

虽然，形态学、病理学与残留物的分析较为明确地指出步氏巨猿的食性特征，但对于步氏巨猿生存期间，面对更新世自然环境的变迁和古人类的竞争等，步氏巨猿能否通过改变其摄食行为，来应对自然选择的残酷考验？更新世早期至中期，步氏巨猿牙齿形态的演变（赵凌霞等, 2008; Zhao and Zhang, 2013; Zhang et al., 2013）与其生存环境的演变及食物结构的变化是密切相关（金昌柱等, 2009; 王翠斌等, 2009; 赵凌霞等, 2008; Zhang et al., 2013）还是无直接关系呢（Zhang, 1982; 张银运, 1983; Zhao et al., 2006）？这些问题的解决有待于对不同时期步氏巨猿食性的定量或半定量分析，而稳定同位素分析是古生物食谱重建最直接的方法之一（White et al., 2004；Straight et al., 2004）。

已有的研究表明，更新世早期，步氏巨猿完全以C_3植物为食，生存环境以森林环境为主（赵凌霞等，2011，Zhao and Zhang，2013；Wang et al., 2007）。叶片的蒸腾作用导致轻的$H_2^{16}O$分子流失，造成叶片水分的$\delta^{18}O$值相对于大气降水明显富集（Dongmann et al., 1974；Yakir and DeNiro，1990），最终导致直接饮水的食草动物（Obligate drinker and grazer）（如牛）与非直接饮水的食叶动物（Non-obligate drinkers and browser）（如鹿）牙釉质羟磷灰石的$\delta^{18}O$值存在差异（Quade et al., 1995；Wang et al., 2008；Kohn et al., 1996；Cerling et al., 1997）。另外，动物牙釉质羟磷灰石的$\delta^{18}O$值与大气降水的$\delta^{18}O$值相对应，且与气候相关（Chillón et al., 1994；Bryant and Froelich，1995；Luz et al., 1990）。因此，步氏巨猿动物群牙釉质C、O稳定同位素的分析，将为进一步细化步氏巨猿的食谱与生存环境的重建提供依据。

更新世早期三合大洞步氏巨猿动物群牙釉质的C、O稳定同位素分析结果显示，步氏巨猿、猩猩、牛、鹿和犀牛较低的$\delta^{13}C$值（−17.1‰ ~ −14.4‰，平均值为−15.5‰±0.7‰，$n=25$），表明步氏巨猿动物群完全以C_3植物为食，并生存在浓密的森林环境中（Qu et al., 2014）。另外，如图6-1-1所示，鹿具有最高的$\delta^{18}O$值（−3.3‰±1.4‰，$n=5$）；牛的$\delta^{18}O$值最低（−5.4‰±2.1‰，$n=5$）；犀牛的$\delta^{18}O$值（−3.9‰±0.6‰，$n=2$）介于两者之间；猩猩的$\delta^{18}O$值（−3.7‰±0.6‰，$n=4$）低于鹿却高于牛和犀牛；步氏巨猿的$\delta^{18}O$值介于−5.8‰ ~ −3.5‰之间，平均值为−5.0‰±0.7‰（$n=9$），低于鹿、犀牛和猩猩，而高于牛。不同种属动物$\delta^{18}O$值的差异表明步氏巨猿与猩猩属于混食（Mixed-feeders），即取食草、植物叶及$\delta^{18}O$值较低的植物茎或根。另外，步氏巨猿的$\delta^{18}O$值较猩猩的低，表明步氏巨猿食用更多$\delta^{18}O$值较低的草、植物茎或根。此外，更新世不同时期，步氏巨猿食性与生存环境变化规律的研究，还有待于对其他时期步氏巨猿动物群牙釉质稳定同位素的分析。

我国发现的早期智人（古老型智人）包括山西襄汾丁村人、广东曲江马坝人、山西阳高许家窑人、陕西大荔人、辽宁营口金牛山人等；早期现代人（Early modern human）化石以北京周口店田园洞人、湖北郧西黄龙洞人、广西崇左木榄山智人洞

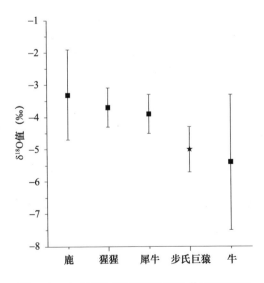

图6-1-1　步氏巨猿动物群牙釉质的$\delta^{18}O$值误差图
（数据来源于Qu et al., 2014）

等为代表；晚期智人化石较为丰富，如内蒙古河套人、北京周口店山顶洞人、四川资阳人等（钱迈平，2003；刘武和吴秀杰，2016）。目前，国内利用稳定同位素分析重建智人食谱仅存在个例，即早期现代人北京周口店田园洞人食性的分析。而欧洲地区早期现代人及与之共生的其他早期人类，如尼安德特人（Neandertals），其稳定同位素食谱分析已开展较多工作，主要集中在重建早期现代人与尼安德特人食谱的基础上，探讨食性对早期现代人演化与尼安德特人灭亡的影响。

尼安德特人与早期现代人的祖先，早在50多万年前已经分离（Green et al.，2006）。分布于欧亚地区的早期现代人（距今4.5万～2.5万年）在与尼安德特人（距今40万～3万年）共生一段时间后，最终取代尼安德特人成为欧洲人的直接祖先。这期间，两者发生基因交流，故尼安德特人基因组对现代欧亚人群存在约2%的贡献（Longo et al.，2012；Fu et al.，2016）。欧洲多处遗址中尼安德特人与共生植食和肉食动物骨骼的C、N稳定同位素分析对比显示，尼安德特人在其灭亡前很长一段时间内食性未发生明显的变化，主要以陆生食草动物为食（Bocherens et al.，1991，2001，2013；Fizet et al.，1995；Wißing et al.，2016）（图6-1-2；彩版五，1）；与之相比，现代人较高的$\delta^{15}N$值表明其食物结构中包括淡水类或海生类食物（Richards et al.，2001，2005）。尼安德特人与早期现代人的基因交流，使尼安德特人的基因至今得以遗传保留；但从尼安德特人较为稳定的食物来源判断，两者在基因交流的同时，现代

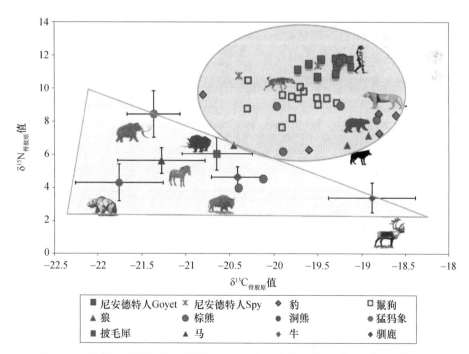

图6-1-2　比利时晚更新世尼安德特人与共生动物骨胶原的$\delta^{13}C$和$\delta^{15}N$值散点图
（改自Wißing et al.，2016）

人较为广泛的食物选择方式并未对尼安德特人产生明显的影响，这可能是现代人在与尼安德特人竞争中取胜的重要因素之一。

我国早期现代人北京周口店田园洞人的DNA分析显示，早在4万年以前，欧洲人与东亚人就已分离，田园洞人的基因组与现代亚洲人和美洲土著人的祖先密切相关，并未携带大量的尼安德特人和丹尼索沃人的基因（Fu et al., 2013）。田园洞人与共生动物骨骼的C、N、S稳定同位素分析显示，食草动物平均$\delta^{13}C$值为-19.5‰±0.9‰，平均$\delta^{15}N$值为4.7‰±1.6‰（$n=11$）；肉食动物猫的$\delta^{13}C$和$\delta^{15}N$值分别为-17.8‰和8.7‰。相比之下，田园洞人较高的$\delta^{13}C$值（-17.6‰）表明其以C_3类食物为主，且包括一定量的C_4类食物，而$\delta^{15}N$值（11.1‰）明显偏高于肉食动物。S稳定同位素的对比分析显示，与同一遗址陆生动物相比（平均$\delta^{34}S$值为7.6‰±0.4‰，$n=3$），田园洞人的$\delta^{34}S$值（4.1‰）更接近于邻近地区东胡林遗址鱼的$\delta^{34}S$值（5.5‰），且田园洞人的$\delta^{34}S$值相对于食物鱼的$\delta^{34}S$值约降低1.4‰，与S同位素在食物链中的分馏相吻合。可见，与欧洲现代人相似，我国早期现代人同样摄取淡水类食物，为欧亚东部更新世晚期人类饮食的广谱革命提供确凿证据；而人类食物资源的扩展可能与该时期人口数量增加带来的生存压力有关（Hu et al., 2009）。

综合以上分析，人类演化过程中，自猿类至现代人，其食性发生明显的变化，从以植食性为主转为杂食性，从较为简单的狩猎、采集转为多种资源的利用（Richards et al., 2001; Stiner, 2001）。尤其是动物类食物与水生类食物的摄取，不仅为人类的生理演化提供了丰富的营养物质，同时又改变了人类的行为模式（Hu et al., 2009; Mann, 2000; Ambrose, 1986）。可见，古人类演化过程中，通过改变其摄食行为，克服自然环境变化所带来的生存压力，以求在激烈的竞争中取胜。

6.2 农业的起源与古代人类生业模式的转变

人类史前经济的发展，一般是由狩猎采集经济（攫取经济）逐渐向农牧业经济（食物生产经济）过渡（史密斯等，1990）。狩猎、采集阶段，人类通过从自然环境中攫取动物、植物类食物以满足基本的生存需求，因此，人类组织的稳定同位素组成更多地打上自然环境的烙印。农业的出现，打破了人与自然长时间建立起的动态平衡，并通过干预人类的摄食行为，强行在人类组织中留下自己的印记，并随着其发展逐步取代狩猎采集资源在人类食谱中的主导地位。

众所周知，距今10000多年前，我国北方黄河流域和南方长江流域分别驯化了黍（粟）和水稻，并最终发展成我国史前时期主要的两大农业体系（粟作农业和稻作农业）（Lu et al., 2009; Zhao, 2011; Liu et al., 2009; Yang et al., 2012; Wu et al., 2014; 郑云飞等，2016; 公婷婷等，2017; Zuo et al., 2017）。农作物的驯化并非人类行为的偶然发生，而是在人类长期对野生植物采集和认识的基础上发展的。其间，经历了野生植物的偶然采集，对野生植物生长规律认识后的专门化采集，最终选择可利用的植物种属进行栽培驯化（马志坤，2014）。人类对农作物野生祖本进行专门化采集时，该植物就已成为先民的稳定食物来源之一。虽然，其在先民的食谱中所占的比例较小，且受到自然环境的影响，尤其是季节性生长的限制，但对先民的生理组织营养与行为模式均产生一定的影响。因此，人类生业模式的转变并非开始于农业产生之后，而是产生在人类有意识地持续性选择利用某些野生植物时。因此，对旧石器时代晚期至新石器时代早期先民食谱的分析，将为农业起源发生的人为动因的探索提供依据。

目前，在新石器时代早期（11000～9000BP）或更早时期的考古遗址中，我国南、北方古代人类组织的稳定同位素分析工作尚未开展。该时间段内，有关农业起源的研究，主要依据部分植物大化石（如炭化种子和小穗轴）、植物微体化石（如植硅体和淀粉粒）、生物标志物（如蛋白质组学和DNA）等方面的研究（吕厚远，2018）。由此可见，植物驯化机理的研究，仅从植物本身形态、组织结构、遗传信息等方面的变化进行识别，而忽略了驯化植物作为人类的食物资源之一，人类摄食行为在农作物驯化早期的重要作用。例如，与食草动物相比，田园洞人较高的$\delta^{13}C$值表明其摄取一定量的C_4类食物（Hu et al., 2009）。自然环境中，以C_3植物为主，我国先民最早驯化的小米和水稻分别属于C_4和C_3植物。C_3和C_4植物$\delta^{13}C$值的差异，成为判断农作物对我国北方地区先民食谱影响的重要依据（Lee-Thorp，2008）；而南方地区则以$\delta^{15}N$值的高低判断先民生业模式的转变（胡耀武等，2007a）。旧石器时代晚期，欧亚现代人为了适应自然环境的变迁与人口增长带来的生存压力，不断扩大食物来源的范围；而田园洞人对C_4类食物的摄取，尤其是C_4植物，暗示着田园洞人已开始有意识地采集利用自然环境中某些数量较少的植物，进而说明田园洞人对某些C_4植物的生长规律有了认识，这可能为之后北方地区先民对C_4植物的驯化奠定了基础。

新石器时代中期（9000～7000BP），黄河流域的大地湾文化（或老官台文化）、磁山文化、后李文化和裴李岗文化及西辽河流域的兴隆洼文化的诸多遗址中，大量小米遗存及农业工具的发现表明约8000年前，原始旱作农业已在我国北方地区普遍经营（安志敏，1988；赵志军，2005a，2014；吴文婉，2014；Lu et al., 2009；Liu et al., 2010）。其中，月庄遗址与贾湖遗址水稻遗存的发现，表明后李文化与裴李岗文化先民也从事一定的稻作农业（Crawford等，2013；赵志军和张居中，2009）。农业的出现对新石器时代中期人类的生业模式到底产生怎样的冲击呢？

目前，新石器时代中期遗址中，人骨C、N稳定同位素的分析集中在北方地区，主要包括陕西白家遗址和北刘遗址早期（郭怡等，2016；Wang，2004；Atahan et al., 2011），内蒙古兴隆沟一期和白音长汗遗址（张雪莲等，2003；Liu et al., 2012；Hu et al., 2008），河南贾湖遗址（Hu et al., 2006）及山东小荆山遗址（Hu et al., 2008）。

表6-2-1　新石器时代中期各遗址信息与人骨的平均$\delta^{13}C$和$\delta^{15}N$值

遗址	文化类型	年代（c.BP）	样品数量	$\delta^{13}C$值±SD（‰）	$\delta^{15}N$值±SD（‰）	数据来源
陕西白家	老官台文化	7700~7300	2	−13.3±1.8	10.8±1.7	Wang, 2004
			1	−14.5	11.1	Atahan et al., 2011
陕西北刘早期		8000~7000	5	−12.2±1.3	9.0±0.6	郭怡等, 2016
内蒙古兴隆沟一期	兴隆洼文化	8200~7400	30	−9.9±1.1	9.8±0.8	Liu et al., 2012
内蒙古白音长汗			3	−8.8±0.6	8.7±0.3	
河南贾湖	裴李岗文化	9000~7800	15	−20.4±0.5	8.8±1.1	Hu et al., 2006
山东小荆山	后李文化	8200~7500	10	−17.8±0.3	9.0±0.6	Hu et al., 2008

新石器时代中期各遗址人骨平均$\delta^{13}C$和$\delta^{15}N$值见表6-2-1。

如图6-2-1所示，粟、黍旱作农业对北方地区新石器时代中期不同文化先民的生业模式影响程度不同。以小荆山遗址为代表的后李文化，先民食谱仍以C_3类食物为主，C_4类食物仅占25%；以白家遗址和北刘遗址早期为代表的老官台文化，先民居中的$\delta^{13}C$值表明C_3类和C_4类食物在老官台文化先民的食谱中居于同等重要的地位；以兴隆沟一期与白音长汗遗址为代表的兴隆洼文化，先民骨胶原较高的$\delta^{13}C$值，表明粟、黍类农作物已成为先民的主要食物来源；而以贾湖遗址为代表的裴李岗文化，较低的$\delta^{13}C$值表明先民主要以C_3类食物

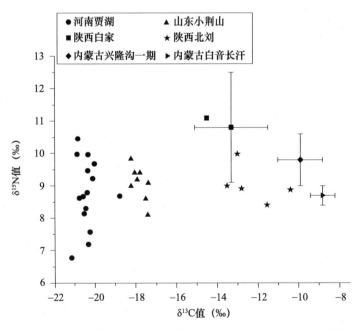

图6-2-1　新石器时代中期不同遗址先民骨胶原的$\delta^{13}C$和$\delta^{15}N$值散点图
（数据来源于郭怡等, 2016; Wang, 2004; Atahan et al., 2011; 张雪莲等, 2003;
Liu et al., 2012; Hu et al., 2006, 2008）

为食，$\delta^{15}N$值分布范围较大，其中部分个体$\delta^{15}N$值较低，可能与稻作农业有关。

总体而言，新石器时代中期，先民的生业模式随着南方与北方农业格局的逐步形成，由狩猎采集向农业经营转变。但不同地区，先民生业模式的转变速度存在差异。西辽河流域兴隆洼文化先民以粟、黍旱作农业为主；黄河中游老官台文化先民以狩猎采集与旱作农业并重；海岱地区后李文化先民则仍以狩猎采集为主。新石器时代早期至中期，先民对植物利用的研究表明，西辽河地区先民对植物的利用早期以粟类植物为主，至中期并未发生明显变化；华北平原先民对植物的利用经历了从采集野生植物为主，向粟类植物为主的转变（马志坤，2014）。另外，西辽河流域受地带性环境因素制约，全新世中期人类可利用的野生动植物资源较少（韩茂莉等，2007）。由此可见，新石器时代中期，不同地区先民生业模式的转变进程，主要取决于不同地区农业发展的程度及受自然环境可提供食物资源丰富程度的制约。

6.3 农业的发展与经济主体的变革

新石器时代早中期，农业的出现开启了人类生业模式的巨大改革。新石器时代晚期（7000~5000BP），随着南、北方各文化的繁荣昌盛，北方旱作农业和南方稻作农业得到进一步的发展。在距今6500年左右，北方地区先民的经济模式改革率先完成，农业经济逐步取代狩猎采集成为北方地区主要的经济类型；南方地区由于得天独厚的自然资源，延缓了该地区经济的转型，至6000~5000BP，先民的经济才以稻作农业为主（赵志军，2014）。随着南、北方农业的发展，其分布范围进一步扩张，在淮河流域快速发展起一种新的经济模式，即稻粟混作农业（杨玉璋等，2016）。新石器时代末期（5000~4000BP），多元化的农业结构（稻粟混作）首先在淮河流域人类社会经济中占据主导地位，且不断向周边扩张（杨玉璋等，2016）；同时，起源于10000多年前西亚新月沃地的小麦，传入我国北方地区（Lightfoot et al., 2013; Spengler et al., 2014; Liu et al., 2016; Dong et al., 2017a; Li, 2016），之后逐步取代粟类作物的主体地位，与南方稻作农业，一起建立起我国古代农业新格局（赵志军，2014）。农业结构的逐步复杂化与多元化，为之后人类文明的起源与发展奠定了经济基础（陈相龙等，2017a）。

考古遗址浮选大植物遗存与植物微体化石的分析，较为清楚地呈现了我国新石器时代人类农业经济的发展与演变过程。而人类食谱的分析将进一步揭示农业的发展是否可以满足日益增长的人口需求。

随着考古发掘工作的大量开展，新石器时代晚期与末期大量遗址的揭露，为稳定同位素食谱分析提供了丰富的材料。目前，北方地区不同文化遗址已开展了较多的稳定同位素分析工作，南方由于骨骼保存较差，稳定同位素分析工作较少。选取南、北方代表性遗址，通过稳定同位素测试数据的对比分析，探讨新石器时代晚期我国先民食谱演变与农业发展之间的关系,并尝试探索该时期农业发展的动因。

新石器时代晚期,北方地区仰韶文化分布范围广泛,选取遗址涵盖不同的地理环境,包括甘肃大地湾遗址二期(Barton et al.,2009),陕西半坡遗址(Pechenkina et al.,2005;孟勇,2011;蔡莲珍和仇士华,1984)、史家遗址(Pechenkina et al.,2005)、姜寨遗址(Pechenkina et al.,2005;郭怡等,2011a)、鱼化寨遗址(张雪莲等,2010;Atahan et al.,2014)和北刘遗址晚期(郭怡等,2016),内蒙古庙子沟遗址(张全超等,2010b),河南西山遗址(张雪莲等,2010)、西坡遗址(张雪莲等,2010)、沟湾遗址(付巧妹等,2010)和晓坞遗址(舒涛等,2016),山西清凉寺遗址(凌雪等,2010);宗日文化以青海宗日遗址为代表(崔亚平等,2006);红山文化选取内蒙古兴隆沟遗址二期和草帽山遗址(张雪莲等,2003;Liu et al.,2012);大汶口文化包括山东古镇都遗址(张雪莲等,2003)、北阡遗址(王芬等,2012)和西公桥遗址(胡耀武等,2005)。南方地区,河姆渡文化以浙江塔山遗址(张国文等,2015)、河姆渡遗址(张雪莲等,2003)和田螺山遗址(南川雅男等,2011;董艳芳,2016)为代表;马家浜文化至崧泽文化以江苏三星村遗址(胡耀武等,2007b)和上海青浦崧泽遗址(张雪莲等,2003)为代表;另选取华南地区的鲤鱼墩遗址(胡耀武等,2010)。新石器时代晚期南、北方各遗址人骨的平均$\delta^{13}C$和$\delta^{15}N$值如表6-3-1所示。

表6-3-1 新石器时代晚期南、北方各遗址人骨的平均$\delta^{13}C$和$\delta^{15}N$值

遗址	文化类型	年代 (c. BP)	样品数量	$\delta^{13}C$值±SD (‰)	$\delta^{15}N$值±SD (‰)	数据来源
甘肃大地湾二期		5900	6	−9.8±3.0	9.7±0.8	Barton et al.,2009
陕西半坡		6800~6300	15[a]/11[b]	−11.4±2.8	9.3±0.9	Pechenkina et al.,2005;孟勇,2011;蔡莲珍和仇士华,1984
陕西史家		6300~6000	9	−10.0±0.7	8.1±0.5	Pechenkina et al.,2005
陕西姜寨		6900~6000	20	−9.9±1.2	8.6±0.6	Pechenkina et al.,2005;郭怡等,2011a
陕西鱼化寨	仰韶文化—北方	5800~5300	25	−8.7±1.4	9.3±0.7	张雪莲等,2010;Atahan et al.,2014
陕西北刘晚期		6000~5500	4	−11.2±1.1	8.7±0.5	郭怡等,2016
内蒙古庙子沟		5000	9	−7.2±0.2	9.2±0.2	张全超等,2010b
河南西山		7000~5000	39	−8.2±1.5	9.0±0.8	张雪莲等,2010
河南西坡		6000~5500	31	−9.7±1.1	9.4±1.0	张雪莲等,2010
河南沟湾		7000~5500	39	−14.3±2.0	8.3±1.1	付巧妹等,2010
河南晓坞		7000~6500	74	−10.3±1.2	7.8±0.8	舒涛等,2016
山西清凉寺		/	13	−8.4±1.1	8.1±1.1	凌雪等,2010

续表

遗址	文化类型	年代（c.BP）	样品数量	δ¹³C值±SD（‰）	δ¹⁵N值±SD（‰）	数据来源
青海宗日	宗日文化—北方	5200~4100	24	−10.1±1.1	8.3±0.5	崔亚平等，2006
内蒙古兴隆沟二期	红山文化—北方	6500~5000	1	−5.4	8.7	张雪莲等，2003
内蒙古草帽山		6500~5000	7	−9.3±0.6	9.1±0.4	Liu et al.，2012
山东古镇都	大汶口文化—北方	5500	4ª/1ᵇ	−8.4±0.7	9.6	张雪莲等，2003
山东北阡		6100~5500	20	−9.2±0.7	8.1±1.0	王芬等，2012
山东西公桥		5000~4500	8ª/7ᵇ	−14.8±2.9	7.8±1.9	胡耀武等，2005
浙江塔山	河姆渡文化—南方	5900~5600	3	−18.4±0.5	9.2±0.7	张国文等，2015
浙江河姆渡		6900	4ª/2ᵇ	−18.2±2.2	11.4±0.3	张雪莲等，2003
浙江田螺山		6500	10	−20.7±0.5	8.7±0.9	南川雅男等，2011
			10	−20.5±0.4	8.7±1.5	董艳芳，2016
江苏三星村	马家浜文化-崧泽文化—南方	6500~5500	19	−20.1±0.2	9.7±0.3	胡耀武等，2007b
上海崧泽		5000	2	−19.9±0.5	10.9±1.6	张雪莲等，2003
广东鲤鱼墩	华南	7000~6000	2	−17.0±1.3	13.8±1.4	胡耀武等，2010

注：a表示测试C稳定同位素的样品数量，b表示测试N稳定同位素的样品数量

如图6-3-1所示，新石器时代晚期，不同遗址人骨的δ¹³C和δ¹⁵N值呈现明显的地域差异，尤其是δ¹³C值。总体而言，北方地区普遍较高的δ¹³C值和较低的δ¹⁵N值，表明先民主要以C₄类食物为食，包括粟、黍类植物与以其喂养的动物；结合北方考古遗址中发现的大量粟、黍遗存（刘长江等，2008），表明粟类作物已成为北方经济的主体，并对北方先民的食谱产生较大的影响。南方地区，较低的δ¹³C值表明先民主要依赖C₃类食物；结合各遗址中发现的水稻遗存与动物遗存判断（赵志军，2014；袁靖，2015），部分遗址较低的δ¹⁵N值与水稻作物的摄取有关；部分遗址较高的δ¹⁵N值则与猎取陆生动物有关；δ¹⁵N值异常偏高则与捕捞水生或海生资源有关。可见，新石器时代晚期南方地区不同遗址先民的经济类型差异较大，总体上处于狩猎采集经济向稻作农业经济的过渡期，但不同遗址经济转变的速度与完成程度存在差异。如δ¹⁵N值相对较低的田螺山遗址，相对于较晚的塔山、三星村和崧泽遗址，其经济转型的进程较快，也说明其稻作农业的发展速度相对较快。

另外，沟湾遗址与西公桥遗址，先民δ¹³C值高于南方地区而低于北方地区（图6-3-1；彩版五，2），表明其同时摄取C₃和C₄类食物。结合两者平均δ¹³C值（−14.3‰±2.0‰和−14.8‰±2.9‰）和较低的δ¹⁵N值，判断其食谱属于典型的稻粟混食（理论的δ¹³C值为−14.5‰），且在7000~4500BP之间较为稳定，进而说明新石器时代晚期黄河流域与长江流域的交汇区，已形成稳定的稻粟二元农业经济结构，并对该地区先民的食谱产生重要影响。

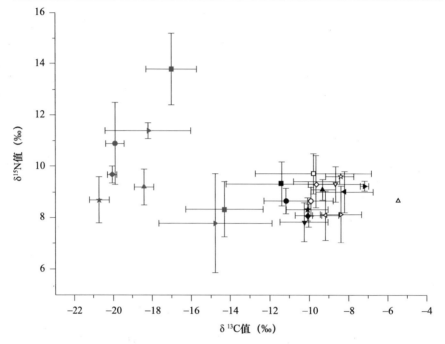

图6-3-1　新石器时代晚期不同遗址人骨的$\delta^{13}C$和$\delta^{15}N$值误差图

（数据来源于胡耀武等，2005，2007b，2010；张雪莲等，2003，2010；张国文等，2015；南川雅男等，2011；董艳芳，2016；付巧妹等，2010；Pechenkina et al., 2005；孟勇，2011；蔡莲珍和仇士华，1984；郭怡等，2011a，2016；舒涛等，2016；崔亚平，2006；Barton et al., 2009；Liu et al., 2012；王芬等，2012；Atahan et al., 2014；张全超等，2010b；凌雪等，2010）

此外，北方地区新石器时代晚期不同遗址先民的$\delta^{13}C$和$\delta^{15}N$值也存在差异。相对于晚期后段（6000BP之后），前段各遗址中先民的$\delta^{13}C$值相对偏低（图6-3-2；彩版六，1），表明距今6000年前，先民以粟类作物为主的生业模式转型尚未完成。考古遗址浮选大植物遗存分析显示，在距今6500年左右，北方地区先民的经济主体已由狩猎采集转为粟类农业（赵志军，2014）。可见，虽然距今6500年前，粟类作物已成为先民经济的主体，但此时先民的食谱中仍存在一定量的狩猎采集获得的食物资源，表明距今6500～6000年，粟类农业虽得到一定发展，并成为经济的主体，但尚无法完全满足人口增长的需求，先民仍需要通过狩猎采集获取食物补给。但距今6000～5000年，随着粟作农业的进一步发展，先民食谱中粟类食物所占比例进一步增加，甚至有些遗址先民几乎完全以粟类食物为食，表明粟作农业的发展已基本满足人类的需求。

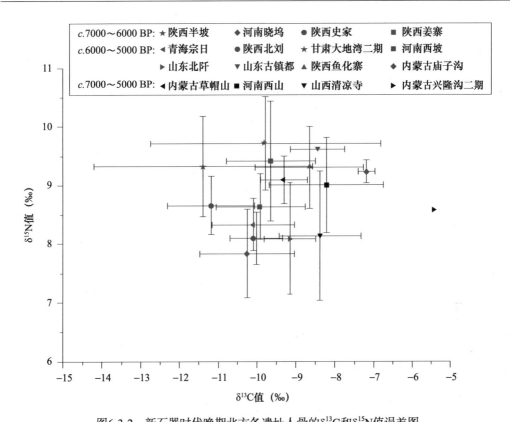

图6-3-2 新石器时代晚期北方各遗址人骨的$\delta^{13}C$和$\delta^{15}N$值误差图

(数据来源于胡耀武等，2005，2007b，2010；张雪莲等，2003，2010；张国文等，2015；南川雅男等，2011；董艳芳，2016；付巧妹等，2010；Pechenkina et al.，2005；孟勇，2011；蔡莲珍和仇士华，1984；郭怡等，2011a，2016；舒涛等，2016；崔亚平等，2006；Barton et al.，2009；Liu et al.，2012；王芬等，2012；Atahan et al.，2014；张全超等，2010b；凌雪等，2010)

此外，南方与北方气候与文化差异较大，形成两大不同的饮食文化圈。从图6-3-1可见，同一文化不同遗址先民的食谱也存在差异。例如，同一地区，同属于仰韶文化的半坡、姜寨和史家遗址（陕西关中地区），西山、西坡、沟湾和晓坞遗址（河南），先民的$\delta^{13}C$和$\delta^{15}N$值存在一定的差异，表明不同遗址先民的食谱存在差异。另外，属于不同文化的遗址，如仰韶文化沟湾遗址与大汶口文化西公桥遗址，先民却具有相近的$\delta^{13}C$和$\delta^{15}N$值，表明虽然其文化类型不同，但两个遗址的先民具有相似的饮食文化。由此可见，不同地区、不同遗址先民食谱特征虽然受到文化因素的影响，但文化因素并非决定性的因素，其应与自然因素等共同作用于先民的饮食文化。

6.4 农作物的传播与食物全球化

新石器时代末期至青铜时代早期，随着农业的发展，文化的交流及人群的迁徙，食物逐步全球化（Jones et al., 2011；Liu et al., 2014）；并在其推动下，先民的生业模式逐渐多元化，人群结构逐渐复杂化，新的农业结构与格局在中国不同地区形成。以我国中原及周边地区、甘青地区、东西方文化交流要道的新疆地区及南方地区为例，探索新石器时代末期至青铜时代早期，食物全球化对我国先民生业模式的影响机制。

6.4.1　中原及周边地区

随着我国南北方文化的交流，大约在距今6000年前，水稻已传播至我国北方中原及周边地区。仰韶文化早期的河南三门峡南交口遗址和灵宝底董北遗址（魏兴涛，2014），仰韶文化中晚期陕西兴乐坊遗址（刘焕等，2013）、泉护村遗址（张建平等，2010）、案板遗址（张建平等，2010）和新街遗址（钟华等，2015）及山东济南月庄遗址（Grawford等，2013）和章丘西河遗址（吴文婉等，2013）等，均发现了水稻炭化种子或植硅体遗存，但水稻含量普遍较低。进入龙山时代，北方地区先民的农业经济结构总体上虽然仍以粟类作物为主，但部分遗址水稻含量已明显增加，如山东日照两城镇遗址水稻含量达到22.4%（Crawford et al., 2005），河南禹州瓦店遗址水稻含量高达26.2%（刘昶和方燕明，2010），陕西关中新街遗址和泉护村遗址水稻含量已超过40%（钟华等，2015；张建平等，2010），泉鸠遗址农业结构甚至以水稻为主（77.9%）（魏兴涛，2014）。虽然龙山时代不同遗址水稻含量相差较大（如山西陶寺遗址水稻含量仅占0.2%，河南新砦遗址水稻含量仅占5.1%）（赵志军和何驽，2006；钟华等，2016），但部分遗址农业结构中较高的水稻含量，暗示着水稻在龙山时代我国北方地区先民农业经济中的重要地位。另外，龙山时代我国中原及周边地区多处遗址发现小麦遗存，如山东日照两城镇、聊城校场铺遗址，河南禹州瓦店、邓州八里岗、新密新砦等遗址；其中，山东胶州赵家庄遗址浮选小麦炭化遗存^{14}C测年结果（4500~4270BP）显示，起源于西亚的小麦至迟在距今4000多年前就已传入我国中原地区（赵志军，2015）。在不同类型农作物的进一步发展推动下，我国农业结构不断多元化，最终形成新的农业格局（赵志军，2014）。

面对农业结构新格局的不断演变，新石器时代末期我国中原及周边地区先民的食谱发生怎样的变化，是否与农业结构变化同步呢？为寻求答案，我们选取代表性的遗址，如山西襄汾陶寺遗址（张雪莲等，2007），河南禹州瓦店遗址（陈相龙等，2017b），陕西高陵东营遗址（Chen et al., 2016a）、神圪垯梁遗址（陈相龙等，2017b）、神木木柱柱梁遗址（陈相龙等，2015）和石峁遗址（Atahan et al., 2014），以及山东日照两城镇遗址（Lanehart et al., 2011）、聊城教场铺遗址（张雪莲，2006），对先民的食谱进行综合分析。另外，为了更深入地了解食物全球化对我国文明起源与发展的进一步影响，我们又选取夏与先商文化时期代表性的遗址河南偃师二里头遗址（张雪莲等，2007）、新密新砦遗址（吴小红等，2007）、鹤壁刘庄遗址（Hou et al.，2013），山西聂店遗址（王洋等，2014）及河北邯郸南城遗址（Ma et al.，2016a）；商代代表性遗址河南殷墟孝民屯遗址（司艺和李志鹏，2017）和山东滕州前掌大墓地（张雪莲等，2012）；西周代表性遗址河南郑州西亚斯和畅馨园遗址（Dong et al.，2017b）；战国至两汉时期的河南申明铺遗址（战国至两汉）（侯亮亮等，2012），陕西丽邑遗址（秦代）（Ma et al.，2016b）和光明、官道和机场遗址（两汉）（张国文等，2013）。不同遗址信息与先民骨胶原的平均δ^{13}C和δ^{15}N值详见表6-4-1。

表6-4-1 新石器时代末期至两汉时期中原及周边部分遗址人骨的平均δ^{13}C和δ^{15}N值

遗址	年代（c.BP）/时代	样品数量	δ^{13}C值±SD（‰）	δ^{15}N值±SD（‰）	数据来源
山西陶寺	4500~4000	12[a]/7[b]	-6.3±1.1	8.9±1.3	张雪莲等，2007
河南瓦店	4600~4000	9	-9.9±0.7	7.5±0.5	陈相龙等，2017b
		3	-14.3±0.8	10.2±0.3	
陕西东营	4600~4000	5	-8.0±1.3	9.4±0.3	Chen et al.，2016a
陕西神圪垯梁	3825~3615	28	-8.5±1.8	8.8±1.4	陈相龙等，2017b
陕西木柱柱梁	3900~3700	8	-8.2±1.5	8.8±0.6	陈相龙等，2015
陕西石峁	4000~3700	4	-8.4±0.1	6.9±0.9	Atahan et al.，2014
山东两城镇	4600~3900	17	-10.0±1.7*	/	Lanehart et al.，2011
山东教场铺	龙山文化时期	10[a]/6[b]	-7.2	10.3	张雪莲，2006
河南二里头	二里头文化时期（4000~3700）	20[a]/4[b]	-8.6±0.9	10.2±1.8	张雪莲等，2007
河南新砦		8	-9.6±1.4	9.0±1.0	吴小红等，2007
山西聂店		60	-7.1±0.3	10.5±0.7	王洋等，2014
河北南城	先商文化时期（3950~3550）	74	-6.8±0.4	9.4±0.6	Ma et al.，2016a
		1	-14.9	10.1	
河南刘庄		19	-7.6±0.6	9.6±1.0	Hou et al.，2013
河南孝民屯	商代	3	-10.1±0.5	9.2±0.4	司艺和李志鹏，2017
		1	-15.5	10.3	
山东前掌大		36[a]/48[b]	-8.9±1.4	10.0±1.2	张雪莲等，2012
河南西亚斯	西周	30	-11.9±2.2	8.1±0.9	Dong et al.，2017b
河南畅馨园		15	-10.3±1.4	7.7±1.0	
河南申明铺	战国	14	-12.7±0.8	8.7±1.2	侯亮亮等，2012
陕西丽邑	秦代	146	-8.7±1.5	10.3±0.7	Ma et al.，2016b
		14	-15.4±2.9	8.0±0.6	
河南申明铺	两汉	15	-16.7±0.8	8.2±0.6	侯亮亮等，2012
		3	-12.7±0.9	9.2±1.7	
陕西光明、官道和机场		40	-11.3±1.1	9.5±1.1	张国文等，2013
		2	-15.4±0.4	9.1±2.5	

注：a表示测试C稳定同位素的样品数量，b表示测试N稳定同位素的样品数量，*表示测试样品为骨骼磷灰石

如图6-4-1和彩版六，2所示，新石器时代末期，中原及周边地区各遗址人骨普遍偏高的$\delta^{13}C$值，表明先民食谱仍以C_4类食物为主；结合各遗址主要农作物所占比例（图6-4-2），可以看出龙山时代中原地区先民主要依赖于粟类作物。仅在个别遗址，如河南瓦店遗址，出现少部分人群以C_3和C_4类混合食物为食；结合瓦店遗址较高含量的水稻遗存，推测瓦店遗址部分先民可能已从事稻作农业。另外，山东两城镇遗址先民主要以C_3类食物为食，且该遗址发现水稻遗存所占比例较大，因此，两城镇遗址先民主要从事并依赖稻作农业。

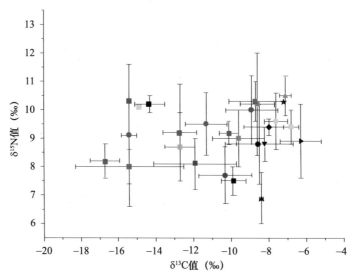

图6-4-1 新石器时代末期至两汉时期中原及周边部分遗址人骨的$\delta^{13}C$和$\delta^{15}N$值误差图
（数据来源于陈相龙等，2015，2017b；Atahan et al.，2014；Chen et al.，2016a；张雪莲，2006，2007，2012；吴小红等，2007；王洋等，2014；Ma et al.，2016a，2016b；Hou et al.，2013；司艺和李志鹏，2017；Dong et al.，2017b；侯亮亮等，2012；张国文等，2013）
注：两城镇遗址测试样品为骨骼磷灰石，仅测出$\delta^{13}C$值，故未标注在图中

仰韶文化早期水稻传入中原之后，经过2000多年的发展，于龙山晚期成为中原农业经济的重要组成部分。目前，已在多处遗址中发现水稻的含量较高。但先民食谱的分析显示，龙山时代中原地区先民的食谱仍以粟类作物为主，仅个别人群较多的依赖水稻。由此可见，水稻传入中原之后，在很长一段时间内并未对先民的饮食文化产生重要的影响。个别遗址中部分人群将水稻作为重要的食物来源之一，可能与其特殊的生业模式有关，即在普遍以粟类作物为主的农业格局中，部分人群主要或专门从事稻

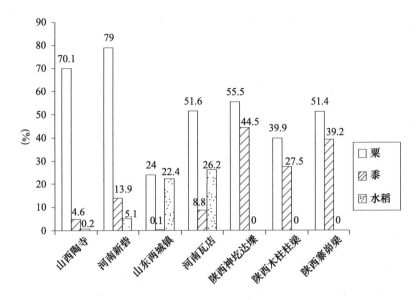

图6-4-2 新石器时代末期中原及周边部分遗址主要农作物百分比示意图
山西陶寺遗址（数据来源于赵志军和何驽，2006）、山东两城镇遗址（数据来源于凯利·克劳福德等，2004）、河南瓦店遗址（数据来源于刘昶和方燕明，2010）、河南新砦遗址（数据来源于钟华等，2016）、陕西神圪垯墚遗址和木柱柱梁遗址（数据来源于郭小宁，2017）与寨峁梁遗址（数据来源于高升等，2016）

作农业，暗示着水稻的种植在龙山时代中原地区尚未得到普及，且中原地区龙山时代先民并未将水稻作为主要的食物来源。

龙山时代至夏商周时期，我国考古遗址出土的主要农作物种类，与《周礼·夏官·职方氏》"其谷宜五种"和《孟子·滕文公上》"树艺五谷"中的五谷"稻、黍、稷（粟）、麦、菽（豆）"（郑玄与赵岐注）相符（赵志军，2005b，2011）。稳定同位素分析显示，二里头文化和先商文化先民食谱仍以粟类作物为主（图6-4-1），其中山西聂店遗址和河北邯郸南城遗址先民几乎完全以粟类作物为食，表明中原地区先民原有的以粟类作物为主的饮食文化根深蒂固，已成为中华早期文明的重要组成部分。另外，在西辽河流域，青铜时代兴隆洼三期（2200～1600BC，夏家店下层文化）和西山遗址（3000～2400BC，小河沿文化），先民骨胶原平均$\delta^{13}C$和$\delta^{15}N$值分别为-7.0‰±0.6‰和9.8‰±1.0‰（$n=9$）与-7.5‰±0.5‰和8.7‰±0.4‰（$n=16$），表明青铜时代早期西辽河流域先民食谱也以小米为主（Liu et al.，2012）。因此，粟类作物对中华文明起源与发展具有重要的意义。

殷墟甲骨卜辞中记载商代农业结构主要由粟、黍、麦、稻组成，以黍为主；且商周时期已开始推广小麦种植，如《诗经》"贻我来牟，帝命率育"（张政烺，1973；于省吾，1957）。该时期，中原地区先民食谱中C_3类食物有所增加，但仍以C_4类食物为主。另外，古文献记载"工贾不耕田而足菽粟"①（《荀子·王制》），"君之厩马百乘，无不被绣衣而食菽粟者"②（《战国策·齐策》），"耕稼树艺聚菽粟，是以菽粟多而民足乎食"③（《墨子·尚贤》），"圣人治天下，使有菽粟如水火"④（《孟子·尽心上》）等均体现了战国时期先民食谱中豆类与粟同等重要的地位，但先民骨胶原的$\delta^{15}N$值并未发生明显的变化（豆类植物的$\delta^{15}N$值较低），可见先民食谱中豆类植物并未占据主导地位。相对于商周时期，战国时期先民骨胶原的$\delta^{13}C$值减小，表明其食谱中C_3类食物增加，但仍以C_4类食物（粟）为主。《诗经·鄘风·载驰》"我行其野，芃芃其麦"，《诗经·鄘风·桑中》"爰采麦矣，沬之北矣"，《诗经·王风·丘中有麻》"丘中有麦，彼留子国。彼留子国，将其来食"⑤等均反映了战国时期农业结构中小麦比重的增加。

直至秦汉时期，才普遍出现以C_3类食物为主的人群（图6-4-1）。秦代先民食谱中增加的C_3类食物种类尚无法确定（Ma et al., 2016b），但汉代先民食谱中增加的C_3类食物则主要受小麦农业推广所致。《淮南子·时则训》："乃命有司，趣民收敛畜采，多积聚，劝种宿麦。若或失时，行罪无疑。"⑥《汉书·沟洫志》："若有渠溉，则盐卤下湿，填淤加肥；故种禾麦，更为粳稻，高田五倍，下田十倍。"⑦体现了小麦的普遍种植及水稻的增产，最终小麦成为北方地区农业经济的主体（侯亮亮等，2012）。与此同时，随着北方地区游牧民族的不断壮大与南迁，其以畜牧业为主的生业模式逐渐被中原农耕文化渗入和融合（张国文等，2013）。

6.4.2 甘青地区

新石器时代末期至青铜时代早期，甘青地区多处遗址大植物浮选与植物微体化石分析结果显示，从马家窑文化（5290~3910BP）至齐家文化（4130~3880BP），先民从事的农业经济结构以粟类作物为主，同时发现少量的大麦与（或）小麦遗存（Jia et al., 2013；李明启等，2010b；杨颖，2014；贾鑫，2012；张晨，2013；王灿等，2015；张小虎，2012；胡中亚，2015）。马家窑文化不同遗址旱作农业结构中，粟、黍的主体地位存在差异。例如，青海红崖张家遗址和安达其哈遗址旱作农业以黍为主（贾鑫，

---

① （清）王先谦. 荀子集解[M], 北京：中华书局，1988：162.
② 何建章. 战国策注释[M], 北京：中华书局，1990：393.
③ 周才珠，齐瑞端. 墨子全译[M], 贵阳：贵州人民出版社，1995：60.
④ 杨伯峻. 孟子译注[M], 北京：中华书局，1960：311.
⑤ 周振甫. 诗经译注[M], 北京：中华书局，2002：76.
⑥ 张双棣. 淮南子校释[M], 北京：北京大学出版社，1997：580.
⑦ （汉）班固. 汉书[M], 北京：中华书局，1962：1695.

2012），而甘肃堡子坪遗址（Jia et al., 2013）、山那树扎遗址（胡中亚，2015）和青海胡热热遗址（贾鑫，2012）旱作农业则以粟为主（表6-4-2），表明马家窑文化时期，甘青地区旱作农业正经历由仰韶文化晚期以黍为主的农业结构向以粟为主的农业结构转变，且不同遗址旱作农业结构的转变速度不同。另外，甘肃堡子坪遗址（Jia et al., 2013）和临潭磨沟遗址（李明启等，2010b），青海互助金蝉口遗址、临夏李家坪遗址（杨颖，2014）、民和喇家遗址（张晨，2013）和官亭盆地齐家文化遗址（鄂家、辛家和清泉旱台）（张小虎，2012），大植物遗存与微体化石分析显示，齐家文化时期甘青地区旱作农业结构已基本完成第一次变革，即由以黍为主转为以粟为主。

表6-4-2 新石器时代末期至青铜时代早期甘青地区各遗址炭化农作物种子百分比

遗址	文化类型	年代（c. BP）	粟（%）	黍（%）	大麦（%）	小麦（%）	数据来源
青海红崖张家	马家窑文化	4840～4530	40.5	51.1	≤0.01	/	贾鑫，2012
青海安达其哈		5030～4840	1.4	22.9	/	/	
青海胡热热		4810～4420	62.2	35.3	/	/	
甘肃堡子坪		4890～4710	68.2	27.9	≤0.01	/	Jia et al., 2013
甘肃山那树扎		5250～4650	45.0	35.4	≤0.01	/	胡中亚，2015
甘肃堡子坪	齐家文化	4130～3880	34.6	5.3	/	/	Jia et al., 2013
青海金蝉口		4200～3700	69.4	27.8	2.7	0.1	杨颖，2014
甘肃李家坪		3700～3400	69.9	19.7	10.1	0.3	
青海喇家		4200～3500	59.9	16.3	/	≤0.01	张晨，2013
甘肃磨沟c		ca. 4000	12.5	/	52.1**	/	李明启等，2010b
青海鄂家等		4260～3580	89.6	10.3	/	/	张小虎，2012
甘肃西城驿	西城驿—四坝文化	3830～3480	56.8	4.0	≤0.06/0.1*	0.8	蒋宇超等，2017a
甘肃东灰山	四坝文化	3500～3400	56.2	4.4	9.4/5.2*	1.2	蒋宇超等，2017b
青海官亭盆地	辛店文化	3640～2530	44.0	48.4	6.4	1.1	张小虎，2012
青海双二东坪		3200～3100	14.9	60.3	17.5	0.9	贾鑫，2012
青海丰台	卡约文化	3200～2800	3.3	/	64.6	2.0	中国社会科学院考古研究所和青海省文物考古研究所，2004

注：百分含量以发现的农作物谷粒的绝对数量占总炭化种子的数量计算，c表示牙结石淀粉粒的分析，*表示裸大麦的百分含量，**表示麦类百分含量，/表示未发现

自2000BC左右，起源于西亚的麦类作物传播至甘青地区（赵志军，2015；Dodson et al., 2013），对甘青地区青铜文化的农业结构产生重要的影响；同时迎来了甘青地区旱作农业结构的第二次变革，即由以粟类作物为主逐渐转为以麦类作物为主（表6-4-2）。

例如，甘肃民乐东灰山遗址、张掖西城驿遗址等，麦类作物较高的出土概率和绝对数量，表明四坝文化先民已普遍种植小麦、大麦和裸大麦（蒋宇超等，2017a，2017b）。分布于湟水流域（以双二东坪遗址为代表）（贾鑫，2012）和分布于官亭盆地的辛店文化（张小虎，2012），麦类作物占有一定比例。卡约文化（以丰台遗址为代表）农业经济已经以麦类作物为主（中国社会科学院考古研究所和青海省文物考古研究所，2004；李明启等，2010a）。

以上分析显示，新石器时代末期至青铜时代早期，麦类作物在甘青地区农业结构中的地位逐步提升。齐家文化时期，部分遗址（如金蝉口、李家坪、磨沟等遗址）麦类作物比例明显升高，至辛店、卡约文化时期，麦类作物已在农业结构中占有重要地位。随着麦类作物的传入与麦类农业的发展，先民对麦类作物的利用发生怎样的变化，甘青地区第二次农业结构的变革对先民的饮食文化又产生怎样的影响呢？

不同时期，多个遗址先民骨胶原稳定同位素食谱分析显示，新石器时代末期至青铜时代早期，甘青地区先民的食谱发生了三次重要的变化。具体如下，新石器时代中晚期，随着黄河流域粟作农业的发展，人类的生业模式经历了由狩猎采集向农业生产的转变。甘青地区，从宗日文化（崔亚平等，2006）和马家窑文化早期（马家窑类型）至马家窑文化晚期（马厂类型晚期）（马敏敏，2013；Ma et al.，2014，2016c；Liu et al.，2014），先民骨骼的$\delta^{13}C$值不断增加（表6-4-3）。马家窑文化早期人骨偏低的$\delta^{13}C$值（图6-4-3；彩版七，1），表明早期先民的食谱虽以黍类食物为主，但狩猎采集仍占有重要地位；马家窑文化晚期人骨较高的$\delta^{13}C$值，表明先民食谱中黍类食物比例明显增加，食物资源主要来源于农业生产，进一步暗示着粟、黍类旱作农业在马家窑文化晚期成为甘青地区社会经济的主体。

表6-4-3 新石器时代末期至青铜时代早期甘青地区各遗址人骨的平均$\delta^{13}C$和$\delta^{15}N$值

遗址	文化类型	年代（c. BP）	样品数量	$\delta^{13}C$值±SD（‰）	$\delta^{15}N$值±SD（‰）	数据来源
青海宗日	宗日文化	5200~4100	24	−10.1±1.1	8.3±0.5	崔亚平等，2006
青海文卜具	马家窑（马家窑类型）	5150~4050	2	−12.2±6.2	8.1±2.5	马敏敏，2013
甘肃磨嘴子	马家窑（半山至马厂）	5150~4050	2	−8.2±0.2	7.9±0.2	
		4300~3950	13	−7.1±0.4	8.3±0.4	Liu et al.，2014
甘肃五坝	半山至马厂过渡类型	4400~3900	53	−7.3±0.5	9.1±1.1	
青海护坡	马家窑（半山至马厂）	ca. 4000	6	−8.7±0.4	7.5±0.3	Ma et al.，2016c
甘肃下海石	马家窑（马厂晚期）	ca. 4000	10	−7.6±0.4	8.2±0.9	Ma et al.，2014
青海喇家	齐家文化	4200~3500	4	−7.9±0.4	10.0±0.2	张雪莲和叶茂林，2016
			12	−6.9	10.3	张雪莲，2006

续表

遗址	文化类型	年代（$c.$ BP）	样品数量	$\delta^{13}C$值±SD（‰）	$\delta^{15}N$值±SD（‰）	数据来源
甘肃堡子山/堡子坪	齐家文化	ca. 4000	1[a]/2[b]	−7.3	8.2±0.1	Ma et al., 2014
青海三合（乙）	齐家文化	ca. 4000	5	−9.1±0.5	8.1±1.5	Ma et al., 2016c
甘肃齐家坪	齐家文化	ca. 3550	42	−8.9±1.1	9.8±0.9	Ma et al., 2015
甘肃火石梁	齐家至四坝文化	4100~3700	2	−8.8±0.1	8.0±2.6	Dodson et al., 2012
甘肃磨沟	齐家晚期至寺洼早期	3550~2950	48	−14.7±1.8	8.6±0.7	Ma et al., 2016c
		3700~3050	36	−13.9±1.6	10.2±1.2	Liu et al., 2014
甘肃西城驿	西城驿—四坝文化	3620~3480	4	−8.9±0.6	11.7±2.1	张雪莲等, 2015
甘肃火烧沟	四坝文化	3800~3500	14[a]/11[b]	−12.5	12.8	张雪莲, 2006
		3850~3250	27	−12.4±1.4	12.2±1.0	Liu et al., 2014
甘肃干骨崖		3300~2900	29	−15.3±1.5	11.6±0.9	Liu et al., 2014
甘肃占旗	寺洼文化	3050~2900	34	−16.0±1.6	9.2±2.1	
青海上孙家	卡约文化	3800~2500	18[a]/2[b]	−16.1±1.3	8.8±0.9	张雪莲等, 2003
青海拉吉盖		3800~2500	5	−14.9±1.8	9.0±0.5	Ma et al., 2016c
青海上孙家	汉代	/	3[a]/2[b]	−16.8±1.2	10.8±0.9	张雪莲等, 2003
甘肃磨嘴子	历史时期	900BC~AD1650	6	−15.7±1.4	10.5±0.8	Liu et al., 2014

注：a表示测试C稳定同位素的样品数量，b表示测试N稳定同位素的样品数量

马家窑文化至齐家文化时期，旱作农业结构由以黍为主转为以粟为主，意味着先民的食谱也经历了由以黍为主转为以粟为主。由于粟、黍同属于C_4植物，两者的稳定同位素组成差异较小。因此，青海喇家（张雪莲，2006；张雪莲和叶茂林，2016）、三合（乙）等遗址及甘肃堡子山、堡子坪、齐家坪、火石梁等遗址（Ma et al., 2014, 2015, 2016c；Dodson et al., 2012），齐家文化先民骨胶原的$\delta^{13}C$值仍保持较高水平，也进一步验证了粟、黍旱作农业的经济主体地位。虽然，部分遗址炭化植物种子浮选结果显示，齐家文化时期麦类作物比例明显提高，但并未对先民的饮食文化产生重要的影响。

齐家文化晚期，甘肃临潭磨沟遗址人骨牙齿残留物中麦类淀粉粒的大量提取（李明启等，2010b）及先民骨骼$\delta^{13}C$值的明显降低（Ma et al., 2016c），表明麦类作物对齐家文化晚期先民的饮食文化产生影响。四坝文化部分遗址先民骨胶原的$\delta^{13}C$值降低（如甘肃火烧沟遗址、干骨崖遗址）（张雪莲，2006），部分遗址先民骨胶原的$\delta^{13}C$值未发生明显变化（如西城驿遗址）（张雪莲等，2015），结合四坝文化不同遗址发现的麦类作物所占比例（西城驿遗址约0.9%，东灰山遗址15.8%）（蒋宇超等，2017a，

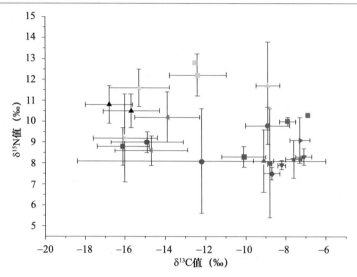

图6-4-3 新石器时代末期至青铜时代早期甘青地区各遗址人骨$\delta^{13}C$和$\delta^{15}N$值误差图

（数据来源于崔亚平等，2006；马敏敏，2013；Ma et al.，2014，2015，2016c；张雪莲，2006；张雪莲和叶茂林，2016；张雪莲等，2003，2015；Dodson et al.，2012；Liu et al.，2014）

2017b），表明四坝文化不同遗址先民对麦类作物的利用程度不同。其中，火烧沟遗址和干骨崖遗址先民食谱中麦类作物已占有较大比例，而西城驿遗址先民仍几乎完全依赖于粟类食物。另外，卡约文化（上孙家和拉吉盖遗址）和寺洼文化（占旗遗址）先民骨胶原的$\delta^{13}C$值明显降低（张雪莲等，2003；Ma et al.，2016c），表明卡约文化和寺洼文化先民食物结构中，麦类食物与粟类食物处于同等重要的地位，且植物炭化种子浮选结果也显示卡约文化（丰台遗址）农业经济以麦类作物为主（中国社会科学院考古研究所和青海省文物考古研究所，2004；李明启等，2010a）。

综上所述，2000BC左右，麦类作物传播至甘青地区，对不同文化，或同一文化不同遗址先民的食谱产生不同的影响。大约在1900BC，麦类作物在河西走廊地区先民的食谱中已占有重要地位（Liu et al.，2014）；而大约在1600BC，麦类作物成为黄河上游地区大部分先民食物的重要来源之一（Ma et al.，2016c）。至此，甘青地区以粟类和麦类作物并重的农业结构和饮食文化形成，且这种食谱特征一直持续至历史时期（汉代）（张雪莲等，2003）。

6.4.3 新疆地区

新疆地区作为丝绸之路的要道，自古以来就是连接东西方文化交流的纽带，其经济社会的发展不断受到东西方文化的渗入与融合。目前，新疆地区发现的新石器时代遗址较少，但已发现的细石器工具（如石刀、石箭镞、石质刮削器等）、农业工具（如石镰、石砍锄、石刀、石磨盘、石磨棒）、牛羊骨骼及陶器，表明新石器时代新疆地区先民生业中狩猎采集经济的主体地位逐渐被兴起的农牧业替代（王炳华，1983a；周伟洲，2003）。

公元前3000年初，欧亚草原西部地带的竖穴墓文化（Pit-grave），又称颜那亚文化（Yamnaya，3500~2200BC），最早出现了以畜牧业为主的人群，循环开发河谷与开阔草原地带作为牧场，驯养牛、绵羊、山羊和马，且该游牧人群穿过欧亚草原不断向东扩张（Frachetti，2008；Rassamakin，1999）。同时，分布于叶尼河中游和西伯利亚南部阿尔泰地区的阿凡纳谢沃文化（Afanasievo，3500~2000BC）（Svyatko et al.，2013，2017），其墓葬中发现的绵羊、牛、马和野生动物的骨骼，表明该文化先民的生业模式可能为狩猎/渔猎经济向半游牧经济过渡，或两种经济类型的混合（Frachetti，2002）。随着欧亚草原青铜文化的兴起与扩张，以及东部甘青地区彩陶文化的西传，于公元前2000多年至公元前1000年，在我国新疆地区相继出现多元青铜文化（李水城，1993；Li，2002；林梅村，2003；梅建军等，2002）。其中，早期青铜文化包括罗布泊地区的小河文化、哈密东天山的天山北路文化、阿勒泰地区的克尔木齐早期遗存等（韩建业，2007）。之后，形成于南乌拉尔和哈萨克草原地区的安德罗诺沃文化迅速向东扩张，以及兴起于米努辛斯克盆地的卡拉苏克文化不断南下，约公元前13~前9世纪，在新疆西北部地区形成了以安德罗诺沃文化和卡拉苏克文化为主体势力的文化格局（Mei and Shell，1999；阮秋荣，2013；邵会秋，2009）。其中，以哈萨克斯坦草原为中心的安德罗诺沃文化，其经济类型以绵羊、牛和马等畜牧业为主，并辅以少许麦作和黍作农业（Frachetti，2008；Mei and Shell，1999；邵会秋，2009；阮秋荣，2013）。同时，东疆地区，在对天山北路文化的继承上，吸收甘青地区青铜文化因素，形成焉不拉克文化和南湾类型遗存。正是由于东西方文化的不断渗入及与当地文化的完美融合，公元前1000年，新疆地区的青铜文化得到繁荣发展，主要包括东部天山的焉不拉克文化，中部天山的苏贝希文化，伊犁河谷的索墩布拉克文化，塔里木盆地的察吾呼文化、扎滚鲁克文化和塔什库尔干香宝宝类遗存等（邵会秋，2007；李水城，1999；王炳华，1985；王鹏辉，2005）。

东西方文化的不断交流与融合，促使新疆地区青铜文化人群结构的复杂化及经济类型的多元化。体质人类学和DNA的分析显示，青铜时代新疆地区多以欧洲人种为主，且人群结构较为复杂，如小河墓地（Li et al.，2015）、古墓沟墓地（韩康信，1986）、洋海墓地（新疆吐鲁番学研究院和新疆文物考古研究所，2011）、察吾呼沟墓地（谢承志等，2005；刘树柏，2003）、哈密五堡墓地等（何惠琴和徐永庆，2002）；其中，小河墓地人群是东部欧亚谱系、西部欧亚谱系与印度特异谱系三者的融合，其遗传构成成分的不断复杂化与基因多态性的不断增高，表明不断有外来人群的渗入与融合（Li et al.，2010，2015）。新疆东部地区存在以蒙古人种为主的人群，如天山北路墓地、焉不拉克墓地等，且随着欧洲人种的不断东迁与融入，以及东部彩陶文化的衰落，欧洲人种的比例不断增加，并最终成为新疆地区的主体人群（王博等，2003；韩康信，1990，1993）。

另外，已在多处青铜文化遗址中发现了粟、黍和（或）小麦遗存（于建军，2012；赵志军，2015）。其中，在新疆罗布泊小河墓地（Yang et al.，2014）、和硕新塔拉（Zhao et al.，2013）和哈密五堡墓地（王炳华，1983a，1983b）等同时发现麦类和粟、黍类农作物。考古遗址中大量牛羊（包括山羊和绵羊）骨骼、牛羊皮与皮毛制品、骨角器，以及冥弓、木箭、铜箭镞、细石镞、野生动物骨、皮、毛或其制作的饰品等的发现，反映了新疆青铜文化发达的畜牧业与辅助的狩猎经济（王炳华，1983b；新疆文物考古研究所，1988，2004，2007；新疆吐鲁番学研究院和新疆文物考古研究所，2011）。DNA证据显示，小河墓地出土的小麦和黍可能分别起源于近东地区和中国北方地区（Li et al.，2011；李春香，2010），小河墓地的黄牛可能来源于西部欧亚的驯化牛（李春香，2010）。可见，早在公元前2000年左右，东西方文化就已在新疆地区碰撞、融合。

那么，在东西方不同文化的影响与食物全球化的推动下，新疆不同地区多元化的经济结构呈现怎样的布局呢？稳定同位素食谱分析将为我们揭示出多元文化融合与演进过程中，新疆不同地区先民生业模式的变化规律。

早期青铜文化以罗布泊地区小河文化（古墓沟墓地和小河墓地）（屈亚婷等，2013；张全超和朱泓，2011；Qu et al.，2018）和东部天山区的天山北路文化（天山北路墓地）（张全超等，2010a；Wang et al.，2017b）为代表；青铜文化中晚期以西南部帕米尔高原东端的安德罗诺沃文化（下坂地墓地）（张昕煜等，2016）、东部天山区的焉不拉克文化（焉不拉克墓地）（张雪莲等，2003）和中部天山区的苏贝希文化（洋海墓地）（司艺等，2013）为代表，以及青铜至早期铁器文化的代表遗址新疆东天山南麓亚尔墓地和柳树沟墓地（董惟妙，2014）与新疆北部沟口遗址（Wang et al.，2018）。为了深入了解东西方文化的频繁交流和深入融合及农业技术的发展对新疆地区经济格局的重组，又选取了早期铁器时代、战国两汉至晋唐时期的多个文化遗址，如塔里木北缘区的察吾呼文化克孜尔类型（多岗墓地）（张雪莲等，2014）、伊犁河谷区的索墩布拉克文化（穷科克一号墓地）（张全超和李溯源，2006）、巴里坤地区以土著文化和匈奴文化因素为主的游牧文化（东黑沟遗址和黑沟梁墓地）（凌雪等，2013；张全超等，2009）、阿尔泰山南麓哈巴河县喀拉苏墓地（陈相龙等，2017c）、中部天山区早期铁器时代至两汉时期的洋海墓地（司艺等，2013）及北部沟口遗址（Wang et al.，2018）（表6-4-4）。通过对比不同文化先民的食谱,揭示东西方文化交流与经济类型、人群迁徙与人群组成之间的互动关系。

表6-4-4 早期青铜时代至晋唐时期新疆地区各遗址人骨的平均$\delta^{13}C$和$\delta^{15}N$值

墓地/遗址	文化类型	年代（c. BP）	样品数量	$\delta^{13}C$值±SD（‰）	$\delta^{15}N$值±SD（‰）	数据来源
小河	小河文化	4000~3500	7	−18.5±0.6*	12.3±1.7*	Qu et al., 2018
			1	−16.5	13.3	
古墓沟		ca. 3800	1	−18.8*	14.8*	屈亚婷等, 2013; 张全超和朱泓, 2011
			11	−18.2±0.2	14.5±0.6	
天山北路	天山北路文化	3890~3165	120	−15.5±1.1	14.8±0.8	张全超等, 2010a; Wang et al., 2017b
下坂地	安德罗诺沃文化	3500~2600	26	−18.2±0.8	12.3±1.0	张昕煜等, 2016
焉不拉克	焉不拉克文化	3500~3000	2	−14.6±1.7	13.4±1.4	张雪莲等, 2003
洋海	苏贝希文化	3200~2800	8	−16.6±0.9	12.5±1.0	司艺等, 2013
沟口	青铜晚期	3600~2800	1	−14.0	12.9	Wang et al., 2018
亚尔	青铜晚期至铁器早期文化	/	127	−15.7±0.1	14.0±0.1	董惟妙, 2014
柳树沟		/	46	−18.1±0.1	13.1±0.2	
穷科克一号	索墩布拉克文化	3000~2500	8	−16.2±0.2	12.7±0.4	张全超和李溯源, 2006
多岗	察吾呼文化克孜尔类型	2800~2400	39	−14.5±1.0	12.6±0.6	张雪莲等, 2014
洋海	早期铁器文化	2700~2300	14	−16.1±1.1	12.0±1.0	司艺等, 2013
黑沟梁		/	9	−18.3±0.3	13.0±0.4	张全超等, 2009
东黑沟		/	11	−18.4±0.4	13.3±0.6	凌雪等, 2013
喀拉苏		/	7	−16.6±0.4	11.9±0.6	陈相龙等, 2017c
沟口	早期铁器文化	2800~2400	6	−16.5±1.4	10.1±2.1	Wang et al., 2018
	战国至两汉	2400~1800	4	−14.8±1.1	12.2±0.7	
洋海	两汉	2200~1800	9	−15.8±0.9	13.3±1.0	司艺等, 2013
沟口	晋唐	1600~1100	4	−15.5±1.6	11.5±0.5	Wang et al., 2018

注：*表示测试样品为头发

如图6-4-4所示，新疆地区史前先民的食谱总体呈现出两种类型，一种几乎完全为C_3类食物，一种兼具C_4和C_3类食物，且两种类型的食谱同时贯穿于整个新疆地区青铜文化至早期铁器文化各遗址中；结合各遗址较高的$\delta^{15}N$值，表明新疆史前时期，畜牧业在经济结构中的重要地位。青铜文化早期，罗布泊地区小河文化（古墓沟墓地和小河墓地）和东部天山区的天山北路文化（天山北路墓地），两者的人群组成存在明显差异，小河文化以欧洲人种为主（Li et al., 2015；韩康信, 1986），天山北路文化以蒙古人种为主（王博等, 2003）；且不同人群从事的生业经济也存在差异，受阿凡纳谢沃文化和安德罗诺沃文化影响的小河文化先民几乎完全依赖于C_3类食物（Qu et al., 2018），而受甘青地区彩陶文化影响的天山北路文化先民则主要依赖于C_4类食物（Wang et al., 2017b）。因此，青铜文化早期，新疆地区先民的食谱特征主要取决于人群组成，其主要体现了该文化主体人群的饮食习惯。

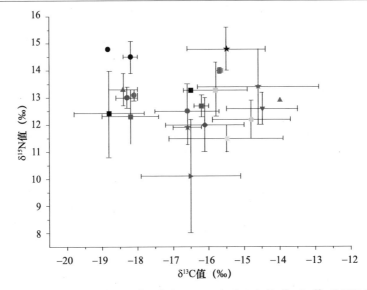

图6-4-4 早期青铜时代至晋唐时期新疆地区各遗址人骨$δ^{13}C$和$δ^{15}N$值误差图
（数据来源于屈亚婷等，2013；张全超和朱泓，2011；Qu et al., 2018；张全超等，2009，2010a；Wang et al., 2017b；张昕煜等，2016；司艺等，2013；张雪莲等，2003，2014；董惟妙，2014；张全超和李溯源，2006；凌雪等，2013；陈相龙等，2017c；Wang et al., 2018）

青铜文化中晚期，下坂地墓地作为安德罗诺沃文化在帕米尔高原扩张后形成的地方文化类型墓葬（新疆文物考古研究所，2012），其人群组成与食谱特征仍保留了欧亚草原青铜文化固有的饮食文化特征，即主要以C_3类食物为主（张昕煜等，2016）。相比之下，在继承天山北路文化的同时，吸收甘青地区青铜文化因素的焉不拉克文化（邵会秋，2007），其以蒙古人种为主的人群，相对于早期天山北路遗址的人群，摄取更多的C_4类食物（张雪莲等，2003）（图6-4-4；彩版七，2）。另外，位于新疆中部天山区的苏贝希文化（洋海墓地），先民的$δ^{13}C$值高于下坂地墓地，而低于焉不拉克墓地，同时该文化蒙古人种比例略微增加并出现两大人种的混合类型（谢承志等，2005；刘树柏，2003）。由此可见，青铜文化中晚期，新疆地区先民的饮食习惯仍主要取决于人群组成；另外，该时期甘青地区彩陶文化加大西进的步伐，并对新疆东、中部各青铜文化产生较大影响。

新疆东天山南麓青铜文化晚期至铁器时代早期（亚尔墓地和柳树沟墓地），不同遗址先民也呈现出不同的食谱特征（董惟妙，2014）。虽然，柳树沟墓地与天山北路墓地和焉不拉克墓地等存在相似的文化因素（王永强和张杰，2015），但两者之间先民的食谱却存在明显的差异；相反，亚尔墓地先民的食谱却与天山北路墓地和焉不拉克墓地相似，是否与两者之间人群组成的相似有关，还有待于亚尔墓地人种的鉴定。另外，亚尔墓地位于绿洲和戈壁交界的冲积扇缘，为小麦、粟和黍的种植提供有利条件，因此，亚尔墓地人群食谱中明显的C_4信号，可能与其从事一定的粟类农业有关（董惟妙，2014）。沟口遗址小米遗存的发现与先民较高的$δ^{13}C$值，表明青铜晚期新疆北部先民已从事粟类农业（Wang et al., 2018）。

早期铁器时代，多岗墓地、穷科克一号墓地、沟口遗址、洋海墓地和喀拉苏墓地人骨较高的$δ^{13}C$值，表明新疆西部、中部和北部等地区的先民已普遍利用小米类食物；至汉唐时期，小米在先民食物中所占比例有所增加。洋海墓地中，相对于青铜时代中晚期，早期铁器时代先民的$δ^{13}C$值增加，主要与东方彩陶文化的大量出现和蒙古人种的明显增多有关（司艺等，2013）。另外，西部多岗墓地以欧洲人种为主（张君，2012），穷科克一号墓地的人群组成则为两大人种构成的混合人群，但形态特征以欧洲人种为主（张林虎和朱泓，2013），两处遗址先民的食谱却以C_4类食物为主，尤其是多岗墓地。东部东黑沟遗址与黑沟梁墓地人群组成兼具蒙古人种与欧洲人种的特征，其中，黑沟梁墓地A组人群以蒙古人种特征为主，而东黑沟遗址与黑沟梁墓地B组人群则以欧洲人种特征为主（陈靓等，2017），但两处遗址先民相似的$δ^{13}C$值，表明巴里坤地区先民均以C_3类食物为主。由此可见，至早期铁器时代，新疆地区先民的食谱特征与人群组成的对应关系被打破，这意味着随着两大人种的交流与融合，两大人种之间已开始相互接受、融和对方原有的饮食文化。至此，新疆地区多元化的饮食文化形成。

6.4.4　南方地区

随着农业技术的发展，至新石器时代晚期，稻作农业成为我国南方长江流域经济的主体（Zhao，2010）。同时，粟作农业的发展与扩散，于新石器时代晚期已传播至我国华南和西南地区（陈洪波和韩恩瑞，2013），并对南方不同地区农业结构产生重要的影响（刘鸿高，2016；唐丽雅等，2016）。

目前，我国南方地区新石器时代晚期至青铜时代多处遗址中发现粟类作物，如四川马尔康哈休遗址（阿坝藏族羌族自治州文物管理所等，2009）、新津宝墩遗址（Guedes et al.，2013）和茂县营盘山遗址（赵志军和陈剑，2011），重庆忠县中坝遗址（四川省文物考古研究所和忠县文物保护管理所，2001），湖北郧县青龙泉遗址和大寺遗址等（唐丽雅等，2016）。大植物浮选结果显示，鄂西北地区新石器时代末期屈家岭文化（3000～2600BC）和石家河文化（2600～2200BC）的农业结构以粟、黍类旱作农业为主，稻作农业为辅；同时，小麦的传入并未引起该农业格局的变化（唐丽雅等，2016）。成都平原地区，新石器时代末期宝墩文化先民从事稻粟混作的农业结构，但以稻作农业为主，粟作农业为辅（Guedes et al.，2013）。滇西北地区，在新石器时代末期至青铜时代稻作农业逐渐向稻、粟混作农业转变，并最终形成稻、粟、麦类混作的新农业结构（刘鸿高，2016）。

新石器时代末期至青铜时代，南方不同区域农业格局的变化，对南方不同区域先民的食谱产生怎样的影响？以湖北郧县青龙泉遗址（郭怡等，2011b；张全超等，2012）、福建闽侯县昙石山遗址（吴梦洋等，2016）、四川成都高山古城遗址（Yi et al.，2018）、长江三峡库区中坝遗址（田晓四等，2008）、安徽薄阳城遗址（Xia et al.，2018）和云南澄江县金莲山墓地（张全超，2011）为例（表6-4-5），探讨农作物扩散与传播过程中，我国南方地区先民饮食文化的演变规律与农业格局变化之间的关系。

表6-4-5　新石器时代末期至青铜时代南方地区各遗址人骨的平均δ^{13}C和δ^{15}N值

遗址/墓地	文化类型	年代（c. BP）	样品数量	δ^{13}C值±SD（‰）	δ^{15}N值±SD（‰）	数据来源
湖北青龙泉	屈家岭文化	5000～4600	7	−15.7±0.9	9.3±1.1	郭怡等，2011b
福建昙石山	昙石山文化	5000～4300	17	−18.4±1.1	10.9±1.5	吴梦洋等，2016
湖北青龙泉	石家河文化	4600～4200	17	−14.2±1.1	8.9±1.2	郭怡等，2011b
四川高山古城	宝墩文化	4500	8§	−18.8±0.6	10.3±0.6	Yi et al.，2018
			71†	−17.6±1.0	11.0±0.8	
重庆中坝	中坝文化	4200	7	−3.1±0.8*	/	田晓四等，2008
安徽薄阳城	西周	1122～771BC	42	−18.8±1.6	10.9±1.0	Xia et al.，2018
湖北青龙泉	东周	/	9	−14.5±1.1	7.1±1.0	张全超等，2012
云南金莲山	战国至东汉	/	9	−18.8±0.4	9.8±0.9	张全超，2011
重庆中坝	战国至东汉	/	3	−5.1±2.9*	/	田晓四等，2008

注：*表示测试样品为牙釉质羟磷灰石，§表示测试样品为成人骨骼，†表示测试样品为幼年至青少年时期生长的序列牙齿，δ^{13}C和δ^{15}N值的变化范围分别为−19.6‰～−15.0‰和9.0‰～14.9‰

如图6-4-5所示，新石器时代末期，南方不同地区先民的食谱存在较大差异，主要与不同区域经济类型的不同有关。福建闽侯县昙石山遗址作为海洋性聚落，遗址中发现的大量贝类、动物骨骼等，表明经济结构中渔猎采集的重要地位；同时该遗址人骨较高的δ^{15}N值与较低的δ^{13}C值，表明先民主要以野生水生类食物为主（吴梦洋等，2016）。成都平原地区，宝墩文化先民较低的δ^{13}C值进一步表明其生业模式以稻作农业为主；而小米在幼儿哺育中起重要作用（Yi et al.，2018）。鄂西北地区屈家岭文化和石家河文化农业结构为稻粟混作（唐丽雅等，2016），青龙泉遗址两种文化先民较低的δ^{15}N值和相

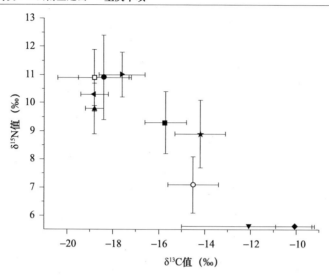

图6-4-5 新石器时代末期至青铜时代南方地区各遗址人骨的$\delta^{13}C$和$\delta^{15}N$值误差图

（数据来源于郭怡等，2011b；张全超，2011；张全超等，2012；吴梦洋等，2016；田晓四等，2008；Xia et al.，2018；Yi et al.，2018）

注：图中标注的重庆中坝遗址骨胶原的$\delta^{13}C$值是根据牙釉质羟磷灰石的$\delta^{13}C$值与两者之间的分馏$\Delta^{13}C_{骨胶原-磷灰石}=7‰$估算所得

对较高的$\delta^{13}C$值，表明其食物主要来源于稻粟混作农业（郭怡等，2011b）。另外，相对于屈家岭文化，青龙泉遗址中石家河文化先民的$\delta^{15}N$值降低，$\delta^{13}C$值则偏高，表明石家河文化时期，青龙泉遗址粟作农业得到进一步的发展，先民食谱中粟类食物比例增加。《史记·货殖列传》："楚越之地，地广人稀，饭稻羹鱼。"《楚辞·招魂》："室家遂宗，食多方些。稻粢穱麦，挐黄粱些。"反映了楚人食谱主要以水稻为主，也摄取小麦、小米等（姚伟钧，1999）。而东周时期青龙泉遗址先民的$\delta^{13}C$值未发生明显变化，但$\delta^{15}N$值明显降低，表明东周时期青龙泉遗址先民食谱中水稻、粟等植物类食物增加，进而说明稻粟混作农业的进一步发展基本可以满足先民的食物需求。

中坝遗址大量农业工具（石铲与石锄）的发现，表明新石器时代末期中坝文化先民非常重视农业（朱光耀等，2008），其较高的$\delta^{13}C$值可能与较发达的粟作农业有关，且这种食谱特征一直延续至战国两汉时期（田晓四等，2008）。距今约4600年前，安徽地区就已发现稻粟混作的农业结构（王增林和吴加安，1998）。但西周时期，安徽薄阳城遗址先民较低的$\delta^{13}C$值，表明其仍主要以C_3类食物为主，仅少数个体以C_3和C_4类混合食物为食；相比之下，动物较高的$\delta^{13}C$值（$-15.8‰\pm4.5‰$，$n=35$），表明粟类作物主要用于动物的饲养（Xia et al.，2018）。滇西北地区，青铜时代已形成稻、粟、麦类混作的农业结构（刘鸿高，2016），而云南澄江县金莲山墓地战国至两汉时期先民仍主要以C_3类食物为主（张全超，2011），反映了粟作农业虽已传播至此并成为该地区重要的农业组成部分，但并未对先民的饮食文化产生重要的影响。

综合以上分析，新石器时代末期至青铜时代早期，随着农业的发展与扩散，文化的传播与交流及人群的迁徙与融合等，我国中原及周边地区、甘青地区、新疆地区及南方地区，农业格局的演变规律独具特色，并通过影响先民的食谱，最终形成具有地方特色的饮食文化。

6.5　食谱变化与人群迁徙

人或动物通过新陈代谢不断与外界环境进行着物质与能量的交换，同时外界环境也无时无刻不在生物体上留下印记。人或动物的迁徙意味着原有生存环境的变化，因此必然对其原有的饮食习性产生影响。反之，人或动物食性的变化也往往间接反映出人或动物的迁徙活动。人或动物作为文化、技术、遗传信息等的载体，其迁徙活动的探索又可为文化的传播与交流、农业的发展与扩散、人类的演化与人群结构等方面的研究提供重要依据。

新疆地区气候极其干燥，出土了大量的干尸或木乃伊，为个体不同组织的稳定同位素分析提供了较丰富的材料。但目前，相关工作开展较少，仅小河文化（古墓沟墓地和小河墓地）出土的人骨和发进行了稳定同位素分析（屈亚婷等，2013；Qu et al.，2018）。一般而言，骨骼的稳定同位素组成代表的是个体死亡前10年或更长时间的平均食谱信息（Price，1989；Bell et al.，2001；Hedges et al.，2007）。牙齿形成于幼年，其稳定同位素组成反映的是个体生长发育过程中（幼年至青少年时期）的食谱信息（Price，1989；van der Merwe et al.，2003b）。毛发可持续生长，其角蛋白的稳定同位素组成主要指示个体短期内的食物来源（White，1993；Manolagas，2000；Schwarcz and White，2004）。可见，人体不同组织的稳定同位素组成可以反映个体生存期间不同时期的饮食习惯。

如图6-5-1所示，古墓沟墓地M5个体（年龄约6岁）骨骼与毛发的分析显示，该幼年个体从出生至死亡，其食谱未发生明显的变化，反映了该个体从出生至死亡一直生活在此；相对于头发，其骨骼偏高的$\delta^{15}N$值可能与其断奶前母乳喂养有关。由于其年龄较小，骨骼的更新尚未完成，因此仍保留有母乳喂养阶段的部分食谱信息。虽然，根据墓葬形制，古墓沟墓地分为第Ⅰ型和第Ⅱ型墓葬，且第Ⅰ型墓葬年代要稍早于第Ⅱ型墓葬（王炳华，1983b），但其人群组成相对统一，即欧罗巴人种（崔银秋等，2004；Han，1998）。古墓沟墓地成年个体之间的食谱相对稳定，且较为统一，可能与其相对统一的人群组成有关（Qu et al.，2018）。

小河墓地的人群是东部欧亚谱系、西部欧亚谱系与印度特异谱系三者的融合，人

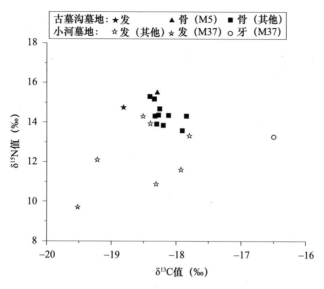

图6-5-1 新疆小河文化人骨、牙和发的$\delta^{13}C$和$\delta^{15}N$值散点图
(数据来源于张全超和朱泓, 2011; 屈亚婷等, 2013; Qu et al., 2018)

群结构较为复杂,且遗传构成成分的不断复杂化与基因多态性的不断增高,表明不断有外来人群的渗入与融合(Li et al., 2010, 2015)。尤其是新疆东部哈密盆地人群的迁入,他们携带着河西走廊地区种植粟类作物人群的基因(Li et al., 2015; Gao et al., 2015)。古墓沟墓地和小河墓地早期先民主要依赖于C_3类动物蛋白(张全超和朱泓, 2011; 屈亚婷等, 2013; Qu et al., 2018)。小河墓地M37个体幼年时期(牙齿所反映的食谱)以C_3和C_4类混合食物为食;根据头发长度(15~20cm)和生长速度(0.35mm/d)(Montagna and Dodgson, 1967)估算,死亡前1年多内该个体的食谱发生明显变化,主要以C_3植物为食(头发所反映的食谱信息)。该个体幼年时,其食谱与新疆东部人群(如天山北路墓地,$\delta^{13}C$平均值为-15.5‰±1.1‰,$\delta^{15}N$平均值为14.8‰±0.8‰,$n=120$)的食谱较为相似(张全超等, 2010a; Wang et al., 2017b),据此推测,该个体可能是从新疆东部迁入罗布泊地区的。

一般而言,生活在同一地区的同一人群,受相同自然环境和(或)文化因素的影响,也会具有相似的饮食习惯。而外来人群对于当地饮食文化的适应与融入,需要经历较长的时间才能抹去个体组织中所记录的原生活区的饮食信息,因此,外来个体组织的稳定同位素组成常常表现出特殊性。以洋海墓地和下坂地墓地为例,根据个体食谱的特殊性,再结合考古学现象等,判断个别个体是否属于外来者。

如图6-5-2和彩版八,1所示,青铜时代中晚期和铁器时代早期,洋海墓地先民食谱主要以C_3类动物性食物为主,但铁器时代早期存在一个个体,其食谱以C_4类食物为主。以洋海墓地和苏贝希墓地为代表的苏贝希文化,遗址中发现的大量牛羊骨骼、皮

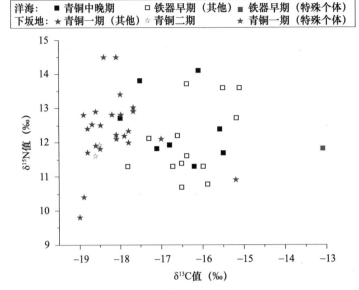

图6-5-2 新疆洋海墓地和下坂地墓地人骨的$\delta^{13}C$和$\delta^{15}N$值散点图
（数据来源于司艺等，2013；张昕煜等，2016）

毛及其制品，表明经济结构中畜牧业的重要地位；同时，黍、青稞、普通小麦种子及其制作食物的发现，表明苏贝希文化先民也从事少量的农业（李肖等，2011；吕恩国，2006；蒋洪恩，2007；李亚等，2013；Gong et al.，2011）。另外，青铜时代洋海墓地人群组成以欧洲人种为主；随着彩陶文化的繁荣发展，早期铁器时代其人群组成中蒙古人种明显增多（司艺等，2013），意味着东部人群在铁器时代早期频繁迁入洋海地区。由此判断，以C_3类动物性食物为主的人群构成洋海墓地人群组成的主体，而以C_4类食物为主的个别个体，结合同墓内其他个体较高的龋齿发病率判断，该个体可能为旱作农业区的移民（司艺等，2013）。

下坂地墓地主体文化遗存是安德罗诺沃文化影响下产生的地方类型。安德罗诺沃文化遗址中发现的大量牛、羊、马等动物骨骼及少量的麦类作物，表明安德罗诺沃文化先民经济类型以畜牧业为主，兼营少许农业（Frachetti，2008；Mei and Shell，1999；邵会秋，2009；阮秋荣，2013；谭玉华，2011；吴勇，2012；新疆文物考古研究所，2012）。下坂地墓地人骨较低的$\delta^{13}C$值和较高的$\delta^{15}N$值，表明畜牧业是先民主要的食物来源；同时，个别个体食谱以C_3植物（如小麦）为主（张昕煜等，2016）。另外，发现两个个体食谱中存在明显的C_4信号，表明这两个个体长期内摄取一定量的小米；但鉴于两个个体墓葬形制并未与其他墓葬存在明显差异，以及呈现蒙古人种体质特征的东方人群尚未在此频繁活动，因此有学者认为这两个个体并非为东部移民，其食谱中的小米是粟作农业技术传入后由当地先民种植获得的（张昕煜等，2016）。

目前，用于探索古代人类（或动物）迁徙活动且具有地域性指标作用的同位素分析元素主要包括O、H、S、Sr等。受气候因素影响，大气降水的$\delta^{18}O$（或δD）值变化显示出典型的地理特征；生物组织的$\delta^{18}O$（或δD）值又与大气降水的$\delta^{18}O$（或δD）值存在明显相关性（Quade et al., 1995; Dongmann et al., 1974; Luz et al., 1990; Reynard and Hedges, 2008; Leyden et al., 2006; Birchall, 2005; Cormie et al., 1994; Bowen, 2010）。因此，生存环境的变化将引起生物组织的$\delta^{18}O$（或δD）值发生相应变化，成为判断生物体迁徙的重要依据。另外，由于动物组织的$\delta^{18}O$值又与其饮食存在密切关系（Luz and Kolodny, 1985），因此生活在同一地区具有不同饮食习性的不同种属动物，其$\delta^{18}O$值也存在差异。在利用O同位素判断不同个体的迁徙活动时，需考虑个体饮食习性的影响。

一般而言，同种动物的生活习性较为相似，且具有类似的饮食习惯，因此，生活在同一地区，同种动物的相同组织将具有相似的O稳定同位素组成；如果出现个别个体迥异的$\delta^{18}O$值，这些个体有可能来源于其他地区。例如，河南偃师二里头遗址中，猪、鹿、牛和羊各自种群中，均存在个别个体的$\delta^{18}O$值与同种其他动物存在差异（图6-5-3），可能是通过进贡或交流的渠道从外地迁移至此（司艺等，2014）。

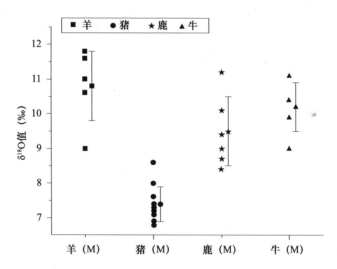

图6-5-3　河南偃师二里头遗址不同种属动物的$\delta^{18}O$值散点图

（数据来源于司艺等，2014）

注：M表示平均$\delta^{18}O$值

由于猪的食谱与人类相近，均属于杂食（图6-5-4），且不适于长途迁徙，因此常将猪的$\delta^{18}O$值作为当地人类居住地的$\delta^{18}O$值标准，用于区分当地居民与外来者（王宁等，2015）。如图6-5-4所示，郑州小双桥遗址Ⅴ区丛葬坑H66与Ⅸ区地层中发现的人骨，具有不同的$\delta^{18}O$值。与指示当地$\delta^{18}O$值标准的猪骨相比，两组先民不同的$\delta^{18}O$值表明小双桥遗址丛葬坑与地层中发现的先民可能分别来源于不同地区，结合古文献记载判断，丛葬坑中的先民可能是来源于东部沿海地区的东夷族人（王宁等，2015）。

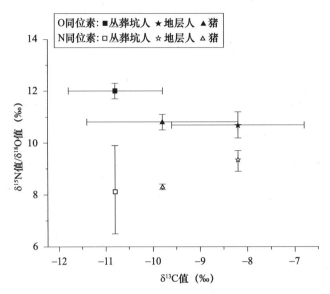

图 6-5-4　河南小双桥遗址人与猪骨胶原的 $\delta^{13}C$、$\delta^{15}N$ 和 $\delta^{18}O$ 值误差图
（数据来源于王宁等，2015）

食物链中的 $\delta^{34}S$ 值取决于当地基岩、大气沉降物及土壤微生物的活性。因此，生物体组织中的 S 稳定同位素组成也具有明显的地域性指示作用，可用于区分本地与外来人群或动物群（Richards et al., 2003）。另外，S 稳定同位素在食物链之间也存在较小的分馏（≤1‰）（Richards et al., 2003；Hu et al., 2009）。因此，在对比分析人或不同种属动物 S 稳定同位素组成时，需要考虑营养级对其造成的影响。目前，国内有关 S 稳定同位素的分析研究较少，其研究内容主要体现在两方面，一是对生物体食物来源的判断（Hu et al., 2014），二是对外来人群的判断。

例如，湖北郧县青龙泉遗址不同文化先民与动物骨胶原的 C、N、S 稳定同位素分析显示，虽然屈家岭文化（5000~4600BP）至石家河文化（4600~4200BP）时期，先民的食谱发生转变（图 6-5-5）；但与反映当地地域性指标的动物 S 稳定同位素组成相比，屈家岭文化和石家河文化先民的 $\delta^{34}S$ 值均介于动物的 $\delta^{34}S$ 值范围之内，可见，虽然屈家岭文化至石家河文化时期，先民的食谱发生一定变化，但并非缘于外来人群的迁入（Guo et al., 2015），应该与当地农业的发展导致农业结构的变化有关。同样，先商文化时期（1750~1600BC），河北邯郸南城遗址和白村遗址中，发现在几乎完全以 C_4 食物为食的先民群体中（$\delta^{13}C$ 值为 $-6.8‰±0.4‰$，$\delta^{15}N$ 值为 $9.4‰±0.6‰$），M70 个体则依赖于 C_3 和 C_4 类混合食物（$\delta^{13}C$ 值为 $-14.9‰$，$\delta^{15}N$ 值为 $10.1‰$）；但该先民骨胶原的 $\delta^{34}S$ 值（8.8‰）却与当地动物（8.2‰±2.6‰）和其他先民（7.0‰±0.8‰）的 $\delta^{34}S$ 值较为相似，表明该个体虽然埋葬方向和位置及食谱与大部分先民不同，但该先民可能并非由外地迁居至此（Ma et al., 2016a）。另外，青铜时代早期已出现人殉现象，

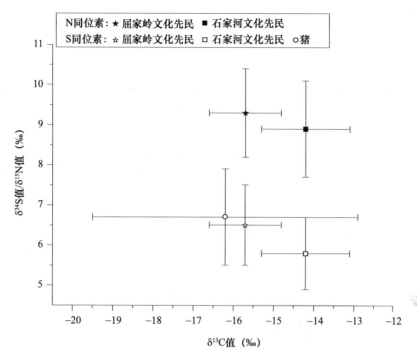

图6-5-5 湖北青龙泉遗址人与动物的δ^{13}C、δ^{15}N和δ^{34}S值误差图
（数据来源于Guo et al., 2015）

甲骨文中记载这些殉葬者来源于战俘，但未有确凿的考古证据。殷墟遗址中殉葬者与当地人骨的C、N、S稳定同位素对比分析显示，殷墟遗址中殉葬者的确来源于其他地方，在迁移至殷墟后采用当地饮食习惯，并生活一段时间后才被杀害并殉葬于此，稳定同位素对比分析为人殉来源提供充分的证据（Cheung et al., 2017）。

不同地区，Sr同位素组成也存在明显差异，具有地域性指示作用；且Sr同位素在食物链中几乎不发生分馏，因此生物体骨骼中Sr同位素组成常被用于判断个体的迁徙活动（尹若春等，2008；Beard and Johnson, 2000；Willmes et al., 2013）。另外，同一地区，与其他动物相比，猪δ^{87}Sr值的标准偏差最小，也与人类的食物来源最为相似，因此常利用猪骨骼和牙齿的δ^{87}Sr值作为当地δ^{87}Sr值的判断标准（Bentley et al., 2004；赵春燕等，2012b）。目前，国内有关Sr同位素分析工作已开展较多，研究内容主要集中在利用人或动物牙釉质的Sr同位素组成，判断先民或家养动物的迁徙活动。

国内首例利用Sr同位素分析判断古人类迁徙活动的研究，是距今9000～7800年贾湖遗址中出土人与猪牙釉质的Sr同位素分析，其研究结果显示，贾湖遗址人群中不断有外来人群的迁入，从一期至三期，外来人口比例有增加趋势（尹若春等，2008；尹若春，2008）。另外，贾湖遗址中人骨胶原的C、N稳定同位素分析显示，M341个体具有明显不同于其他先民的食谱特征，但其O同位素组成却与其他个体相似（胡耀武等，2007a），结合其δ^{87}Sr值位于当地猪的δ^{87}Sr值范围之内（尹若春等，2008），综合分析表明该个体一直生活在该地区,且从事着不同的生业模式。

另外,距今4000年左右的山西襄汾陶寺遗址、河南禹州瓦店遗址、甘肃张掖黑水国遗址和青海喇家遗址中,均存在$\delta^{87}Sr$值异常的个体,即超出了利用猪或婴幼儿牙釉质的Sr同位素组成估算的当地$\delta^{87}Sr$值的范围,表明这些遗址中均存在外来迁入者,尤其是陶寺遗址晚期和瓦店遗址中,存在较大比例的外来移民(赵春燕和何驽,2014;赵春燕和方燕明,2014;赵春燕,2012;赵春燕等,2016b)。可见,距今4000年左右,中原及甘青地区人群迁徙较为频繁,为文化的传播与多元化发展提供有力的载体。

此外,山西襄汾陶寺遗址、河南禹州瓦店遗址、陕西石峁遗址后阳湾地点、河南偃师二里头遗址和河南安阳殷墟遗址中,均发现绵羊、黄牛和马等部分个体牙釉质的$\delta^{87}Sr$值超出当地Sr同位素组成的范围(利用猪牙釉质或鼠肢骨的$\delta^{87}Sr$值估算所得),表明这些遗址中均存在外来绵羊、黄牛或马等(赵春燕等,2011b,2012a,2012b,2015,2016a)。其中,二里头遗址不同时期绵羊与黄牛Sr同位素组成的对比分析显示,二期该遗址中羊来源于外地,但已开始饲养黄牛;至四期,该地区羊和黄牛主要来源于当地饲养(赵春燕等,2011a)。从侧面反映了二里头文化先民家畜饲养的发展。

综合龙山时代至青铜时代,中原与甘青地区人与动物的Sr同位素分析数据可以看出,不同地区Sr同位素组成存在明显的差异(图6-5-6);且同一遗址中,大部分个体的$\delta^{87}Sr$值分布较为集中,表明生物体的Sr同位素组成主要与地域有关。中原地区(陶寺和瓦店遗址)大量外来个体的迁入(包括人与家畜),不断促进该地区文化的繁荣发展与经济结构的复杂化,最终为文明的形成奠定基础(戴向明,2013;陈相龙等,2017a;赵志军,2011)。陶寺与瓦店遗址中,个别外来个体的$\delta^{87}Sr$值相似,推测其可能来源于同一地方。另外,龙山时代河套与晋南两地出土陶器、玉器及葬俗等方面的对比分析显示,两处文化存在互动交流(王晓毅,2018),据此推测,石峁遗址中发现的一个个体的$\delta^{87}Sr$值位于中原遗址的范围内,可能与中原龙山文化的扩张和人群迁徙有关。此外,二里头遗址与殷墟遗址当地$\delta^{87}Sr$值的范围存在明显差异,但两处遗址中一定数量的个体具有相似的$\delta^{87}Sr$值,表明两个时期部分家养动物可能来源于同一地区的进贡,从侧面暗示两个时期对同一地域统治上的传承。

综合以上分析,通过稳定同位素食谱分析判断个体的迁徙活动,主要包括以下三方面:一是根据个体不同组织所反映的个体生存期间不同阶段的食谱变化,判断个体幼年(牙齿)、成年(骨骼)或死亡前(毛发、指甲等)是否存在迁徙活动。由于在不受食谱变化的影响下,同一个体骨骼与牙釉质碳酸盐的稳定同位素组成依然存在差异(Warinner and Tuross,2009;Webb et al.,2014;Zhu and Sealy,2019),因此,利用同一个体牙齿与骨骼碳酸盐稳定同位素组成的变化规律判断个体食谱变化与迁徙活动,需要考虑两种生物磷灰石自身稳定同位素分馏的差异。二是根据群体中个别个体特殊的饮食习惯,再结合考古学、体质人类学或DNA等方面的证据,判断具有特殊饮

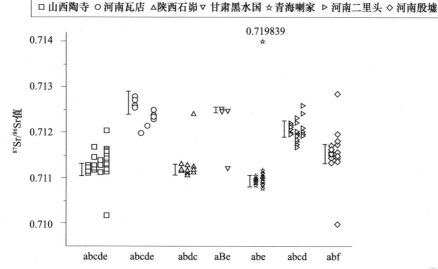

图 6-5-6　龙山时代至青铜时代北方各遗址人与动物的 $^{87}Sr/^{86}Sr$ 值散点图

（数据来源于赵春燕和何驽，2014；赵春燕和方燕明，2014；赵春燕，2012；赵春燕等，2011a，2011b，2012a，2012b，2015，2016a，2016b）

注：a表示当地锶同位素比值的范围，b表示猪，c表示羊，d表示牛，e表示人，f表示马，B表示婴幼儿

食习惯的个体是否属于外来者。三是根据具有地理指纹特征的元素的同位素分析，如O、S、Sr等，判断个体通过饮食记录的地理环境信息是否发生过变化。

目前，我国考古学文化的发展脉络与分布范围较为清晰，不同文化考古遗存丰富，如出土的植物、动物、沉积物等，可为我国古代不同地区具有地理指纹特征的稳定同位素组成标准数据库的建立提供基础。另外，众多考古遗址延续时间较长，层位清晰，同一遗址连续地层中沉积物稳定同位素组成的变化规律，又可为判断利用气候因素建立标准数据库过程中的遗物稳定同位素组成的影响提供依据。

此外，由于影响个体或群体组织稳定同位素组成的因素较多，应采用多方法相结合，相互补充、相互印证来判断个体的迁徙活动，以求更全面准确地解析人或动物作为载体引起的文化交流、农作物传播等。

6.6　家畜的驯化与饲养

6.6.1　野生动物的驯化

目前，河北徐水南庄头遗址中发现我国最早驯化的家畜（狗），其距今10000年左右，狗下颌骨与齿列形态均发生一定的变化（袁靖和李君，2010）。距今9000年左右的河南舞阳贾湖遗址，发现随葬的家狗（袁靖，2001），同时发现随葬的猪，根据其下颌骨和牙齿形态的变化、考古现象和数量判断，应为我国最早驯化的家猪（袁靖，2015）。另外，北方地区贾湖遗址和河北武安磁山遗址（距今约8000年）与南方地区浙江萧山跨湖桥遗址（距今约8200年）家猪形态的差异，表明我国家猪可能为多中心起源（袁靖，2015）。

另外，野生动物活动并取食于自然环境；而家畜驯化过程中，人类对野生动物生活习性的干预，尤其是食物资源的改变，将导致驯化动物与野生动物的食性发生分化，并体现在个体组织的稳定同位素组成上，从而为家养与野生动物的鉴别提供新的判断依据（管理等，2007，2011；胡耀武等，2008）。

新石器时代中期，随着北方地区旱作农业的发展，粟、黍农作物（C_4植物）成为老官台文化、后李文化、兴隆洼文化和裴李岗文化先民重要的食物来源之一（Wang，2004；Atahan et al.，2011；Hu et al.，2008；张雪莲等，2003；Liu et al.，2012；Hu et al.，2006）。同时，受人类饲喂行为的影响，山东月庄遗址（后李文化，8200~7500BP）（Hu et al.，2008）、陕西白家遗址（Atahan et al.，2011）和甘肃大地湾遗址（老官台文化，8000~7000BP）（Barton et al.，2009）及内蒙古兴隆沟一期（兴隆洼文化，8200~7400BP）（Liu et al.，2012），家养动物（猪和狗）的食谱中出现明显的C_4类食物，与野生动物以C_3类食物为主形成鲜明对比（图6-6-1；彩版八，2）。另外，食性的分析进一步显示，家养与野生动物同时存在于同一遗址中，表明新石器时代中期家畜饲养仍处于初步发展阶段（袁靖，2015）。另外，陕西泉护村遗址出土猫骨骼C、N稳定同位素的分析显示，其食物结构中包含一定量的C_4类食物（小米），再结合骨骼形态、DNA、考古出土遗物等，综合判断早在距今5300年以前，陕西泉护村遗址就已出现猫与人类共生的现象（Hu et al.，2014）。

以稻作农业为主的南方地区，水稻属于C_3植物，因此以其喂养的家畜与以自然界中C_3类食物为食的野生动物，两者组织的$\delta^{13}C$值将不存在明显差异。但家畜习性的改变所引起的新陈代谢的变化及对人类残羹的摄取，可能导致其$\delta^{15}N$值发生变化。因此，南方地区家畜与野生动物的鉴别主要依据骨胶原$\delta^{15}N$值的变化（管理等，2007）。例如，安徽双墩遗址（双墩文化，7330~6465BP），根据食谱的差异可将猪分为三组，其中一组食谱中明显存在C_4类食物，推测可能来源于附近北方地区的家猪；一组的$\delta^{15}N$值较高，结合猪齿列形态的变化，判断该组应为家猪；其余一组猪的食谱以C_3植物为主，且存在年龄较大的个体，因此推测该组应为野猪（管理等，2011）。

6.6.2 家畜饲养策略

新石器时代，我国考古遗址出土家养动物的种属主要包括猪、狗、猫、鸡、牛、

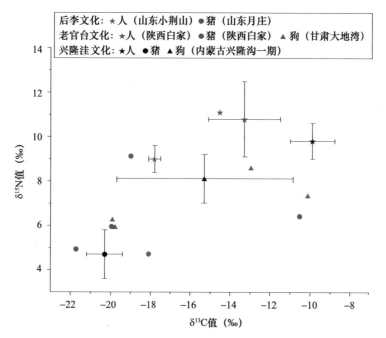

图6-6-1 新石器时代中期北方地区各遗址人、猪和狗的$\delta^{13}C$和$\delta^{15}N$值误差图
（数据来源于Hu et al., 2008; Atahan et al., 2011; Barton et al., 2009; Liu et al., 2012）

羊等。家畜的饲养为人类提供了稳定的肉食来源，至龙山时代家养动物比例明显增加，形成以饲养活动为主、渔猎活动为辅的肉食获取方式（袁靖，1999，2015）。历史文献记载"五谷丰登，六畜兴旺"。"六畜"最早见于《左传·僖公十九年》："古者六畜不相为用。"《周礼·夏官·职方氏》也记载"其畜宜六扰"，郑玄注"六扰，马、牛、羊、豚、犬、鸡"（邓惠等，2013）。随着人类社会文明的发展，家畜承载的礼制、军事及政治等意义逐渐凸显出来。如《礼记·王制》："天子社稷皆大牢，诸侯社稷皆少牢。"[①]《周礼》记载了为祭祀与飨宴而专门设立的畜牧官职，如"牧人""充人""牛人"等（张仲葛，1983）；《国语·周语上》记载"毕，宰夫陈飨，膳宰监之。膳夫赞王，王歆太牢，班尝之，庶人终食"[②]，所呈现的是商人祭祀飨宴之情形。另外，《管子·轻重戊》："殷人之王，立皂牢，服牛马。"《世本·作篇》"相土作乘马，亥作服牛"，《史记·秦本纪》"非子居犬丘，好马及畜，善养息之"等皆是对家畜驯养的记载（朱彦民，2007）。

家畜饲养策略的研究，不仅可以反映家畜饲养技术的发展，而且从侧面反映了人类的行为，人类活动与环境的互动，以及人与动物的关系等，为人类社会发展的研究

---

① 《礼记》四部丛刊初编缩本［M］，上海：上海商务印书馆，1936：41.
② 上海师范大学古籍整理研究所. 国语·周语上［M］，上海：上海古籍出版社，1998：18.

提供重要依据。另外，由于家畜饲养过程中，家养动物的食物结构主要取决于人类的饲喂行为，且农业的发展常常为家畜饲养提供较充足的食物资源，因此，家畜饲养往往与农业发展紧密相关。

例如，北方地区粟、黍旱作农业起源与发展之初，就已对家畜的驯化和饲养产生影响，在新石器时代中期多处遗址中发现利用小米喂养家畜的行为（Hu et al., 2008；Atahan et al., 2011；Barton et al., 2009；Liu et al., 2012）。且随着粟、黍旱作农业的发展与扩张，家养动物食谱中小米类食物的比例增加，进一步表明先民利用农作物副产品喂养家畜的行为（屈亚婷等，2017；陈相龙等，2012；Chen et al., 2016a；侯亮亮等，2013；Dai et al., 2016；司艺，2013）。《诗经·国风·周南·汉广》"之子于归，言秣其马"，《诗经·小雅·鸳鸯》"乘马在厩，摧之秣之"[1]等，也记载了以粟喂养马的行为（陈相龙等，2014）。由于不同种属动物生活习性的不同，先民采取不同的饲养模式。猪、狗食性为杂食，多以粟、黍类食物饲养；牛、羊和马虽均为植食性动物，但饲养策略存在差异。牛多以粟类食物为主，但也存在放养的情况，即以自然牧草为食（如东营遗址）；羊多以放养的饲养模式为主（Dai et al., 2016；Chen et al., 2016a, 2016b；陈相龙，2012）；结合古文献记载，《周礼·夏官·圉师》"春除蓐，衅厩，始牧"[2]，《左传·庄公二十九年》"凡马日中而出，日中而入"[3]，马的饲养策略呈现喂养与放养相结合的模式，可能与食物资源季节性的变化有关（陈相龙等，2014）。植食动物饲养模式的不同及季节性变化，主要体现了人类在对家畜生活习性充分认识的基础上，结合当地资源与环境的承载能力，因地制宜地选择家畜饲养策略（陈相龙，2012），也从侧面体现了人类活动与环境的互动关系。

6.6.3 动物种属的鉴定

考古遗址出土动物骨骼种属的鉴定是动物考古学研究的基础。目前，考古遗址出土动物骨骼种属的鉴定主要依赖于动物骨骼的形态学与分子生物学（DNA和蛋白质组学）分析。形态学的鉴定更多地依赖于可鉴定部位骨骼的保存状况，而考古遗址出土的较多骨骼碎片，则难以从中提取可利用的形态鉴定信息。分子生物学的分析虽然可以解决这方面的难题，且鉴定结果更为准确，但分析技术要求与成本均太高，无法快速全面地推广。

不同种属动物在食性与生存环境上皆存在明显的差异。根据食性可分为肉食动物（Carnivore）、杂食动物（Omnivore）和植食动物（Herbivore），其中植食动物又可分

---

[1] 蒋建元，程俊英. 诗经注析 [M]，北京：中华书局，1991：24、685.
[2] 杨天宇. 周礼译注 [M]，上海：上海古籍出版社，2004：478、479.
[3] 李学勤. 春秋左传正义 [M]，北京：北京大学出版社，1999：292.

为食草动物（Grazer）、食叶动物（Browser）和混食动物（Mixed-feeder）。生存环境的不同，将动物又分为陆生动物与水生动物两大类，其中水生动物包括海洋与淡水两类。正是不同种属动物所处的营养级、食物资源及生存环境的不同，导致不同种属动物组织的稳定同位素组成存在较大差异（Mazumder et al.，2011；Quade et al.，1995）。稳定同位素食谱分析需要的骨骼样品量较少，可利用考古遗址残留的骨骼碎片，且成本相对较低。因此，可利用稳定同位素食谱分析，为动物种属的鉴定提供重要的佐证。以我国考古遗址中出土羊的食性分析为例，鉴定绵羊与山羊的种属。

绵羊与山羊的驯养，为人类在物质与精神层面上均提供了丰富的材料，如肉食、奶制品、羊毛织物、装饰品、祭祀陪葬品等。已有的考古证据显示，我国家养羊最早出现在距今5600～5000年的甘青地区，如甘肃天水师赵村遗址墓葬（中国社会科学院考古研究所，1999）和青海民和马家窑文化墓葬（青海省考古队，1979）均随葬羊骨。虽发现的早期羊骨种属不确定，但在距今约4000年，甘青地区多处遗址中发现绵羊的骨骼遗存（袁靖，2015；傅罗文等，2009；Dodson et al.，2014）。DNA的证据进一步显示，该地区的绵羊可能部分来源于西亚和欧洲地区（Cai et al.，2007）。中原地区的绵羊最早发现于山西襄汾陶寺遗址、河南禹州瓦店遗址等多个龙山时期遗址中，一般认为是甘青地区绵羊东传的结果（袁靖，2015）。山羊最早发现在距今约3700年的河南偃师二里头遗址（杨杰，2006）。

目前，我国多处史前遗址虽发现羊骨，但对其种属鉴定仍存在不足或缺失。羊骨种属的准确鉴定对于探索我国家养绵羊和山羊的起源、传播、发展与经济利用至关重要。由于绵羊（食草动物）和山羊（食叶动物）具有不同的食物偏好和生存环境要求（Ngwa et al.，2000；Papachristou，1997；Ramirez，1999），因此在以C_4植物为主的草原地带，绵羊和山羊组织的稳定同位素组成将存在差异，从而为羊种属的鉴定提供了一个新的视角。Balasse和Ambrose（2005）对生活在肯尼亚中部裂谷地区35只现代样本绵羊与山羊摄食行为的观察，利用牙齿形态鉴定标准（Halstead et al.，2002）与牙釉质序列取样所得羟磷灰石的稳定同位素分析相结合的方法，对绵羊和山羊进行了种属鉴定。经观察发现，该地区绵羊主要以草为食，全年食物来源相对稳定，仅在干旱季节偶尔取食双子叶植物的叶片；山羊全年以叶片为主食，也摄取少量的草，尤其在雨季开始之时。绵羊与山羊牙釉质系列样品$\delta^{13}C$值的变化，进一步证明绵羊与山羊食物结构的季节性变化；同时，绵羊与山羊不同个体牙釉质$\delta^{13}C$值的变化范围存在部分重叠（图6-6-2），与两者在特殊季节偶然分别摄取植物叶片和草有关。但绵羊与山羊每个个体牙釉质的平均$\delta^{13}C$值并未交错在一起，山羊$\delta^{13}C$值的变化范围介于-11.8‰～-4.2‰之间，绵羊$\delta^{13}C$值的变化范围介于-3.1‰～-1.3‰之间，表明两者的摄食行为存在明显的差异（Balasse and Ambrose，2005）。可见，动物组织的稳定同位素组成可以作为特定环境中（以C_4植物为主）生长动物种属鉴定的重要依据（Balasse and Ambrose，2005）。

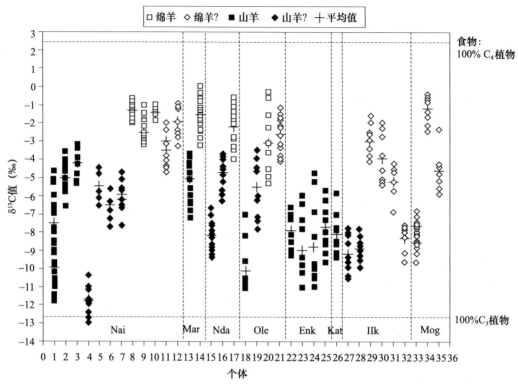

图6-6-2 肯尼亚中部裂谷地区山羊与绵羊牙釉质系列取样的$\delta^{13}C$值散点图
（改自Balasse and Ambrose，2005）
注：? 表示可能为该种属

已有的考古证据显示，我国家养绵羊可能最早出现在甘青地区（5600～5000BP）（中国社会科学院考古研究所，1999；青海省考古队，1979），距今4500～4000年向东传播至中原地区（如山西襄汾陶寺遗址、河南禹州瓦店遗址等）（袁靖，2015）；中原地区山羊最早发现于距今约3700年的河南偃师二里头遗址（杨杰，2006）。从图6-6-3可见，中原地区龙山时期已鉴定家养绵羊的$\delta^{13}C$值介于-18.9‰～-16.0‰之间，未鉴定种属羊的$\delta^{13}C$值介于-17.6‰～-14.8‰之间，未超出家养绵羊的最小值，表明未鉴定种属羊的食物结构中，C_4类食物所占比例相似或略高于家养绵羊。龙山晚期至夏代，家养绵羊的$\delta^{13}C$值介于-18.4‰～-11.5‰之间，未鉴定种属羊的$\delta^{13}C$值介于-21.4‰～-6.4‰之间，超出家养绵羊的最小值，表明未鉴定种属羊中，部分个体的食物结构中C_3类食物所占比例明显高于家养绵羊。同样，商代至两汉，未鉴定种属羊的$\delta^{13}C$值（-19.0‰～-14.8‰）也超出家养绵羊$\delta^{13}C$值（-18.1‰～-11.2‰）的最小值，表明未鉴定种属羊中，部分个体的食物结构中C_3类食物所占比例明显高于家养绵羊。一般而言，食叶动物山羊的$\delta^{13}C$值小于食草动物绵羊，即食叶动物山羊的食谱中C_3植物比例相对较高（Balasse and Ambrose，2005）。因此，龙山晚期之后，出现$\delta^{13}C$值较低的个体，可能与山羊的出现相关。这与考古学证据所显示的二里头遗址（3700BP）中已出现山羊

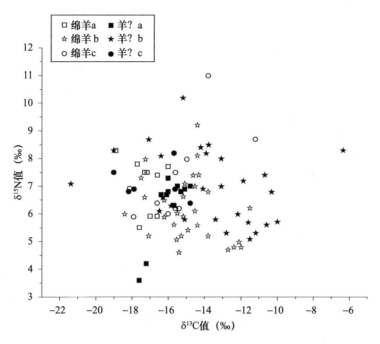

图6-6-3 中原地区不同时期绵羊与未鉴定种属羊的$\delta^{13}C$和$\delta^{15}N$值散点图

注：？表示未鉴定种属；a表示龙山时期，遗址包括陕北神圪垯墚遗址（陈相龙等，2017b）、山西陶寺遗址（陈相龙等，2012）、陕西东营遗址（Chen et al.，2016a）、陕西康家遗址（Pechenkina et al.，2005）和河南瓦店遗址（Chen et al.，2016b）；b表示龙山晚期至夏代灭亡，遗址包括河南二里头遗址（司艺，2013）、河南新砦遗址（张雪莲和赵春青，2015；Dai et al.，2016）、河南郝邓遗址（侯亮亮等，2013）和河北白村遗址（Ma et al.，2016a）；c表示商代至两汉，遗址包括河南二里头遗址二里岗时期（司艺，2013）、河南殷墟铁三路遗址（司艺，2013）、河南申明铺遗址（侯亮亮，2012）、陕西丽邑遗址（Ma et al.，2016b）和陕西管道墓地（张国文等，2013）

相符。可见，C稳定同位素分析在我国绵羊与山羊鉴定与起源研究中具有应用前景，但这方面的研究基于大量数据的支撑，仍需要开展较多的稳定同位素分析工作。

另外，植物组织的$\delta^{18}O$值受相对湿度、大气降水、生长微环境、蒸发量、组织成分等多种因素的影响，导致不同环境、同一环境不同植物、甚至同一植物不同组织的$\delta^{18}O$值存在明显的差异（Quade et al.，1995；Dongmann et al.，1974；Luz et al.，1990）。一般而言，C_4植物组织的$\delta^{18}O$值明显高于C_3植物，尤其在干旱的环境中，两者纤维素$\delta^{18}O$值的差异高达10‰（Sternberg et al.，1984；Sternberg，1989）。因叶片的蒸腾作用及纤维素合成过程中的生物化学反应，植物叶片与纤维素的$\delta^{18}O$值均明显富集，且同一植物纤维素的$\delta^{18}O$值明显高于叶片（Dongmann et al.，1974；Sternberg and Deniro，1983）。动物组织的$\delta^{18}O$值与O的三大来源相关（饮用水、食物和空气）（Luz and Kolodny，1985），因此，对于食草动物绵羊与食叶动物山羊，其食物来源的不同导致绵羊与山羊的$\delta^{18}O$值也存在明显的差异。

河南偃师二里头遗址中，植食动物鹿（$n=20$）、绵羊（$n=30$）与牛（$n=14$）骨胶原的平均$\delta^{13}C$值依次增加，表明其食物结构中C_4植物的比例依次增加，且与食草动物（牛和绵羊）的$\delta^{13}C$值高于食叶动物（鹿）相符（司艺，2013）（图6-6-4）。另外，绵羊（$n=6$）和牛（$n=6$）同为食草动物，两者骨胶原的$\delta^{18}O$值最为接近，且牛相对较低的$\delta^{18}O$值与其大量饮水有关（Quade et al.，1995；Wang et al.，2008；Kohn et al.，1996）。食草动物绵羊和牛的$\delta^{18}O$值明显高于食叶动物鹿的$\delta^{18}O$值（$n=6$），主要与绵羊和牛摄取较多的C_4草本植物与纤维素有关（Bocherens and Koch，1996；司艺等，2014）。可见，食草动物与食叶动物骨胶原的$\delta^{18}O$值也存在明显的差异，因此，O同位素的分析同样可为食草动物绵羊与食叶动物山羊的鉴定提供重要的证据。

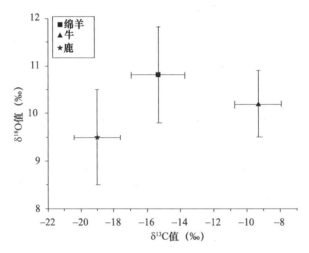

图6-6-4　二里头遗址植食动物绵羊、牛和鹿$\delta^{13}C$和$\delta^{18}O$值误差图
（数据来源于司艺，2013；司艺等，2014）

综合以上分析，动物组织的稳定同位素分析在探索家畜驯化与饲养策略的研究中已得到广泛应用，从而为探索人与动物的关系、经济结构的演变、人类社会发展与文明演进等提供了有利的证据。另外，不同种属动物食性的不同，导致不同种属动物组织的稳定同位素组成具有明显的差异，为动物种属的鉴定提供依据。目前，国内这方面的研究较少。利用食性鉴别考古遗址出土动物的种属，需建立在对动物食性深入认识的基础之上，因此，仍需要大量对现生物种食性的基础性研究。

6.7　食谱与社会、健康和环境

6.7.1　劳动分工与等级分化

劳动分工的探索是研究史前人类社会性质和社会制度的一个重要手段；同时，劳动分工的出现，可能致使从事不同生产活动的男性与女性先民在食物分配上存在差异,进而引起男、女食谱的差异(庞雅妮,1995;郭怡等,2017)。例如,陕西关中仰韶文化中期姜寨一期墓葬中陪葬品的种类与数量已显现出男女分工的现象(庞雅妮,1995)。同时,稳定同位素食谱分析显示关中地区前仰韶文化时期的北刘遗址中,男性和女性食谱尚未出现明显的差异;但仰韶文化早期的姜寨遗址中,男性与女性的食谱已出现明显分化;至龙山时代,男性与女性(山西芮城清凉寺墓地)的食谱差异更加明显。因此,男性与女性食谱差异所体现的劳动分工应与当时社会制度的演变有关(郭怡等,2017)。

人类社会发展到一定阶段,必然导致社会等级的分化。考古遗址中,先民等级的划分主要依据墓葬的形制与规模、埋葬区的功能及随葬品的种类与数量等(王洋等,2014)。河南淅川申明铺遗址战国先民墓葬中,陪葬品所显示的具有较高社会等级的个体,其骨胶原的$\delta^{15}N$值较高,表明社会地位越高,先民对肉食资源的占有量越高(侯亮亮等,2012)。另外,男性与女性食性的差异,也往往作为判断社会等级差异的重要依据(Dong et al., 2017b; Naumann et al., 2014; Stantis et al., 2015)。例如,中原地区仰韶文化至东周时期,外来作物(小麦和大麦)的传入,对肉食摄取量较少且骨骼病理高发的女性食谱产生明显影响,同时结合个体身高、墓葬类型与陪葬品,判断出东周时期男性地位相对升高(Dong et al., 2017b)。而山西聂店遗址(夏代)相近社会等级先民的食谱也存在差异,但不同年龄和性别之间的食谱并不存在显著差异,表明该平民墓地,先民食谱的差异与年龄、性别、社会等级无关,主要与不同人群生活习惯的不同有关(王洋等,2014)。

6.7.2 生长发育与健康状况

生物体不同组织形成时期与更新速度的不同,使得不同组织代表了生物体从出生至死亡各个阶段的饮食信息,为探索个体的生长发育与健康状况提供了前提条件。目前,国内利用稳定同位素食谱分析探索先民的生长发育与健康状况的研究相对较少。

安徽薄阳城遗址(西周,1122~771BC),通过对不同年龄段个体食谱的分析,判断儿童的断奶模式和喂养方式,为古代社会儿童生长发育和营养健康的研究提供重要依据。其结果显示,西周时期薄阳城遗址儿童在3~4岁完成断奶,2~10岁个体摄入较多的植物类食物,与我国最早有关儿童断奶的文献记载(唐代孙思邈的《千金方》)相符(Xia et al., 2018)。另外,新石器时代晚期,四川成都高山古城遗址(4500BP)先民主要以C_3类食物为主,与其从事的水稻农业有关;但人牙序列取样与不同牙齿分析显示,高山古城遗址婴儿在2.5~4岁完成断奶,且婴幼儿时期摄取较多的C_4类食物(小米)(Yi et al., 2018)。可见,早在新石器时代晚期,我国先民对于儿童生长发育过程中的喂养方式已有了较为明确的认识,从而保证了儿童的健康成长。

6.7.3 古环境的重建

一般而言，C_3植物生长在寒冷或温凉的气候中，C_4植物更适应相对干旱的强烈季节性气候，因此，生物体组织的$\delta^{13}C$值所反映的C_3与C_4植物比例，某种程度上可以反映该地区的植被类型（董军社和邓涛，1998）。另外，具有地域性指示作用的某些元素的同位素，某种程度上也可反映生物体的生存环境，尤其是受气候因素影响的稳定同位素，如O同位素与气候因子具有明显的对应关系（Richards et al., 2003；Dansgaard, 1964；Bryant and Froelich, 1995；Luz et al., 1990），因此可利用哺乳动物牙齿或骨骼的$\delta^{18}O$值重建气候变化（Bryant et al., 1994；Chillón et al., 1994）。例如，距今约7000年的江苏泗洪顺山集遗址中发现的哺乳动物牙釉质的C、O稳定同位素记录了其生态环境的季节性变化（田晓四等，2013）。

综合以上分析，人类（或动物）饮食文化的形成受到自然环境与社会环境多种因素的影响。其影响结果往往在人类（或动物）的有机体中留下印迹，并随着有机体的保存而最终得以保留，成为今天我们探索古代人类社会、生存环境及人地关系的重要材料。

参 考 书 目

[1] 阿坝藏族羌族自治州文物管理所，成都文物考古研究所，马尔康县文化体育局，2009. 四川马尔康县哈休遗址2006年的试掘. 南方民族考古，（6）：295-375.

[2] 安志敏，1988. 中国的史前农业. 考古学报，（4）：375-384.

[3] Crawford, G. W., 陈雪香, 栾丰实, 王建华, 2013. 山东济南长清月庄遗址植物遗存的初步分析. 江汉考古，（2）：107-116.

[4] 蔡莲珍，仇士华，1984. 碳十三测定和古代食谱研究. 考古，（10）：945-955.

[5] 崔亚平，胡耀武，陈洪海，董豫，管理，翁屹，王昌燧，2006. 宗日遗址人骨的稳定同位素分析. 第四纪研究，26（4）：604-611.

[6] 崔银秋，许月，杨亦代，谢承志，朱泓，周慧，2004. 新疆罗布诺尔地区铜器时代古代居民mtDNA多态性分析. 吉林大学学报（医学版），30（4）：650-652.

[7] 陈相龙，2012. 龙山时代家畜饲养策略研究. 中国科学院大学博士学位论文：1.

[8] 陈相龙，方燕明，胡耀武，侯彦峰，吕鹏，宋国定，袁靖，Richards, M. P., 2017a. 稳定同位素分析对史前生业经济复杂化的启示：以河南禹州瓦店遗址为例. 华夏考古，（4）：70-79.

[9] 陈相龙，郭小宁，胡耀武，王炜林，王昌燧，2015. 陕西神木木柱柱梁遗址先民食谱研究. 考古与文物，（5）：129-135.

[10] 陈相龙，郭小宁，王炜林，胡松梅，杨苗苗，吴妍，胡耀武，2017b. 陕北神圪垯墚遗址

4000a BP 前后生业经济的稳定同位素记录. 中国科学: 地球科学, 47 (1): 95-103.

[11] 陈相龙, 李悦, 刘欢, 陈洪海, 王振, 2014. 陕西淳化枣树沟脑遗址马坑内马骨的C和N稳定同位素分析. 南方文物, (1): 82-85.

[12] 陈相龙, 于建军, 尤悦, 2017c. 碳、氮稳定同位素所见新疆喀拉苏墓地的葬马习俗. 西域研究, (4): 89-98.

[13] 陈相龙, 袁靖, 胡耀武, 何驽, 王昌燧, 2012. 陶寺遗址家畜饲养策略初探: 来自碳、氮稳定同位素的证据. 考古, (9): 75-82.

[14] 陈靓, 马健, 景雅琴, 2017. 新疆巴里坤县石人子沟遗址人骨的种系研究. 西部考古, (1): 112-123.

[15] 陈洪波, 韩恩瑞, 2013. 试论粟向华南、西南及东南亚地区的传播. 农业考古, (1): 13-18.

[16] 戴向明, 2013. 中原地区龙山时代社会复杂化的进程. 考古学研究 (十): 539-581.

[17] 邓惠, 袁靖, 宋国定, 王昌燧, 江田真毅, 2013. 中国古代家鸡的再探讨. 考古, (6): 83-96.

[18] 董军社, 邓涛, 1998. 哺乳动物化石牙齿釉质的碳氧同位素组成与古气候重建方面的研究进展. 古脊椎动物学报, 36 (4): 330-337.

[19] 董惟妙, 2014. 戈壁沙漠古代居民对淡水食物的消耗——来自骨骼同位素的证据. 全国第四纪学术大会.

[20] 董艳芳, 2016. 浙江沿海地区史前先民生业经济初探——以田螺山遗址先民 (动物) 的食物结构分析为例. 浙江大学硕士学位论文: 1-50.

[21] 付巧妹, 靳松安, 胡耀武, 马钊, 潘建才, 王昌燧, 2010. 河南淅川沟湾遗址农业发展方式和先民食物结构变化. 科学通报, (7): 589-595.

[22] 傅罗文, 袁靖, 李水城, 2009. 论中国甘青地区新石器时代家养动物的来源及特征. 考古, (5): 80-86.

[23] 高升, 孙周勇, 邵晶, 卫雪, 赵志军, 2016. 陕西榆林寨峁梁遗址浮选结果及分析. 农业考古, (3): 14-19.

[24] 高星, 张晓凌, 杨东亚, 沈辰, 吴新智, 2010. 现代中国人起源与人类演化的区域性多样化模式. 中国科学: 地球科学, 40 (9): 1287-1300.

[25] 公婷婷, 郑晓明, 薛达元, 杨庆文, 乔卫华, 王君瑞, 刘莎, 梁新霞, 张丽芳, 程云连, 2017. 利用古稻实物遗存揭示中国水稻起源与传播. 浙江农业学报, 29 (1): 8-15.

[26] 管理, 胡耀武, 汤卓炜, 杨益民, 董豫, 崔亚平, 王昌燧, 2007. 通化万发拨子遗址猪骨的C, N稳定同位素分析. 科学通报, 52 (14): 1678-1680.

[27] 管理, 胡耀武, 王昌燧, 汤卓炜, 胡松梅, 阚绪杭, 2011. 食谱分析方法在家猪起源研究中的应用. 南方文物, (4): 116-124.

[28] 郭怡,胡耀武,高强,王昌燧,Richards, M. P., 2011a. 姜寨遗址先民食谱分析. 人类学学报, 30(2): 149-157.

[29] 郭怡,胡耀武,朱俊英,周蜜,王昌燧,Richards, M. P., 2011b. 青龙泉遗址人和猪骨的C,N稳定同位素分析. 中国科学: 地球科学, 41(1): 52-60.

[30] 郭怡,夏阳,董艳芳,俞博雅,范怡露,闻方园,高强, 2016. 北刘遗址人骨的稳定同位素分析. 考古与文物, (1): 115-120.

[31] 郭怡,俞博雅,夏阳,董艳芳,范怡露,闻方园,高强,Richards, M. P., 2017. 史前时期社会性质初探——以北刘遗址先民食物结构稳定同位素分析为例. 华夏考古, (1): 45-53.

[32] 郭小宁, 2017. 陕北地区龙山晚期的生业方式——以木柱柱梁、神圪垯梁遗址的植物、动物遗存为例. 农业考古, (3): 19-23.

[33] 韩建业, 2007. 新疆的青铜时代和早期铁器时代文化. 文物出版社: 98-122.

[34] 韩康信, 1986. 新疆孔雀河古墓沟墓地人骨研究. 考古学报, (3): 361-384.

[35] 韩康信, 1990. 新疆哈密焉不拉克古墓人骨种系成分研究. 考古学报, (3): 371-390.

[36] 韩康信, 1993. 丝绸之路古代居民种族人类学研究. 新疆人民出版社: 1-421.

[37] 韩康信,赵凌霞, 2002. 湖北巨猿牙齿化石龋病观察. 人类学学报, 21(3): 191-195.

[38] 韩茂莉,刘宵泉,方晨,张一,李青淼,赵玉蕙, 2007. 全新世中期西辽河流域聚落选址与环境解读. 地理学报, 62(12): 1287-1298.

[39] 何惠琴,徐永庆, 2002. 新疆哈密五堡古代人类颅骨测量的种族研究. 人类学学报, 21(2): 102-110.

[40] 侯亮亮,李素婷,胡耀武,侯彦峰,吕鹏,曹凌子,胡保华,宋国定,王昌燧, 2013. 先商文化时期家畜饲养方式初探. 华夏考古, (2): 130-139.

[41] 侯亮亮,王宁,吕鹏,胡耀武,宋国定,王昌燧, 2012. 申明铺遗址战国至两汉先民食物结构和农业经济的转变. 中国科学: 地球科学, 42(7): 1018-1025.

[42] 胡耀武,Ambrose, S. H.,王昌燧, 2007a. 贾湖遗址人骨的稳定同位素分析. 中国科学: 地球科学, 37(1): 94-101.

[43] 胡耀武,何德亮,董豫,王昌燧,高明奎,兰玉富, 2005. 山东滕州西公桥遗址人骨的稳定同位素分析. 第四纪研究, 25(5): 561-567.

[44] 胡耀武,李法军,王昌燧,Richards, M. P., 2010. 广东湛江鲤鱼墩遗址人骨的C、N稳定同位素分析: 华南新石器时代先民生活方式初探. 人类学学报, 29(3): 264-269.

[45] 胡耀武,栾丰实,王守功,王昌燧,Richards, M. P., 2008. 利用C, N稳定同位素分析法鉴别家猪与野猪的初步尝试. 中国科学: 地球科学, 38(6): 693-700.

[46] 胡耀武,王根富,崔亚平,董豫,管理,王昌燧, 2007b. 江苏金坛三星村遗址先民的食谱研究. 科学通报, 52(1): 85-88.

[47] 胡中亚, 2015. 甘肃山那树扎遗址炭化植物遗存研究. 西北大学硕士学位论文: 1-61.

[48] 贾鑫, 2012. 青海省东北部地区新石器——青铜时代文化演化过程与植物遗存研究. 兰州大学博士学位论文: 1-162.

[49] 蒋洪恩, 2007. 新疆吐鲁番洋海墓地出土的粮食作物及其古环境意义. 古地理学报, 9: 551-558.

[50] 蒋宇超, 陈国科, 李水城, 2017a. 甘肃张掖西城驿遗址2010年浮选结果分析. 华夏考古, (1): 62-68.

[51] 蒋宇超, 王辉, 李水城, 2017b. 甘肃民乐东灰山遗址的浮选结. 考古与文物, (1): 119-128.

[52] 金昌柱, 秦大公, 潘文石, 唐治路, 刘金毅, 王元, 邓成龙, 王頠, 张颖奇, 董为, 同号文, 2009. 广西崇左三合大洞新发现的巨猿动物群及其性质. 科学通报, 54 (6): 765-773.

[53] 凯利·克劳福德, 赵志军, 栾丰实, 于海广, 方辉, 蔡凤书, 文德安, 李炅娥, 加里·费曼, 琳达·尼古拉斯, 2004. 山东日照市两城镇遗址龙山文化植物遗存的初步分析. 考古, (9): 73-80.

[54] 李春香, 2010. 小河墓地古代生物遗骸的分子遗传学研究. 吉林大学博士学位论文: 1-81.

[55] 李明启, 葛全胜, 王强, 蔡林海, 任晓燕, 2010a. 青海卡约文化丰台遗址灰坑古代淀粉粒揭示的植物利用情况. 第四纪研究, 30 (2): 372-376.

[56] 李明启, 杨晓燕, 王辉, 王强, 贾鑫, 葛全胜, 2010b. 甘肃临潭陈旗磨沟遗址人牙结石中淀粉粒反映的古人类植物性食物. 中国科学: 地球科学, (4): 486-492.

[57] 李水城, 1993. 四坝文化研究//苏秉琦. 考古学文化论集 (vol3). 文物出版社: 80-121.

[58] 李水城, 1999. 从考古发现看公元前二千纪东西方文化的碰撞与交流. 新疆文物, (1): 53-65.

[59] 李肖, 吕恩国, 张永兵, 2011. 新疆鄯善洋海墓地发掘报告. 考古学报, (1): 99-166.

[60] 李亚, 李肖, 曹洪勇, 李春长, 蒋洪恩, 李承森, 2013. 新疆吐鲁番考古遗址中出土的粮食作物及其农业发展. 科学通报, 58 (增刊Ⅰ): 40-45.

[61] 林梅村, 2003. 吐火罗人的起源与迁徙. 西域研究, (3): 9-23.

[62] 凌雪, 陈曦, 王建新, 陈靓, 马健, 任萌, 习通源, 2013. 新疆巴里坤东黑沟遗址出土人骨的碳氮同位素分析. 人类学学报, 32 (2): 219-225.

[63] 凌雪, 陈靓, 薛新明, 赵丛苍, 2010. 山西芮城清凉寺墓地出土人骨的稳定同位素分析. 第四纪研究, 30 (2): 415-421.

[64] 刘长江, 靳桂云, 孔昭宸, 2008. 植物考古: 种子和果实研究. 科学出版社: 160-201.

[65] 刘昶, 方燕明, 2010. 河南禹州瓦店遗址出土植物遗存分析. 南方文物, (4): 55-64.

[66] 刘鸿高, 2016. 滇西北地区旧石器至青铜时代人类活动与动植物资源利用研究. 兰州大学博士学位论文: 1-84.

[67] 刘焕, 胡松梅, 张鹏程, 杨岐黄, 蒋洪恩, 王炜林, 王昌燧, 2013. 陕西两处仰韶时期遗址

浮选结果分析及其对比. 考古与文物, (4): 106-112.

[68] 刘树柏, 2003. 新疆和静县察吾呼沟古代居民线粒体 DNA 的研究. 吉林大学硕士学位论文: 1-62.

[69] 刘武, 吴秀杰, 2016. 现代人在中国的出现与演化: 研究进展. 中国科学基金, (4): 306-314.

[70] 刘武, 吴秀杰, 邢松, 张银运, 2014. 中国古人类化石. 科学出版社: 1-388.

[71] 吕厚远. 2018. 中国史前农业起源演化研究新方法与新进展. 中国科学: 地球科学, 48: 181-199.

[72] 吕恩国, 2006. 苏贝希发掘的主要收获//殷晴, 李肖, 侯世新. 吐鲁番学新论. 新疆人民出版社: 239-252.

[73] 马敏敏, 2013. 公元前两千纪河湟及其毗邻地区的食谱变化与农业发展——稳定同位素证据. 兰州大学博士学位论文: 1-96.

[74] 马志坤, 2014. 中国北方粟作农业形成过程. 中国科学院大学博士学位论文: 1.

[75] 梅建军, 刘国瑞, 常喜恩, 2002. 新疆东部地区出土早期铜器的初步分析和研究. 西域研究, (2): 1-10.

[76] 孟勇, 2011. 陕西出土6000年和1000年前古人牙齿结构、组成及病理特征的对比研究. 第四军医大学博士学位论文: 1-67.

[77] 南川雅男, 松井章, 中村慎一等, 2011. 由田螺山遗址出土的人类与动物骨骼胶质炭氮同位素组成推测河姆渡文化的食物资源与家畜利用//北京大学中国考古学研究中心, 浙江省文物考古研究所. 田螺山遗址自然遗存综合研究. 文物出版社: 262-269.

[78] Ph. E. L. 史密斯, 玉美, 云翔, 1990. 农业起源与人类历史——食物生产及其对人类的影响. 农业考古, (2): 42-55.

[79] 庞雅妮, 1995. 试论姜寨一期文化的劳动分工. 考古与文物, (2): 33-45.

[80] 钱迈平, 2003. 从化石记录看古人类起源和演化. 地质学刊, 27 (2): 65-77.

[81] 青海省考古队, 1979. 青海民和核桃庄马家窑类型第一号墓葬. 文物, (9): 29-32.

[82] 屈亚婷, 杨益民, 胡耀武, 王昌燧, 2013. 新疆古墓沟墓地人发角蛋白的提取与C, N稳定同位素分析. 地球化学, 42 (5): 448-454.

[83] 屈亚婷, 胡珂, 杨苗苗, 崔建新, 2017. 新石器时代关中地区人类生业模式演变的生物考古学证据. 人类学学报, 36 (3): 1-14.

[84] 阮秋荣, 2013. 新疆发现的安德罗诺沃文化遗存研究. 西部考古, (7): 125-154.

[85] 邵会秋, 2007. 新疆史前时期文化格局的演化及其与周邻地区文化的关系. 吉林大学博士学位论文: 1-306.

[86] 邵会秋, 2009. 新疆地区安德罗诺沃文化相关遗存探析. 边疆考古研究, (8): 81-97.

[87] 舒涛, 魏兴涛, 吴小红, 2016. 晓坞遗址人骨的碳氮稳定同位素分析. 华夏考古, (1):

48-55.

[88] 司艺, 2013. 2500BC—1000BC中原地区家畜饲养策略与先民肉食资源消费. 中国科学院大学博士学位论文: 1-125.

[89] 司艺, 李志鹏, 2017. 孝民屯遗址晚商先民的动物蛋白消费及相关问题初探. 殷都学刊, 38 (3): 18-23.

[90] 司艺, 李志鹏, 胡耀武, 袁靖, 王昌燧, 2014. 河南偃师二里头遗址动物骨胶原的H、O稳定同位素分析. 第四纪研究, 34 (1): 196-203.

[91] 司艺, 吕恩国, 李肖, 蒋洪恩, 胡耀武, 王昌燧, 2013. 新疆洋海墓地先民的食物结构及人群组成探索. 科学通报, 58 (15): 1422-1429.

[92] 四川省文物考古研究所, 忠县文物保护管理所, 2001. 忠县中坝遗址发掘报告. 重庆库区考古报告集 (1997卷). 科学出版社: 559-609.

[93] 谭玉华, 2011. 新疆塔什库尔干县下坂地AⅡ号墓地新识. 西域研究, (3): 83-90.

[94] 唐丽雅, 黄文新, 郭长江, 瞿磊, 2016. 湖北郧县大寺遗址出土植物遗存分析——兼谈鄂西北豫西南山区史前农业特点. 西部考古, (2): 73-85.

[95] 田晓四, 朱诚, 水涛, 黄蕴平, 2013. 江苏省泗洪县顺山集遗址哺乳动物牙釉质C, O稳定同位素记录的食性特征、生态环境和季节变化. 科学通报, 58: 3062-3069.

[96] 田晓四, 朱诚, 许信旺, 马春梅, 孙智彬, 尹茜, 朱青, 史威, 徐伟峰, 关勇, 2008. 牙釉质碳和氧同位素在重建中坝遗址哺乳类过去生存模式中的应用. 科学通报, 53 (S1): 77-83.

[97] 王炳华, 1983a. 新疆农业考古概述. 农业考古, (1): 102-117.

[98] 王炳华, 1983b. 孔雀河古墓沟发掘及其初步研究. 新疆社会科学, (1): 117-127.

[99] 王炳华, 1985. 新疆地区青铜时代考古文化试析. 新疆社会科学, (4): 850-859.

[100] 王博, 常喜恩, 崔静, 2003. 天山北路古墓出土人颅的种族研究. 新疆师范大学学报 (哲学社会科学版), 24 (1): 97-107.

[101] 王翠斌, 赵凌霞, 金昌柱, 胡耀武, 王昌燧, 2009. 中国更新世猩猩类牙齿化石的测量研究及其分类学意义. 人类学学报, 28 (2): 192-199.

[102] 王灿, 吕厚远, 张健平, 叶茂林, 蔡林海, 2015. 青海喇家遗址齐家文化时期粟作农业的植硅体证据. 第四纪研究, 35 (1): 1-9.

[103] 王芬, 樊榕, 康海涛, 靳桂云, 栾丰实, 方辉, 林玉海, 苑世领, 2012. 即墨北阡遗址人骨稳定同位素分析: 沿海先民的食物结构. 科学通报, 57 (12): 1037-1044.

[104] 王宁, 李素婷, 李宏飞, 胡耀武, 宋国定, 2015. 古骨胶原的氧同位素分析及其在先民迁徙研究中的应用. 科学通报, 60: 838-846.

[105] 王鹏辉, 2005. 新疆史前时期考古学研究现状. 华夏考古, (2): 51-61.

[106] 王洋, 南普恒, 王晓毅, 魏东, 胡耀武, 王昌燧, 2014. 相近社会等级先民的食物结构差

异——以山西聂店遗址为例. 人类学学报, 33（1）：82-89.

[107] 王永强, 张杰, 2015. 新疆哈密市柳树沟遗址和墓地的考古发掘. 西域研究, （2）：124-126.

[108] 王頠, 田丰, 莫进尤, 2007. 广西扶绥岜么洞发现的巨猿牙齿化石. 人类学学报, 26（4）：229-338.

[109] 王晓毅, 2018. 龙山时代河套与晋南的文化交融. 中原文物, （1）：44-52.

[110] 王增林, 吴加安, 1998. 尉迟寺遗址硅酸体分析——兼论尉迟寺遗址史前农业经济特点. 考古, （4）：87-93.

[111] 魏兴涛, 2014. 豫西晋西南地区新石器时代植物遗存的发现与初步研究. 东方考古, （1）：343-364.

[112] 吴梦洋, 葛威, 陈兆善, 2016. 海洋性聚落先民的食物结构：昙石山遗址新石器时代晚期人骨的碳氮稳定同位素分析. 人类学学报, 35（2）：246-256.

[113] 吴汝康, 1962. 巨猿下颌骨和牙齿化石//中国古生物志总号第146册, 新丁种第11号. 科学出版社：1-94.

[114] 吴文婉, 2014. 中国北方地区裴李岗时代生业经济研究. 山东大学博士学位论文：1-295.

[115] 吴文婉, 张克思, 王泽冰, 靳桂云, 2013. 章丘西河遗址（2008）植物遗存分析. 东方考古, （10）：373-390.

[116] 吴小红, 肖怀德, 魏彩云, 潘岩, 黄蕴平, 赵春青, 徐晓梅, Ogrinc, N., 2007. 河南新砦人、猪食物结构与农业形态和家猪驯养的稳定同位素证据//中国社会科学院考古研究所考古科技中心. 科技考古（第2辑）. 科学出版社：49-58.

[117] 吴新智, 1998. 从中国晚期智人颅牙特征看中国现代人起源. 人类学学报, 17：276-282.

[118] 吴新智, 2000. 巫山龙骨坡似人下颌骨属于猿类. 人类学学报, 19：1-10.

[119] 吴勇, 2012. 论新疆喀什下坂地墓地青铜时代文化. 西域研究, （4）：36-44.

[120] 谢承志, 刘树柏, 崔银秋, 朱泓, 周慧, 2005. 新疆察吾呼沟古代居民线粒体DNA序列多态性分析. 吉林大学学报（理学版）, 43：538-540.

[121] 新疆考古所, 1988. 新疆和硕新塔拉遗址发掘简报. 考古, （5）：399-407.

[122] 新疆吐鲁番学研究院, 新疆文物考古研究所, 2011. 新疆鄯善洋海墓地发掘报告. 考古学报, （1）：99-166.

[123] 新疆文物考古研究所, 2004. 2002年小河墓地考古调查与发掘报告. 边疆考古研究, （3）：338-398.

[124] 新疆文物考古研究所, 2007. 新疆罗布泊小河墓地2003年发掘简报. 文物, （10）：4-42.

[125] 新疆文物考古研究所, 2012. 新疆下坂地墓地. 文物出版社：1-520.

[126] 姚伟钧, 1999. 从物质生活管窥楚文化. 中华文化论坛, （1）：92-97.

[127] 杨杰, 2006. 河南偃师二里头遗址的动物考古学研究. 中国社会科学院研究生院硕士学位论

[128] 杨颖, 2014. 河湟地区金蝉口和李家坪齐家文化遗址植物大遗存分析. 兰州大学硕士学位论文: 1-63.

[129] 杨玉璋, 程至杰, 李为亚, 姚凌, 李占扬, 罗武宏, 袁增箭, 张娟, 张居中, 2016. 淮河上、中游地区史前稻-旱混作农业模式的形成、发展与区域差异. 中国科学: 地球科学, 46: 1037-1050.

[130] 尹若春, 2008. 锶同位素分析技术在贾湖遗址人类迁移行为研究中的应用. 中国科学技术大学博士学位论文: 1-92.

[131] 尹若春, 张居中, 杨晓勇, 2008. 贾湖史前人类迁移行为的初步研究——锶同位素分析技术在考古学中的运用. 第四纪研究, 28 (1): 50-57.

[132] 于建军, 2012. 新疆史前考古中发现的粟类作物. 西域研究, (3): 71-75.

[133] 于省吾, 1957. 商代的谷类作物. 东北人民大学学报 (人文科学版), (1): 81-107.

[134] 袁靖, 1999. 论中国新石器时代居民获取肉食资源的方式. 考古学报, (1): 1-22.

[135] 袁靖, 2001. 中国新石器时代家畜起源的问题. 文物, (5): 51-58.

[136] 袁靖, 2015. 中国动物考古学. 文物出版社: 88-103.

[137] 袁靖, 李君, 2010. 河北省徐水县南庄头遗址出土动物骨骼研究. 考古学报, (3): 385-392.

[138] 张晨, 2013. 青海民和喇家遗址浮选植物遗存分析. 西北大学硕士学位论文: 1-40.

[139] 张国文, 胡耀武, Nehlich, O., 杨武站, 刘呆运, 宋国定, 王昌燧, Richards, M. P., 2013. 关中两汉先民生业模式及与北方游牧民族间差异的稳定同位素分析. 华夏考古, (3): 131-141.

[140] 张国文, 蒋乐平, 胡耀武, 司艺, 吕鹏, 宋国定, 王昌燧, Richards, M. P., 郭怡, 2015. 浙江塔山遗址人和动物骨的C、N稳定同位素分析. 华夏考古, (2): 138-146.

[141] 张建平, 吕厚远, 吴乃琴, 李丰江, 杨晓燕, 王炜林, 马明志, 张小虎, 2010. 关中盆地6000~2100cal. aB. P. 期间黍、粟农业的植硅体证据. 第四纪研究, 30 (2): 287-297.

[142] 张君, 2012. 新疆拜城县多岗墓地人骨的种系研究. 边疆考古研究, (2): 397-422.

[143] 张立召, 赵凌霞, 2013. 巨猿牙齿釉质厚度及对食性适应与系统演化的意义. 人类学报, 32 (3): 365-376.

[144] 张林虎, 朱泓, 2013. 伊犁吉林台库区墓葬出土古代人类颅骨测量学性状的研究. 边疆考古研究, (1): 293-308.

[145] 张全超, 2011. 云南澄江县金莲山墓地出土人骨稳定同位素的初步分析. 考古, (1): 30-33.

[146] 张全超, 常喜恩, 刘国瑞, 2009. 新疆巴里坤县黑沟梁墓地出土人骨的食性分析. 西域研究, (3): 45-49.

[147] 张全超, 常喜恩, 刘国瑞, 2010a. 新疆哈密天山北路墓地出土人骨的稳定同位素分析. 西域研究, (2): 38-43.

[148] 张全超, Jacqueline, T. E. N. G., 魏坚, 朱泓, 2010b. 内蒙古察右前旗庙子沟遗址新石器时代人骨的稳定同位素分析. 人类学学报, 29 (3): 270-275.

[149] 张全超, 李溯源, 2006. 新疆尼勒克县穷科克一号墓地古代居民的食物结构分析. 西域研究, (4): 78-81.

[150] 张全超, 周蜜, 朱俊英, 2012. 湖北青龙泉遗址东周时期墓葬出土人骨的稳定同位素分析. 江汉考古, (2): 93-97.

[151] 张全超, 朱泓, 2011. 新疆古墓沟墓地人骨的稳定同位素分析——早期罗布泊先民饮食结构初探. 西域研究, (3): 91-96.

[152] 张雪莲, 2006. 碳十三和氮十五分析与古代人类食物结构研究及其新进展. 考古, (7): 50-56.

[153] 张雪莲, 仇士华, 薄官成, 王金霞, 钟建, 2007. 二里头遗址、陶寺遗址部分人骨碳十三、氮十五分析//中国社会科学院考古研究所考古科技中心. 科技考古, (2): 41-48.

[154] 张雪莲, 仇士华, 钟建, 梁中合, 2012. 山东滕州市前掌大墓地出土人骨的碳、氮稳定同位素分析. 考古, (9): 83-96.

[155] 张雪莲, 仇士华, 钟建, 赵新平, 孙福喜, 程林泉, 郭永淇, 李新伟, 马萧林, 2010. 中原地区几处仰韶文化时期考古遗址的人类食物状况分析. 人类学学报, 29 (2): 197-207.

[156] 张雪莲, 仇士华, 张君, 郭物, 2014. 新疆多岗墓地出土人骨的碳氮稳定同位素分析. 南方文物, 3: 79-91.

[157] 张雪莲, 王金霞, 冼自强, 仇士华, 2003. 古人类食物结构研究. 考古, (2): 62-75.

[158] 张雪莲, 叶茂林, 2016. 喇家遗址先民食物的初步探讨——喇家遗址灾难现场出土人骨的碳氮稳定同位素分析. 南方文物, (4): 197-202.

[159] 张雪莲, 赵春青, 2015. 新砦遗址出土部分动物骨的碳氮稳定同位素分析. 南方文物, (4): 232-240.

[160] 张雪莲, 张君, 李志鹏, 张良仁, 陈国科, 王鹏, 王辉, 2015. 甘肃张掖市西城驿遗址先民食物状况的初步分析. 考古, (7): 110-120.

[161] 张小虎, 2012. 青海官亭盆地植物考古调查收获及相关问题. 考古与文物, (3): 26-33.

[162] 张昕煜, 魏东, 吴勇, 聂颖, 胡耀武, 2016. 新疆下坂地墓地人骨的C, N稳定同位素分析: 3500年前东西方文化交流的启示. 科学通报, 61 (32): 3509-3519.

[163] 张银运, 1983. 步氏巨猿牙齿大小上的变异性和南方古猿类食性假说. 人类学学报, 2 (3): 205-217.

[164] 张政烺, 1973. 卜辞裒田及其相关诸问题. 考古学报, (1): 93-120.

[165] 张仲葛, 1983. 我国养猪业的起源及其沿革考. 中国农史, (1): 55-60.

[166] 赵春燕, 2012. 甘肃张掖黑水国遗址出土人类遗骸的锶同位素比值分析//董为主编. 第十三届中国古脊椎动物学学术年会论文集. 海洋出版社: 267-272.

[167] 赵春燕, 方燕明, 2014. 禹州瓦店遗址出土部分人类牙釉质的锶同位素比值分析. 华夏考古, (3): 123-127.

[168] 赵春燕, 何驽, 2014. 陶寺遗址中晚期出土部分人类牙釉质的锶同位素比值分析. 第四纪研究, 34 (1): 66-72.

[169] 赵春燕, 胡松梅, 孙周勇, 邵晶, 杨苗苗, 2016a. 陕西石峁遗址后阳湾地点出土动物牙釉质的锶同位素比值分析. 考古与文物, (4): 128-133.

[170] 赵春燕, 李志鹏, 袁靖, 2015. 河南省安阳市殷墟遗址出土马与猪牙釉质的锶同位素比值分析. 南方文物, (3): 77-80.

[171] 赵春燕, 李志鹏, 袁靖, 赵海涛, 陈国梁, 许宏, 2011a. 二里头遗址出土动物来源初探——根据牙釉质的锶同位素比值分析. 考古, (7): 68-75.

[172] 赵春燕, 吕鹏, 袁靖, 方燕明, 2012a. 河南禹州市瓦店遗址出土动物遗存的元素和锶同位素比值分析. 考古, (11): 89-96.

[173] 赵春燕, 王明辉, 叶茂林, 2016b. 青海喇家遗址人类遗骸的锶同位素比值分析. 人类学学报, (2): 212-222.

[174] 赵春燕, 杨杰, 袁靖, 李志鹏, 许宏, 赵海涛, 陈国梁, 2012b. 河南省偃师市二里头遗址出土部分动物牙釉质的锶同位素比值分析. 中国科学: 地球科学, 42 (7): 1011-1017.

[175] 赵春燕, 袁靖, 何努, 2011b. 山西省襄汾县陶寺遗址出土动物牙釉质的锶同位素比值分析. 第四纪研究, 31 (1): 22-28.

[176] 赵凌霞, 2006. 建始龙骨洞巨猿龋齿研究. 见: 董为编. 第十届中国古脊椎动物学学术年会论文集. 海洋出版社: 103-108.

[177] 赵凌霞, 金昌柱, 秦大公, 潘文石, 2008. 广西崇左三合大洞新发现的巨猿牙齿化石及其演化意义. 第四纪研究, 28 (6): 1138-1144.

[178] 赵凌霞, 张立召, 张福松, 吴新智, 2011. 根据步氏巨猿与伴生动物牙釉质稳定碳同位素分析探讨其食性及栖息环境. 科学通报, 56 (35): 2981-2987.

[179] 赵志军, 2005a. 从兴隆沟遗址浮选结果谈中国北方旱作农业起源问题//南京师范大学文博系. 东亚古物 (A卷). 文物出版社: 188-199.

[180] 赵志军, 2005b. 有关农业起源和文明起源的植物考古学研究. 社会科学管理与评论, (2): 82-91.

[181] 赵志军, 2011. 中华文明形成时期的农业经济发展特点. 中国国家博物馆馆刊, (1): 19-31.

[182] 赵志军, 2014. 中国古代农业的形成过程——浮选出土植物遗存证据. 第四纪研究, 34 (1): 73-84.

[183] 赵志军, 2015. 小麦传入中国的研究——植物考古资料. 南方文物, （3）: 44-52.

[184] 赵志军, 陈剑, 2011. 四川茂县营盘山遗址浮选结果及分析. 南方文物, （3）: 65-73.

[185] 赵志军, 何驽, 2006. 陶寺城址2002年度浮选结果及分析. 考古, （5）: 77-86.

[186] 赵志军, 张居中, 2009. 贾湖遗址 2001 年度浮选结果分析报告. 考古, （8）: 84-93.

[187] 郑云飞, 蒋乐平, Grawford, G. W., 2016. 稻谷遗存落粒性变化与长江下游水稻起源和驯化. 南方文物, （3）: 122-130.

[188] 钟华, 杨亚长, 邵晶, 赵志军, 2015. 陕西省蓝田县新街遗址炭化植物遗存研究. 南方文物, （3）: 36-43.

[189] 钟华, 赵春青, 魏继印, 赵志军, 2016. 河南新密新砦遗址2014年浮选结果及分析. 农业考古, （1）: 21-29.

[190] 中国社会科学院考古研究所, 1999. 师赵村与西山坪. 中国大百科全书出版社: 53.

[191] 中国社会科学院考古研究所, 青海省文物考古研究所, 2004. 青海互助丰台卡约文化遗址浮选结果分析报告. 考古与文物, （2）: 85-91.

[192] 周伟洲, 2003. 新疆的史前考古与最早的经济开发. 西域研究, （4）: 1-7.

[193] 朱光耀, 朱诚, 施光跃, 孙智彬, 2008. 长江三峡新石器生产工具演变所反映的人地关系. 科学通报, 53（S1）: 84-92.

[194] 朱彦民, 2007. 商族的起源、迁徙与发展. 商务印书馆: 383-384.

[195] Ambrose, S. H., 1986. Stable carbon and nitrogen isotope analysis of human and animal diet in Africa. Journal of Human Evolution, 15 (8): 707-731.

[196] Atahan, P., Dodson, J., Li, X. Q., Zhou, X. Y., Chen, L., Barry, L., Bertuch, F., 2014. Temporal trends in millet consumption in northern China. Journal of Archaeological Science, 50: 171-177.

[197] Atahan, P., Dodson, J., Li, X. Q., Zhou, X. Y., Hu, S. M., Chen, L., Bertuch, F., Grice, K., 2011. Early Neolithic diets at Baijia, Wei River Valley, China: stable carbon and nitrogen isotope analysis of human and faunal remains. Journal of Archaeology Science, 38 (10): 2811-2817.

[198] Balasse, M., Ambrose, S. H., 2005. Distinguishing sheep and goats using dental morphology and stable carbon isotopes in C_4 grassland environments. Journal of Archaeological Science, 32 (5): 691-702.

[199] Barton, L., Newsome, S. D., Chen, F. H., Wang, H., Guilderson, T. P., Bettinger, R. L., 2009. Agricultural origins and the isotopic identity of domestication in northern China. Proceedings of the National Academy of Sciences of the United States of America, 106 (14): 5523-5528.

[200] Beard, B. L., Johnson, C. M., 2000. Strontium isotope composition of skeletal material can determine the birth place and geographic mobility of humans and animals. Journal of Forensic Sciences, 45 (5): 1049-1061.

[201] Bell, L. S., Cox, G., Sealy, A., 2001. Determining isotopic life history trajectories using bone

density fractionation and stable isotope measurements: a new approach. American Journal of Physical Anthropology, 116: 66-79.

[202] Bentley, R. A., Price, T. D., Stephan, E., 2004. Determining the "local" $^{87}Sr/^{86}Sr$ rang for archaeological skeletons: A case study from Neolithic Europe. Journal of Archaeological Science, 31: 365-375.

[203] Birchall, J., O'Connell, T. C., Heaton, T. H. E., Hedges, R. E. M., 2005. Hydrogen isotope ratios in animal body protein reflect trophic level. Journal of Animal Ecology, 74: 877-881.

[204] Bocherens, H., Germonpré, M., Toussaint, M., Semal, P., 2013. Stable isotopes. In: Rougier, H., Semal, P. (eds.), Spy cave. 125 years of multidisciplinary research at the Betche aux Rotches (Jemeppe-sur-Sambre, Province of Namur, Belgium), vol. 1, Anthropologica et Praehistorica, 123/2012. Brussels: Royal Belgian Institute of Natural Sciences, Royal Belgian Society of Anthropology and Praehistory & NESPOS Society: 357-370.

[205] Bocherens, H., Koch, P. L., Mariotti, A., Geraads, D., Jaeger, J. J., 1996. Isotopic Biogeochemistry (^{13}C, ^{18}O) of Mammalian Enamel from African Pleistocene Hominid Sites. Palaios, 11 (4): 306-318.

[206] Bocherens, H., Fizet, M., Mariotti, A., Lange-Badré, B., Vandermeersch, B., Borel, J. P., Bellon, G., 1991. Isotopic biochemistry (^{13}C, ^{15}N) of fossil vertebrate collagen: implications for the study of fossil food web including Neandertal Man. Journal of Human Evolution, 20: 481-492.

[207] Bocherens, H., Billiou, D., Mariotti, A., Toussaint, M., Patou-Mathis, M., Bonjean, D., Otte, M., 2001. New isotopic evidence for dietary habits of Neandertals from Belgium. Journal of Human Evolution, 40 (6): 497-505.

[208] Bowen, G. J., 2010. Isoscapes: Spatial pattern in isotopic biogeochemistry. Annual Review of Earth and Planetary Sciences, 38: 161-187.

[209] Bryant, J. D., Froelich, P. N., 1995. A model of oxygen isotope fractionation in body water of large mammals. Geochim Cosmochim Acta, 59: 4523-4537.

[210] Bryant, J. D., Luz, B., Froelich, P. N., 1994. Oxygen isotopic composition of fossil horse tooth phosphate as a record of continental paleoclimate. Palaeogeography, Palaeoclimatology, Palaeoecology, 107: 303-316.

[211] Cai, D. W., Han, L., Zhang, X. L., Zhou, H., Zhu, H., 2007. DNA analysis of archaeological sheep remains from China. Journal of Archaeological Science, 34 (9): 1347-1355.

[212] Cerling, T. E., Harris, J. M., Ambrose, S. H., Leakey, M. G., Solounias, N., 1997. Dietary and environmental reconstruction with stable isotope analyses of herbivore tooth enamel from the Miocene locality of Fort Ternan, Kenya. Journal of Human Evolution, 33: 635-650.

[213] Cerling, T. E., Mbua, E., Kirera, F. M., Manthi, F. K., Grine, F. E., Leakey, M. G., Sponheimer, M., Uno, K., 2011. Diet of *Paranthropus boisei* in the early Pleistocene of East Africa. Proceedings of

the National Academy of Sciences of the United States of America, 108: 9337-9341.

[214] Chen, X. L., Hu, S. M., Hu, Y. W., Wang, W. L., Ma, Y. Y., Lü, P., Wang, C. S., 2016a. Raising practices of Neolithic livestock evidenced by stable isotope analysis in the Wei River valley, North China. International Journal of Osteoarchaeology, 26 (1): 42-52.

[215] Chen, X. L., Fang, Y. M., Hu, Y. W., Hou, Y. F., Lü, P., Yuan, J., Song, G. D., Fuller, B. T., Richards, M. P., 2016b. Isotopic Reconstruction of the Late Longshan Period (*ca.* 4200-3900BP) Dietary Complexity before the Onset of State - Level Societies at the Wadian Site in the Ying River Valley, Central Plains, China. International Journal of Osteoarchaeology, 26 (5): 808-817.

[216] Cheung, C., Jing, Z., Tang, J., Weston, D., Richards, M., 2017. Diets, social roles, and geographical origins of sacrificial victims at the royal cemetery at Yinxu, Shang China: new evidence from stable carbon, nitrogen, and sulfur isotope analysis, Journal of Anthropological Archaeology, 48: 28-45.

[217] Chillón, B. S., Alberdi, M. T., Leone, G., Bonadonna, F. P., Stenni, B., Longinelli, A., 1994. Oxygen isotopic composition of fossil equid tooth and bone phosphate: an archive of difficult interpretation. Palaeogeography, Palaeoclimatology, Palaeoecology, 107: 317-328.

[218] Ciochon, R. L., Piperno, D., Thompson, R., 1990. Opal phytoliths found on the teeth of the extinct ape *Gigantopithecus blacki*: implications for paleodietary studies. Proceedings of the National Academy of Sciences of the United States of America, 87: 8120-8124.

[219] Ciochon, R. L., Long, V. T., Larick, R., González, L., Grün, R., de Vos, J., Yonge, C., Taylor, L., Yoshida, H., Reagan, M., 1995. Dated co-occurrence of *Homo erectus* and *Gigantopithecus* from Tham Khuyen cave, Vietnam. Proceedings of the National Academy of Sciences of the United States of America, 93: 3016-3020.

[220] Cormie, A. B., Luz, B., Schwarcz, H. P., 1994. Relationship between the hydrongen and oxygen isotopes of deer bone and their use in the estimation of relative humidity. Geochim Cosmochim Acta, 58: 3439-3449.

[221] Crawford, G., Underhill, A., Zhao, Z., Lee, G., Feinman, G., Nicholas, L., Luan, F., Yu, H., Fang, H., Cai, F., 2005. Late Neolithic plant remains from northern China: preliminary results from Liangchengzhen, Shandong. Current Anthropology, 46: 309-317.

[222] Daegling, D. J., Grine, F. E., 1994. Bamboo feeding, dental microwear, and diet of the Pleistocene ape *Gigantopithecus blacki*. South African Journal of Science, 90: 527-532.

[223] Daegling, D. J., Grine, F. E., 1999. Occlusal microwear in *Papio ursinus*: The effects of terrestrial foraging on dental enamel. Primates, 40: 559-572.

[224] Dai, L. L., Li, Z. P., Zhao, C. Q, Yuan, J., Hou, L. L., Wang, C. S., Fuller, B. T., Hu, Y. W., 2016. An isotopic perspective on animal husbandry at the Xinzhai Site during the initial stage of the legendary Xia Dynasty (2070-1600BC) . International Journal of Osteoarchaeology, 26 (5): 885-896.

[225] Dansgaard, W., 1964. Stable isotopes in precipitation. Tellus, 16: 436-468.

[226] Dean, M. C., Schrenk, F., 2003. Enamel thickness and development in a third permanent molar of *Gigantopithecus blacki*. Journal of Human Evolution, 45: 381-387.

[227] Dodson, J., Bertuch, F., Chen, L., Li, X., 2012. Cranial metric, age and isotope analysis of human remains from Huoshiliang, western Gansu, China. In: Haberle, S. G., David, B. (eds.), Peopled landscapes: Archaeological and Biogeographic Approaches to Landscapes. Canberra: Australian National University E Press: 177-191.

[228] Dodson, J., Li, X., Zhou, X., Zhao, K., Sun, N., Atahan, P., 2013. Origins and spread of wheat in China. Quaternary Science Reviews, 72: 108-111.

[229] Dodson, J., Dodson, E., Banati, R., Li, X. Q., Atahan, P., Hu, S. M., Middleton, R. J., Zhou, X. Y., Nan, S., 2014. Oldest directly dated remains of sheep in China. Scientific Reports, 4: 7170.

[230] Dong, G. H., Yang, Y. S., Han, J. Y., Wang, H., Chen, F. H., 2017a. Exploring the history of cultural exchange in prehistoric Eurasia from the perspectives of crop diffusion and consumption. Science China Earth Sciences, 60 (6): 1110-1123.

[231] Dong, Y., Morgan, C., Chinenov, Y., Zhou, L., Fan, W., Ma, X., Pechenkina, K., 2017b. Shifting diets and the rise of male-biased inequality on the central plains of china during eastern zhou. Proceedings of the National Academy of Sciences of the United States of America, 114 (5): 932-937.

[232] Dongmann, G., Nurnberg, H. W., Forstel, H., Wagener, K., 1974. On the enrichment of $H_2^{18}O$ in the leaves of transpiring plants. Radiation and Environmental Biophysics, 11: 41-52.

[233] Fizet, M., Mariotti, A., Bocherens, H., Lange-Badré, B., Vandermeersch, B., Borel, J. P., Bellon, G., 1995. Effect of diet, physiology and climate on carbon and nitrogen isotopes of collagen in a late Pleistocene anthropic paleoecosystem (France, Charente, Marillac). Journal of Archaeological Science, 22: 67-79.

[234] Frachetti, M. D., 2002. Bronze Age exploitation and political dynamics of the eastern Eurasian steppe zone, In: Boyle, K., Colin, R., Levine, M., (eds.), Ancient Interactions: East and West in Eurasia. Cambridge: McDonald Institute: 161-170.

[235] Frachetti, M. D., 2008. Pastoralist Landscapes and Social Interaction in Bronze Age Eurasia. Berkley: University of California Press: 7-22.

[236] Fu, Q., Meyer, M., Gao, X., Stenzel, U., Burbano, H. A., Kelso, J., Pääbo, S., 2013. DNA analysis of an early modern human from Tianyuan Cave, China. Proceedings of the National Academy of Sciences of the United States of America, 110 (6): 2223-2227.

[237] Fu, Q., Posth, C., Hajdinjak, M., Petr, M., Mallick, S., Fernandes, D., Furtwängler, A., Haak, W., Meyer, M., Mittnik, A., Nickel, B., Peltzer, A., Rohland, N., Slon, V., Talamo, S., Lazaridis, I.,

Lipson, M., Mathieson, I., Schiffels, S., Skoglund, P., Derevianko, A. P., Drozdov, N., Slavinsky, V., Tsybankov, A., Cremonesi, R. G., Mallegni, F., Gély, B., Vacca, E., Morales, M. R. G., Straus, L. G., Neugebauer-Maresch, C., Teschler-Nicola, M., Constantin, S., Moldovan, O. T., Benazzi, S., Peresani, M., Coppola, D., Lari, M., Ricci, S., Ronchitelli, A., Valentin, F., Thevenet, C., Wehrberger, K., Grigorescu, D., Rougier, H., Crevecoeur, I., Flas, D., Semal, P., Mannino, M. A., Cupillard, C., Bocherens, H., Conard, N. J., Harvati, K., Moiseyev, V., Drucker, D. G., Svoboda, J., Richards, M. P., Caramelli, D., Pinhasi, R., Kelso, J., Patterson, N., Krause, J., Pääbo, S., Reich, D., 2016. The genetic history of Ice Age Europe. Nature, 534 (7606): 200-205.

[238] Gao, S. Z., Zhang, Y., Wei, D., Li, H. J., Zhao, Y. B., Cui, Y. Q., Zhou, H., 2015. Ancient DNA reveals a migration of the ancient Di-qiang populations into Xinjiang as early as the early Bronze Age. American Journal of Physical Anthropology, 157: 71-80.

[239] Gong, Y., Yang, Y., Ferguson, D. K., Tao, D., Li, W., Wang, C., Lü, E., Jiang, H., 2011. Investigation of ancient noodles, cakes, and millet at the Subeixi Site, Xinjiang, China. Journal of Archaeological Science, 38: 470-479.

[240] Green, R. E., Krause, J., Ptak, S. E., Briggs, A. W., Ronan, M. T., Simons, J. F., Du, L., Egholm, M., Rothberg, J. M., Paunovic, M., Pääbo, S., 2006. Analysis of one million base pairs of Neanderthal DNA. Nature, 444 (7117): 330-336.

[241] Guedes, J. A., Jiang, M., He, K. Y., Wu, X. H., Jiang, Z. H., 2013. Site of Baodun yields earliest evidence for the spread of rice and foxtail millet agriculture to south-west China. Antiquity, 87 (337): 758-771.

[242] Guo, Y., Fan, Y., Hu, Y., Zhu, J., Richards, M. P., 2015. Diet transition or human migration in the Chinese Neolithic?Dietary and migration evidence from the stable isotope analysis of humans and animals from the Qinglongquan site, China. International Journal of Osteoarchaeology, 504 (1): 45-51.

[243] Halstead, P., Collins, P., Isaakidou, V., 2002. Sorting the sheep form the goats: morphological distinction between the mandibles and mandibular teeth of adult Ovis and Capra. Journal of Archaeological Science, 29: 545-553.

[244] Han, K. X., 1998. The physical anthropology of the ancient population of the Tarim Basin and surrounding areas. In: Mair, V. H. (eds.), The Bronze Age and Early Iron Age Peoples of Eastern Central Asia, Vol. 2. Philadelphia: University of Pennsylvania Museum: 558-570.

[245] Harrison, T., 2010. Apes among the tangled branches of human origins. Science, 327: 29-31.

[246] Hedges, R. E., Clement, J. G., Thomas, C. D., O'Connell, T. C., 2007. Collagen turnover in the adult femoral mid-shaft: modeled from anthropogenic radiocarbon tracer measurements. American Journal of Physical Anthropology, 133 (2): 808-816.

[247] Henry, A. G., Ungar, P. S., Passey, B. H., Sponheimer, M., Rossouw, L., Bamford, M., Sandberg, P., de Ruiter, D. J., Berger, L., 2012. The diet of *Australopithecus sediba*. Nature, 487 (7405): 90-93.

[248] Hou, L., Hu, Y., Zhao, X., Li, S., Wei, D., Hou, Y., Hu, B., Lv, P., Li, T., Song, G., Wang, C., 2013. Human subsistence strategy at *Liuzhuang* site, Henan, China during the proto-Shang culture (~ 2000-1600BC) by stable isotopic analysis. Journal of Archaeological Science 40, (5): 2344-2351.

[249] Hou, X. D., Sheng, G. L., Yin, S., Zhu, M., Du, M., Jin, C. Z., Lai, X. L., 2014. DNA analyses of wild boar remains from archaeological sites in Guangxi, China. Quaternary International, 354: 147-153.

[250] Hu, Y. W., Ambrose, S. H., Wang, C. S., 2006. Stable isotopic analysis of human bones from Jiahu site, Henan, China: implications for the transition to agriculture. Journal of Archaeological Science, 33 (9): 1319-1330.

[251] Hu, Y. W., Wang, S. G., Luan, F. S., Wang, C. S., Richards, M. P., 2008. Stable isotope analysis of humans from Xiaojingshan site: implications for understanding the origin of millet agriculture in China. Journal of Archaeological Science, 35 (11): 2960-2965.

[252] Hu, Y., Hu, S., Wang, W., Wu, X., Marshall, F. B., Chen, X., Hou, L., Wang, C., 2014. Earliest evidence for commensal processes of cat domestication. Proceedings of the National Academy of Sciences of the United States of America, 111 (1): 116-120.

[253] Hu, Y., Shang, H., Tong, H., Nehlich, O., Liu, W., Zhao, C., Yu, J., Wang, C., Trinkaus, E., Richards, M. P., 2009. Stable isotope dietary analysis of the Tianyuan 1 early modern human. Proceedings of the National Academy of Sciences of the United States of America, 106 (27): 10971-10974.

[254] Jia, L. P., 1985. China's earliest Paleolithic assemblages. In: Wu, R. K., Olsen, J. W. (eds.), Palaeoanthropology and Paleolithic Archaeology in the People's Republic of China. New York: Academic Press: 135-143.

[255] Jia, X., Dong, G., Li, H., Brunson, K., Chen, F., Ma, M., Wang, H., An, C., Zhang, K., 2013. The development of agriculture and its impact on cultural expansion during the late Neolithic in the Western Loess Plateau, China. The Holocene, 23 (1): 85-92.

[256] Jin, C. Z., Wang, Y., Deng, C. L., Harrison, T., Qin, D. G., Pan, W. S., Zhang, Y. Q., Zhu, M., Yan, Y. L., 2014. Chronological sequence of the early Pleistocene *Gigantopithecus* faunas from cave sites in the Chongzuo, Zuojiang River area, South China. Quaternary International, 354: 4-14.

[257] Jin, C. Z., Qin, D. G., Pan, W. S., Tang, Z. L., Liu, J. Y., Wang, Y., Deng, C. L., Zhang, Y. Q., Dong, W., Tong, H. W., 2009. A newly discovered *Gigantopithecus* fauna from Sanhe Cave, Chongzuo, Guangxi, South China. Chinese Science Bulletin, 54 (5): 788-797.

[258] Jones, M. K., Hunt, H. V., Lightfoot, E., Lister, D., Liu, X., Motuzaite Matuziviciute, G., 2011.

Food globalization in prehistory. World Archaeology, 43: 665-675.

[259] Kohn, M. J., Schoeninger, M. J., Valley, J. W., 1996. Herbivore tooth oxygen isotope compositions: effects of diet and physiology. Geochimica et Cosmochimica Acta, 60: 3889-3896.

[260] Lanehart, R. E., Tykot, R. H., Underhill, A. P., Luan, F., Yu, H., Fang, H., Cai, F., Feinman, G., Nicholas, L., 2011. Dietary adaptation during the longshan period in china: stable isotope analyses at liangchengzhen (southeastern shandong). Journal of Archaeological Science, 38 (9): 2171-2181.

[261] Larsen, C. S., 2002. Bioarchaeology: The lives and lifestyles of past people. Journal of Archaeological Research, 10 (2): 119-166.

[262] Lee-Thorp, J. A., 2008. On isotopes and old bones. Archaeometry, 50: 925-950.

[263] Lee-Thorp, J. A., van der Merwe, N. J., Brain, C. K., 1994. Diet of *Australopithecus robustus* at Swartkrans from stable carbon isotopic analysis. Journal of Human Evolution, 27: 361-372.

[264] Lee-Thorp, J. A., Thackeray, J. F., van der Merwe, N. J., 2000. The hunters and the hunted revisited. Journal of Human Evolution, 39: 565-576.

[265] Lee-Thorp, J. A., Sponheimer, M., Passey, B. H., de Ruiter, D. J., Cerling, T. E., 2010. Stable isotopes in fossil hominin tooth enamel suggest a fundamental dietary shift in the Pliocene. Philosophical Transactions of the Royal Society B, 365: 3389-3396.

[266] Leyden, J. J., Wassenaar, L. I., Hobson, K. A., Walker, E. G., 2006. Stable hydrogen isotopes of bison bone collagen as a proxy for Holocene climate on the Northern Great Plains. Palaeogeography, Palaeoclimatology, Palaeoecology, 239: 87-99.

[267] Li, M. Q., 2016. New evidence for the exploitation of the Triticeae tribe at approximately 4,000 cal. BP in the Gansu-Qinghai area of Northwest China. Quaternary International, 426: 97-106.

[268] Li, S. C., 2002. Interaction between Northwest China and Central Asia during the second millennium BC: an archaeological perspective. In: Boyle, K., Renfrew, C., Levine, M., (eds.), Ancient Interactions: East and West in Eurasian Steppe. Cambridge: McDonald Institute Monographs: 171-180.

[269] Li, C. X., Lister, D. L., Li, H. J., Xu, Y., Cui, Y. Q., Bower, M. A., Jones, M. K., Zhou, H., 2011. Ancient DNA analysis of desiccated wheat grains excavated from a Bronze Age cemetery in Xinjiang. Journal of Archaeological Science, 38: 115-119.

[270] Li, C. X., Ning, C., Hagelberg, E., Li, H. J., Zhao, Y. B., Li, W. Y., Abuduresule, I., Zhu, H., Zhou, H., 2015. Analysis of ancient human mitochondrial DNA from the Xiaohe cemetery: insights into prehistoric population movements in the Tarim Basin, China. BMC Genet, 16: 78.

[271] Li, C. X., Li, H. J., Cui, Y. Q., Xie, C. Z., Cai, D. W., Li, W. Y., Mair, V. H., Xu, Z., Zhang, Q. C., Abuduresule, I., Jin, L., Zhu, H., Zhou, H., 2010. Evidence that a West-East admixed population lived in the Tarim Basin as early as the early Bronze age. BMC Biol, 8: 15.

[272] Lightfoot, E., Liu, X., Jones, M. K., 2013. Why move starchy cereals?a review of the isotopic evidence for prehistoric millet consumption across Eurasia. World Archaeology, 45: 574-623.

[273] Liu, L., Field, J., Fullagar, R., Bestel, S., Chen, X., 2010. What did grinding stones grind?New light on early Neolithic subsistence economy in the Middle Yellow River Valley, China. Antiquity: a quarterly review of archaeology, 84 (325): 816-833.

[274] Liu, W., Zheng, L., 2005. Tooth wear difference between the Yuanmou Hominoid and *Lufengpithecus*. International Journal of Primatology, 26 (2): 491-506.

[275] Liu, W., Gao, F., Zheng, L., 2002. The diet of the Yuanmou Hominoid, Yunnan province, China: An analysis from tooth size and morphology. Anthropological Science, 110 (2): 149-163.

[276] Liu, X., Hunt, H. V., Jones, M. K., 2009. River valleys and foothills: changing archaeological perceptions of North China's earliest farms. Antiquity, 83: 82-95.

[277] Liu, X., Jones, M. K., Zhao, Z., Liu, G., O'Connell, T. C., 2012. The earliest evidence of millet as a staple crop: New light on Neolithic foodways in North China. American Journal of Physical Anthropology, 149 (2): 283-290.

[278] Liu, X., Reid, R. E. B., Lightfoot, E., Matuzeviciute, G. M., Jones, M. K., 2016. Radical change and dietary conservatism: Mixing model estimates of human diets along the Inner Asia and China's mountain corridors. The Holocene, 26 (10): 1556-1565.

[279] Liu, X., Lightfoot, E., O'Connell, T. C., Wang, H., Li, S., Zhou, L., Hu, Y., Motuzaite-Matuzeviciute, G., Jones, M. K., 2014. From necessity to choice: dietary revolutions in west China in the second millennium BC. World Archaeology, 46: 661-680.

[280] Longo, L., Boaretto, E., Caramelli, D., Giunti, P., Lari, M., Milani, L., Mannino, M. A., Sala, B., Hohenstein, U. T., Condemi, S., 2012. Did Neandertals and anatomically modern humans coexist in northern Italy during the late MIS 3?. Quaternary International, 259 (1): 102-112.

[281] Lu, H. Y., Zhang, J. P., Liu, K., Wu, N. Q., Li, Y. M., Zhou, K. S., Ye, M. L., Zhang, T. Y., Zhang, H. J., Yang, X. Y., Shen, L. C., Xu, D. K., Li, Q., 2009. Earliest domestication of common millet (*Panicum miliaceum*) in East Asia extended to 10000 years ago. Proceedings of the National Academy of Sciences of the United States of America, 106 (18): 7367-7372.

[282] Luz, B., Kolodny, Y., 1985. Oxygen isotope variations in phosphate of biogenic apatites, IV. Mammal teeth and bones. Earth and Planetary Science Letters, 75: 29-36.

[283] Luz, B., Cormie, A. B., Schwarcz, H. P., 1990. Oxygen isotope variations in phosphate of deer bones. Geochimica et Cosmochimica Acta, 54: 1723-1728.

[284] Ma, M., Dong, G., Jia, X., Wang, H., Cui, Y., Chen, F., 2016c. Dietary shift after 3600 cal yr BP and its influencing factors in northwestern China: Evidence from stable isotopes. Quaternary Science Reviews, 145: 57-70.

[285] Ma, M., Dong, G., Lightfoot, E., Wang, H., Liu, X., Jia, X., Zhang, K., Chen, F., 2014. Stable isotope analysis of human and faunal remains in the western Loess Plateau, approximately 2000 cal BC. Archaeometry, 56 (S1): 237-255.

[286] Ma, M., Dong, G., Liu, X., Lightfoot, E., Chen, F., Wang, H., Li, H., Jones, M. K., 2015. Stable isotope analysis of human and animal remains at the Qijiaping site in middle Gansu, China. International Journal of Osteoarchaeology, 25 (6): 923-934.

[287] Ma, Y., Fuller, B. T., Wei, D., Shi, L., Zhang, X., Hu, Y., Richards, M. P., 2016a. Isotopic perspectives (δ^{13}C, δ^{15}N, δ^{34}S) of diet, social complexity, and animal husbandry during the proto-shang period (*ca.* 2000-1600BC) of China. American Journal of Physical Anthropology, 160 (3): 433-445.

[288] Ma, Y., Fuller, B. T., Sun, W., Hu, S., Chen, L., Hu, Y., Richards, M. P., 2016b. Tracing the locality of prisoners and workers at the Mausoleum of Qin Shi Huang: First Emperor of China (259-210BC). Scientific Reports, 6: 26731.

[289] Mann, N., 2000. Dietary lean red meat and human evolution. European Journal of Nutrition, 39 (2): 71-79.

[290] Manolagas, S. C., 2000. Birth and death of bone cells: Basic regulatory mechanisms and implications for the pathogenesis and treatment of osteoporosis. Endocrine Reviews, 21 (2): 115-137.

[291] Mazumder, D., Saintilan, N., Williams, R. J., Szymczak, R., 2011. Trophic importance of a temperate intertidal wetland to resident and itinerant taxa: evidence from multiple stable isotope analyses. Marine & Freshwater Research, 62 (1): 11-19.

[292] Mei, J. J., Shell, C., 1999. The existence of Andronovo cultural influence in Xinjiang during the 2nd millennium BC. Antiquity, 73 (281): 570-578.

[293] Montagna, W., Dodgson, R. L., 1967. Advances in Biology of the Skin. In: Saitoh, H., Uzuka, M., Sakamoto, M. (eds.), Rate of hair growth. Oxford: Pergamon Press: 183-201.

[294] Naumann, E., Price, T. D., Richards, M. P., 2014. Changes in dietary practices and social organization during the pivotal late iron age period in Norway (AD 550-1030): isotope analyses of Merovingian and Viking Age human remains. American Journal of Physical Anthropology, 155 (3): 322-331.

[295] Ngwa, A. T., Pone, D. K., Mafeni, J. M., 2000. Feed selection and dietary preferences of forage by small ruminants grazing natural pastures in the Sahelian zone of Cameroon. Animal Feed Science and Technology, 88: 253-266.

[296] Olejniczak, A. J., Smith, T. M., Wang, W., Potts, R., Ciochon, R., Kullmer, O., Schrenk, F., Hublin, J. J., 2008. Molar enamel thickness and dentine horn height in *Gigantopithecus blacki*. American

Journal of Physical Anthropology, 135: 85-91.

[297] Papachristou, T. G., 1997. Foraging behaviour of goats and sheep on Mediterranean kermes oak shrublands. Small Ruminant Research, 24: 85-93.

[298] Pechenkina, E. A., Ambrose, S. H., Ma, X. L., Benfer Jr., R. A., 2005. Reconstructing northern Chinese Neolithic subsistence practices by isotopic analysis. Journal of Archaeological Science, 32 (8): 1176-1189.

[299] Pilbeam, D., 1972. The Ascent of Man, an Introduction to Human Evolution. New York: Macmillan publishing Co. Inc. : 86-89.

[300] Price, T. D., 1989. The Chemistry of Prehistoric Human Bone. Cambridge: Cambridge University Press: 155-210.

[301] Pu, L., Fang, C., Hsing-hua, M., Ching-yu, P., Li-Sheng, H., Shih-chiang, C., 1977. Preliminary study on the age of Yuanmou man by palaeomagnetic technique. Science in China Ser A, 20 (5): 645-664.

[302] Qu, Y. T., Jin, C. Z., Zhang, Y. Q., Hu, Y. W., Shang, X., Wang, C. S., 2014. Preservation assessments and carbon and oxygen isotopes analysis of tooth enamel of *Gigantopithecus blacki* and contemporary animals from Sanhe Cave, Chongzuo, China. Quaternary International, 354: 52-58.

[303] Qu, Y. T., Hu, Y. W., Rao, H. Y., Abuduresule, I., Li, W. Y., Hu, X. J., Jiang, H. E., Wang, C. S., Yang, Y. M., 2018. Diverse lifestyles and populations in the Xiaohe Culture of the Lop Nur region, Xinjiang, China. Archaeological and Anthropological Sciences, 10 (8): 2005-2014.

[304] Quade, J., Cerling, T. E., Andrews, P., Alpagut, B., 1995. Paleodietary reconstruction of Miocene faunas from Paşalar, Turkey using stable carbon and oxygen isotopes of fossil tooth enamel. Journal of Human Evolution, 28: 373-384.

[305] Ramirez, R. G., 1999. Feed resources and feeding techniques of small ruminants under extensive management conditions. Small Ruminant Research, 34: 215-230.

[306] Rassamakin, Y., 1999. The Neolithic of the Black Sea steppe: Dymanics of culture and economic development 4500-2300BCE. In: Levine, M., Rassamakin, Y., Kislenko, A., Kislenko, T. N. (eds.), Late Prehistoric Exploitation of the Eurasian Steppe. Cambridge: McDonald Institute for Archaeological Research: 59-182.

[307] Reynard, L. M., Hedges, R. E. M., 2008. Stable hydrogen isotopes of bone collagen in palaeodietary and palaeoenvironmental reconstruction. Journal of Archaeological Science, 35: 1934-1942.

[308] Richards, M. P., Pettitt, P. B., Stiner, M. C., Trinkaus, E., 2001. Stable isotope evidence for increasing dietary breadth in the European mid-Upper Paleolithic. Proceedings of the National Academy of Sciences of the United States of America, 98: 6528-6532.

[309] Richards, M. P., Fuller, B. T., Sponheimer, M., Robinson, T., Ayliffe, L., 2003. Sulphur isotopes in palaeodietary studies: a review and results from a controlled feeding experiment. International Journal of Osteoarchaeology, 13: 37-45.

[310] Richards, M. P., Jacobi, R., Cook, J., Pettitt, P. B., Stringer, C. B., 2005. Isotope evidence for the intensive use of marine foods by Late Upper Palaeolithic humans. Journal of Human Evolution, 49 (3): 390-394.

[311] Schoeninger, M. J., Moore, J., Sept, J. M., 1999. Subsistence strategies of two "savanna" chimpanzee populations: the stable isotope evidence. American Journal of Primatology, 49: 297-314.

[312] Schwarcz, H. P., White, C. D., 2004. The grasshopper or the ant?: cultigen-use strategies in ancient Nubia from C-13 analyses of human hair. Journal of Archaeological Science, 31 (6): 753-762.

[313] Shen, G. J., Gao, X., Gao, B., Granger, D. E., 2009. Age of Zhoukoudian *Homo erectus* determined with $^{26}Al/^{10}Be$ burial dating. Nature, 458 (7235): 198-200.

[314] Spengler, R., Frachetti, M., Doumani, P., Rouse, L., Cerasetti, B., Bullion, E., Mar'yashev, A., 2014. Early agriculture and crop transmission among Bronze Age mobile pastoralists of Central Eurasia. Proceedings of the Royal Society B: Biological Sciences, 281: 1-7.

[315] Sponheimer, M., Lee-Thorp, J. A., 1999. Isotopic evidence for the diet of an early hominid, *Australopithecus africanus*. Science, 283: 368-370.

[316] Sponheimer, M., Lee-Thorp, J., de Ruiter, D., Codron, D., Codron, J., Baugh, A. T., Thackeray, F., 2005. Hominins, sedges, and termites: New carbon isotope data from the Sterkfontein Valley and Kruger National Park. Journal of Human Evolution, 48: 301-312.

[317] Sponheimer, M., Passey, B. H., de Ruiter, D. J., Guatelli-Steinberg, D., Cerling, T. E., Lee-Thorp, J. A., 2006. Isotopic evidence for dietary variability in the early hominin *Paranthropus robustus*. Science, 314: 980-982.

[318] Stantis, C., Kinaston, R. L., Richards, M. P., Davidson, J. M., Buckley, H. R., 2015. Assessing human diet and movement in the tongan maritime chiefdom using isotopic analyses. Plos One, 10 (3): e0123156.

[319] Sternberg, L. S. L., 1989. Oxygen and hydrogen isotope ratios in plant cellulose: Mechanisms and applications. In: Rundel, P. W., Ehleringer, J. R., Nagy, K. A. (eds.), Stable Isotopes in Ecological Research. New York: Springer-Verlag: 124-141.

[320] Sternberg, L., Deniro, M. J., 1983. Isotopic composition of cellulose from C_3, C_4, and CAM plants growing near one another. Science, 220: 947-949.

[321] Sternberg, L. O., Deniro, M. J., Johnson, H. B., 1984. Isotope ratios of cellulose from plants having different photosynthetic pathways. Plant Physiology, 74 (3): 557-561.

[322] Stiner, M. C., 2001. Thirty years on the "Broad Spectrum Revolution" and Paleolithic demography. Proceedings of the National Academy of Sciences of the United States of America, 98: 6993-6996.

[323] Straight, W. H., Barrick, R. E., Eberth, D. A., 2004. Reflections of surface water, seasonality and climate in stable oxygen isotopes from tyrannosaurid tooth enamel. Palaeogeography, Palaeoclimatology, Palaeoecology, 206: 239-256.

[324] Strang, S., Hoeber, C., Uhl, O., Koletzkoc, B., Münte, T. F., Lehnert, H., Dolan, R. J., Schmid, S. M., Park, S. Q., 2017. Impact of nutrition on social decision making. Proceedings of the National Academy of Sciences of the United States of America, 114 (25): 6510-6514.

[325] Svyatko, S. V., Schulting, R. J., Mallory, J., Murphy, E. M., Reimer, P. J., 2013. Stable isotope dietary analysis of prehistoric populations from the Minusinsk Basin, Southern Siberia, Russia: a new chronological framework for the introduction of millet to the eastern Eurasian steppe. Journal of Archaeological Science, 40 (11): 3936-3945.

[326] Svyatko, S. V., Polyakov, A. V., Soenov, V. I., Stepanova, N. F., Reimer, P. J., Ogle, N., Tyurina, E. A., Grushin, S. P., Rykun, M. P., 2017. Stable isotope palaeodietary analysis of the Early Bronze Age Afanasyevo Culture in the Altai Mountains, Southern Siberia. Journal of Archaeological Science: Reports, 14: 65-75.

[327] van der Merwe, N. J., Masao, F. T., Bamford, M. K., 2008. Isotopic evidence for contrasting diets of early hominins *Homo habilis* and *Australopithecus boisei* of Tanzania. South African Journal of Science, 104: 153-155.

[328] van der Merwe, N. J., Thackeray, J. F., Lee-Thorp, J. A., Luyt, J., 2003a. The carbon isotope ecology and diet of *Australopithecus africanus* at Sterkfontein, South Africa. Journal of Human Evolution, 44: 581-597.

[329] van der Merwe, N. J., Williamson, R. F., Pfeiffer, S., Thomas, S. C., Allegretto, K. O., 2003b. The Moatfield ossuary: isotopic dietary analysis of an Iroquoian community, using dental tissue. Journal of Anthropological Archaeology, 22 (3): 245-261.

[330] Wang, R., 2004. Fishing, Farming, and Animal Husbandry in the Early and Middle Neolithic of the Middle Yellow River Valley, China. Urbana: University of Illinois at Urbana-Champaign (Ph. D. thesis): 1-196.

[331] Wang, T. T., Wei, D., Chang, X., Yu, Z. Y., Zhang, X. Y., Wang, C. S., Hu, Y. W., Fuller, B. T., 2017b. Tianshanbeilu and the Isotopic Millet Road: Reviewing the late Neolithic/Bronze Age radiation of human millet consumption from north China to Europe. National Science Review, doi: 10.1093/nsr/nwx015.

[332] Wang, W., 2009. New discoveries of *Gigantopithecus blacki* teeth from Chuifeng Cave in the Bubing Basin, Guangxi, south China. Journal of Human Evolution, 57: 229-240.

[333] Wang, W., Potts, R., Baoyin, Y., Huang, W. W., Cheng, H., Edwards, R. L., Ditchfield, P., 2007. Sequence of mammalian fossils, including hominoid teeth, from the Bubing Basin caves, South China. Journal of Human Evolution, 52: 370-379.

[334] Wang, W., Wang, Y. Q., An, C. B., Ruan, Q. R., Duan, F. T., Li, W. Y., Dong, W. M., 2018. Human diet and subsistence strategies from the Late Bronze Age to historic times at Goukou, Xinjiang, NW China. The Holocene, 28 (4): 640-650.

[335] Wang, Y., Kromhout, E., Zhang, C. F., Xu, Y. F., Parker, W., Deng, T., 2008. Stable isotopic variations in modern herbivore tooth enamel, plants and water on the Tibetan Plateau: Implications for paleoclimate and paleoelevation reconstructions. Palaeogeography, Palaeoclimatology, Palaeoecology, 260: 359-374.

[336] Wang, Y., Jin, C., Pan, W., Qin, D., Yan, Y., Zhang, Y., Liu, J., Dong, W., Deng, C., 2017a. The Early Pleistocene *Gigantopithecus-Sinomastodon* fauna from Juyuan karst cave in Boyue Mountain, Guangxi, South China. Quaternary International, 434: 4-16.

[337] Warinner, C., Tuross, N., 2009. Alkaline cooking and stable isotope tissue-diet spacing in swine: Archaeological implications. Journal of Archaeological Science, 36 (8): 1690-1697.

[338] Webb, E. C., White, C. D., Longstaffe, F. J., 2014. Investigating inherent differences in isotopic composition between human bone and enamel bioapatite: Implications for reconstructing residential histories. Journal of Archaeological Science, 50: 97-107.

[339] White, C., Longstaffe, F. J., Law, K. R., 2004. Exploring the effects of environment, physiology and diet on oxygen isotope ratios in ancient Nubian bones and teeth. Journal of Archaeological Science, 31: 233-250.

[340] White, C. D., 1993. Isotopic determination of seasonality in diet and death from Nubian mummy hair. Journal of Archaeological Science, 20 (6): 657-666.

[341] White, T. D., Ambrose, S. H., Suwa, G., Su, D. F., DeGusta, D., Bernor, R. L., Boisserie, J. R., Brunet, M., Delson, E., Frost, S., Garcia, N., Giaourtsakis, I. X., Haile-Selassie, Y., Howell, F. C., Lehmann, T., Likius, A., Pehlevan, C., Saegusa, H., Semprebon, G., Teaford, M., Vrba, E., 2009. Macrovertebrate paleontology and the Pliocene habitat of *Ardipithecus ramidus*. Science, 326: 87-93.

[342] Willmes, M., McMorrow, L., Kinsley, L., Armstrong, R., Aubert, M., Eggins, S., Falguères, C., Maureille, B., Moffat, I., Grün, R., 2013. The IRHUM (Isotopic Reconstruction of Human Migration) database-bioavailable strontium isotope ratios for geochemical fingerprinting in France. Earth System Science Data Discussions, 6: 761-777.

[343] Wißing, C., Rougier, H., Crevecoeur, I., Germonpré, M., Naito, Y. I., Semal, P., Bocherens, H., 2016. Isotopic evidence for dietary ecology of late Neandertals in North-Western Europe.

Quaternary International, 411: 327-345.

[344] Wu, Y., Jiang, L., Zheng, Y., Wang, C., Zhao, Z., 2014. Morphological trend analysis of rice phytolith during the early Neolithic in the Lower Yangtze. Journal of Archaeological Science, 49: 326-331.

[345] Xia, Y., Zhang, J., Yu, F., Zhang, H., Wang, T., Hu, Y., Fuller, B. T., 2018. Breastfeeding, weaning, and dietary practices during the Western Zhou Dynasty (1122-771BC) at Boyangcheng, Anhui Province, China. American Journal of Physical Anthropology, 165: 343-352.

[346] Yakir, D., DeNiro, M. J., 1990. Oxygen and hydrogen isotope fractionation during cellulose metabolism in *Lemna gibba* L. . Plant Physiology, 93: 325-332.

[347] Yang, R., Yang, Y., Li, W., Abuduresule, Y., Hu, X., Wang, C., Jiang, H., 2014. Investigation of cereal remains at the Xiaohe Cemetery in Xinjiang, China. Journal of Archaeological Science, 49: 42-47.

[348] Yang, X., Wan, Z., Perry, L., Lu, H., Wang, Q., Zhao, C., Li, J., Xie, F., Yu, J., Cui, T., Wang, T., Li, M., Ge, Q., 2012. Early millet use in northern china. Proceedings of the National Academy of Sciences of the United States of America, 109 (10): 3726-3730.

[349] Yi, B., Liu, X., Yuan, H., Zhou, Z., Chen, J., Wang, T., Wang, Y., Hu, Y., Fuller, B. T., 2018. Dentin isotopic reconstruction of individual life histories reveals millet consumption during weaning and childhood at the Late Neolithic (4500BP) Gaoshan site in southwestern China. International Journal of Osteoarchaeology, 28 (6): 636-644.

[350] Zhang, Y. Y., 1982. Variability and evolutionary trends in tooth size of *Gigantopithecus blacki*. American Journal of Physical Anthropology, 59: 21-32.

[351] Zhang, Y. Q., Jin, C. Z., Cai, Y. J., Kono, R., Wang, W., Wang, Y., Zhu, M., Yan, Y. L., 2013. New 400-320ka *Gigantopithecus blacki* remains from Hejiang Cave, Chongzuo City, Guangxi, South China. Quaternary International, 354: 35-45.

[352] Zhao, K., Li, X., Zhou, X., Dodson, J., Ji, M., 2013. Impact of agriculture on an oasis landscape during the late Holocene: Palynological evidence from the Xintala site in Xinjiang, NWChina. Quaternary International, 311: 81-86.

[353] Zhao, L. X., Zhang, L. Z., 2013. New fossil evidence and diet analysis of *Gigantopithecus blacki* and its distribution and extinction in South China. Quaternary International, 286: 69-74.

[354] Zhao, L. X., Tong, H. W., Xu, C. H., Yuan, Z. X., Cai, H. Y., 2006. New discovery of *Gigantopithecus blacki* tooth fossil from Bijie, Guizhou and its significance. Quaternary Sciences, 26 (4): 548-554.

[355] Zhao, Z., 2010. New data and new issues for the study of origin of rice agriculture in China. Archaeological and Anthropological Sciences, 2 (2): 99-105.

[356] Zhao, Z., 2011. New archaeobotanic data for the study of the origins of agriculture in China. Current Anthropology, 52: S295-S306.

[357] Zhu, M., Sealy, J., 2019. Multi-tissue stable carbon and nitrogen isotope models for dietary reconstruction: Evaluation using a southern African farming population. American Journal of Physical Anthropology, 168 (1): 145-153.

[358] Zhu, Z. Y., Dennell, R., Huang, W. W., Wu, Y., Qiu, S. F., Yang, S. X., Rao, Z. G., Hou, Y. M., Xie, J. B., Han, J. W., Ouyang, T. P., 2018. Hominin occupation of the Chinese Loess Plateau since about 2.1 million years ago. Nature, 559: 608-612.

[359] Zhu, Z. Y., Dennell, R., Huang, W. W., Wu, Y., Rao, Z. G., Qiu, S. F., Xie, J. B., Liu, W., Fu, S. Q., Han, J. W., Zhou, H. Y., Ou Yang, T. P., Li, H. M., 2015. New dating of the *Homo erectus* cranium from Lantian (Gongwangling), China. Journal of Human Evolution, 78: 144-157.

[360] Zuo, X., Lu, H., Jiang, L., Zhang, J., Yang, X., Huan, X., Wu, N., 2017. Dating rice remains through phytolith Carbon-14 study reveals domestication at the beginning of the Holocene. Proceedings of the National Academy of Sciences of the United States of America, 114 (25): 6486-6491.

第七章 结论与展望

7.1 结 论

稳定同位素食谱分析为考古学、人类学、历史学等学科中的热点问题研究提供了一个新的视角,如人类的起源与演化、人类生理健康与疾病、农业的起源与发展、动物的驯化与饲养、农业的传播与文化交流、农业技术的发展、社会劳动分工与等级分化、古气候变迁与环境复原等,并取得了丰硕的成果。同时,多稳定同位素分析方法的应用、多种分析材料的选取及多角度阐释所获得的同位素数据,又进一步深化了稳定同位素食谱分析的研究广度与深度。

本书通过综合分析我国目前已有的稳定同位素食谱分析数据,详细论述了我国稳定同位素食谱分析的研究对象、分馏机理、影响因素与污染判别的理论与方法,并结合我国考古学文化的发展与演变脉络,探讨了稳定同位素食谱分析在我国考古学热点问题研究中的应用前景与已取得的成果,同时提出新的见解。

7.1.1 不同组织成分、结构与形成的研究意义

随着稳定同位素食谱分析的广泛应用与技术发展,其研究对象不断多样化。目前,我国稳定同位素分析对象主要为骨骼;而特殊情况下保存的生物体其他组织,如新疆小河墓地木乃伊、牛粪化石等,为全面重建古代人与动物的食谱开拓了新的途径。由于生物体不同组织化学、物理与生物特性的差异,其在重建古食谱的理论与方法上也存在差异。因此,对每种类型研究对象生长或形成机理进行充分解析,才能深入了解不同组织所指示的生物体不同生存期间的食谱信息;而不同组织成分与结构的深入研究,不仅可以为深入探索不同组织的稳定同位素分馏机理提供重要依据,其原生化学成分与结构的变化更是判断有机体污染的前提基础。目前,国内外这方面的研究主要基于现代生物体的分析,缺乏系统深入地探索考古样品在长时间埋藏过程中,其各项性能的变化机制及由此引发的稳定同位素分馏机理。

7.1.2 我国古代独特饮食文化背景下的稳定同位素分馏机理

第一，基于生物体不同组织成分的特殊性，多种元素的同位素被用于古食谱重建。目前，应用最广泛的元素包括C、N、O、S、Sr。同一组织不同元素或不同组织相同元素的来源差异，导致同一组织不同元素（如骨胶原中的C、N元素）或不同组织同一元素（如骨胶原与磷灰石中的C元素）的稳定同位素分馏效应存在差异。

以C、N稳定同位素为例，在详细论述生物体不同组织成分与食物关系的基础上，探讨不同组织与食物之间的C、N稳定同位素分馏；同时，根据骨胶原$\delta^{13}C$和$\delta^{15}N$值的相关性与个体食性之间的关系，通过对史前关中及周边地区多处考古遗址中出土的植食动物（鹿和牛）、杂食动物（猪和狗）与肉食动物（猫）骨胶原$\delta^{13}C$和$\delta^{15}N$值相关性的分析（相关系数以R^2表示），建立不同食性相关系数的判断标准，并以此标准探讨关中地区新石器时代仰韶文化先民的食性与生业模式。结果显示，植食、杂食与肉食动物的R^2值依次增加；其中，食叶动物鹿的R^2值高于食草动物牛，主要由于阔叶的蛋白质含量高于草的蛋白质含量。关中地区仰韶文化先民的R^2值普遍较低，反映了先民（杂食性）的生业模式以农业为主，兼营家畜饲养。另外，半坡与鱼化寨先民骨胶原的$\delta^{15}N$值明显高于植食动物，但其R^2值却低于食叶动物鹿。究其原因，一是少量淡水鱼类的摄入导致$\delta^{15}N$值明显增加，$\delta^{13}C$值却未发生明显变化；二是以C_4类食物为主的人群，个别个体对C_3类动物蛋白的较多摄取，导致$\delta^{15}N$值增加，$\delta^{13}C$值却降低，从而影响整个人群骨胶原$\delta^{13}C$和$\delta^{15}N$值之间的相关性。另外，可根据骨胶原$\delta^{13}C$与$\delta^{15}N$值的正负相关性判断其食谱中动物蛋白的种类。基于此，龙山时期东营遗址先民骨胶原$\delta^{13}C$与$\delta^{15}N$值呈现负相关，反映了C_3类肉食资源的增加，与龙山时期关中地区水稻等C_3类食物对家畜饲养的影响有关。

不同种属动物同一组织中磷灰石稳定同位素分馏的对比分析显示，生物磷灰石的C同位素分馏存在种间差异。虽然不同物种的消化生理存在差异，但消化系统迥异的大型反刍类与非反刍类动物牙釉质羟磷灰石的C稳定同位素分馏却不存在明显差异；而不同体型大小的非反刍类哺乳动物田鼠、兔子、猪、犀牛，其牙釉质羟磷灰石的C同位素分馏呈现逐渐增大的趋势，由此可见非反刍类哺乳动物牙釉质羟磷灰石的C同位素分馏可能与其体型大小存在一定关系。另外，对比分析同一个体骨骼与牙釉质中碳酸盐C、O稳定同位素的分馏，发现两种生物磷灰石C、O稳定同位素的分馏也存在一定差异。

第二，人体不同组织或成分稳定同位素分馏的综合分析显示，当食物被消化吸收，并转化成生物体自身组织时，同一组织不同成分之间（如骨胶原与磷灰石）、同一组织相近成分之间（如骨骼中可溶性胶原蛋白与不可溶性胶原蛋白）、不同组织相似成分之间（如骨胶原与角蛋白）或不同组织同一成分之间（如毛发角与指甲的角蛋白），稳定同位素的分馏均存在一定的差异。骨胶原与磷灰石成分合成过程中所需C源的不同导致两者同位素分馏存在差异；骨胶原、毛发角蛋白与指甲角蛋白同位素分馏的差异则主要缘于三者氨基酸组成的不同，以及不同氨基酸的稳定同位素组成也存在差异。另外，不同组织或不同成分之间的稳定同位素分馏也受到生物体食性特征与不同组织氨基酸代谢差异的影响。

正因如此，我国贾湖遗址不同时期先民骨胶原$\delta^{13}C$和$\delta^{15}N$值与磷灰石$\delta^{13}C$值的综合分析显示，利用骨胶原$\delta^{13}C$值的变化判断先民食谱的演变存在一定的滞后性，其所反映的史前先民生业模式演变与农业起源的时间节点要稍晚；同时，骨胶原的$\delta^{13}C$值将会过多的反映食谱中高蛋白食物种类的重要性。另外，贾湖、姜寨和史家遗址先民骨胶原$\delta^{15}N$值与磷灰石$\delta^{13}C$值之间的负相关关系与农作物的栽培和家畜饲养存在密切的关系。

第三，不同类型骨骼的生长与更新速度，不同牙齿的发育与萌出时间，不同组织（毛发、牙齿、角、指甲等）的周期性可持续或不可持续生长特征，牙结石与粪化石的形成时间等的综合分析显示，生物体不同组织或残留物的稳定同位素组成主要与其相应生长或形成时期的食谱有关，反映了生物体生存期间不同时间段的饮食信息，为生物体的迁徙、生业模式的改变及生长发育过程等方面的研究提供依据。

7.1.3 多因素对我国古代人与动物稳定同位素食谱分析的潜在影响

第一，植物位于食物链的底层，其稳定同位素组成的变化是整个食物链稳定同位素组成变化的根源。自然条件下，植物的$\delta^{13}C$值与受遗传因素控制的光合C代谢途径有关；自然环境和气候因素（降水量、大气压、CO_2浓度、温度、光照、湿度、海拔、纬度等）也将通过影响光合C代谢过程间接影响植物的$\delta^{13}C$值。综合分析显示，不同地区同种植物，或同一地区不同植物，其$\delta^{13}C$值可能受不同的单一或多个气候因子的综合影响。

植物$\delta^{15}N$值受自身N生理代谢（N代谢过程和N循环）、N源（大气中N_2，土壤中硝酸盐、铵盐等N素）与气候因素（降水量、温度、大气CO_2浓度等）的影响。植物$\delta^{15}N$值与气候因子之间的关系较为复杂，不同地区两者的相关性存在明显差异。另外，人类活动引起的气候因子变化，对植物的$\delta^{13}C$和$\delta^{15}N$值均产生较大影响。例如，工业革命引起大气CO_2浓度的增高与大气N沉降的增加等，导致植物的$\delta^{13}C$和$\delta^{15}N$值均降低。

不同农作物（粟、黍和小麦）$\delta^{13}C$和$\delta^{15}N$值与不同气候因素相关性的综合研究发现，降水量是影响我国西北干旱-半干旱地区C_4类农作物$\delta^{13}C$值最重要的气候因子；且受自身生理特性的制约，不同种属C_4类农作物的$\delta^{13}C$值对气候因子变化的响应不同。小麦（C_3植物）$\delta^{13}C$值与降水量之间呈明显负相关；粟、黍（C_4植物）$\delta^{13}C$值与降水量之间则呈正相关，其差异可能与两类农作物光合作用途径和生长期的不同有关。另外，海拔（或纬度）通过改变光照、温度、降水量、湿度、可利用水分等单个或多个气候因子间接影响植物的$\delta^{13}C$值。小麦与黍的$\delta^{13}C$值分别受到海拔变化引起的大气压和大气CO_2浓度变化与降水量变化的影响。可见，不同种属植物的$\delta^{13}C$值，受海拔变化引起的不同气候因子变化的影响。

我国西北黄土高原干旱-半干旱地区，农作物粟种子和叶片的$\delta^{15}N$值均低于土壤的$\delta^{15}N$值，主要由于粟从土壤中获取维持自身新陈代谢所需N源时，优先吸收利用^{14}N。粟$\delta^{15}N$值介于自然生长植物$\delta^{15}N$值的变化范围之内，表明其$\delta^{15}N$值未受到人类农业活动的过多干扰。另外，结合全新世中晚期黄土高原气候的变化，发现仰韶文化、马家窑文化与齐家文化粟$\delta^{13}C$和$\delta^{15}N$值的变化规律与气候的波动相关；且古代粟与现代粟的$\delta^{13}C$值与降水量之间相关性的不同，可能是几千年来粟的培育与选种导致其生理特征发生一定变化，使其更适应干旱-半干旱的气候条件。

自然环境与气候也可通过影响人与动物的新陈代谢，直接对其组织的稳定同位素组成产生影响。我国同一时期不同自然环境中食性相似的家养与野生植食动物$\delta^{13}C$和$\delta^{15}N$值的综合分析显示，气候干燥的小河墓地中，植食动物的$\delta^{15}N$值最高；半湿润-半干旱气候区的陶寺与神圪垯墚遗址中，植食动物的$\delta^{15}N$值明显低于小河墓地；气候温暖湿润的青龙泉和中坝遗址中，植食动物的$\delta^{15}N$值又明显低于陶寺与神圪垯墚遗址。其不仅与干旱环境中植物的$\delta^{15}N$值较高有关外，还与植食动物在水分胁迫的条件下引起的异常代谢有关。如新疆巴里坤东黑沟遗址中，耐旱双峰驼的$\delta^{15}N$值明显高于通过直接大量饮水获取身体新陈代谢所需水分的其他植食动物。

第二，农作物的驯化与栽培过程中，由于自然与人工的选择及农业技术的发展，出现多个种属，且不同种属具有多个品种。综合已有的农作物同位素测试数据，发现农作物不同种属、同一种属的不同品种、同一品种的不同器官及同一品种器官的不同组分，稳定同位素的组成均存在不同程度的差异，且这些差异也将体现在人与动物组织的稳定同位素组成中。新石器时代中晚期北方地区人与动物分别以粟种子和其副产品为食。该时期多处遗址人与动物$\delta^{15}N$值的差异（1.1‰～2.1‰）介于粟种子与叶片$\delta^{15}N$值的差异范围之内（2.1‰），可见该时期先民较高的$\delta^{15}N$值主要与植物类食物来源的不同有关，而非动物蛋白的较多摄取。

第三，农业技术通过改变农作物的生长环境（水分、N循环、N源等），间接影响植物的稳定同位素组成，并沿着食物链影响人与动物组织的稳定同位素组成。新石器时代晚期，粟$\delta^{13}C$值随着气候的干冷逐渐降低（变化范围为0.3‰～0.7‰）；汉代粟的$\delta^{13}C$值约降低4‰，明显超出气候变化引起的粟$\delta^{13}C$值的变化范围，推测可能与灌溉等人类活动有关。为进一步验证古代农业灌溉对植物与消费者组织稳定同位素组成的影响，结合大气降水、黄河水系和地下水$\delta^{18}O$值的差异与区域性变化及古气候变化和文献记载，综合对比分析了河南二里头和小双桥遗址家养与野生植食动物$\delta^{18}O$值的变化规律，结果显示小双桥遗址动物较高的$\delta^{18}O$值可能与先民较多的引河水浇灌农业和饲养家畜等有关。另外，古代农田施肥主要以农家肥为主，一般农家肥$\delta^{15}N$值偏高，导致生长植物与其消费者的$\delta^{15}N$值明显增加。据此，结合古文献记载，对中原及周边地区龙山至两汉时期多处遗址家养与野生植食动物$\delta^{13}C$和$\delta^{15}N$值的变化规律进行了综合分析，结果显示夏商时期我国中原地区农田已普遍施肥。

第四，人体通过对食物的消化、吸收与转化形成自身不同组织。可见人体组织的稳定同位素组成不仅取决于食物的稳定同位素组成，还受个体新陈代谢的影响。个体新陈代谢的影响因素包括年龄、性别、健康状况、饮食习惯等。我国北方仰韶文化至青铜时代早期，多处遗址男性与女性骨胶原$\delta^{13}C$和$\delta^{15}N$值的对比分析显示，在不受社会地位高低、生业模式差异等因素的影响下，男性与女性骨胶原的稳定同位素组成不存在显著差异，表明生理差异（性别）对人体组织的稳定同位素组成影响较小。

基于现代人体年龄与骨骼代谢和成分的关系，不同考古遗址食谱研究中对年龄段的划分及史前人口年龄结构特征，将多处遗址个体分为儿童组（<10岁）、中青年组（10~40岁）和老年组（>40岁），以探讨年龄对个体组织稳定同位素组成的影响。结果显示，受母乳喂养阶段的影响，儿童组$\delta^{15}N$值相对较高；由于不同个体食谱的差异，中青年组$\delta^{13}C$和$\delta^{15}N$值分布范围较广。老年组中，生业模式以农业为主的群体，仅出现个别老年个体的$\delta^{15}N$值高于中青年组，表明年龄增长引起的新陈代谢变化对不同个体$\delta^{15}N$值的影响程度不同；以畜牧业为主的群体，老年组的$\delta^{15}N$值较高于中青年组，可能与年老时对肉食的消化吸收发生变化有关。

疾病、营养（或生理）压力、妊娠、频繁活动等均可在短期内引起人体新陈代谢异常，进而影响生物体组织的稳定同位素组成。通过对不同时期多处考古遗址出土的不同性别与年龄个体骨胶原$\delta^{13}C$和$\delta^{15}N$值的对比分析，发现多处遗址中出现个别女性具有较高的$\delta^{15}N$值和较低的$\delta^{13}C$值，且这些个体均处于生育年龄。据此推断，这些女性个体特殊的$\delta^{13}C$和$\delta^{15}N$值可能与其妊娠期经历的营养胁迫有关。

饮食习惯（如食谱的改变、吸烟、饮酒等）也会造成生物体组织的稳定同位素组成发生变化。野生动物驯化过程中，人类对其食性的改变、活动范围的限制（拘禁或圈养）、生理的强加干预（繁殖或性情）等，均会对其新陈代谢产生影响，进而影响其组织的稳定同位素组成。新石器时代至青铜时代，南北方多处遗址中人与动物（家养与野生）骨胶原$\delta^{13}C$和$\delta^{15}N$值的对比分析显示，驯化初期，野猪在其食性和形态未发生明显变化的情况下，其$\delta^{15}N$值明显增加，$\delta^{13}C$值则较低；且家猪与野猪的$\delta^{15}N$值差异较大，可能与人类干预引起的新陈代谢异常使其遭受营养胁迫有关。随着家畜饲养的发展，家猪与野猪的$\delta^{15}N$值差异减小，可能与家猪对新的生存方式的适应有关。另外，人或动物对新的食物消化与吸收不充分，导致新的食物对其组织稳定同位素组成的贡献率降低，从而过低估算新的食物对生物体稳定同位素组成的影响。

综合以上分析，稳定同位素食谱分析的影响因素较多，且不同因素之间相互作用，共同决定着我国古代人与动物组织的稳定同位素组成。因此，应针对不同遗址的状况，充分考虑可能存在的影响因素，评估不同因素的影响程度与相互作用机制，从而确定主要的影响因素，用于古食谱重建的准确评估。

7.1.4 我国考古遗址出土骨骼保存状况的时空差异

随着稳定同位素食谱分析对象的多样化及科技分析技术的发展，不同类型样品的前处理方法与测试分析不断得到完善。整体而言，处理和测试方案的确定取决于不同类型样品的成分与结构及保存状况，但必须遵循的首要原则是避免样品处理过程中再次发生稳定同位素的分馏。污染的判别是稳定同位素食谱分析的前提。目前，对于不同类型样品的污染，已提出多项指标相结合的方法进行判别。

不同遗址样品的处理、测试与污染判别方法的确定，建立在对不同埋藏环境样品污染机理的探索上。为了深入了解我国气候与地理环境差异较大的南方与北方各遗址中样品的保存机理，根据多处遗址中可提取骨胶原样品比例、骨胶原产率、C和N含量、C/N摩尔比及未污染样品百分比，综合探讨我国不同地域、不同时期骨骼的保存状况。结果显示，我国南、北方考古遗址中骨骼保存与污染方式存在较大差异。北方地区，骨胶原保存主要受自然降解的影响，虽随着时间的推移骨胶原提取率明显降低，但所提取骨胶原受外源污染物的侵蚀较小。南方地区，绝大部分遗址中无法提取出骨胶原，即使提取出数量较少的骨胶原，其受外源污染物的影响也较严重。基于此，今后骨胶原提取方法的改进，北方地区主要在于提高骨胶原的提取率，南方地区则集中在去除污染，或从被污染的胶原蛋白或胶原蛋白降解产物中提取出未污染的组分。

7.1.5 我国考古学文化发展脉络中稳定同位素食谱分析新进展

以我国考古学文化发展脉络为主线，基于目前我国稳定同位素食谱分析工作所取得的成果，综合探讨古人类摄食行为的演化与意义，农业的起源与古代人类生业模式的转变，农业的发展与经济主体的变革，农作物的传播与食物全球化，食谱变化与人群迁徙，家畜的驯化与饲养及食谱与社会、健康和环境的关系。

第一，作为人类生存之根本，食物不仅为人类维持基本的新陈代谢提供营养物质，也对人类的行为产生影响。综合分析显示，人类演化过程中，自猿类至现代人，其食性发生明显的变化，从以植食性为主转为杂食性，从较为简单的狩猎、采集转为多种资源的利用。尤其是动物类食物与水生类食物的摄取，不仅为人类的生理演化提供了丰富的营养物质，同时改变了人类的行为模式。可见，古人类演化过程中，通过不断改变摄食行为来克服自然的选择，并在激烈的竞争中取胜。由于直立人化石的稀有与珍贵，有损或微损的稳定同位素分析尚未在我国早期古人类食性研究中得到应用。但与之共生的动物，尤其是其他人科成员食性的重建（如步氏巨猿），可为探索我国直立人食性与生存环境提供重要的佐证。

第二，距今约10000年前，粟、黍旱作农业和稻作农业分别起源于我国北方黄河流域和南方长江流域。农业的出现，打破了人与自然长期建立的动态平衡。但人类生业模式的转变并非开始于农业产生之后，而是在人类有意识的持续性选择利用某些野生植物时，如我国北方田园洞人有意识的采集利用自然环境中数量较少的C_4植物，从而体现了人类摄食行为在农作物驯化早期的重要作用。因此，旧石器时代晚期至新石器时代早期，古代人类稳定同位素食谱分析将为深入探索农业起源发生的人为动因提供依据。但目前，国内尚缺乏新石器时代早期古代人类的稳定同位素食谱分析，而主要集中于新石器时代中期各遗址中。

新石器时代中期，先民的生业模式随着南方与北方农业格局的逐步形成，逐渐由狩猎采集向农业经营转变。但不同地区，先民生业模式的转变速度存在差异。西辽河流域兴隆洼文化先民以粟、黍旱作农业为主；黄河中游老官台文化先民以狩猎采集与旱作农业并重；海岱地区后李文化先民则仍以狩猎采集为主。不同地区先民生业模式的转变进程，主要取决于不同地区农业发展的程度及受自然环境可提供食物资源丰富程度的制约。

第三，新石器时代晚期，随着农业的发展，北方、南方地区先民的经济模式改革相继完成，农业逐步取代狩猎采集成为经济的主体。同时促进稻粟混作新的经济模式的快速发展。大植物遗存与稳定同位素综合分析显示，距今6500～6000年，北方粟类农业已成为经济的主体，但仍无法完全满足先民的需求，先民仍需通过狩猎采集获取补给食物；距今6000～5000年，先民食谱中粟类食物比例增加，部分先民几乎完全以粟类食物为食，表明粟作农业的发展已基本满足人类的需求。另外，不同遗址，同一文化或不同文化先民食谱的差异或相似性，表明不同遗址先民食谱特征虽受文化因素的影响，但文化因素并非单一的决定性因素，其与自然因素等相互共同作用于先民的饮食文化。

第四，新石器时代末期至青铜时代早期，随着农业的发展与扩散，文化的传播与交流及人群的迁徙与融合等，我国中原及周边地区、甘青地区、新疆地区及南方地区等，农业格局的演变规律独具特色，并通过影响先民的食谱，最终形成具有地方特色的饮食文化。

中原及周边地区，水稻与小麦的传入促使新的农业格局形成。虽然，龙山时期多处遗址水稻含量较高，但龙山时期至青铜时代，先民食谱仍主要以粟类作物为主，表明中原地区先民原有的以粟类作物为主的饮食文化根深蒂固，已成为中华早期文明的重要组成部分。

甘青地区，农业格局的两次变革（以黍为主转为以粟为主，以粟为主转为以麦为主）引发了先民食谱与生业模式的三次重要变化。宗日文化至马家窑文化，先民食谱中黍的比例逐渐增加，表明黍作农业逐步取代狩猎采集成为先民生业模式的主体。马家窑文化至齐家文化，农业结构第一次变革的完成，意味着先民的食谱由以黍为主转为以粟为主，但因两种作物$\delta^{13}C$值相似，先民骨胶原的$\delta^{13}C$值未发生明显变化。齐家文化晚期至四坝文化、卡约文化，部分先民$\delta^{13}C$值明显降低，表明麦类作物对先民饮食文化的影响。

新疆地区，东西方文化的不断交流与融合，促使该地区青铜文化人群结构的复杂化及经济类型的多元化。新疆不同时期不同文化先民食谱与经济类型和人群结构的综合分析显示，青铜文化早期，新疆地区先民的食谱特征主要取决于人群构成，其主要体现了该文化主体人群的饮食习惯；青铜文化中晚期，先民的饮食习惯仍主要取决于人群构成，同时甘青地区彩陶文化加大西进的步伐，并对新疆东、中部各青铜文化产生较大影响。至早期铁器时代，新疆地区先民的食谱特征与人群组成的对应关系被打破，意味着随着两大人种的交流与融合，双方已开始相互接受、融和对方原有的饮食文化。至此，新疆地区多元化的饮食文化形成。

南方地区，随着稻作农业的发展、粟作农业的扩散与小麦的传入，新石器时代末期至青铜时代该地区稻作农业逐渐向稻、粟混作农业转变，并最终形成稻、粟、麦类混作的新农业结构，并对先民的食谱与生业模式产生影响。另外，不同遗址先民的食谱存在较大差异，主要与不同区域的不同经济类型有关；且不同遗址对粟的利用不同，大部分遗址中粟成为人类重要的食物来源之一，个别遗址中粟则主要用于动物的饲养。此外，滇西北地区，粟作农业虽已成为经济的重要组成部分，但并未对该地区先民的饮食文化产生重要影响。

第五，人或动物作为文化、技术、遗传信息等的载体，其迁徙活动的探索又可为文化的传播与交流、农业的发展与扩散、人类的演化与人群结构等方面的研究提供重要依据。综合目前国内利用稳定同位素食谱分析判断人群迁徙活动的各方面研究，主要体现在以下三方面：一是根据个体不同组织所反映的个体生存期间不同阶段的食谱变化，判断个体幼年（牙齿）、成年（骨骼）或死亡前（毛发、指甲等）的迁徙活动。二是根据群体中个别个体特殊的饮食习惯，结合考古学、体质人类学或DNA等方面的证据，判断具有特殊饮食习惯的个体是否属于外来者。三是根据具有地理指纹特征的元素（如O、S、Sr等）的同位素分析，判断个体通过饮食记录的地理环境信息是否发生过变化。由于影响个体或群体组织稳定同位素组成的因素较多，因此应采用多方法相结合、相互补充、相互印证的方法来判断人群（或动物）的迁徙活动。

第六，动物组织的稳定同位素分析在探索家畜驯化与饲养策略的研究中已得到广泛应用，从而为探索人与动物的关系、经济结构的演变、人类社会发展与文明演进、人类活动与自然环境互动等提供了有利的证据。另外，不同种属动物食性的不同，导致动物组织的稳定同位素组成具有明显的种间差异，从而为动物种属的鉴定提供新的视角。中原地区龙山时代至两汉时期，多处遗址鉴定绵羊与未鉴定种属羊$\delta^{13}C$和$\delta^{15}N$值的对比分析显示，龙山时期，未鉴定种属羊的$\delta^{13}C$值介于鉴定绵羊$\delta^{13}C$值的范围之内；龙山晚期之后，未鉴定种属羊中部分个体的$\delta^{13}C$值明显低于鉴定绵羊的$\delta^{13}C$值，推断可能与山羊的出现有关。另外，二里头遗址食草动物与食叶动物骨胶原$\delta^{18}O$值的差异，也为食草动物绵羊与食叶动物山羊的鉴定提供重要证据。

7.2 展　　望

虽然稳定同位素食谱分析方法已逐渐完善并常规化，但仍存在较多细节问题需要深入探讨，结合我国稳定同位素食谱分析的研究现状，对目前存在的问题及今后的研究方向略作阐述。

第一，生物体组织的稳定同位素组成受到内因（自身生理与健康）与外因（自然环境）多种因素的影响，但目前，在利用人或动物骨骼稳定同位素组成重建个体食谱时，常忽略这些方面的影响，往往造成重建的食谱存在一定的误差。例如，新疆地区因气候干燥往往造成生物体组织的$\delta^{13}C$和$\delta^{15}N$值偏高，如果不考虑气候的影响，将导致过高地估算个体食谱中高蛋白食物的比例。另外，年龄、疾病、特殊生理期（妊娠期或哺乳期）等均会造成个体组织迥异的稳定同位素组成，如不考虑这些因素，将导致特殊个体食谱的重建出现较大误差。因此，在分析稳定同位素测试数据时，应充分结合已有的考古学资料，全面考虑各方面潜在的影响因素。另外，这些影响因素的分析也将进一步扩大稳定同位素食谱分析的研究领域，例如，断奶所反映的是先民对婴幼儿健康发育的关注，再结合妊娠期女性年龄，可为古代人口增长速率的估算提供重要依据；古代植物O同位素的分析用于追踪农业灌溉用水来源；多稳定同位素分析反映的先民饮食习惯的变化，可用于探索古代食物加工技术的发展及灾害发生与应对等。

第二，我国南北方自然环境与气候差异较大，骨骼保存机理不同。北方地区考古遗址中骨骼的保存主要在于骨胶原的降解，而受外源蛋白质的污染较小；南方地区考古遗址中骨骼的保存不仅承受严重的降解，而且受到外源蛋白质的严重污染。因此，针对不同的骨骼保存状况，应该采取适宜的提取方法与去污染方法。虽然，目前在骨胶原提取方法上有了新的进展（可溶性胶原蛋白的提取），但该方法并未得到普遍使用。另外，生物磷灰石的污染已使用多种指标相结合的方法进行判断，但对于磷灰石中污染部分尤其是重结晶部分的去除仍无适宜的解决方案，极大地阻碍了我国南方地区稳定同位素食谱分析工作的进展。今后，可尝试探索对化学性质稳定的个别氨基酸同位素的测试以估算整个胶原蛋白的稳定同位素组成；同时，通过现代模拟实验，可以判断生物磷灰石重结晶导致的同位素分馏机理，以及判断骨骼与牙齿磷灰石稳定同位素分馏的差异与两者结晶度的关系。

第三，人或动物骨胶原与磷灰石反映的食谱信息代表了个体食谱中的不同成分。目前，国内稳定同位素食谱分析主要集中在骨胶原的测试。因此，对于杂食个体往往过高地估算了其食谱中的高蛋白成分。为了全面重建古代人类或动物的食谱，应对其骨骼中骨胶原与磷灰石分别进行测试，通过两者的对比分析，准确判断生物体食谱中的植物类与动物类食物所占比例。另外，目前，用于同位素食谱分析的元素主要包括C、N、S、H、O、Sr、Zn、Ca等，但在国内开展的同位素分析主要集中在C、N、O、Sr，因此需进一步加强对多稳定同位素分析方法与技术的应用及基础数据库的建立。

第四，国际学术界用于食谱重建的稳定同位素分馏机理，主要基于动物的喂养实验及西方人的饮食习惯。不同种属动物生理结构的差异及不同人群饮食习惯的不同，可能导致食物与生物体组织之间的同位素分馏存在差异。因此，我国古代人类饮食文化的稳定同位素分馏机理研究迫在眉睫（Hu，2018）。另外，国际上利用食物链底层稳定同位素组成重建食谱分析的同位素基线（Casey and Post，2011）及同位素混合模型的建立（The Multi-source Mixing Model "IsoSource"），评估古代人类食物结构中不同食物资源的比重，并尝试重建人群迁徙、家畜和农业扩散与交流的模式，可以更好地诠释古代人类的资源获取策略、社会关系及文化的交流（Phillips et al.，2014；Coltrain and Janetski，2013）。目前，国内这方面的研究较少。

第五，为了更准确全面地分析人类食谱演变与自然环境的关系，追踪人类与动物活动区域的变化，以及更深入地解析史前人地关系，国际上有学者提出，可以利用同位素景观学（Isoscapes）的理论与方法，在充分考虑地理环境空间参数（如纬度、海拔、降水量、温度）的基础上，探索古人类食谱差异与食物资源、生存环境、社会等级等因素之间的关系（Makarewicz and Sealy，2015；Twiss，2012；West et al.，2010）。目前，随着我国稳定同位素分析工作的大量开展，古代人类、动物、植物等多稳定同位素数据逐渐丰富，为数据库的建设和大数据分析提供了基础；同时，GIS分析技术在考古学研究中的广泛应用，也为人类食谱的"同位素景观学"分析提供了技术支持。

参 考 书 目

[1] Casey, M. M., Post, D. M., 2011. The problem of isotopic baseline: Reconstructing the diet and trophic position of fossil animals. Earth-Science Reviews, 106 (1-2): 131-148.

[2] Coltrain, J. B., Janetski, J. C., 2013. The stable and radio-isotope chemistry of south-eastern

Utah Basketmaker II burials: dietary analysis using the linear mixing model SISUS, age and sex patterning, geolocation and temporal patterning. Journal of Archaeological Science, 40: 4711-4730.

[3] Hu, Y. W., 2018. Thirty-four years of stable isotopic analyses of ancient skeletons in China: an overview, progress and prospects. Archaeometry, 60: 144-156.

[4] Makarewicz, C. A., Sealy, J., 2015. Dietary reconstruction, mobility, and the analysis of ancient skeletal tissues: Expanding the prospects of stable isotope research in archaeology. Journal of Archaeological Science, 56: 146-158.

[5] Phillips, D. L., Inger, R., Bearhop, S., Jackson, A. L., Moore, J. W., Parnell, A. C., Semmens, B. X., Ward, E. J., 2014. Best practices for use of stable isotope mixing models in food-web studies. Canadian Journal of Zoology, 92: 823-835.

[6] Twiss, K., 2012. The Archaeology of food and social diversity. Journal of Archaeological Research, 20: 357-395.

[7] West, J. B., Bowen, G. J., Dawson, T. E., Tu, K. P., 2010. Isoscapes: Understanding Movement, Pattern and Process on Earth through Isotope Mapping. New York: Springer-Verlag: 495.

Abstract

Palaeodietary reconstruction is an important mean to understand past human and social experiences. Stable isotope analyses of ancient human, animal, and plant remains allow archaeologists to directly reconstruct, or even quantify past human diets and their living environments. Herein we discuss the principles of isotopic fractionation, compare the isotopic composition and diet routing in different tissues/residues, and investigate how diets from different periods of an individual's lifetime can be assessed. We also discuss at length the different factors that could influence isotopic compositions of ancient human/animal. These factors include plant physiology, agricultural technology, human/animal physiological metabolism (eg. sex, age, pathology, and dietary habits), and etc. Additionally, we have also summarized methods of the preparations of different materials for isotopic analysis, and how to identify contamination in samples. Focusing on case studies from ancient China, we discuss the evolution of human diets from the Paleolithic period to historical period. Finally, we put forward some ideas to improve the methods for future research.

后　　记

本书是作者从事科技考古工作以来，在生物考古研究方向积淀多年的成果。全书综合国内外研究现状，对稳定同位素食谱分析的理论、方法与应用进行了全面深入的探讨，旨在提出国内稳定同位素食谱分析存在的问题，引起学术界对其基础研究的重视，使其研究的深度与广度得到重要突破。

在书写过程中，得到多位老师与同门师兄妹的指导与帮助，所以本书稿的完成是大家集体智慧的结晶。首先感谢的便是我的导师胡耀武教授。五年的研究生生涯中，胡老师给了我莫大的帮助与支持。"授人以鱼，不如授人以渔""做好学问先得做好人"，这是胡老师指导学生的宗旨。正是这样的培养环境，使我具有独立思考与解决问题的能力。因此，在步入工作岗位后，能很快适应新的科研工作。虽然毕业之后团队成员相隔千里，但对学术的热情无时无刻不将大家凝聚在一起。如果将这个团队比作晶体，那么胡老师便是其晶核。转眼间，我从事教学科研工作已四年有余。回想这四年间，我如一件做工粗糙的艺术品在不断的打磨与修补中得到完善。其间，胡老师总是给出建设性的意见。这次书稿完成之后，我也第一时间发给胡老师，得到了他的支持与宝贵的修改意见。

对我科研与教学生涯影响颇深的另一位老师便是王昌燧先生。可以用"崇拜"来形容他在我们心中的地位。研究生刚入学，在王老师教授的《科技考古学概论》这门课上，我便找到了前所未有的科研自由，思维解放。课堂上，我们可以畅所欲言地表达那些不成熟的，甚至是错误的研究想法，王老师总是耐心地提炼我们这些观点的可取之处并做合理的修正。王老师主张的"集体导师"，就是每位老师都可以指导我们的科研工作，这对我也是受益匪浅，使我掌握了更多的科研方法。正是对不同研究领域基础知识的掌握，使我的科研思路更加宽广。记得，淀粉粒实验阶段，我整天趴在显微镜上，一天下来目光呆滞，王老师路过时总提醒我注意休息；有一次上完课走在路上，因思考问题未留意周围，突然听到王老师问候我的声音，等等。一桩桩，一件件，历历在目，这就是大家常常忽略的师生情谊。虽然已毕业，但每次与王老师交谈都深受启发。

工作以后，刚到新的环境总是让人有些茫然。张萍教授在教学与科研上的指导让我很快融入新的团队；也正是在张老师的鼓励与帮助下，我申请到第一个科研项目，意味着我步入继研究生阶段之后新的科研阶段。同时，这个年轻科研团队的活力时刻感染着我，大家总是热心地帮助我解决工作上的问题。就在我对今后研究方向徘徊时，侯甬坚教授的建议，给了我很大的启发。历史时期先民食谱的研究蕴藏着丰富的古代人类社会信息，虽然在历史文献方面我的积累很少，但现有的科研团队给予我莫大的帮助。这次书稿的评审，侯老师也提出很多建设性的修改意见，对我今后的科研工作也很有启发。团队的建设可以凝聚众多学术力量以完成重大学术问题的研究，对于年轻学者而言，在做好基础科研工作的同时，融入团队对于自己科研经验的积累也至关重要。另外，非常感谢院里对书稿出版的资助，以及与出版社联系过程中各位老师给予的帮助。此外，在我的科研成长过程中，陕西省考古研究院胡松梅研究员和岳连建研究员给予了莫大的支持与指导，项目组成员胡珂副研究员和杨苗苗助理研究员提供了很大的帮助，在此对他们表示衷心的感谢。

  当然，同门师兄妹也是我做科研工作的坚强后盾。经常会想起我们在实验室的欢声笑语，想起下雪天在宿舍一起等外卖的电话铃声，以及分享家乡味道和难得闲暇时的促膝长谈的情景等。不知什么原因，师妹们特别喜欢找我长谈，无论是科研工作的不顺利，还是生活上的各种不顺心。其实，我也经常有这些困惑，只是身在其中而不自知，但每次与她们长谈之后，我的心里也会很舒畅、很轻松。现在，虽然大家遍布大江南北，但也阻隔不了我们学术的交流与生活的闲谈。视频会议成为现下我们集体学术交流最有效的方式。会议上，学术问题的探讨，科研资料的共享及工作经验的交流等，让大家受益匪浅。本书稿的完成，就得到了大家很多的帮助。例如，易冰师妹文献资料的共享与文字的校对；饶慧芸师妹对小河墓地角质数据的提供，等等。另外，还得到加拿大西门菲莎大学考古学系Michael Richards和Christina Cheung的指导。在此，感谢他们一直以来的陪伴与信任。

  此外，感谢家人一直以来对我工作的支持，尤其是更多地承担家庭责任以减轻我的负担，使我有更多的时间与精力投身于书稿的完成。

  人生的每一阶段，我们都担负着不同的责任与压力，但有你们的陪伴与支持，我人生的每一步都有意义，都值得回味与留恋。

2018年11月6日完成于加拿大本那比西门菲莎大学

彩版一

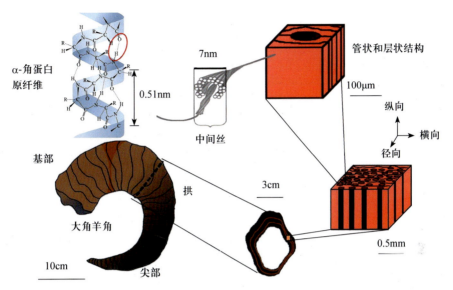

1. 大角羊角的微观结构示意图

（改自Tombolato et al., 2010; Wang et al., 2016）

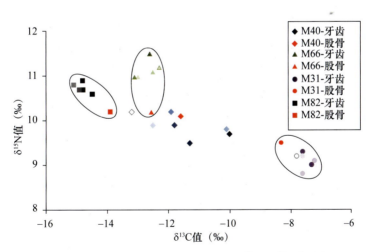

2. 安阳固岸墓地个体不同牙齿与股骨的$\delta^{13}C$和$\delta^{15}N$值散点图

（数据来源于潘建才等，2009）

注：按照牙齿萌出的先后顺序I^1-I^2-C-P^1-P^2-M^1-M^2-M^3分别由深色至浅色图标表示

彩版二

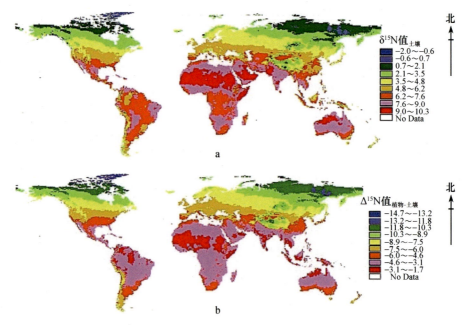

1. 全球不同地区土壤δ^{15}N值与Δ^{15}N$_{植物-土壤}$值的分布示意图

（数据来源于Amundson et al., 2003）

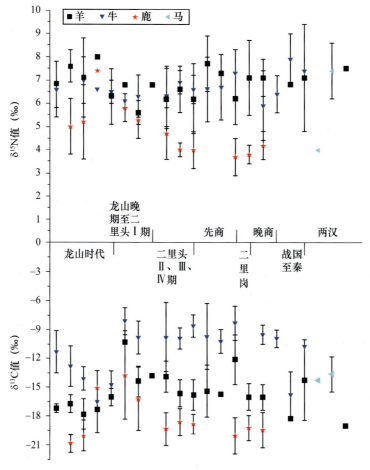

2. 中原及周边地区龙山至两汉时期部分遗址家养与野生植食动物的δ^{13}C和δ^{15}N值误差图

彩版三

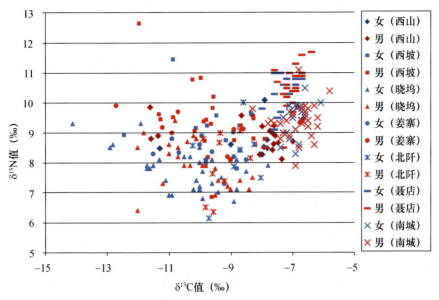

1. 中国北方部分遗址男性与女性的δ¹³C和δ¹⁵N值散点图

（数据来源于张雪莲等，2010；舒涛等，2016；郭怡等，2011a；Pechenkina et al.，2005；王芬等，2012；王洋等，2014；Ma et al.，2016a）

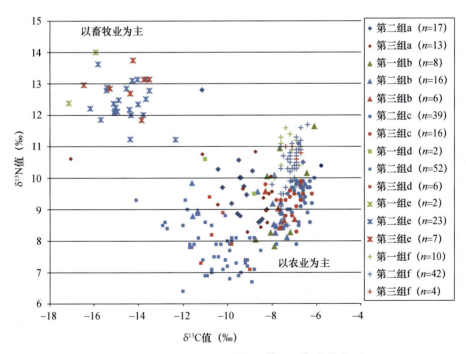

2. 不同遗址不同年龄组个体的δ¹³C和δ¹⁵N值散点图

（数据来源于张国文等，2010；张雪莲等，2010；Ma et al.，2016a；舒涛等，2016；张雪莲等，2014；王洋等，2014；屈亚婷等，2019）

注：a. 大同南郊北魏墓群（$n=30$） b. 郑州西山遗址（仰韶文化时期）（$n=30$） c. 河北邯郸南城遗址（先商文化）（$n=55$） d. 河南晓坞遗址（仰韶文化早期）（$n=60$） e. 新疆多岗墓地（早期铁器时代）（$n=32$） f. 山西聂店遗址（夏代）（$n=56$）。如果个体年龄鉴定结果为一个范围，则取中间值；因"成年"个体年龄无法分组，因此统计时排除；将"未成年"归入第二组

彩版四

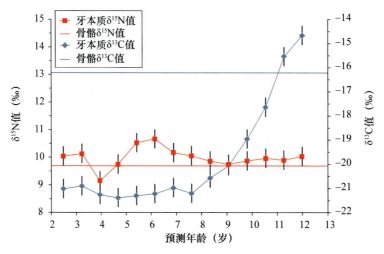

1. 不同年龄个体牙本质与骨骼的$\delta^{13}C$和$\delta^{15}N$值误差图

（改自Beaumon and Montgomery，2016）

注：4.5~7岁个体经历饥荒营养胁迫，8.5~13岁个体摄取救济食物玉米

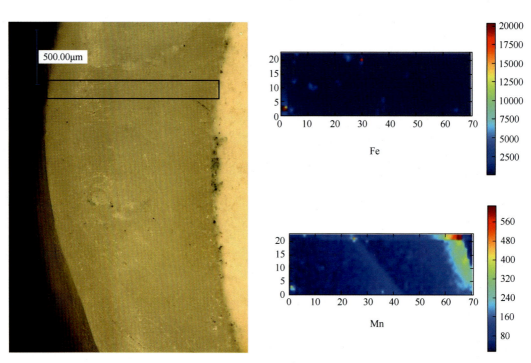

2. 我国广西崇左步氏巨猿牙釉质中Fe和Mn元素分布

（引自Qu et al.，2013）

彩版五

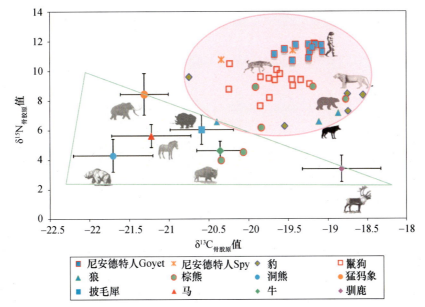

1. 比利时晚更新世尼安德特人与共生动物骨胶原的$\delta^{13}C$和$\delta^{15}N$值散点图

（改自 Wißing et al., 2016）

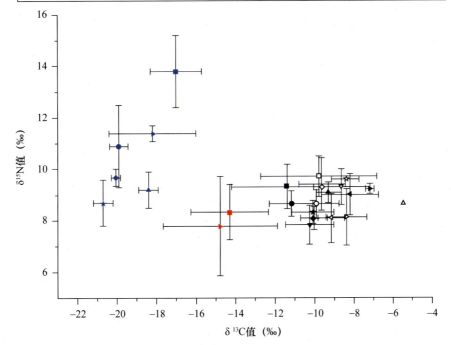

2. 新石器时代晚期不同遗址人骨的$\delta^{13}C$和$\delta^{15}N$值误差图

（数据来源于胡耀武等，2005，2007b，2010；张雪莲等，2003，2010；张国文等，2015；南川雅男等，2011；董艳芳，2016；付巧妹等，2010；Pechenkina et al., 2005；孟勇，2011；蔡莲珍和仇士华，1984；郭怡等，2011a，2016；舒涛等，2016；崔亚平等，2006；Barton et al., 2009；Liu et al., 2012；王芬等，2012；Atahan et al., 2014；张全超等，2010a；凌雪等，2010）

彩版六

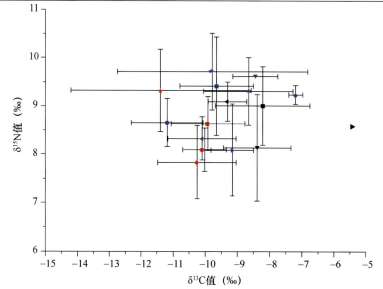

1. 新石器时代晚期北方各遗址人骨的 $\delta^{13}C$ 和 $\delta^{15}N$ 值误差图

（数据来源于胡耀武等，2005，2007b，2010；张雪莲等，2003，2010；张国文等，2015；南川雅男等，2011；董艳芳，2016；付巧妹等，2010；Pechenkina et al.，2005；孟勇，2011；蔡莲珍和仇士华，1984；郭怡等，2011a，2016；舒涛等，2016；崔亚平等，2006；Barton et al.，2009；Liu et al.，2012；王芬等，2012；Atahan et al.，2014；张全超等，2010a；凌雪等，2010）

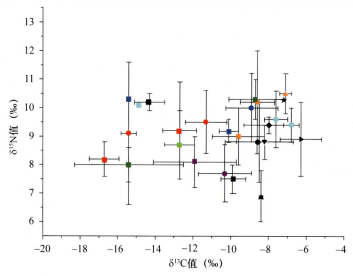

2. 新石器时代末期至两汉时期中原及周边部分遗址人骨的 $\delta^{13}C$ 和 $\delta^{15}N$ 值误差图

（数据来源于陈相龙等，2015，2017b；Atahan et al.，2014；Chen et al.，2016a；张雪莲，2006，2007，2012；吴小红等，2007；王洋等，2014；Ma et al.，2016a，2016b；Hou et al.，2013；司艺和李志鹏，2017；Dong et al.，2017b；侯亮亮等，2012；张国文等，2013）

注：两城镇遗址测试样品为骨骼磷灰石，仅测出 $\delta^{13}C$ 值，故未标注在图中

彩版七

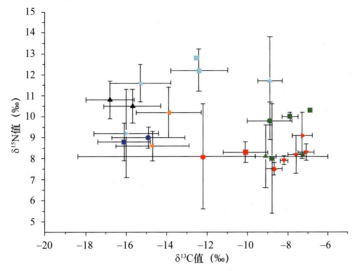

1. 新石器时代末期至青铜时代早期甘青地区各遗址人骨 $\delta^{13}C$ 和 $\delta^{15}N$ 值误差图

（数据来源于崔亚平等，2006；马敏敏，2013；Ma et al.，2014，2015，2016c；张雪莲，2006；张雪莲和叶茂林，2016；张雪莲等，2003，2015；Dodson et al.，2012；Liu et al.，2014）

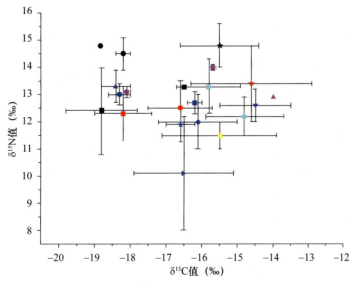

2. 早期青铜时代至晋唐时期新疆地区各遗址人骨 $\delta^{13}C$ 和 $\delta^{15}N$ 值误差图

（数据来源于屈亚婷等，2013；张全超和朱泓，2011；Qu et al.，2018；张全超等，2009，2010b；Wang et al.，2017b；张昕煜等，2016；司艺等，2013；张雪莲等，2003，2014；董惟妙，2014；张全超和李溯源，2006；凌雪等，2013；陈相龙等，2017c；Wang et al.，2018）

彩版八

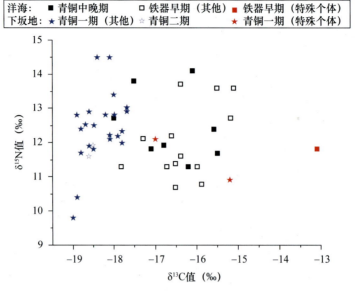

1. 新疆洋海墓地和下坂地墓地人骨的$\delta^{13}C$和$\delta^{15}N$值散点图
（数据来源于司艺等，2013；张昕煜等，2016）

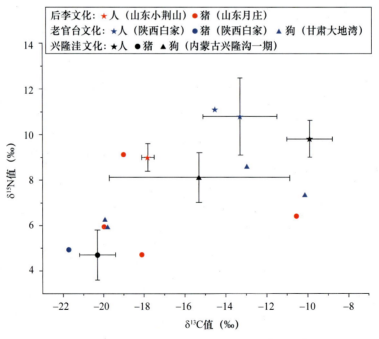

2. 新石器时代中期北方地区各遗址人、猪和狗的$\delta^{13}C$和$\delta^{15}N$值误差图
（数据来源于Hu et al., 2008；Atahan et al., 2011；Barton et al., 2009；Liu et al., 2012）